Mario Argeri, Franca Caliò, Alessandro Lazzari, Debora Sesana

Geometria vettoriale per la grafica

CittàStudi
EDIZIONI

CittàStudi
EDIZIONI
www.cittastudi.it

1ª edizione: dicembre 2011
Printed in Italy

Stampa: Stampatre, Torino

Ristampe: 2 3 4 5 6 7 8 9
Anno: 2015

Indice

Premessa

Il completamento del testo che spero vogliate almeno sfogliare è costato molto più tempo e fatica del prevedibile. Ne sanno qualcosa gli editori, redattori e tutti coloro che, in qualche forma, ci hanno aiutato. Le ragioni di tale sforzo sono due: la prima è dovuta alla qualità del testo la seconda è dovuta al fatto di voler raccogliere una pluralità di esperienze.

La qualità del testo implica una precisione e completezza scientifico-matematica e, d'altra parte, un linguaggio il più possibile semplice e invogliante alla lettura: qualità molto difficilmente conciliabili. Un lavoro a più mani è sicuramente più ricco, ma anche meno omogeneo. L'omogenizzazione dei contenuti è stata molto sofferta e, forse, se ne leggono le conseguenze nel testo.

Il testo si caratterizza come una presentazione rigorosa, ma semplice, e completa, ma non pedante, del linguaggio di base per affrontare con consapevolezza e padronanza i programmi di grafica computerizzata. Esistono testi di matematici autorevoli che trattano analoghi argomenti, ma rischiano di non raggiungere un pubblico di scarse conoscenze matematiche. La nostra intenzione è esattamente questa: vogliamo cogliere gli interessi di un pubblico (in genere non composto da matematici), che ha come obiettivo primario la virtualizzazione di oggetti sia del Design, che dell'Architettura, che di Ingegneria, attraverso programmi di grafica computerizzata quali CAD/CAM, RHINO ecc.. Il pubblico cui ci riferiamo, tuttavia, non intende usare i programmi a scatola chiusa, ma vuole comprendere, in modo immediato, quali magie stiano sotto l'esecuzione di programmi, che sanno usare con molta destrezza.

Gli utenti principali saranno, speriamo, gli studenti che frequentano corsi tenuti dagli autori all'interno della Scuola di Design, che ha come bandiera il creare e manipolare oggetti attraverso una progettazione prototipale/virtuale. Ovviamente siamo aperti ad ogni tipo di osservazione e critica da parte di chiunque abbia tempo ma anche desiderio di prendere in mano il testo, anzi saremo grati a chiunque lo voglia fare.

Un ringraziamento particolare va a tutti coloro che, in quasi vent'anni di vita della Scuola di Design, hanno contribuito alla creazione di un'offerta formativa nel settore di nostra competenza relativamente a corsi da loro tenuti e che ci hanno permesso di fare certe scelte didattiche, utili e gradite nell'ambiente di lavoro e che hanno, in seguito, portato alla stesura di questo testo. Prima fra tutti il mio ringraziamento va ad Erminia, con cui ho composto un primo testo (segnalato in bibliografia) che ha fornito sicuramente un'idea fondamentale nel settore. Il mio pensiero va ad Enrica, a cui dedichiamo il testo, che ci ha lasciati prematuramente durante la sua attività al Politecnico, ma ha trasmesso entusiasmo e buona volontà a Mario, uno dei coautori del testo. Ringrazio Edie, Vincenzo, Barbara, Antonio, Stefania che hanno affrontato la didattica presso la Scuola di Design con serietà, ma anche con curiosità. Ringrazio Elena e Renato con cui ci siamo più volte confrontati.

Non ultimo ringrazio Alberto, lo storico Preside della Facoltà di Design, che non solo ha mai dimostrato di tollerare i matematici, ma ha sempre apprezzato il nostro sforzo di fornire materia utile per una determinata tipologia di studenti e ci ha concesso spazi per creare visibilità e crescita nel confronto.

Franca

Geometria vettoriale
per la grafica

Capitolo 1

Coordinate, Punti e Vettori

1.1 La geometria analitica

La geometria è scienza antica, anzi, prima di essere scienza, ha accompagnato l'uomo con le sue, anche se primitive, tecniche di misura nella vita quotidiana. Nasce come tecnica presso gli egiziani e diventa tecnica più raffinata presso i babilonesi e gli indiani che per primi scoprono il triangolo rettangolo.

È presso i Greci nei secoli VII-V a.C. che la geometria diviene scienza, cioè organizzazione con regole della conoscenza e possibilità di dimostrare (similitudine di Talete, teorema di Pitagora...). Intorno al quarto secolo a.C., la geometria diviene, presso i Greci, costruzione scientifica organizzata, acquisisce cioè carattere sistematico-deduttivo. Con gli «elementi di Euclide»il sistema geometria si organizza in: enti geometrici, postulati, regole di deduzione logica.

La costruzione scientifica Euclidea, arricchita dai contributi di Apollonio, Archimede e altri, non è più stata messa in discussione fino al XVIII-XIX secolo d.C., quando, prima con tentativi falliti di dimostrazione, poi con la negazione del quinto postulato di Euclide, si introducono le geometrie non euclidee.

Nonostante il rigore e la ricchezza di questi ultimi sistemi geometrici, le geometrie non euclidee sono rimaste oggetto di analisi e approfondimento da parte di studiosi, mentre la geometria euclidea rimane il fondamentale strumento attraverso cui studiare e costruire oggetti del reale.

Pur non arricchendosi ulteriormente di contenuti, la geometria euclidea ha avuto una grande applicabilità nel secolo XVII quando, grazie allo sviluppo dell'algebra, si crea un legame fra il linguaggio algebrico e quello geometrico, in particolare Cartesio (1596-1650) e Fermat (1601-1654) sono stati i promotori dell'utilizzo degli strumenti dell'algebra nella soluzione di problemi della geometria classica. Nasce così la *geometria analitica.*

1.2 Coordinate cartesiane piane

Richiamiamo le definizioni relative a un sistema di riferimento cartesiano nel piano, supponendo che tale argomento non sia nuovo per il lettore[1].

Il *piano cartesiano* è il luogo che contiene le figure geometriche che consideriamo, ad esempio è il piano del foglio su cui lavoriamo. Un *asse cartesiano* è una retta orientata: su un asse è fissato un verso di percorrenza indicato da una freccia. I due assi cartesiani (asse x o *asse delle ascisse*, asse y o *asse delle ordinate*) sono fra loro perpendicolari, si incontrano nell'origine O e determinano il piano cartesiano (piano xy, vedi Figura 1.1).

Consideriamo un punto giacente su un asse. Esso ha una distanza dall'origine, a tale distanza viene attribuito un segno: positivo se il movimento per andare dall'origine al punto è concorde alla freccia, negativo se è discorde.

[1] I concetti della geometria analitica piana, come pure della trigonometria, fanno parte dei programmi di matematica delle scuole medie superiori e si suppongono acquisiti.

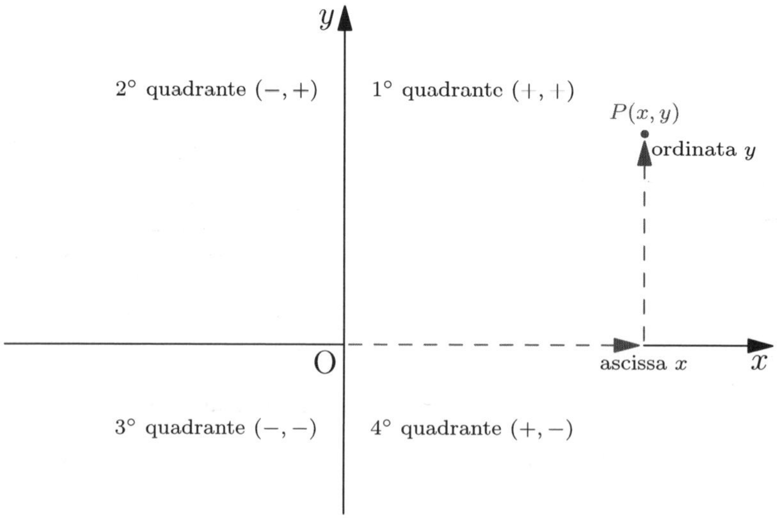

Figura 1.1: Il piano cartesiano. Le due coordinate x (ascissa) e y (ordinata) permettono di individuare qualunque punto del piano. In ognuno dei quattro quadranti i segni della coppia (ascissa,ordinata) hanno diverse combinazioni.

Il valore così ottenuto è la *coordinata* del punto. Sull'asse x tale coordinata è chiamata *ascissa*, sull'asse y *ordinata*.

Per un punto del piano generico (che quindi non giace in genere su un asse) definiamo le *coordinate* come le coordinate delle sue proiezioni ortogonali sugli assi. Un punto P del piano è quindi individuato dalle sue due coordinate cartesiane: ascissa x, ordinata y. Le coordinate vanno riportate nell'ordine, quindi ad esempio il punto $P(-2,5)$ ha ascissa -2 e ordinata 5, $Q(5,-2)$ ha ascissa 5 e ordinata -2.

I due assi dividono l'intero piano in quattro parti chiamate *quadranti*. In ogni quadrante si ha una diversa combinazione dei segni delle coordinate, come indicato in figura (ad esempio nel 2° quadrante le ascisse sono negative, le ordinate positive). Si passa da un quadrante al quadrante successivo mediante una rotazione positiva (antioraria, ossia opposta al verso di rotazione delle lancette dell'orologio). In Figura 1.1 abbiamo la rappresentazione convenzionale dei due assi: x orizzontale verso destra e y verticale verso l'alto. Il punto P della figura ha ascissa e ordinata entrambe positive, tale punto giace nel primo quadrante.

Con questo sistema di coordinate, partendo dall'origine e muovendoci parallelamente ai due assi (prima lungo l'asse x, poi parallelamente all'asse y) possiamo raggiungere qualsiasi punto del piano. L'insieme di tutti i punti così raggiungibili costituisce uno *spazio piano a due dimensioni* (2D).

1.3 Coordinate cartesiane e punti nello spazio

Ai due assi (x orizzontale verso destra e y verticale verso l'alto) aggiungiamo il terzo asse z che passa per l'origine, è perpendicolare agli altri due ed «esce»dal piano xy verso chi legge. In tal modo si può arrivare a un punto qualunque dello spazio. I tre assi x y z formano una *terna cartesiana destra*: chiudendo a pugno la mano destra ed estendendo quindi in successione le prime tre dita a partire da destra come in Figura 1.2, gli assi risultano orientati rispettivamente:

1. asse x orientato come il pollice;
2. asse y orientato come l'indice;
3. asse z orientato come il medio.

Se pensiamo il sistema dei tre assi come costituente un oggetto rigido lo possiamo posizionare in diversi modi nello spazio. La Figura 1.3 mostra tre posizionamenti possibili.

Nella prima figura (quella a sinistra) partiamo dalla rappresentazione convenzionale a due assi: il piano del foglio è il piano xy con x orizzontale

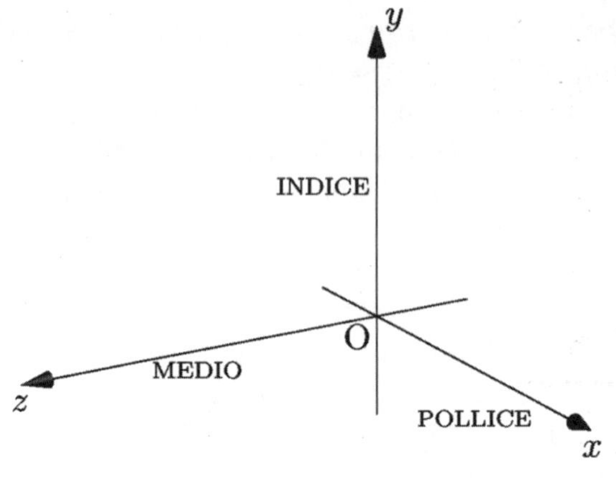

Figura 1.2: Lo spazio cartesiano: tre assi cartesiani che formano una terna destra. Ai due assi x e y abbiamo aggiunto il terzo asse z: siamo così in grado di raggiungere qualsiasi punto dello spazio.

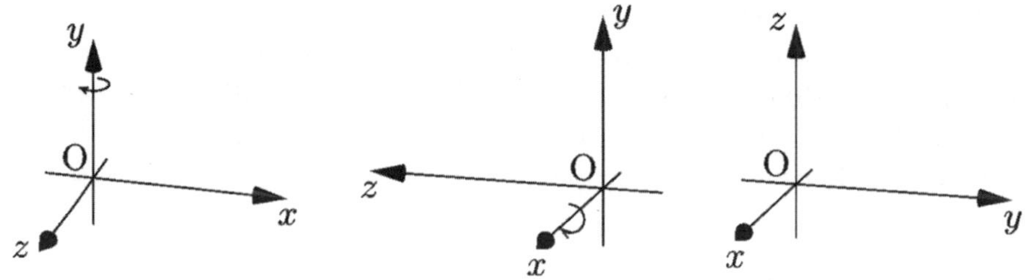

Figura 1.3: Diversi orientamenti di una terna cartesiana destra.

verso destra e y verticale verso l'alto. A questi due assi di base si aggiunge l'asse z che «esce»dal foglio, verso chi legge.

Nella seconda figura il sistema precedente è ruotato di un angolo retto attorno a y. Ora il piano del foglio è il piano yz, l'asse x «esce»dal foglio, verso chi legge.

Ruotando ulteriormente il sistema della seconda figura di un angolo retto attorno a x si ottiene la terza figura. In essa il piano del foglio è il piano yz. L'asse x «esce»dal foglio, verso chi legge. Quest'ultimo posizionamento è interpretabile come segue: il piano xy è orizzontale, le coordinate x e y sono rispettivamente l'ascissa e l'ordinata di un punto generico; l'asse z è verticale, la coordinata z è la *quota* del punto generico. Di norma useremo sempre quest'ultimo posizionamento.

Con l'aggiunta del terzo asse z si esauriscono le possibilità di introdurre ulteriori assi di riferimento; vale a dire che è impossibile condurre per l'origine un quarto asse perpendicolare a tutti e tre e distinto da essi. Questo fatto si esprime dicendo che lo spazio fisico in cui ci muoviamo è uno spazio a tre dimensioni (3D). Definendo, come nel caso 2D, le coordinate di un punto nello spazio come le distanze dall'origine (con segno) delle sue proiezioni ortogonali sui tre assi, rispettivamente x (ascissa), y (ordinata) e z (quota) (vedi Figura 1.4) si ha come conseguenza che, per individuare un punto dello spazio, occorrono e sono sufficienti tre coordinate. Le coordinate vanno riportate nell'ordine, quindi ad esempio il punto $P_1(1, 3, -6)$ ha ascissa 2, ordinata 3 e quota -6.

Un *piano coordinato* è un piano determinato da due assi cartesiani. Sono possibili tre coppie distinte di assi, quindi esistono tre piani coordinati. In Figura 1.5 l'asse x e l'asse y sono orizzontali. L'asse z è verticale.

- Il piano xy è perpendicolare all'asse z (quindi è orizzontale);
- il piano yz è perpendicolare all'asse x (quindi è verticale);
- il piano zx è perpendicolare all'asse y (quindi è verticale).

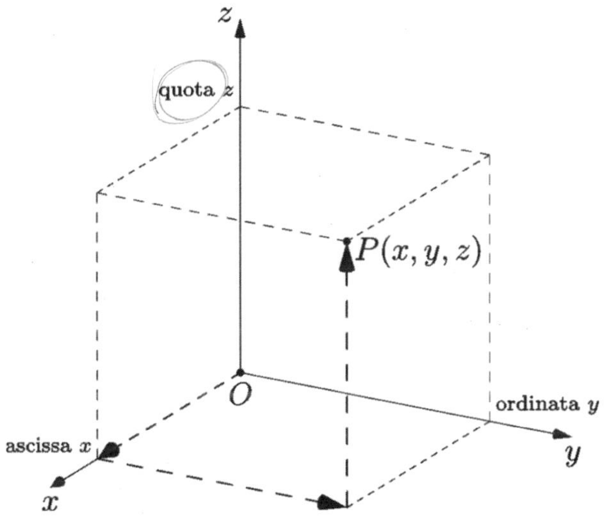

Figura 1.4: Coordinate cartesiane nello spazio.

I tre piani coordinati sono fra loro perpendicolari, si intersecano a due a due secondo un asse cartesiano e passano tutti per l'origine.

Un piano coordinato divide lo spazio in due regioni (semispazi). Un secondo piano coordinato divide ogni semispazio in due angoli diedri retti, e quindi tutto lo spazio in quattro angoli diedri retti. Aggiungendo il terzo piano coordinato ogni angolo diedro è ulteriormente suddiviso in due ottanti;

quindi i tre piani dividono l'intero spazio in *otto ottanti*. In ogni ottante esiste una diversa combinazione dei segni delle coordinate (analogamente ai quattro quadranti nel piano). Le otto combinazioni possibili sono le seguenti:

1. $(++\,+)$; 2. $(-+\,+)$; 3. $(--\,+)$; 4. $(+-\,+)$;
5. $(++\,-)$; 6. $(-+\,-)$; 7. $(--\,-)$; 8. $(+-\,-)$.

I segni fra parentesi sono rispettivamente i segni delle coordinate x, y, z. Si noti che le prime quattro combinazioni sono quelle dei quattro quadranti nel piano xy (si veda Figura 1.1) cui si aggiunga z positivo; le quattro successive sono di nuovo le stesse ma con z negativo[1].

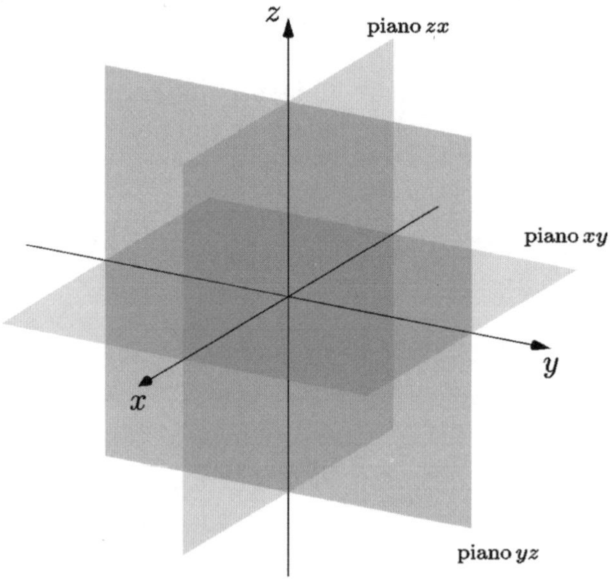

Figura 1.5: I piani coordinati dividono lo spazio in ottanti.

1.3.1 Distanza di due punti

Siano dati i punti A e B (quindi le loro coordinate). Per determinare la distanza $\overline{AB}$ possiamo, utilizzando le costruzioni della geometria elementare (vedi Figura 1.6), fare le seguenti osservazioni:

- se i punti A e B appartengono entrambi ad uno degli assi coordinati (ad esempio $A(x_A, 0, 0)$ e $B(x_B, 0, 0)$ sono punti sull'asse x), la loro

[1] La sequenza dei segni per gli ultimi quattro ottanti non è universalmente accettata.

distanza è data dal valore assoluto della differenza delle coordinate relative all'asse di appartenenza (ad esempio $\overline{AB} = |x_A - x_B|$);

- se i punti A e B appartengono entrambi ad uno dei piani coordinati (ad esempio $A(x_A, 0, z_A)$ e $B(x_B, 0, z_B)$ sono punti sul piano zx), la loro distanza si ricava dal ben noto Teorema di Pitagora (nell'esempio $\overline{AB} = \sqrt{(x_A - x_B)^2 + (z_A - z_B)^2}$);

- se A e B sono punti generici dello spazio, $A(x_A, y_A, z_A)$e $B(x_B, y_B, z_B)$, la loro distanza risulta, sempre utilizzando il Teorema di Pitagora, una generalizzazione della formula al punto precedente:
$\overline{AB} = \sqrt{(x_A - x_B)^2 + (y_A - y_B)^2 + (z_A - z_B)^2}$.

In conclusione, *la distanza di due punti è data dalla radice quadrata della somma dei quadrati delle differenze delle coordinate omonime.*

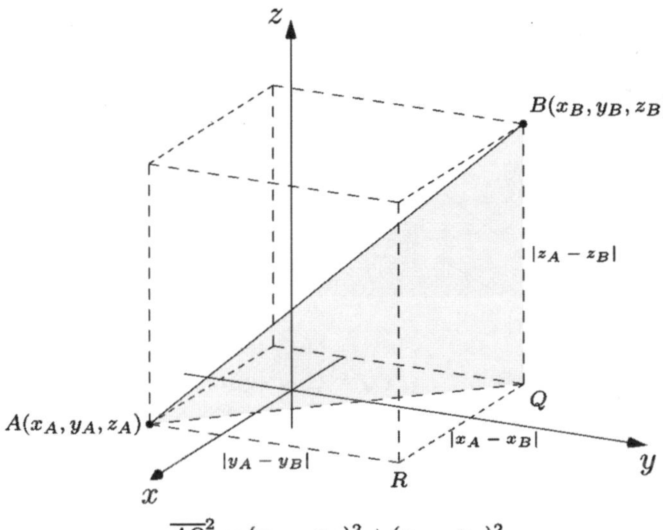

$$\overline{AQ}^2 = (x_A - x_B)^2 + (y_A - y_B)^2$$
$$\overline{AB}^2 = \overline{AQ}^2 + \overline{QB}^2 = (x_A - x_B)^2 + (y_A - y_B)^2 + (z_A - z_B)^2$$

Figura 1.6: Come determinare la distanza dei due punti A, B nello spazio. I punti Q ed R servono di supporto per effettuare la costruzione geometrica.

1.3.2 Punto medio

Siano dati i punti A e B (vedi Figura 1.7). Vogliamo determinare M, punto medio del segmento AB.

Proiettando M e B su piani paralleli a xy e passanti rispettivamente per A e per M si ottengono i due triangoli rettangoli AQM e MRB, congruenti. Da qui si ottiene che i cateti QM e RB hanno la stessa lunghezza e quindi che la quota di M è il valor medio delle quote di A e B (tener presente che Q ha la stessa quota di A, R ha la stessa quota di M).

Ripetendo la stessa costruzione su piani paralleli a yz e a zx si ottengono rispettivamente le formule analoghe per l'ascissa e l'ordinata di M.

Anche qui, come già per il calcolo della distanza, il risultato è una generalizzazione di quanto già noto nel piano: *le coordinate del punto medio di un segmento sono le medie aritmetiche delle omonime coordinate degli estremi del segmento.*

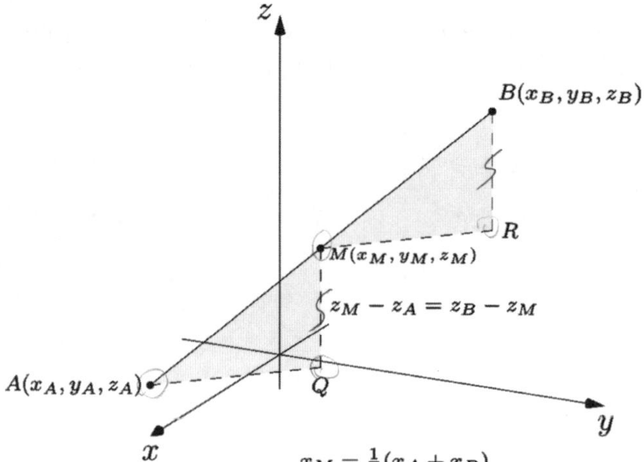

$$x_M = \frac{1}{2}(x_A + x_B)$$
$$y_M = \frac{1}{2}(y_A + y_B)$$
$$z_M = \frac{1}{2}(z_A + z_B)$$

Figura 1.7: Determinazione di M, punto medio del segmento AB. I punti Q ed R servono di supporto per effettuare la costruzione geometrica.

1.4 Vettori geometrici

Le grandezze fisiche (e fra queste sono comprese le grandezze che si usano in geometria) possono essere misurate. Ciò significa che per ogni tipo di grandezza (ad esempio la lunghezza) si fissa una grandezza campione detta unità di misura (per la lunghezza essa è il metro) e mediante confronto con essa si ottiene un numero detto misura.

In molti casi, la misura è sufficiente a dare tutte le informazioni necessarie sulla grandezza in esame.

Per altre grandezze occorre specificare, oltre alla misura, anche altre caratteristiche. Ad esempio dire che si è effettuato uno spostamento di $1km$ non descrive completamente lo spostamento: in quale direzione? Nord-Sud oppure Est-Ovest oppure un'altra ancora? Dichiarata la direzione (ad esempio Nord-Sud) resta infine da chiarire se lo spostamento è verso Sud oppure verso Nord, cioè è necessario specificare anche un verso.

Le grandezze del primo tipo sono dette *scalari*, quelle del secondo tipo *vettoriali*. Esempi di grandezze scalari sono l'area di una superficie o la massa di un corpo; esempi di grandezze vettoriali lo spostamento o la forza. In definitiva una grandezza scalare è descritta completamente da un numero (detto anche *uno scalare*), una grandezza vettoriale da *un vettore*.

1.4.1 Definizioni, simbologia, proprietà

Un vettore è un ente geometrico caratterizzato da una *intensità* (o modulo), una *direzione* e un *verso*. Un vettore si rappresenta con un *segmento orientato*, come illustrato in Figura 1.8.

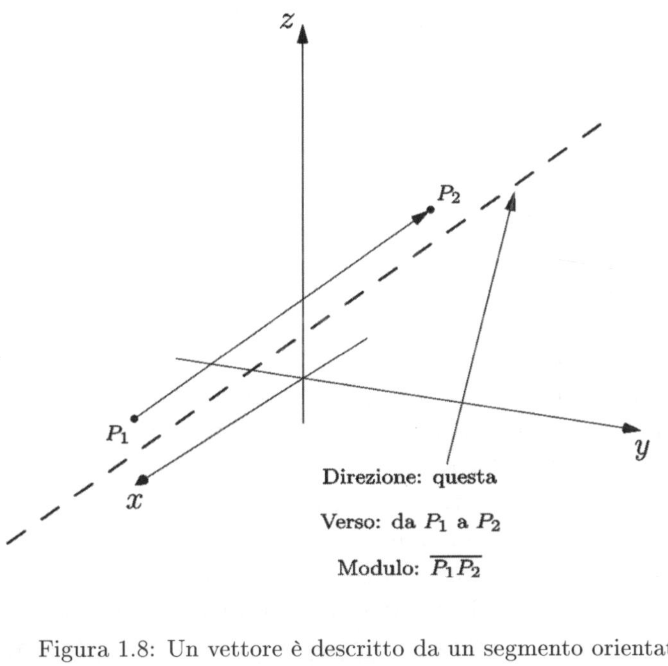

Figura 1.8: Un vettore è descritto da un segmento orientato.

La *direzione* del segmento è la *direzione del vettore*, il *verso* stabilisce un *verso di percorrenza* lungo tale direzione: dal punto iniziale P_1 si va al punto finale P_2. Per indicare il punto finale si disegna la freccia. La *lunghezza* del segmento è proporzionale al *modulo del vettore*, secondo una certa scala di rappresentazione. Se ad esempio si vuole rappresentare una velocità si può stabilire che $1mm$ di lunghezza corrisponda a $1m/s$.

A noi i vettori serviranno soprattutto per rappresentare spostamenti di punti, quindi il problema della scala può essere trascurato, supponendo che $1mm$ rappresenti sempre uno spostamento di $1mm$.

Un *vettore* viene di solito indicato con una lettera minuscola: in grassetto $\mathbf{v}$, oppure sormontata da una freccia $\vec{v}$, oppure sottolineata $\underline{v}$. Useremo di preferenza quest'ultima notazione essendo più semplice da scrivere a mano libera. Un'altra notazione si riferisce ai due punti estremi del vettore (per i quali useremo sempre lettere maiuscole) e si indica come differenza fra punto finale (secondo estremo) e punto iniziale (primo estremo) $P_2 - P_1$. Si legge quindi «P_2 meno P_1».

Il *modulo del vettore* è indicato col simbolo di vettore racchiuso fra due barre verticali (analogamente al modulo – o valore assoluto – di un numero), quindi $|\underline{v}|$.

Il *vettore opposto* di un vettore dato è un vettore che ha la stessa direzione e stesso modulo del vettore dato, ma verso opposto. Si indica anteponendo al simbolo del vettore dato il segno «$-$»oppure, nella notazione *differenza di punti*, scambiando i due estremi (quindi l'opposto di «P_2 meno P_1»è «P_1 meno P_2»).

Il *vettore nullo* $\underline{o}$ ha modulo uguale a 0, direzione e verso indeterminati.

1.4.2 Vettore libero e vettore applicato

I vettori come ora descritti sono enti indipendenti dalla loro rappresentazione, in particolare indipendenti dalla loro collocazione nello spazio.

Intendiamo con ciò che ogni coppia di punti, purché il segmento che li unisce abbia la stessa direzione lunghezza e verso, rappresenta lo stesso vettore. Esistono quindi infinite rappresentazioni di un dato vettore, ognuna corrispondente a una diversa posizione del suo punto iniziale. In questo caso, il vettore si dice *vettore libero*.

In certi casi occorre, oltre a definire un vettore, stabilire anche una particolare posizione del suo punto iniziale. Diciamo in tal caso che abbiamo un *vettore applicato* a tale punto. Ad esempio per identificare completamente l'effetto di una forza non basta definirne intensità, direzione e verso, si deve anche dire a quale corpo e in quale punto essa è applicata; si deve cioè definire un *vettore applicato*.

Quando un dato vettore viene applicato a un punto il suo secondo estremo è un punto univocamente determinato.

1.5 Vettori algebrici

1.5.1 Definizioni, simbologia, proprietà

Un vettore algebrico si definisce come un insieme ordinato di tre scalari (numeri), detti *le componenti* del vettore.

Indichiamo il vettore con una lettera minuscola in grassetto $\mathbf{v}$, sormontata da una freccia $\vec{v}$ oppure sottolineata $\underline{v}$ (di preferenza usiamo quest'ultima notazione).

Un altro modo di indicare un vettore è per enumerazione delle componenti, racchiuse fra parentesi ad angolo e separate da spazi o da virgole. Ad esempio mediante l'espressione $\underline{a} = \left\langle -3, \pi, 10^2 \right\rangle$ definiamo il vettore $\underline{a}$.

Simbolicamente le componenti vengono rappresentate con la stessa lettera usata per il vettore e con l'indice che ne indica la posizione. Quindi un generico vettore sarà rappresentato dall'espressione:

$$\underline{v} = \langle v_1, v_2, v_3 \rangle \,,$$

o più abitualmente:

$$\underline{v} = \langle v_x, v_y, v_z \rangle \,.$$

Di preferenza useremo quest'ultima notazione. Il *modulo* del vettore è definito come

$$|\underline{v}| = \sqrt{v_x^2 + v_y^2 + v_z^2},$$

Un *versore* è un vettore di modulo unitario.

Un *versore associato ad un vettore dato* $\underline{v}$ è così definito:

$$\text{vers}\underline{v} = \left\langle \frac{v_x}{|\underline{v}|}, \frac{v_y}{|\underline{v}|}, \frac{v_z}{|\underline{v}|} \right\rangle .$$

Il *vettore opposto* a un vettore dato è il vettore che ha le stesse componenti con segno cambiato, quindi $-\underline{v} = \langle -v_x, -v_y, -v_z \rangle$.

Il *vettore nullo* è il vettore che ha tutte le componenti nulle, quindi $\underline{o} = \langle 0, 0, 0 \rangle$. Il vettore nullo è l'unico che ha modulo nullo e che coincide col proprio opposto.

I *coseni direttori* sono tre numeri così definiti:

$$\begin{aligned} \cos\alpha &= \frac{v_x}{|\underline{v}|}, \\ \cos\beta &= \frac{v_y}{|\underline{v}|}, \\ \cos\gamma &= \frac{v_z}{|\underline{v}|}. \end{aligned}$$

1.5.2 Corrispondenza fra vettori algebrici e vettori geometrici

In base a quanto visto finora possiamo stabilire una corrispondenza fra vettore geometrico e vettore algebrico.

Dato un sistema cartesiano di riferimento, consideriamo un vettore geometrico $\underline{v}$. Sappiamo che esso è un ente definito dai tre parametri modulo-direzione-verso.

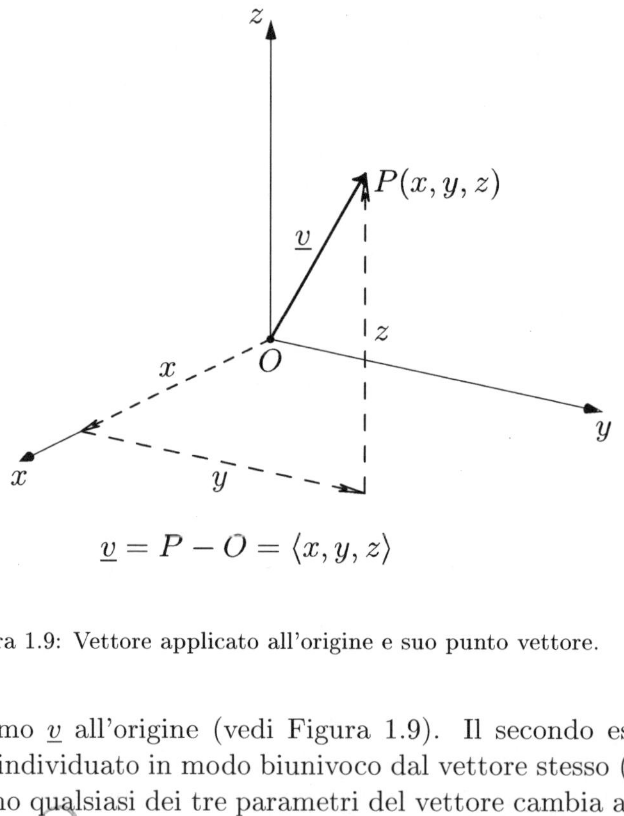

Figura 1.9: Vettore applicato all'origine e suo punto vettore.

Applichiamo $\underline{v}$ all'origine (vedi Figura 1.9). Il secondo estremo P del vettore è ora individuato in modo biunivoco dal vettore stesso (nel senso che cambiando uno qualsiasi dei tre parametri del vettore cambia anche il punto P, e viceversa). P si dice anche *punto rappresentatore* (o *punto vettore*) del vettore $\underline{v}$.

D'altra parte sappiamo che P è individuato, nuovamente in modo biunivoco, dalla terna ordinata x, y, z, coordinate cartesiane di P. Ma una terna ordinata di numeri altro non è che un vettore (algebrico) a tre componenti.

In conclusione si è stabilita una *corrispondenza biunivoca fra vettori nello spazio e vettori algebrici a tre componenti*. Possiamo quindi parlare senz'altro di vettore, intendendo indifferentemente sia la definizione geometrica che quella algebrica.

Naturalmente, se ci si riconduce a un piano (quindi a un mondo geometrico 2D), si può stabilire una corrispondenza biunivoca fra vettori algebrici a due componenti e vettori geometrici piani.

A questo punto, si possono interpretare algebricamente le caratteristiche del vettore geometrico. Precisamente:

- il modulo del vettore algebrico è l'intensità del vettore geometrico corrispondente (distanza di P da O, vedi Figura 1.9).

- Il vettore opposto a un vettore algebrico dato corrisponde a un vettore con verso opposto al vettore geometrico corrispondente.

- Un versore algebrico corrisponde ad un vettore geometrico di modulo 1. In particolare, i versori degli assi cartesiani si indicano con $\underline{i}$, $\underline{j}$ e $\underline{k}$ e algebricamente corrispondono a $\underline{i} = \langle 1, 0, 0\rangle$, $\underline{j} = \langle 0, 1, 0\rangle$, $\underline{k} = \langle 0, 0, 1\rangle$. Il versore vers$\underline{v}$ corrisponde ad un vettore avente la stessa direzione e verso del vettore geometrico $\underline{v}$ e intensità uguale a 1.

- I *coseni direttori*, $\cos\alpha$, $\cos\beta$, $\cos\gamma$, sono i coseni degli angoli α β γ che un vettore forma rispettivamente con gli assi x, y e z. Essi sono tre parametri che individuano in modo univoco la direzione e il verso del vettore.

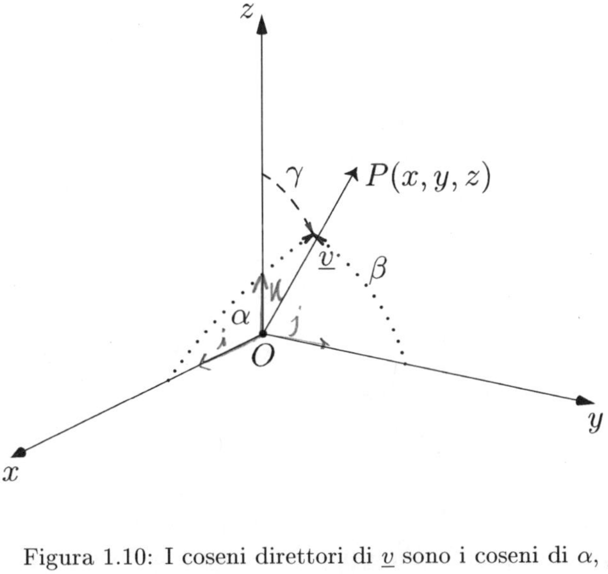

Figura 1.10: I coseni direttori di $\underline{v}$ sono i coseni di α, β, γ.

Con riferimento alla Figura 1.10 l'angolo α si definisce come segue: si prende l'asse x e lo si fa ruotare (nel piano vx) fino a farlo coincidere in direzione e verso col vettore $\underline{v}$. Tale rotazione deve essere la minima in valore assoluto (ossia quella che produce l'angolo α di ampiezza minima possibile). In tal modo α non può mai essere maggiore di un angolo piatto. Risulta inoltre che l'angolo che $-\underline{v}$ (ossia l'opposto di $\underline{v}$) forma con l'asse x è $\pi - \alpha$ (supplementare di α), per il quale vale la relazione $\cos(\pi - \alpha) = -\cos\alpha$.

Le stesse considerazioni valgono per β e γ; quindi: un vettore e il suo opposto hanno coseni direttori opposti.

1.6 Operazioni sui vettori

1.6.1 Addizione e Sottrazione

L'addizione di vettori è l'operazione che dà come risultato un vettore chiamato *vettore somma*. Per quanto riguarda la somma di due vettori geometrici, è ben nota la regola del parallelogramma. Precisamente, la somma $\underline{c}$ di due vettori $\underline{a}$ e $\underline{b}$ si ottiene come segue (vedi Figura 1.11): si applica il secondo addendo (vettore $\underline{b}$) al secondo estremo del primo addendo (vettore $\underline{a}$); il primo estremo del vettore somma è il primo estremo del primo addendo, il secondo estremo del vettore somma è il secondo estremo del secondo addendo.

Il vettore somma algebrico è dato da:

$$\begin{aligned} \underline{c} &= \underline{a} + \underline{b} \\ &= \langle a_x + b_x, a_y + b_y, a_z + b_z \rangle . \end{aligned}$$

In Figura 1.11 si mostra come la seconda componente c_y del vettore somma, ottenuto mediante la regola del parallelogramma, è data dalla somma delle seconde componenti degli addendi (ossia da $a_y + b_y$). La stessa costruzione può essere ripetuta per c_x e c_z. Ciò costituisce una verifica della corrispondenza fra definizione algebrica e costruzione geometrica del vettore somma di due vettori.

Le proprietà dell'addizione sono le stesse dell'addizione di numeri, fra cui:

1. Proprietà commutativa: $\underline{a} + \underline{b} = \underline{b} + \underline{a}$;
2. Proprietà associativa: $\underline{a} + (\underline{b} + \underline{c}) = (\underline{a} + \underline{b}) + \underline{c}$.

Grazie a quest'ultima proprietà possiamo definire la somma di un numero n qualsiasi di vettori. La Figura 1.12 illustra l'estensione della costruzione geometrica al caso di più di due vettori. Basta traslare di volta in volta ogni addendo in modo che il suo primo estremo coincida col secondo estremo della somma parziale ottenuta fino a quel punto. Ripetutamente applicata questa regola fornisce il vettore somma quando si sono esauriti tutti gli addendi.

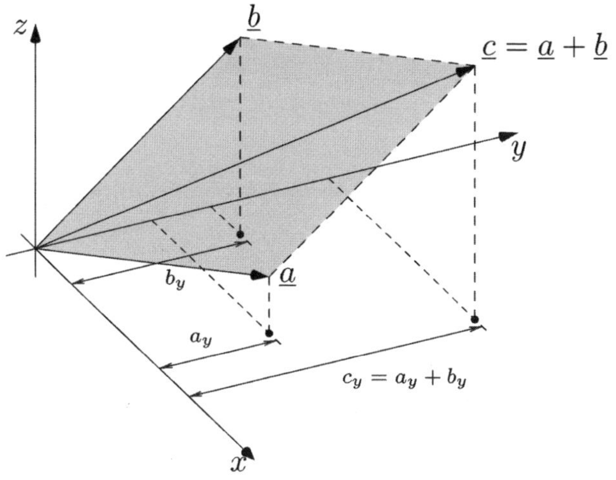

Figura 1.11: La somma di due vettori si ottiene mediante una semplice costruzione geometrica. (Qui si verifica geometricamente la sola componente c_y).

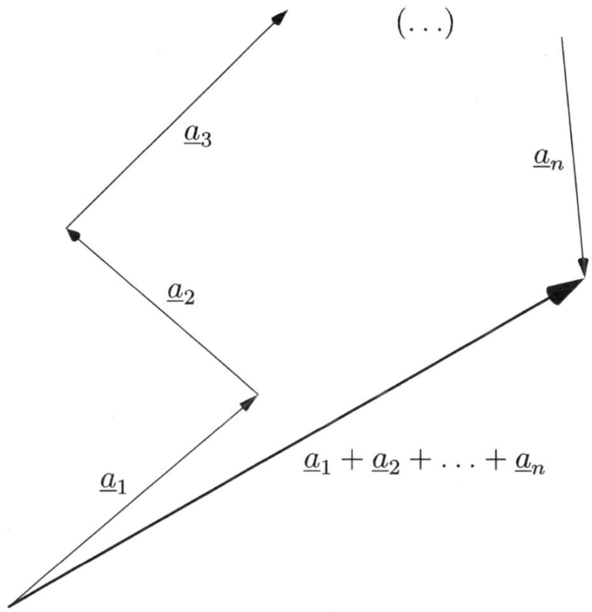

Figura 1.12: Costruzione geometrica della somma di n vettori.

Il corrispondente vettore algebrico somma è dato da:

$$\begin{aligned} \underline{s} &= \underline{a}_1 + \cdots + \underline{a}_n \\ &= \big\langle (a_{1_x} + \cdots + a_{n_x}), (a_{1_y} + \cdots + a_{n_y}), (a_{1_z} + \cdots + a_{n_z}) \big\rangle . \end{aligned}$$

La sottrazione di vettori è l'operazione che dà come risultato un vettore chiamato *vettore differenza*. Per i vettori geometrici la differenza si ottiene come segue (vedi Figura 1.13): La prima diagonale del parallelogramma

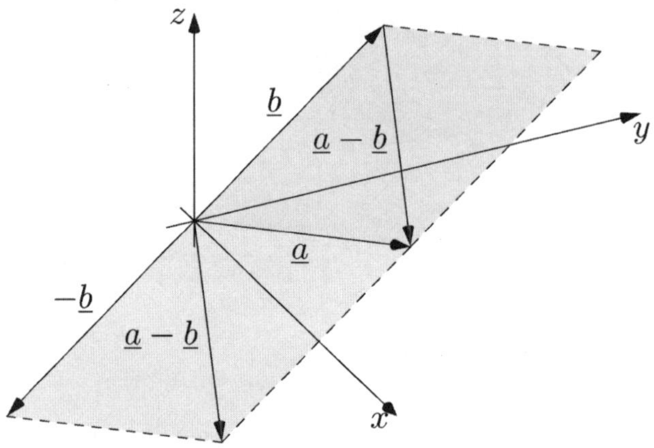

Figura 1.13: La differenza di due vettori è data dalla diagonale secondaria del parallelogramma costruito sui due vettori.

(quella che unisce il primo estremo di un vettore-lato col secondo estremo dell'altro vettore-lato) fornisce il vettore somma di due vettori. L'altra diagonale fornisce il vettore differenza ($\underline{a} - \underline{b}$ evidenziato in figura; se percorsa nel verso opposto la stessa diagonale fornisce il vettore opposto, ossia $\underline{b} - \underline{a}$).

Interpretandolo algebricamente otteniamo che la sottrazione di due vettori algebrici $\underline{a}$ e $\underline{b}$ è l'addizione del primo vettore (minuendo) e dell'opposto del secondo vettore (sottraendo) e dà come risultato il vettore differenza:

$$\underline{a} - \underline{b} = \underline{a} + (-\underline{b}) = \langle a_x - b_x, a_y - b_y, a_z - b_z \rangle$$

.

1.6.2 Moltiplicazione di un vettore per uno scalare

La moltiplicazione di un vettore per uno scalare è l'operazione che non altera la direzione del vettore stesso, ma solo la sua intensità e verso.

Algebricamente, dato un vettore $\underline{a} = \langle a_x, a_y, a_z \rangle$ e uno scalare b si ottiene come risultato il vettore $\underline{v} = b\underline{a} = \langle ba_x, ba_y, ba_z \rangle$.
Se $b = -1$ si ottiene il vettore opposto $-\underline{a}$. Se $b = 1/|\underline{a}|$ si ottiene vers$\underline{a}$. Sui vettori geometrici l'operazione produce un effetto di «stiramento»oppure di «compressione», come illustrato in Figura 1.14. Di conseguenza *vettori*

algebrici aventi componenti proporzionali hanno come corrispondenti *vettori geometrici paralleli.*

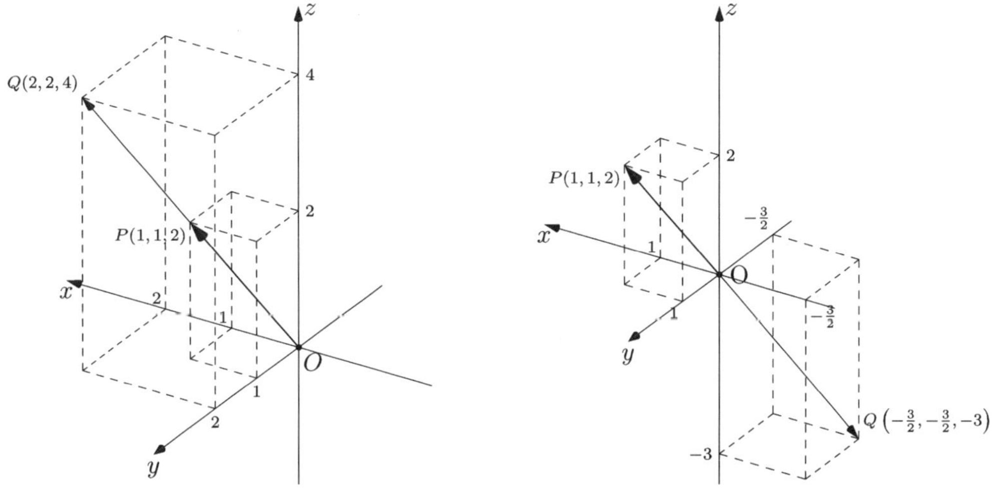

Figura 1.14: Il prodotto del vettore $P - O$ per uno scalare genera un vettore $Q - O$ parallelo. Se lo scalare è negativo il verso del vettore cambia.

1.6.3 Prodotto scalare

A differenza del prodotto considerato precedentemente in cui un fattore era un vettore e l'altro uno scalare, in questo prodotto (e nel successivo) i due fattori sono entrambi vettori.

Il prodotto scalare di due vettori $\underline{a}$ e $\underline{b}$ è un'operazione che ha come risultato lo scalare seguente:

$$\underline{a} \bullet \underline{b} = |\underline{a}|\,|\underline{b}| \cos \alpha$$

dove α è l'angolo formato dai due vettori. La scrittura $\underline{a} \bullet \underline{b}$ si legge «a scalare b»[1].

Algebricamente, si può dimostrare che vale la seguente relazione

$$\underline{a} \bullet \underline{b} = a_x b_x + a_y b_y + a_z b_z$$

[1] Il simbolo di prodotto scalare non è universalmente usato. In alcuni testi si può trovare il simbolo $\times$.
Nei testi di lingua inglese è comune il simbolo da noi usato e il prodotto scalare è anche chiamato «dot product».

Dunque *condizione necessaria e sufficiente perché due vettori siano ortogonali* [1] *è che si annulli il loro prodotto scalare.*

Le proprietà del prodotto scalare sono:

1. Proprietà commutativa: $\underline{a} \bullet \underline{b} = \underline{b} \bullet \underline{a}$;
2. Proprietà distributiva rispetto alla somma: $\underline{a} \bullet (\underline{b} + \underline{c}) = \underline{a} \bullet \underline{b} + \underline{a} \bullet \underline{c}$.

Non ha senso invece la proprietà associativa, dato che il prodotto scalare di un vettore per un prodotto scalare è un'espressione priva di significato.

1.6.4 Prodotto vettore

Il prodotto vettore di due vettori $\underline{a}$ e $\underline{b}$ è un vettore che si indica come $\underline{a} \times \underline{b}$, si legge «a vettore b»[2] e si determina come segue:

1. Direzione: perpendicolare sia ad $\underline{a}$ che a $\underline{b}$;
2. Verso: tale che $\underline{a}$, $\underline{b}$, $\underline{a} \times \underline{b}$ formino nell'ordine una terna destra;
3. Modulo: $|\underline{a}|\,|\underline{b}|\,|\sin\alpha|$ dove α è l'angolo formato dai due vettori.

Algebricamente interpretato, si può dimostrare che tale vettore ha come componenti

$$\underline{a} \times \underline{b} = \langle a_y b_z - a_z b_y, a_z b_x - a_x b_z, a_x b_y - a_y b_x \rangle \,.$$

Le proprietà del prodotto vettore sono:

1. Proprietà anticommutativa: $\underline{a} \times \underline{b} = -\underline{b} \times \underline{a}$;
2. Proprietà distributiva rispetto alla somma: $\underline{a} \times (\underline{b} + \underline{c}) = \underline{a} \times \underline{b} + \underline{a} \times \underline{c}$.

Non vale invece la proprietà associativa: i due vettori $\underline{a} \times (\underline{b} \times \underline{c})$ e $(\underline{a} \times \underline{b}) \times \underline{c}$ sono in genere diversi.

Un'interessante applicazione è il calcolo dell'area del parallelogramma costruito su due vettori, determinata attraverso il modulo del loro prodotto vettore. Con riferimento alla Figura 1.15 abbiamo:

- area parallelogramma OACB $= |\underline{a} \times \underline{b}|$;
- area triangolo OAB $= \frac{1}{2}\,|\underline{a} \times \underline{b}|$.

[1] Due vettori sono ortogonali quando hanno direzioni perpendicolari, quindi $\cos\alpha = 0$

[2] Il simbolo di prodotto vettore non è universalmente usato. In alcuni testi si può trovare il simbolo $\wedge$.
Nei testi di lingua inglese è comune il simbolo da noi usato e il prodotto vettore è anche chiamato «cross product».

1. Direzione: perpendicolare sia ad $\underline{a}$ che a $\underline{b}$;
2. Verso: tale che $\underline{a}$, $\underline{b}$, $\underline{a} \times \underline{b}$ formino nell'ordine una terna destra;
3. Modulo: $|\underline{a}|\,|\underline{b}|\,|\sin\alpha|$ dove α è l'angolo formato dai due vettori.

Algebricamente interpretato, si può dimostrare che tale vettore ha come componenti

$$\underline{a} \times \underline{b} = \langle a_y b_z - a_z b_y, a_z b_x - a_x b_z, a_x b_y - a_y b_x \rangle \,.$$

Le proprietà del prodotto vettore sono:

1. Proprietà anticommutativa: $\underline{a} \times \underline{b} = -\underline{b} \times \underline{a}$;
2. Proprietà distributiva rispetto alla somma: $\underline{a} \times (\underline{b} + \underline{c}) = \underline{a} \times \underline{b} + \underline{a} \times \underline{c}$.

Non vale invece la proprietà associativa: i due vettori $\underline{a} \times (\underline{b} \times \underline{c})$ e $(\underline{a} \times \underline{b}) \times \underline{c}$ sono in genere diversi.

Un'interessante applicazione è il calcolo dell'area del parallelogramma costruito su due vettori, determinata attraverso il modulo del loro prodotto vettore. Con riferimento alla Figura 1.16 abbiamo:

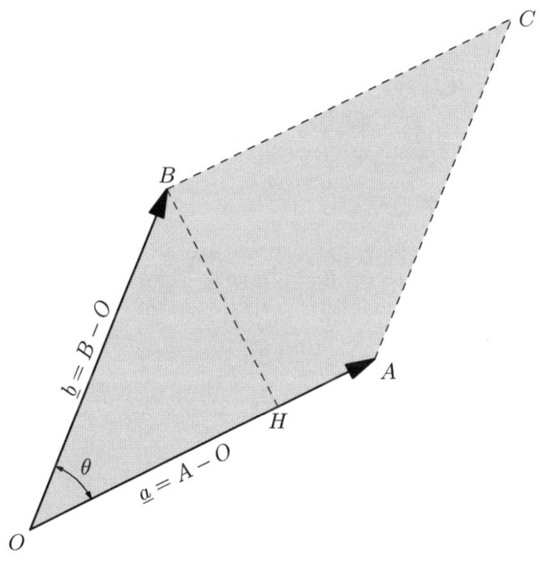

Figura 1.16: Determinazione dell'area del parallelogramma $OACB$ mediante il prodotto vettore: $\overline{BH} = |\underline{b}|\,|\sin\theta|$. Per cui $\mathcal{A}_{OACB} = |\underline{a}|\,\overline{BH} = |\underline{a}|\,|\underline{b}|\,|\sin\theta| = |\underline{a} \times \underline{b}|$.

- area parallelogramma OACB $= |\underline{a} \times \underline{b}|$;
- area triangolo OAB $= \frac{1}{2}\,|\underline{a} \times \underline{b}|$.

1.6.6 Prodotto misto

Dati tre vettori $\underline{a}$ $\underline{b}$ $\underline{c}$ il loro prodotto misto, o doppio prodotto misto, è lo scalare

$$\underline{a} \times \underline{b} \bullet \underline{c}.$$

Un significato geometrico notevole del doppio prodotto misto, illustrato in Figura 1.17, è che il suo valore assoluto è uguale al volume del parallelepipedo costruito sui tre vettori (ossia avente come lati i tre vettori, applicati a un punto comune).

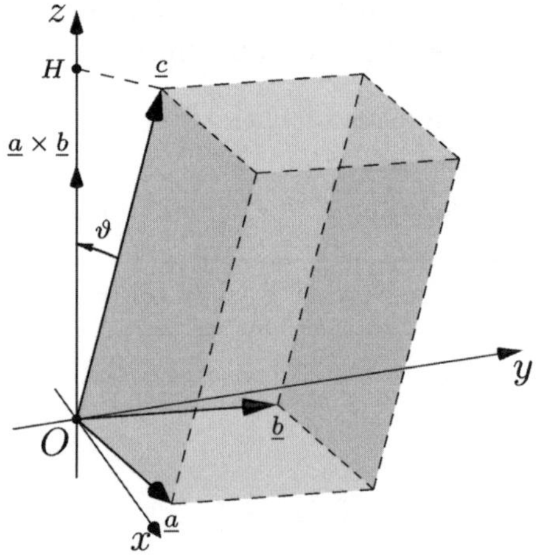

Figura 1.17: Il volume del parallelepipedo costruito su tre vettori è dato dal valore assoluto del loro prodotto misto. Infatti $\mathcal{A}_{base} = |\underline{a} \times \underline{b}|, \overline{OH} = |\underline{c}||\cos\vartheta|$. Per cui $V = \mathcal{A}_{base} \cdot \overline{OH} = |\underline{a} \times \underline{b}||\underline{c}||\cos\vartheta| = |\underline{a} \times \underline{b} \bullet \underline{c}|$.

1.7 Combinazione lineare di vettori

1.7.1 Scomposizione di un vettore geometrico secondo tre assi

Per scomposizione di un vettore secondo tre assi intendiamo la determinazione di tre vettori di direzione prefissata, tali che la loro somma sia il vettore dato. Precisamente, siano dati il vettore $\underline{v} = B - A$ e tre rette, r_1, r_2 e r_3,

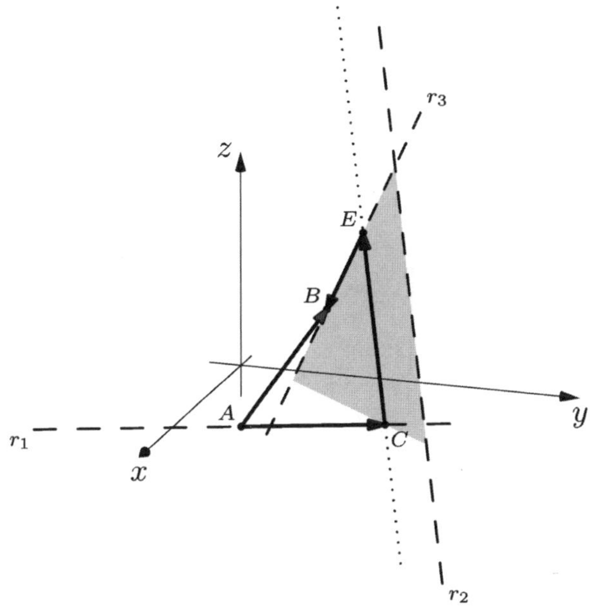

Figura 1.18: Scomposizione di un vettore secondo i tre assi r_1 r_2 r_3 .

non parallele e non complanari. Orientiamo le tre rette mediante tre versori $\underline{i}_1$, $\underline{i}_2$ e $\underline{i}_3$ ottenendo così tre assi. Si vogliono determinare tre vettori aventi rispettivamente le direzioni di r_1 r_2 r_3, tali che la loro somma sia $\underline{v}$.

Si risolve il problema secondo la seguente costruzione: imponendo che la retta r_1 passi per A, la retta r_3 passi per B e la retta r_2 passi per un punto qualunque di r_3, per l'ipotesi di non complanarità di r_1, r_2 e r_3, r_1 interseca il piano determinato da r_2 e r_3 in un unico punto C. La retta r_2 per C interseca r_3 in E.

La spezzata $A - C - E - B$ risolve il problema. Osserviamo che, scambiando i ruoli di r_1, r_2 e r_3, cambia la costruzione geometrica ma non il risultato finale. Se ne conclude che in 3D un vettore è sempre *scomponibile in modo univoco secondo tre assi* dati, non paralleli e non complanari.

Se $C - A = \underline{v}_1$, $E - C = \underline{v}_2$ e $B - E = \underline{v}_3$ ne segue che $\underline{v} = \underline{v}_1 + \underline{v}_2 + \underline{v}_3$. Essendo $\underline{i}_1$, $\underline{i}_2$ e $\underline{i}_3$ i versori dei tre assi, segue che $\underline{v} = \underline{i}_1 v_1 + \underline{i}_2 v_2 + \underline{i}_3 v_3$ dove gli scalari v_1, v_2 e v_3 sono detti *le componenti* di $\underline{v}$ nelle tre direzioni, mentre i vettori $\underline{v}_1$, $\underline{v}_2$ e $\underline{v}_3$ sono *i componenti* di $\underline{v}$ nelle tre direzioni.

Come caso particolare (ma molto importante) della scomposizione di un generico vettore $\underline{v}$ secondo tre assi, consideriamo la sua scomposizione secondo i tre assi cartesiani. La Figura 1.19 rappresenta tale scomposizione.

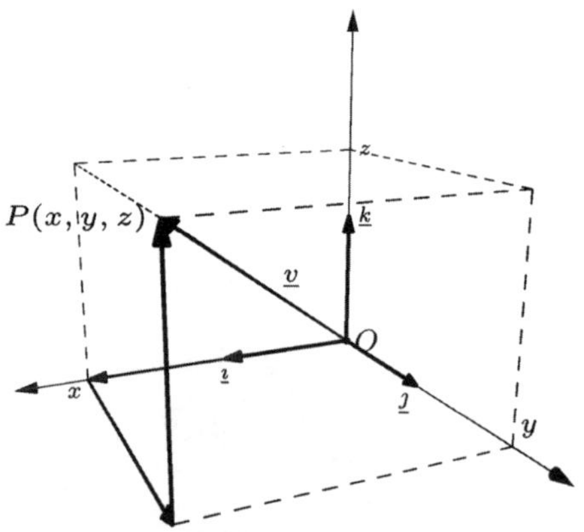

Figura 1.19: Componenti cartesiani del vettore $\underline{v} = P - O$.

Le tre componenti v_x, v_y, v_z sono dette *le componenti cartesiane* del vettore $\underline{v}$ e sono le coordinate cartesiane di P, punto vettore di $\underline{v}$. I tre vettori $\underline{v}_x$, $\underline{v}_y$, $\underline{v}_z$ sono *i componenti cartesiani* di $\underline{v}$.

1.7.2 Combinazione lineare di vettori algebrici

Per interpretare algebricamente la scomposizione del paragrafo precedente introduciamo il concetto di combinazione lineare di vettori. Sia dato un insieme di n vettori $\underline{i}_1, ;\underline{i}_2, \cdots \underline{i}_n$ e un insieme di altrettante costanti (scalari) $v_1; v_2; \cdots ; v_n$.

Si chiama *combinazione lineare dei vettori dati per gli scalari dati* il vettore

$$\sum_{j=1}^{n} v_j \underline{i}_j = v_1 \underline{i}_1 + v_2 \underline{i}_2 + \cdots + v_n \underline{i}_n.$$

Nel paragrafo precedente abbiamo visto che un qualunque vettore $\underline{v}$ può essere scomposto lungo tre direzioni non parallele né complanari. I vettori $\underline{i}_1$,

$\underline{i}_2$ e $\underline{i}_3$ che identificano tali direzioni sono detti *linearmente indipendenti* [1]; il fatto che devono avere direzioni diverse e non essere complanari corrisponde alla condizione: $\underline{i}_1 \bullet \underline{i}_2 \times \underline{i}_3 \neq 0$.

Possiamo quindi affermare che se $\underline{i}_1$, $\underline{i}_2$ e $\underline{i}_3$ sono linearmente indipendenti esiste ed è unica la soluzione dell'equazione vettoriale $\underline{v} = \underline{i}_1 v_1 + \underline{i}_2 v_2 + \underline{i}_3 v_3$ in cui l'incognita è il vettore algebrico $\langle v_1, v_2, v_3 \rangle$. Tale equazione equivale al sistema di equazioni scalari

$$\begin{cases} v_x = i_{1x} v_1 + i_{2x} v_2 + i_{3x} v_3 \\ v_y = i_{1y} v_1 + i_{2y} v_2 + i_{3y} v_3 \\ v_z = i_{1z} v_1 + i_{2z} v_2 + i_{3z} v_3 \end{cases}$$

la cui soluzione è un'unica terna di valori v_1, v_2, v_3.

1.8 Punti e operazioni su di essi

Dato un sistema di riferimento cartesiano, abbiamo visto che gli elementi di una terna (una coppia in 2D) ordinata di valori possono essere interpretati sia come componenti di un vettore che come coordinate di un punto e che quindi esiste una corrispondenza biunivoca fra vettori applicati all'origine e punti.

Si potrebbe quindi pensare di effettuare sulle terne (coppie) in questione le operazioni di addizione e sottrazione viste per i vettori ottenendo come risultato (nel caso della prima interpretazione) un vettore, oppure un punto (nel caso della seconda interpretazione). Tuttavia, nel caso della seconda interpretazione, ciò è errato in quanto l'addizione e sottrazione di punti non forniscono il risultato atteso.

Vediamo perché: con riferimento alla Figura 1.20 effettuiamo le operazioni seguenti:

1. usando la regola del parallelogramma determiniamo la somma $\underline{a} + \underline{b}$ di due vettori definiti come $\underline{a} = A - O$, $\underline{b} = B - O$. Spostando l'origine del sistema di riferimento (vedi Figura 1.20) il parallelogramma e il risultato cambiano, anche se i punti A e B non cambiano.

2. usando la regola del parallelogramma determiniamo la differenza $\underline{b} - \underline{a}$ di due vettori definiti come al punto precedente. Spostando l'origine del sistema di riferimento il parallelogramma cambia ma la sua diagonale secondaria $\underline{b} - \underline{a}$ rimane la stessa.

[1] La lineare indipendenza equivale al fatto che non è possibile scomporre uno qualsiasi dei tre vettori secondo le direzioni degli altri due.

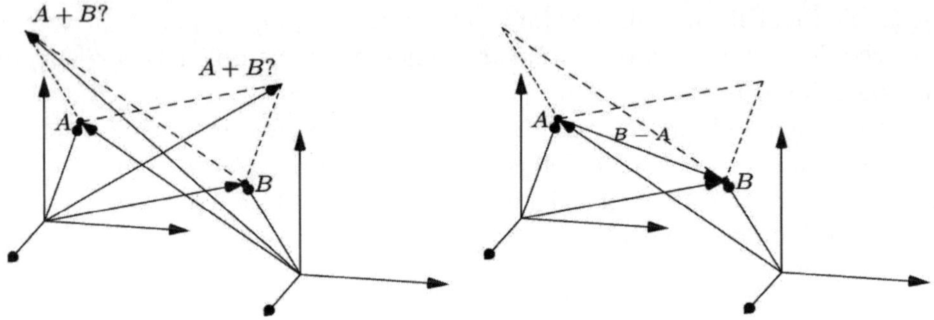

Figura 1.20: Addizione e sottrazione fra punti.

Se ne conclude che l'addizione tra due punti $A + B$ è un'operazione non definita, dato che il risultato è una terna (una coppia nel piano) di valori che dipende non solo dai due punti dati ma anche dalla posizione del sistema di riferimento.

Mentre la differenza di due punti $B - A$, non influenzata dalla nuova posizione dell'origine, fornisce un unico risultato che è il vettore $B - A$. Ciò giustifica la rappresentazione di un vettore come differenza di punti.

Considerazioni analoghe valgono anche per l'operazione di prodotto per uno scalare (che punto è il doppio di un punto dato? Dipende da dove sta l'origine).

Un altro modo, leggermente diverso, di svolgere le considerazioni sopra viste può essere il seguente. Sia il punto che il vettore equivalgono a un vettore algebrico, tuttavia il punto corrisponde a un vettore applicato all'origine, quindi la sua intensità e le operazioni effettuate su di esso dipendono dalla posizione dell'origine. Ciò non vale per il vettore che, essendo un vettore libero, non dipende dalla posizione dell'origine.

In conclusione possiamo enunciare le seguenti regole:

- l'addizione di punti è un'operazione indeterminata;
- il prodotto di un punto per uno scalare è un'operazione indeterminata;
- la combinazione lineare di punti è un'operazione indeterminata;
- la differenza di due punti è un vettore;
- la somma di un punto e di un vettore è un punto.

1.9 Combinazioni baricentriche

Abbiamo visto che la combinazione lineare di punti è un'operazione illecita (perché indeterminata). Esistono tuttavia due casi in cui tale operazione è possibile.

Supponiamo di avere un insieme di n punti $P_1\ P_2 \dots P_n$ e di n scalari α_1 $\alpha_2 \dots \alpha_n$, se

- $\alpha_1+\alpha_2+\cdots+\alpha_n = 0$, la combinazione lineare $\alpha_1 P_1+\alpha_2 P_2+\cdots+\alpha_n P_n$ definisce univocamente un vettore (è un'estensione della differenza di punti);
- $\alpha_1 + \alpha_2 + \cdots + \alpha_n = 1$, allora la combinazione lineare $\alpha_1 P_1 + \alpha_2 P_2 + \cdots + \alpha_n P_n$ è detta baricentrica e dà origine ad un punto.

Concentriamo la nostra attenzione su questo secondo caso e verifichiamo quanto affermato.

Essendo la differenza di due punti un vettore, la somma di un punto e un vettore è un punto $B + \underline{v} = A$. Pertanto, considerando una combinazione baricentrica $\alpha_1 P_1 + \alpha_2 P_2 + \cdots + \alpha_n P_n$ vale la seguente uguaglianza:

$$\begin{aligned}
&\alpha_1 P_1 + \alpha_2 P_2 + \cdots + \alpha_n P_n = \\
&\quad = P_1 + \alpha_1 P_1 + \alpha_2 P_2 + \cdots + \alpha_n P_n - P_1 \\
&\quad = P_1 + \alpha_1 P_1 + \alpha_2 P_2 + \cdots + \alpha_n P_n - (\alpha_1 P_1 + \alpha_2 P_1 + \cdots + \alpha_n P_1) \\
&\quad = P_1 + \alpha_2(P_2 - P_1) + \alpha_3(P_3 - P_1) + \cdots + \alpha_n(P_n - P_1)
\end{aligned}$$

Se ne conclude che una combinazione baricentrica è la somma di un punto e di un vettore, quindi è un punto.

Un'interpretazione fisica del problema è la seguente: dati un insieme di n masse puntiformi («punti pesanti»), situate nei punti P_i e aventi pesi w_i, $i = 1, \dots, n$, il loro baricentro G è la combinazione baricentrica dei punti P_i attraverso i coefficienti α_i con $\alpha_i = \dfrac{w_i}{w_1 + w_2 + \cdots + w_n}$.

1.9.1 Combinazioni convesse

Una combinazione lineare baricentrica di punti $P_1\ P_2 \dots P_n$ e di scalari α_1 $\alpha_2 \dots \alpha_n$, $\alpha_1 P_1 + \alpha_2 P_2 + \cdots + \alpha_n P_n$ si dice convessa se ogni $\alpha_i \geq 0$.

Si definisce *Convex hull* (o *inviluppo convesso*) di un insieme di punti il luogo delle loro combinazioni baricentriche convesse.

Formalmente un punto P appartiene al Convex hull di P_1, P_2, ..., P_n, se

$$P = \sum_{i=1}^{n} \alpha_i P_i \qquad \text{con} \qquad \sum_{i=1}^{n} \alpha_i = 1 \qquad \alpha_i \geq 0$$

Nel caso in cui abbiamo due o più punti distinti (l'unico caso interessante in pratica) il loro Convex hull è sempre un insieme infinito di punti ed è, geometricamente, un insieme convesso. Precisamente come illustrato in Figura 1.21, un insieme si dice convesso se qualunque coppia di punti appartenenti all'insieme può essere collegata da un segmento i cui punti appartengono tutti all'insieme. Se ciò non avviene (se cioè è possibile unire due punti dell'insieme con un segmento che non è interamente contenuto nell'insieme stesso) l'insieme è non convesso.

Nel piano i poligoni regolari sono figure convesse. Un triangolo (anche se non regolare) è sempre convesso. Un poligono con più di tre vertici (ad es. un quadrilatero) può essere non convesso.

1.9.2 *Convex hull*

Il Convex hull di un insieme di n punti complanari è un poligono convesso che può essere determinato mediante la cosiddetta «analogia dell'anello elastico»,

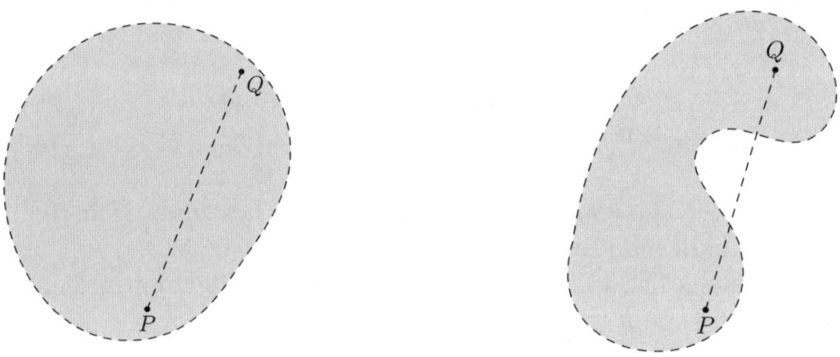

Figura 1.21: Insiemi convessi e non convessi.

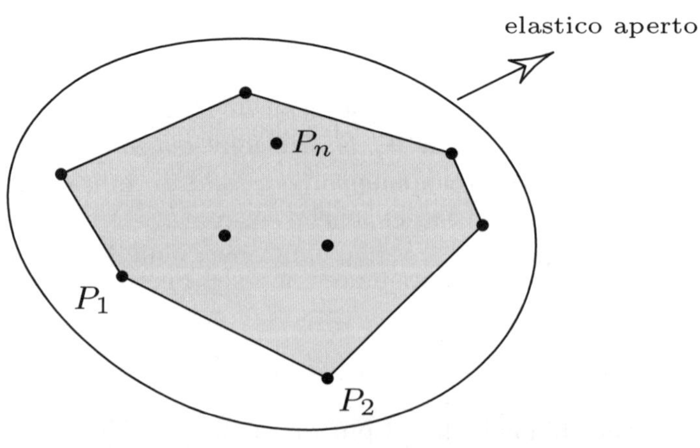

Figura 1.22: L'analogia dell'anello elastico: il Convex hull degli n punti nel piano è determinato con un elastico che si avvolge attorno ai punti.

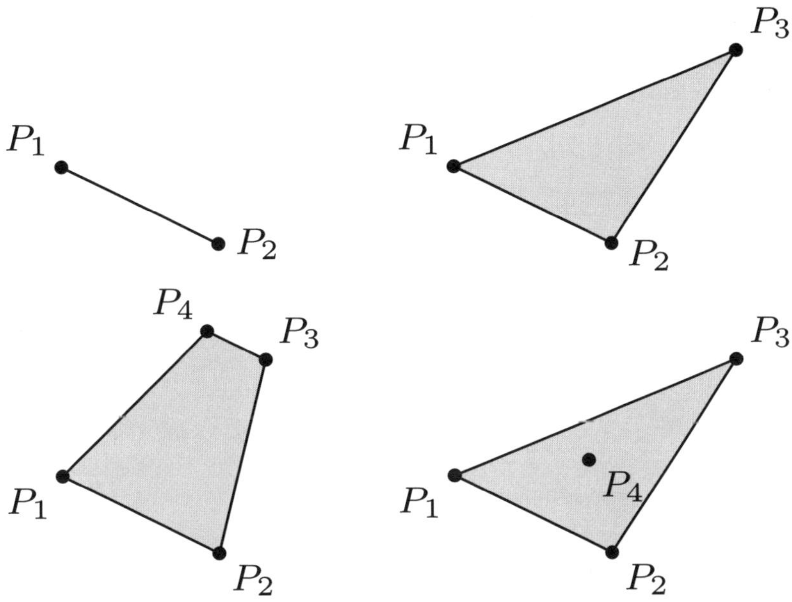

Figura 1.23: Convex hull di punti nel piano.

illustrata in Figura 1.22.

Supponiamo di avere un oggetto fisico formato da oggetti puntiformi (ad esempio chiodi piantati nel piano) e di tenere aperto l'anello elastico (un comune elastico da ufficio) in modo che tutti gli oggetti rimangano all'interno; quando si rilascia l'elastico esso si chiude attorno agli oggetti disponendosi secondo il perimetro del Convex hull, che risulta essere un poligono convesso. Notiamo che i punti interni (quelli che non vengono a contatto con l'elastico) non hanno influenza sulla forma del Convex hull.

Come casi particolari abbiamo (vedi Figura 1.23):

- il Convex hull di due punti è il segmento che li congiunge;
- il Convex hull di tre punti non allineati è il triangolo avente per vertici i tre punti;
- il Convex hull di quattro punti complanari non allineati può essere un triangolo oppure un quadrilatero, a seconda che il quadrilatero da essi definito sia convesso o no.

L'analogia dell'anello elastico vale se tutti i punti stanno su uno stesso piano. Nel caso di punti non complanari il Convex hull è una figura solida più complessa, ma è comunque un solido convesso (ossia: presi due punti qualsiasi del Convex hull, il segmento che li congiunge è sempre interno al Convex hull stesso).

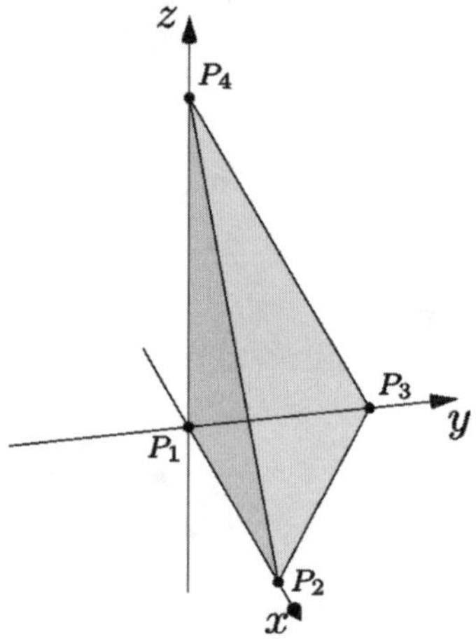

Figura 1.24: Il Convex hull di quattro punti non complanari è il tetraedro costruito sui punti.

Nel caso particolare di quattro punti non complanari il Convex hull è il tetraedro (piramide a base triangolare) costruito sui quattro punti, come schematizzato in Figura 1.24.

1.10 Generalizzazione a n componenti

1.10.1 Definizioni, simbologia, proprietà

Definiamo *vettore algebrico di ordine* n un insieme ordinato di n scalari (numeri), detti *le componenti* del vettore:

$$\underline{v} = \langle v_1, v_2, \ldots, v_n \rangle .$$

Il *modulo* (o intensità) del vettore è definito come

$$|\underline{v}| = \sqrt{v_1^2 + v_2^2 + \cdots + v_n^2}.$$

In base a questa generalizzazione i vettori finora visti sono vettori di ordine 3; essi hanno un'interpretazione geometrica in 3D (ossia corrispondono a vettori geometrici nello spazio). Come caso particolare vettori di ordine 2 hanno un'interpretazione geometrica in 2D (ossia corrispondono a vettori piani), mentre vettori di ordine maggiore di 3 non hanno significato geometrico.

1.10.2 Operazioni sui vettori: Addizione, Sottrazione e Prodotto Scalare

L'addizione di vettori è l'operazione che dà come risultato un vettore chiamato somma:

$$\underline{s} = \underline{a} + \underline{b} + \underline{c} = \langle (a_1 + b_1 + c_1), (a_2 + b_2 + c_2), \ldots, (a_n + b_n + c_n) \rangle .$$

La sottrazione di vettori è l'operazione che dà come risultato un vettore chiamato differenza:

$$\underline{a} - \underline{b} = \underline{a} + (-\underline{b}).$$

Il prodotto scalare dei due vettori di ordine n, $\underline{a}$ $\underline{b}$ è lo scalare

$$\underline{a} \bullet \underline{b} = a_1 b_1 + a_2 b_2 + \cdots + a_n b_n$$

Da queste definizioni risulta che l'addizione, la sottrazione e il prodotto scalare sono possibili solo fra *vettori omogenei*, ossia vettori che hanno tutti lo stesso numero di componenti. Si estendono a vettori di ordine n tutte le proprietà delle operazioni che valgono per vettori di ordine 3.

Il prodotto di uno scalare a per un vettore $\underline{v}$ si definisce come

$$a\underline{v} = \langle av_1, av_2, \ldots, av_n \rangle .$$

Si noti tuttavia che per dimensione $n \neq 3$ non esiste un analogo del prodotto vettore $\times$.

Esercizi

Esercizio 1.1 *Dati i punti $A(7,-3,-2)$ e $B(3,0,-2)$, determinare:*

1. *il punto medio M del segmento AB;*
2. *la distanza del punto M dall'origine.*

1. $M\left(\frac{7+3}{2},\frac{-3+0}{2},\frac{-2+(-2)}{2}\right) \Rightarrow M\left(5,-\frac{3}{2},-2\right)$;
2. indicata con $\overline{MO}$ la distanza del punto M dal punto O

$$\begin{aligned}\overline{MO} &= \sqrt{(5-0)^2+\left(-\frac{3}{2}-0\right)^2+(-2-0)^2}\\ &= \sqrt{(5)^2+\left(-\frac{3}{2}\right)^2+(-2)^2} = \sqrt{25+\frac{9}{4}+4} = \sqrt{\frac{125}{4}} = \frac{5}{2}\sqrt{5}.\end{aligned}$$

Esercizio 1.2 *Dato il vettore $\underline{v}=\langle -4,3,0\rangle$, determinare*

1. *il modulo del vettore $\underline{v}$;*
2. *il vettore opposto al vettore $\underline{v}$;*
3. *il versore associato al vettore $\underline{v}$.*

1. $|\underline{v}| = \sqrt{v_x^2+v_y^2+v_z^2} = \sqrt{(-4)^2+(3)^2+(0)^2} = \sqrt{16+9+0} = \sqrt{25} = 5$;
2. $-\underline{v} = \langle 4,-3,0\rangle$;
3. $\text{vers}\underline{v} = \frac{\underline{v}}{|\underline{v}|} = \left\langle -\frac{4}{5},\frac{3}{5},0\right\rangle$.

Esercizio 1.3 *Dati i vettori $\underline{a}$, $\underline{b}$ e $\underline{c}$ in Figura 1.25 determinare graficamente il vettore somma $\underline{d}$.*

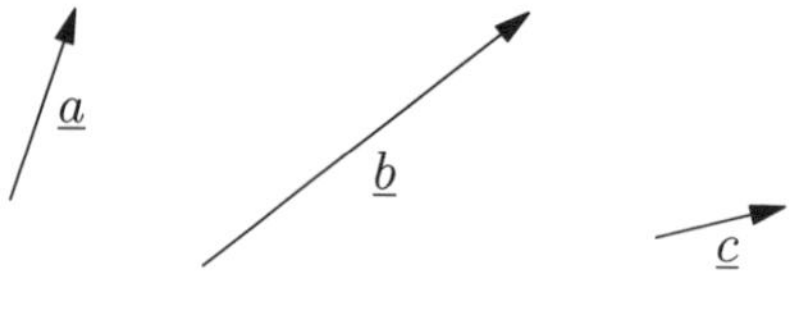

Figura 1.25

Applicando il secondo vettore addendo $\underline{b}$ al secondo estremo del primo (ossia $\underline{a}$) e applicando il terzo vettore addendo $\underline{c}$ al secondo estremo del vettore così ottenuto si ottiene il vettore somma $\underline{d}$ come segmento orientato con primo estremo sul primo di $\underline{a}$ e secondo estremo sul secondo di $\underline{c}$ (vedi Figura 1.26).

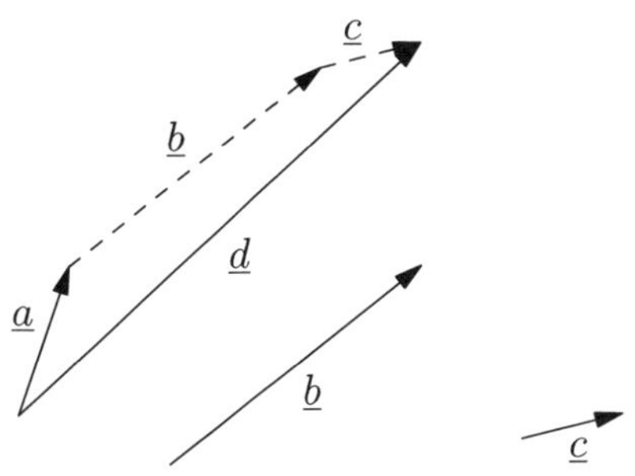

Figura 1.26

Esercizio 1.4 *Dati i vettori* $\underline{a}$ $\underline{b}$ $\underline{c}$ $\underline{d}$ *in Figura 1.27 determinare graficamente il vettore* $\underline{e} = \underline{a} + \underline{b} - \underline{c} - \underline{d}$.

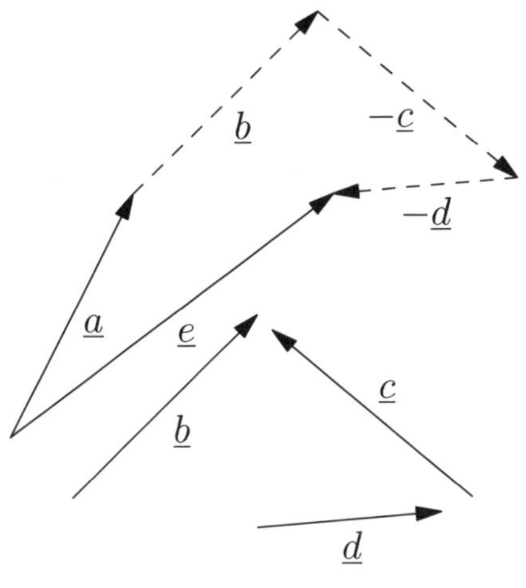

Figura 1.27

La soluzione, riportata in figura, si ottiene analogamente all'esercizio 1.3 con l'avvertenza che il vettore opposto ad un vettore dato cambia verso rispetto al vettore dato.

X **Esercizio 1.5** *Dati i punti* $A(9, -3, 1)$ *e* $B(-1, -5, 3)$, *determinare:*

1. *il vettore algebrico* $\underline{v}$ *corrispondente al vettore geometrico che ha come punto finale* A *e come punto iniziale* B, $\underline{v} = A - B$;
2. *le componenti di* $\underline{v}$;
3. *i coseni direttori di* $\underline{v}$.

1. $\underline{v} = (A - O) - (B - O) = \langle 9, -3, 1\rangle - \langle -1, -5, 3\rangle = \langle 9 - (-1), -3 - (-5), 1 - 3\rangle = \langle 10, 2, -2\rangle$;
2. $v_x = 10, \quad v_y = 2, \quad v_z = -2$;
3. $|\underline{v}| = \sqrt{(10)^2 + (2)^2 + (-2)^2} = \sqrt{100 + 4 + 4} = \sqrt{108} = 6\sqrt{3}$,
$\cos\alpha = \dfrac{10}{6\sqrt{3}} = \dfrac{5}{3\sqrt{3}}, \cos\beta = \dfrac{2}{6\sqrt{3}} = \dfrac{1}{3\sqrt{3}}, \cos\gamma = \dfrac{-2}{6\sqrt{3}} = -\dfrac{1}{3\sqrt{3}}.$

Esercizio 1.6 *Siano $\underline{a}$, $\underline{b}$ vettori algebrici; utilizzando le proprietà delle operazioni fra vettori semplificare le espressioni seguenti:*

1. $(\underline{a} + \underline{b}) \bullet (\underline{a} - \underline{b})$;
2. $(\underline{a} + \underline{b}) \times \underline{a}$;
3. $\underline{a} \times \underline{b} \bullet \underline{a}$;
4. $(\underline{a} \times \underline{b}) \times (\underline{a} \times \underline{b})$.

1. Ricordando che vale la proprietà distributiva del prodotto scalare rispetto alla somma:

$$\begin{aligned}(\underline{a} + \underline{b}) \bullet (\underline{a} - \underline{b}) &= (\underline{a} + \underline{b}) \bullet \underline{a} - (\underline{a} + \underline{b}) \bullet \underline{b} \\ &= \underline{a} \bullet \underline{a} + \underline{b} \bullet \underline{a} - \underline{a} \bullet \underline{b} - \underline{b} \bullet \underline{b} \\ &= |\underline{a}|^2 + \underline{b} \bullet \underline{a} - \underline{b} \bullet \underline{a} - |\underline{b}|^2 = |\underline{a}|^2 - |\underline{b}|^2\,;\end{aligned}$$

2. ricordando che vale la proprietà distributiva del prodotto vettore rispetto alla somma:

$$\begin{aligned}(\underline{a} + \underline{b}) \times \underline{a} &= (\underline{a} \times \underline{a}) + (\underline{b} \times \underline{a}) \\ &= \underline{o} + (\underline{b} \times \underline{a}) = \underline{b} \times \underline{a},\end{aligned}$$

(essendo $\underline{o}$ il vettore nullo);

3. ricordando che il vettore $\underline{a} \times \underline{b}$ è ortogonale ad $\underline{a}$ e che il prodotto scalare di due vettori ortogonali è nullo, risulta

$$\underline{a} \times \underline{b} \bullet \underline{a} = 0.$$

4. Ricordando che il prodotto vettore di un vettore per se stesso è il vettore nullo:

$$(\underline{a} \times \underline{b}) \times (\underline{a} \times \underline{b}) = \underline{o}.$$

Esercizio 1.7 *Dati i vettori $\underline{a} = \langle 3, -1, 0\rangle$, $\underline{b} = \langle -2, 0, -1\rangle$, $\underline{c} = \langle 1, 1, 3\rangle$, e $\underline{i}$, $\underline{j}$, $\underline{k}$ versori fondamentali, calcolare, se possibile, i valori delle seguenti espressioni. Diversamente, indicare perché le espressioni sono prive di significato:*

1. $2(2\underline{a} - \underline{c})$;
2. $(\underline{a} \bullet \underline{b}) \times (\underline{c} \bullet \underline{a})$;
3. $\underline{a} \times \underline{b} \bullet \underline{c}$;
4. $-\underline{a} - 2\underline{b} + \underline{c} \times 3\underline{b}$;
5. $\underline{c}(\underline{b} + \underline{a})$;
6. $(\underline{c} \times \underline{c}) \bullet \underline{a}$;
7. $(\underline{i} + \underline{j}) \bullet \underline{k}$;
8. $\underline{i} \times (\underline{j} + \underline{k}) - \underline{k}$.

1. L'espressione, equivalente a $4\underline{a} - 2\underline{c}$, è una combinazione lineare di due vettori (in cui i due coefficienti sono 4, −2), ed è quindi un vettore:

$$4\underline{a} - 2c = \langle 12 - 2, -4 - 2, 0 - 6\rangle = \langle 10, -6, -6\rangle;$$

2. l'espressione $(\underline{a} \bullet \underline{b}) \times (\underline{c} \bullet \underline{a})$ è priva di significato poiché $\underline{a} \bullet \underline{b}$ e $\underline{c} \bullet \underline{a}$ sono due numeri (ossia due scalari) e il prodotto vettore fra due scalari non è definito;

3. $\underline{a} \times \underline{b} \bullet \underline{c}$ è un doppio prodotto misto, e il risultato di tale operazione è uno scalare:

$$\underline{a} \times \underline{b} \bullet \underline{c} = \langle 1, 3, -2\rangle \bullet \langle 1, 1, 3\rangle = 1 + 3 - 6 = -2;$$

4. il risultato dell'ultima operazione (che va eseguita per prima) è un vettore; abbiamo quindi una combinazione lineare di tre vettori, ovvero un vettore, ricavato come segue:

$$\begin{aligned} \underline{c} \times 3\underline{b} &= \langle -3 - 0, -18 + 3, 0 + 6\rangle = \langle -3, -15, 6\rangle, \\ -\underline{a} - 2\underline{b} + \underline{c} \times 3\underline{b} &= \langle -3, 1, 0\rangle + \langle 4, 0, 2\rangle + \langle -3, -15, 6\rangle = \langle -2, -14, 8\rangle\,; \end{aligned}$$

5. l'espressione $\underline{c}(\underline{b} + \underline{a})$ è priva di significato poichè $\underline{b} + \underline{a}$ è un vettore e il prodotto ordinario tra due vettori non è definito;

6. l'espressione fra parentesi (che va calcolata per prima) è un vettore, abbiamo quindi il prodotto scalare di due vettori, ossia uno scalare:

$$(\underline{c} \times \underline{c}) \bullet \underline{a} = \langle 0, 0, 0\rangle \bullet \langle 3, -1, 0\rangle = 0.$$

7. Tenendo presente che $\underline{i}$ $\underline{j}$ $\underline{k}$ sono i tre versori fondamentali, ortogonali fra loro, e applicando la proprietà distributiva del prodotto vettore rispetto alla somma:

$$(\underline{i} + \underline{j}) \bullet \underline{k} = \underline{i} \bullet \underline{k} + \underline{j} \bullet \underline{k} = 0 + 0 = 0.$$

8. Ricordando le relazioni fra i versori fondamentali e applicando la proprietà distributiva del prodotto vettore rispetto alla somma:

$$\underline{i} \times (\underline{j} + \underline{k}) - \underline{k} = \underline{i} \times \underline{j} + \underline{i} \times \underline{k} - \underline{k} = \underline{k} - \underline{j} - \underline{k} = -\underline{j}.$$

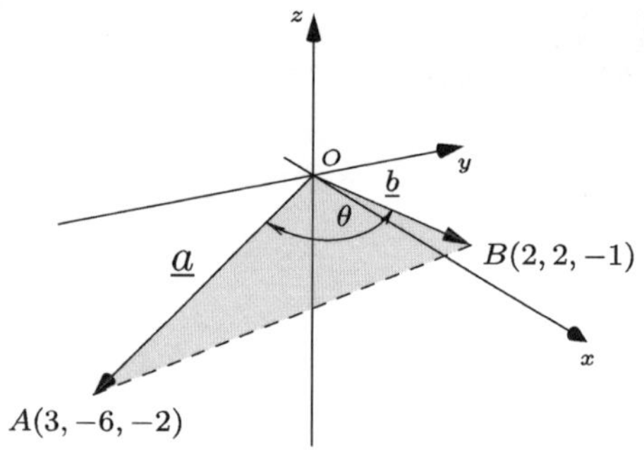

Figura 1.28

Esercizio 1.8 *Dati i punti* $A(3,-6,-2)$ *e* $B(2,2,-1)$ *determinare:*

1. l'ampiezza dell'angolo $A\widehat{O}B$*;*
2. il perimetro del triangolo AOB*;*
3. l'area del triangolo AOB*.*

1. Siano $\underline{a} = A - O = \langle 3,-6,-2\rangle$, $\underline{b} = B - O = \langle 2,2,-1\rangle$.

   Chiamando θ l'ampiezza dell'angolo $A\widehat{O}B$ (vedi Figura 1.28), dalle proprietà del prodotto scalare abbiamo che

   $$\underline{a} \bullet \underline{b} = |\underline{a}|\,|\underline{b}|\cos\theta \qquad \Longrightarrow \qquad \cos\theta = \frac{\underline{a} \bullet \underline{b}}{|\underline{a}|\,|\underline{b}|}.$$

   Nel nostro caso:

   $$\begin{aligned} \underline{a} \bullet \underline{b} &= 3 \cdot 2 + (-6) \cdot 2 + (-2) \cdot (-1) = 6 - 12 + 2 = -4, \\ |\underline{a}| &= \sqrt{(3)^2 + (-6)^2 + (-2)^2} = \sqrt{9 + 36 + 4} = \sqrt{49} = 7, \\ |\underline{b}| &= \sqrt{(2)^2 + (2)^2 + (-1)^2} = \sqrt{4 + 4 + 1} = \sqrt{9} = 3. \end{aligned}$$

   Quindi

   $$\cos\theta = \frac{-4}{7 \cdot 3} = -\frac{4}{21}.$$

   Poiché il prodotto scalare (e quindi il coseno) è negativo, l'angolo θ è ottuso.

2. Come lati del triangolo possiamo assumere i vettori $\underline{a}$ e $\underline{b}$, e il vettore

   $$\begin{aligned} \underline{c} &= A - B = \langle 3-2, -6-2, -2-(-1)\rangle = \langle 1,-8,-1\rangle, \\ |\underline{a}| &= 7, \qquad \text{(già calcolato al punto 1.)} \\ |\underline{b}| &= 3, \qquad \text{(già calcolato al punto 1.)} \\ |\underline{c}| &= \sqrt{(1)^2 + (-8)^2 + (-1)^2} = \sqrt{1 + 64 + 1} = \sqrt{66}, \\ \text{perimetro di } AOB &= |\underline{a}| + |\underline{b}| + |\underline{c}| = 10 + \sqrt{66}. \end{aligned}$$

3. Ricordando che area $AOB = \frac{1}{2}|\underline{a} \times \underline{b}|$, nel nostro caso

$$\begin{aligned} \text{area } AOB &= \frac{1}{2}|\underline{a} \times \underline{b}| = \frac{1}{2}|\langle 6+4, -4+3, 6+12\rangle| = \frac{1}{2}|\langle 10, -1, 18\rangle| \\ &= \frac{1}{2}\sqrt{(10)^2 + (-1)^2 + (18)^2} = \frac{1}{2}\sqrt{425} = \frac{5}{2}\sqrt{17}. \end{aligned}$$

Esercizio 1.9 *Dati i punti* $A(1, -2, 0)$*,* $B(-2, 4, 1)$ *e* $C(-5, 4, -3)$*:*

1. determinare la componente del vettore $A - B$ *secondo la retta orientata* BC*;*
2. determinare il componente di $A - B$ *secondo lo stesso asse;*
3. trovare un versore perpendicolare sia al vettore $\underline{a} = A - B$ *che al vettore* $\underline{b} = B - C$*.*

1. Indicando con a_b la componente di $A - B$ secondo la retta BC e osservando la Figura 1.29 si ottiene, assumendo $\underline{a} = A - B$ e $\underline{b} = B - C$:

$$a_b = |\underline{a}| \cos\theta = |\underline{a}| \frac{\underline{a} \bullet \underline{b}}{|\underline{a}|\,|\underline{b}|} = \frac{\underline{a} \bullet \underline{b}}{|\underline{b}|}.$$

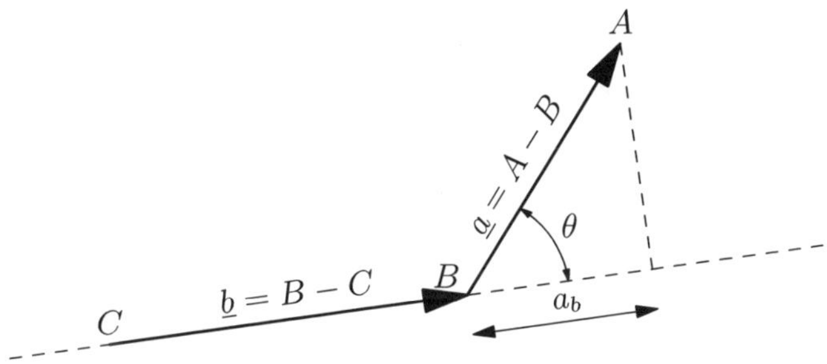

Figura 1.29: a_b è la componente di $\underline{a} = A - B$ sulla retta orientata di direzione $\underline{b} = B - C$. A seconda dell'ampiezza di θ può essere positiva (come in questo caso) oppure negativa.

Nel nostro caso

$$\begin{aligned} &\underline{a} = A - B = \langle 1+2, -2-4, 0-1\rangle = \langle 3, -6, -1\rangle, \\ &\underline{b} = B - C = \langle -2-(-5), 4-4, 1-(-3)\rangle = \langle 3, 0, 4\rangle, \\ &\underline{a} \bullet \underline{b} = 3 \cdot 3 + (-6) \cdot 0 + (-1) \cdot 4 = 9 + 0 - 4 = 5, \\ &|\underline{b}| = \sqrt{(3)^2 + (0)^2 + (4)^2} = \sqrt{9 + 0 + 16} = \sqrt{25} = 5, \end{aligned}$$

quindi

$$a_b = \frac{5}{5} = 1;$$

2. Indicando con $\underline{a}_b$ il componente di $\underline{a}$ sull'asse BC si ottiene:

$$\underline{a}_b = a_b \text{vers}\underline{b},$$

nel nostro caso

$$\begin{aligned} a_b &= 1, \qquad \text{(calcolato al punto 1.)}, \\ |\underline{b}| &= 5, \qquad \text{(calcolato al punto 1.)}, \\ \text{vers}\underline{b} = \frac{\underline{b}}{|\underline{b}|} &= \left\langle \frac{3}{5}, 0, \frac{4}{5} \right\rangle, \end{aligned}$$

quindi

$$\underline{a}_b = 1 \cdot \left\langle \frac{3}{5}, 0, \frac{4}{5} \right\rangle = \left\langle \frac{3}{5}, 0, \frac{4}{5} \right\rangle.$$

3. Esistono due soluzioni: $\underline{v}^{(1)}$, versore del vettore $\underline{a} \times \underline{b}$ e $\underline{v}^{(2)}$, versore di $\underline{b} \times \underline{a}$. Tali versori sono uno l'opposto dell'altro.

   Quindi:

$$\begin{aligned} \underline{a} \times \underline{b} &= \langle -24 - 0, -3 - 12, 0 + 18 \rangle = \langle -24, -15, 18 \rangle, \\ \underline{v}^{(1)} &= \frac{\underline{a} \times \underline{b}}{|\underline{a} \times \underline{b}|} = \frac{\langle -24, -15, 18 \rangle}{\sqrt{576 + 225 + 324}} = \frac{\langle -24, -15, 18 \rangle}{\sqrt{1125}} = \frac{\langle -8, -5, 6 \rangle}{5\sqrt{5}}, \\ \underline{v}^{(2)} &= -\underline{v}^{(1)} = \frac{-\langle -8, -5, 6 \rangle}{5\sqrt{5}}. \end{aligned}$$

Esercizio 1.10 *Dati i punti* $A(5, -3, 2), B(-4, 0, -3), C(1, 4, -1)$*:*

1. verificare che il punto $D(4, -2, -5)$ *non è complanare con essi;*
2. determinare il volume del parallelepipedo di lati AB, AC, AD*.*

1.

$$\begin{aligned} \underline{a} &= B - A = \langle -9, 3, -5 \rangle, \\ \underline{b} &= C - A = \langle -4, 7, -3 \rangle, \\ \underline{c} &= D - A = \langle -1, 1, -7 \rangle, \\ \underline{a} \times \underline{b} \bullet \underline{c} &= \langle 26, -7, -51 \rangle \bullet \langle -1, 1, -7 \rangle = -26 - 7 + 357 = 324. \end{aligned}$$

   Il prodotto misto è diverso da zero, dunque $\underline{a}, \underline{b}, \underline{c}$ non sono complanari;

2. Il volume del parallelepipedo costruito sui tre vettori è dato dal valore assoluto del prodotto misto. Si ha

$$\text{Volume}(ABCD) = |\underline{a} \times \underline{b} \bullet \underline{c}| = |324| = 324.$$

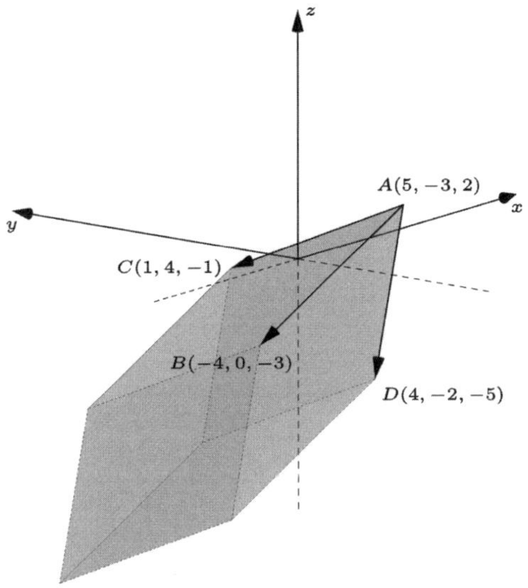

Figura 1.30: Parallelepipedo costruito sui punti A B C D.

Esercizio 1.11 *Dati i punti* $A(9,-3,1)$ *e* $B(-1,-5,3)$*, determinare:*

1. i componenti di $\underline{v} = A - B$*;*
2. la forma cartesiana di $\underline{v}$*.*

1. $\underline{v}_x = 10\underline{i}$, $\underline{v}_y = 2\underline{j}$, $\underline{v}_z = -2\underline{k}$, dove $\underline{i}$, $\underline{j}$ e $\underline{k}$ sono i versori fondamentali;
2. $\underline{v} = 10\underline{i} + 2\underline{j} - 2\underline{k}$.

Esercizio 1.12 *Dati i tre vettori* $\underline{i}_1 = \langle 8,3,-1\rangle$, $\underline{i}_2 = \langle 0,-3,5\rangle$, $\underline{i}_3 = \langle -2,-3,1\rangle$ *scrivere la loro combinazione lineare attraverso i tre scalari* $a = 2$, $b = -3$, $c = 1$.

$$\underline{v} = a\underline{i}_1 + b\underline{i}_2 + c\underline{i}_3 = 2\langle 8,3,-1\rangle - 3\langle 0,-3,5\rangle + \langle -2,-3,1\rangle = \langle 14,12,-16\rangle.$$

Esercizio 1.13 *Dati i tre vettori*

$$\underline{i}_1 = \langle 3,-1,0\rangle, \quad \underline{i}_2 = \langle 0,2,2\rangle, \quad \underline{i}_3 = \langle -1,1,3\rangle;$$

1. verificare la loro lineare indipendenza;
2. esprimere il vettore $\underline{v} = \langle 4,2,1\rangle$ *come loro combinazione lineare.*

1. Risulta $\underline{i}_1 \times \underline{i}_2 \bullet \underline{i}_3 = 14 \neq 0$. Essendo il doppio prodotto misto diverso da zero, i tre vettori geometrici non sono né paralleli né complanari e dunque i tre vettori algebrici sono linearmente indipendenti.

2. Poiché i tre vettori sono linearmente indipendenti, qualsiasi vettore può essere espresso come una loro combinazione lineare: $\underline{v} = a\underline{i}_1 + b\underline{i}_2 + c\underline{i}_3$. Quest'ultima equazione vettoriale equivale al seguente sistema di tre equazioni scalari:

$$\begin{cases} ai_{1_x} + bi_{2_x} + ci_{3_x} = v_x \\ ai_{1_y} + bi_{2_y} + ci_{3_y} = v_y \\ ai_{1_z} + bi_{2_z} + ci_{3_z} = v_z \end{cases}$$

da cui si determinano i coefficienti a, b e c della combinazione lineare cercata. Risulta:

$$\begin{cases} 3a - c = 4 \\ -a + 2b + c = 2 \\ 2b + 3c = 1 \end{cases} \Rightarrow \begin{cases} c = 3a - 4 \\ -a + 2b + 3a - 4 = 2 \\ 2b + 3c = 1 \end{cases} \Rightarrow$$

$$\Rightarrow \begin{cases} c = 3a - 4 \\ b = 3 - a \\ 6 - 2a + 9a - 12 = 1 \end{cases} \Rightarrow \begin{cases} c = 3a - 4 \\ b = 3 - a \\ a = 1 \end{cases} \Rightarrow \begin{cases} a = 1 \\ b = 2 \\ c = -1 \end{cases}$$

Segue che: $\underline{v} = \langle 3, -1, 0\rangle + 2\langle 0, 2, 2\rangle - \langle -1, 1, 3\rangle$.

Esercizio 1.14 *Indichiamo con A, B, $C\ldots$ i punti dello spazio tridimensionale, con $\underline{a}$, $\underline{b}$, $\underline{c}\ldots$ i vettori a tre componenti e con a, b, $c\ldots$ gli scalari. Per ognuna delle espressioni seguenti determinare se rappresenta un punto, un vettore oppure se è un'espressione non valida.*

1. $A + B + C - 3D$;
2. $A + B + C - 2D$;
3. $A + B + C - D$;
4. $(A + b\underline{c})a + B - aC$;
5. $A + \underline{b} + C + \underline{d} - E + \underline{f}$;
6. $A + \underline{b} + C + \underline{d} + E + \underline{f}$.

1. L'espressione è una combinazione lineare di quattro punti. I quattro coefficienti sono 1, 1, 1, -3 e la loro somma è zero, pertanto l'espressione è un vettore.
   Possiamo evidenziare tale vettore $\underline{v}$ riscrivendo l'espressione iniziale nelle sue forme equivalenti: $\underline{v} = A + B + C - 3D = A + B + C - D - D - D = (A - D) + (B - D) + (C - D)$;

2. l'espressione è una combinazione lineare di punti; i coefficienti 1, 1, 1, -2 hanno somma 1, quindi l'espressione è una combinazione baricentrica, ossia un punto.
   Possiamo determinare tale punto G - come somma di un punto e di un vettore - in vari modi (ovviamente il risultato sarà sempre lo stesso baricentro), ad esempio:
$$G = A + (B - D) + (C - D);$$

3. l'espressione è una combinazione lineare di punti con somma dei coefficienti diversa da zero e diversa da 1. Si tratta quindi di un'espressione senza significato;
4. $(A+b\underline{c})a+B-aC = Aa+ab\underline{c}+B-aC = a(A-C)+B+ab\underline{c} = B+a(A-C+b\underline{c})$. L'espressione è la somma di un punto e di un vettore, quindi è un punto;
5. $A+\underline{b}+C+\underline{d}-E+\underline{f} = (A+\underline{b})+(C+\underline{d})-(E+(-\underline{f})) = P_1+P_2-P_3$. L'espressione è una combinazione lineare di tre punti. La somma dei coefficienti è 1, quindi è una combinazione baricentrica, quindi è un punto;
6. $A+\underline{b}+C+\underline{d}+E+\underline{f} = (A+\underline{b})+(C+\underline{d})+(E+\underline{f}) = P_1+P_2+P_3$. L'espressione è una combinazione lineare di tre punti con somma dei coefficienti 3, quindi è un'espressione senza significato.

Esercizio 1.15 *Sono dati i punti* $A(2,2,3)$ *e* $B(-2,4,0)$.

1. Determinare le coordinate del punto C *tale per cui* $C-O=\underline{w}=\underline{u}+\underline{v}$, *dove* $\underline{u}=A-O$ *e* $\underline{v}=B-O$.

2. Determinare un vettore $\underline{a}$ *avente la stessa direzione, verso concorde a quello di* $\underline{w}$ *e lunghezza pari a* $\ell=\frac{1}{2}$.

1. I vettori $\underline{u}$ e $\underline{v}$ sono

$$\underline{u} = A-O = \langle 2,2,3\rangle$$
$$\underline{v} = B-O = \langle -2,4,0\rangle.$$

Pertanto il vettore $\underline{w}$ è

$$C-O=\underline{w}=\langle 0,6,3\rangle \longrightarrow C = O+\langle 0,6,3\rangle = (0,6,3).$$

2. Il vettore $\underline{a}$ è

$$\underline{a} = \frac{1}{2}\operatorname{vers}(\underline{w}) = \frac{1}{2}\left(\frac{\underline{w}}{|\underline{w}|}\right) = \frac{1}{2}\frac{\langle 0,6,3\rangle}{\sqrt{45}} = \frac{\sqrt{5}}{30}\langle 0,6,3\rangle = \left\langle 0, \frac{\sqrt{5}}{5}, \frac{\sqrt{5}}{10}\right\rangle.$$

Esercizio 1.16 *Dati i punti* $A(1,-2,0)$ *e* $B(-2,4,2)$ *determinare:*

1. l'area del triangolo AOB;
2. l'altezza del triangolo AOB *relativa alla base* OB;
3. i punti allineati con A *e* B *la cui distanza da* B *è la metà della distanza da* A.

1.

$$\begin{aligned}\text{area } AOB &= \frac{1}{2}|(A-O)\times(B-O)| = \frac{1}{2}|\langle -4-0, 0-2, 4-4\rangle| \\ &= \frac{1}{2}|\langle -4,-2,0\rangle| = \frac{1}{2}\sqrt{(-4)^2+(-2)^2+(0)^2} = \frac{1}{2}\sqrt{20} = \sqrt{5}.\end{aligned}$$

2. Indicando con h l'altezza del triangolo relativa alla base OB

$$\begin{aligned} \text{area } AOB &= \frac{1}{2} \cdot h \cdot |B - O|, \\ h &= \frac{2 \cdot \text{area } AOB}{|B - O|} = \frac{2\sqrt{5}}{\sqrt{(-2)^2 + (4)^2 + (2)^2}} = \frac{2\sqrt{5}}{2\sqrt{6}} = \sqrt{\frac{5}{6}}. \end{aligned}$$

3. Osservando la Figura 1.31

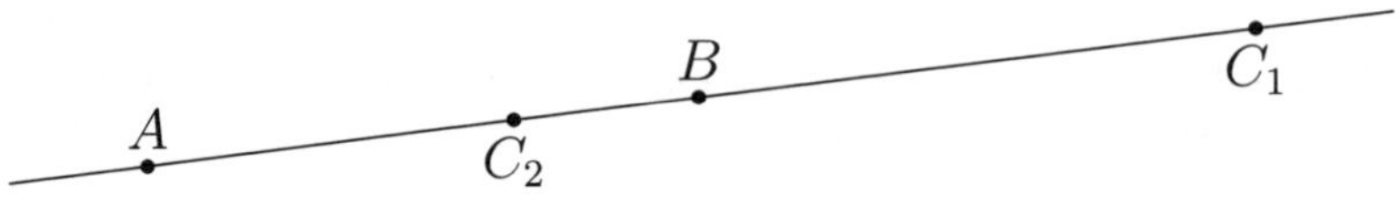

Figura 1.31

si evidenziano due punti C_1 e C_2 (rispettivamente esterno ed interno al segmento AB) che risolvono il problema:

$$\begin{aligned} C_1 - B &= \frac{1}{2}(C_1 - A); \Rightarrow C_1 = 2B - A \\ C_2 - B &= \frac{1}{2}(A - C_2); \Rightarrow 3C_2 = A + 2B \\ C_1 &= 2(-2, 4, 2) - (1, -2, 0) = (-5, 10, 4) \\ C_2 &= \frac{1}{3}A + \frac{2}{3}B = \frac{1}{3}(1, -2, 0) + \frac{2}{3}(-2, 4, 2) = \left(-1, 2, \frac{4}{3}\right). \end{aligned}$$

Esercizio 1.17 *Dati i punti $A(9, 7, 1)$, $B(5, 0, 1)$ e $C(7, 6, 3)$:*

1. *verificare che i tre punti non sono allineati;*
2. *verificare che i vettori $A - B$ e $A - C$ non sono ortogonali e stabilire se formano un angolo acuto oppure ottuso;*
3. *determinare il punto D, quarto vertice opposto a B del parallelogramma $ABCD$;*
4. *calcolare l'area del parallelogramma $ABCD$;*
5. *determinare il centro G del parallelogramma $ABCD$.*

1. I tre punti A, B e C sono allineati se i vettori $B - A$ e $C - A$ hanno la stessa direzione

$$\frac{(B - A)_x}{(C - A)_x} = \frac{(B - A)_y}{(C - A)_y} = \frac{(B - A)_z}{(C - A)_z},$$

nel nostro caso

$$\frac{(B-A)_x}{(C-A)_x} = \frac{5-9}{7-9} = \frac{-4}{-2} = 2,$$
$$\frac{(B-A)_y}{(C-A)_y} = \frac{0-7}{6-7} = \frac{-7}{-1} = 7,$$
$$\frac{(B-A)_z}{(C-A)_z} = \frac{1-1}{3-1} = 0,$$

quindi i punti A, B e C non sono allineati;

2. due vettori (non nulli) sono ortogonali se e solo se il loro prodotto scalare è nullo, ponendo

$$\underline{v} = A - B = \langle 9-5, 7-0, 1-1\rangle = \langle 4, 7, 0\rangle,$$
$$\underline{w} = A - C = \langle 9-7, 7-6, 1-3\rangle = \langle 2, 1, -2\rangle,$$

segue che

$$\underline{v} \bullet \underline{w} = 4 \cdot 2 + 7 \cdot 1 + 0 \cdot (-2) = 8 + 7 + 0 = 15,$$

e poiché $\underline{v} \bullet \underline{w} \neq 0$ i due vettori $\underline{v}$ e $\underline{w}$ non sono ortogonali. Essendo il prodotto scalare positivo, si conclude che l'angolo fra i due vettori è acuto;

3. se D è il vertice del parallelogramma $ABCD$ opposto a B si ha

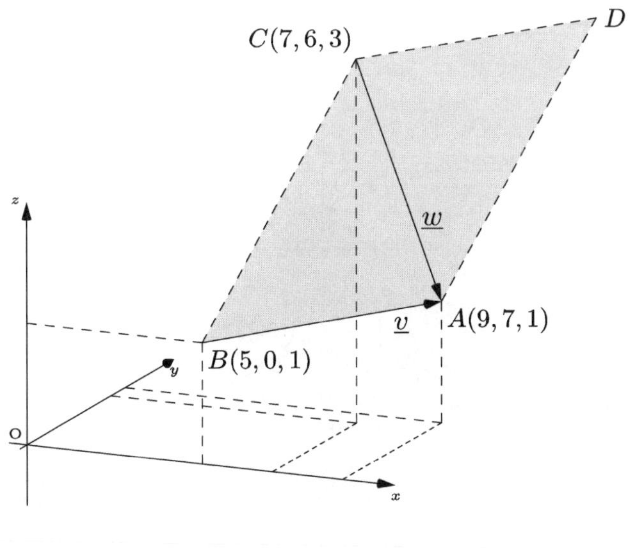

Figura 1.32: Parallelogramma costruito sui tre punti A, B e C.

(vedi Figura 1.32): $D - C = A - B$. Di qui si ricava:

$$\begin{aligned} D &= C + (A - B) \\ &= (7,6,3) + \langle 4,7,0 \rangle \\ &= (11,13,3); \end{aligned}$$

4. per il significato geometrico del prodotto vettore si ha:

$$\begin{aligned} \text{area } ABCD &= 2\text{area } BAC = |\underline{v} \times \underline{w}| \\ &= |\langle -14-0, 0+8, 4-14 \rangle| = |\langle -14, 8, -10 \rangle| \\ &= \sqrt{(-14)^2 + (8)^2 + (-10)^2} = \sqrt{360} = 6\sqrt{10}; \end{aligned}$$

5. G è il punto medio di AC, quindi, utilizzando la definizione di punto medio come combinazione baricentrica:

$$G = \frac{1}{2}A + \frac{1}{2}C = \left(\frac{9}{2} + \frac{7}{2}, \frac{7}{2} + \frac{6}{2}, \frac{1}{2} + \frac{3}{2}\right) = \left(8, \frac{13}{2}, 2\right).$$

Esercizio 1.18 *Sono dati i punti* $A(2,0,0)$, $B(0,3,0)$ *e* $C(0,0,1)$.

1. *Determinare i vettori* $\underline{a} = B - A$, $\underline{b} = C - A$ *e* $\underline{c} = B - C$ *verificando che* $\underline{c} = \underline{a} - \underline{b}$.
2. *Determinare le coordinate del punto* H *proiezione ortogonale di* C *sul vettore* $\underline{a}$.
3. *Calcolare l'area del triangolo* ABC.
4. *Determinare la distanza di* C *dalla retta orientata passante per i punti* A *e* B.

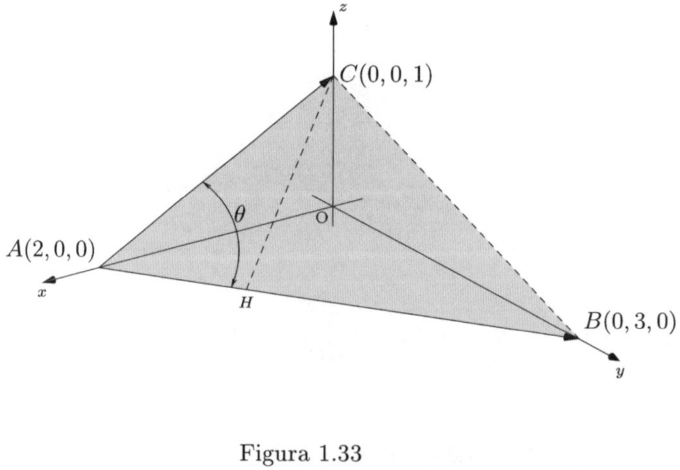

Figura 1.33

1. Si ha

$$\underline{a} = B - A = \langle -2, 3, 0 \rangle$$
$$\underline{b} = C - A = \langle -2, 0, 1 \rangle$$
$$\underline{c} = B - C = \langle 0, 3, -1 \rangle.$$

Si verifica facilmente che $\underline{a} - \underline{b} = \langle -2, 3, 0 \rangle - \langle -2, 0, 1 \rangle = \langle 0, 3, -1 \rangle = \underline{c}$. Dal punto di vista geometrico il vettore $\underline{c}$ coincide con la diagonale secondaria del parallelogramma costruito sui vettori $\underline{a}$ e $\underline{b}$.

2. Tenendo conto che, in Figura 1.33 $b_a = |\underline{b}| \cos\theta$, e che $\cos\theta = \dfrac{\underline{a} \bullet \underline{b}}{|\underline{a}||\underline{b}|}$ segue che

$$\overline{AH} = |\underline{b}||\cos\theta| = |\underline{b}| \frac{|\underline{a} \bullet \underline{b}|}{|\underline{a}||\underline{b}|} = \frac{|\underline{a} \bullet \underline{b}|}{|\underline{a}|}$$

ne segue che

$$H - A = \frac{|\underline{a} \bullet \underline{b}|}{|\underline{a}|} \text{vers}(\underline{a}) = \frac{|\underline{a} \bullet \underline{b}|}{|\underline{a}|} \frac{\underline{a}}{|\underline{a}|} = \frac{4}{13} \langle -2, 3, 0 \rangle = \left\langle -\frac{8}{13}, \frac{12}{13}, 0 \right\rangle,$$

quindi

$$H = A + \left\langle -\frac{8}{13}, \frac{12}{13}, 0 \right\rangle = \left(\frac{18}{13}, \frac{12}{13}, 0 \right).$$

3. L'area del triangolo ABC è

$$\text{Area}(ABC) = \frac{|\underline{a} \times \underline{b}|}{2} = \frac{|\langle -2, 3, 0 \rangle \times \langle -2, 0, 1 \rangle|}{2} = \frac{|\langle 3, 2, 6 \rangle|}{2} = \frac{7}{2}.$$

4. Alla richiesta del punto 4. si può rispondere in due modi:

I) la lunghezza richiesta è data dalla distanza fra i due punti $C(0, 0, 1)$ e $H\left(\frac{18}{13}, \frac{12}{13}, 0\right)$:

$$\overline{CH} = \sqrt{\left(\frac{18}{13}\right)^2 + \left(\frac{12}{13}\right)^2 + 1} = \frac{1}{13}\sqrt{324 + 144 + 169} = \frac{\sqrt{637}}{13} = 7\frac{\sqrt{13}}{13};$$

II) utilizzando le proprietà dei triangoli, la lunghezza dell'altezza $\overline{CH}$ è data dal doppio dell'area diviso per la lunghezza della base di riferimento:

$$\overline{CH} = \frac{2\text{Area}(ABC)}{|\underline{a}|} = \frac{7}{\sqrt{13}}.$$

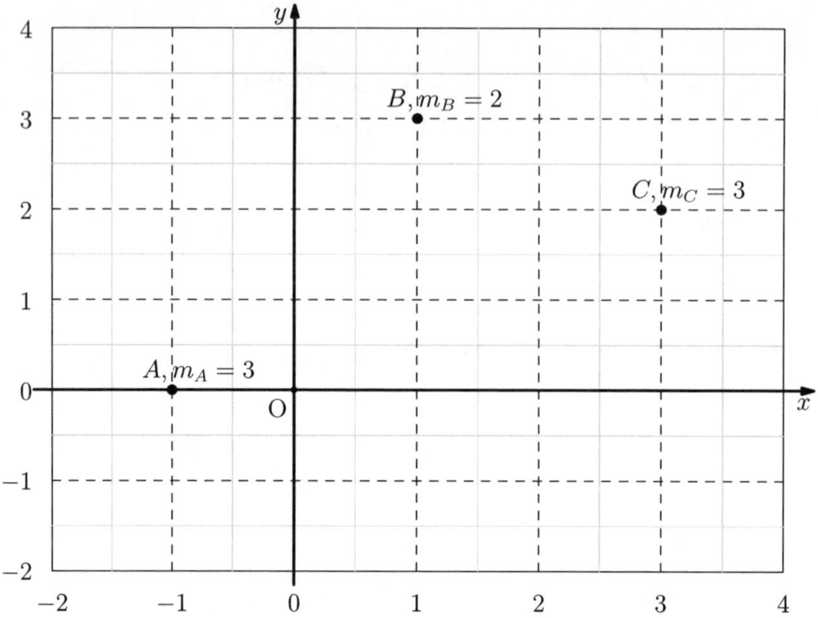

Figura 1.34

Esercizio 1.19 *Nel piano xy si hanno tre masse puntiformi A B C di valore rispettivamente $m_A = 3$, $m_B = 2$, $m_C = 3$ (vedi Figura 1.34). Determinare il loro baricentro G.*

Il baricentro cercato è la combinazione baricentrica i cui coefficienti α_A, α_B e α_C sono proporzionali alle masse m_A, m_B e m_C.
Per ottenere coefficienti la cui somma sia uno, i valori delle masse devono essere divisi per la massa totale $m = m_A + m_B + m_C = 3 + 2 + 3 = 8$, pertanto:

$$
\begin{aligned}
\alpha_A &= \frac{m_A}{m} = \frac{3}{8}, \\
\alpha_B &= \frac{m_B}{m} = \frac{2}{8}, \\
\alpha_C &= \frac{m_C}{m} = \frac{3}{8}, \\
G &= \alpha_A A + \alpha_B B + \alpha_C C = \frac{3}{8}A + \frac{2}{8}B + \frac{3}{8}C \\
&= \left(\frac{3}{8}x_A + \frac{2}{8}x_B + \frac{3}{8}x_C, \frac{3}{8}y_A + \frac{2}{8}y_B + \frac{3}{8}y_C\right) \\
&= \left(\frac{3}{8}(-1) + \frac{2}{8}1 + \frac{3}{8}3, \ \frac{3}{8}0 + \frac{2}{8}3 + \frac{3}{8}2\right) = \left(1, \frac{3}{2}\right).
\end{aligned}
$$

Esercizio 1.20 *Dati i punti* $P_1(2,2,0)$ $P_2(0,-1,1)$ $P_3(0,1,2)$ $P_4(0,0,0)$ $G(1,1,1)$ *determinare quattro coefficienti* α_1 α_2 α_3 α_4 *per cui devono essere moltiplicati i punti* P_i, $i = 1,2,3,4$, *in modo tale che* G *sia una loro combinazione baricentrica.*

G è combinazine baricentrica dei punti P_1, P_2, P_3 e P_4 se soddisfa la seguente relazione:

$$G = \alpha_1 P_1 + \alpha_2 P_2 + \alpha_3 P_3 + \alpha_4 P_4,$$

con $\alpha_1 + \alpha_2 + \alpha_3 + \alpha_4 = 1$. Se assumiamo che P_i abbia coordinate (x_i, y_i, z_i), $i = 1,2,3,4$, otteniamo

$$\begin{cases} \alpha_1 x_1 + \alpha_2 x_2 + \alpha_3 x_3 + \alpha_4 x_4 = x_G \\ \alpha_1 y_1 + \alpha_2 y_2 + \alpha_3 y_3 + \alpha_4 y_4 = y_G \\ \alpha_1 z_1 + \alpha_2 z_2 + \alpha_3 z_3 + \alpha_4 z_4 = z_G \\ \alpha_1 + \alpha_2 + \alpha_3 + \alpha_4 = 1 \end{cases} \Rightarrow \begin{cases} 2\alpha_1 = 1 \\ 2\alpha_1 - \alpha_2 + \alpha_3 = 1 \\ \alpha_2 + 2\alpha_3 = 1 \\ \alpha_1 + \alpha_2 + \alpha_3 + \alpha_4 = 1 \end{cases}$$

$$\alpha_1 = \frac{1}{2},\ \alpha_2 = \frac{1}{3},\ \alpha_3 = \frac{1}{3},\ \alpha_4 = -\frac{1}{6}.$$

Esercizio 1.21 *Dati i punti* $A(2,0,0)$, $B(0,3,0)$, $C(0,0,2)$, *vertici di un triangolo, determinare* G, *baricentro di* A, B, C, *corrispondenti a pesi di* A *e* C *uguali fra loro e peso di* B *uguale a 4 volte il peso di* A.

Siano α_A, α_B, α_C i coefficienti della combinazione baricentrica relativi ai punti A, B, C:

$$\alpha_A + \alpha_B + \alpha_C = 1 \quad \Rightarrow_{\text{se } \alpha_A = \alpha} \quad \alpha + 4\alpha + \alpha = 1 \quad \Rightarrow \quad \alpha = \frac{1}{6},$$
$$\alpha_A = \frac{1}{6} \qquad \alpha_B = \frac{4}{6} \qquad \alpha_C = \frac{1}{6}.$$

Il baricentro G è dato da

$$\begin{aligned} G &= \frac{1}{6}A + \frac{4}{6}B + \frac{1}{6}C \\ &= \frac{1}{6}(2,0,0) + \frac{4}{6}(0,3,0) + \frac{1}{6}(0,0,2) = \left(\frac{1}{3}, 2, \frac{1}{3}\right). \end{aligned}$$

Esercizi proposti

Esercizio 1.i *Dati i punti* $A(3,1,-2)$ *e* $B(0,3,1)$, *determinare:*

1. *il vettore algebrico* $\underline{v} = B - A$;
2. *il vettore opposto al vettore* $\underline{v}$;
3. *il versore associato al vettore* $\underline{v}$;
4. *il modulo del vettore* $\underline{v}$;
5. *il vettore* $\underline{w} = -3\underline{v}$.

Esercizio 1.ii *Dati i punti* $A(0,-1,-1)$ *e* $B(4,1,-2)$, *determinare:*

1. *il punto medio* M *del segmento* AB;
2. *la distanza del punto* M *dall'origine;*
3. *il modulo del vettore* $O - M$;
4. *che relazione c'è tra il punto 2. e il punto 3.?*
5. $\text{vers}(O - M)$.

Esercizio 1.iii *Dati i punti* $A(0,2,6)$, $B(5,4,1)$, $C(3,2,2)$ *determinare:*

1. *i componenti cartesiani di* $A - C$;
2. $|B - A|$;
3. *i coseni direttori di* $-(C - B)$;
4. *la componente di* $A - C$ *secondo* $B - C$;
5. *stabilire se* $A - B$ *è ortogonale a* $B - C$.

Disegnare uno schizzo rappresentante i punti A, B, C (non occorre rappresentare il sistema di riferimento).

Esercizio 1.iv *Semplificare ed eventualmente calcolare le espressioni seguenti dove* $\underline{a}$, $\underline{b}$ *sono vettori generici (utilizzare, indicandoli, le proprietà e/o il significato geometrico del prodotto scalare e vettore):*

$$\underline{a} \times \underline{b} \bullet (\underline{b} - \underline{a})$$
$$\underline{a} \bullet (\text{vers}\underline{a} + \underline{b} \times \underline{a})$$
$$(\underline{a} \times \underline{b}) \times (\underline{b} \times \underline{a})$$
$$\underline{a} \times \underline{b} \bullet \underline{b}$$
$$(\underline{a} + \underline{b}) \bullet (\underline{a} \times \underline{b})$$

Esercizio 1.v *Duli* $\underline{a} = \langle 4,2,0 \rangle$ *e* $\underline{b} = \langle 2,1,1 \rangle$ *calcolare (utilizzare, indicandole, le proprietà del prodotto scalare e vettore):*

$$(\underline{a} + \underline{b}) \times (\underline{a} - \underline{b})$$
$$(\underline{a} \times \underline{b}) \bullet (\underline{a} + \underline{b})$$
$$(\underline{a} \times \underline{b}) \times \underline{a}$$
$$\text{vers}(\underline{b} - \underline{a})$$
$$\underline{a} + \underline{b} \bullet \underline{a}$$

Esercizio 1.vi *Semplificare, ed eventualmente calcolare le seguenti espressioni, dove* $\underline{i}$, $\underline{j}$ *e* $\underline{k}$ *sono i versori fondamentali:*

$$(\underline{i} - \underline{k}) \bullet (\underline{i} \times \underline{k})$$
$$(\underline{i} + \underline{j}) \times \underline{k}$$
$$(\underline{i} + \underline{j}) \times \underline{i} + \underline{k} \times \underline{j}$$
$$\underline{i} + (\underline{j} \times \underline{k})$$
$$(\underline{j} - \underline{k}) \times (\underline{j} + \underline{k})$$

Esercizio 1.vii *Calcolare le seguenti espressioni:*

$$|\underline{i} \times \underline{k}|^2 + (\underline{i} \bullet \underline{k})^2$$
$$\underline{i} \times \underline{i}$$

$\underline{k} \bullet \underline{k}$
$(\underline{i} + \underline{j}) \times (\underline{i} - \underline{j})$
$(\underline{j} \times \underline{k}) \times \underline{j} + (\underline{k} \times \underline{j}) \times \underline{j}$

Esercizio 1.viii *Dati i punti* $A(1, -1, 0)$ *e* $B(-3, -1, -8)$ *determinare:*

1. $\text{vers}(B - A)$;
2. M, *punto medio del segmento* AB;
3. *la distanza di* M *da* O;
4. *il perimetro del triangolo* OMA;
5. *il coseno dell'angolo* $M\hat{O}A$;
6. *l'area del triangolo* OMA.

Esercizio 1.ix *Dati i punti* $A(0, 1, 1)$, $B(-2, 4, 1)$ *e* C, *punto rappresentatore del vettore* $\underline{w} = -2\underline{i} + 5\underline{j} + 4\underline{k}$, *considerato il triangolo* T *di vertici* A, B *e* C, *calcolare:*

1. *il perimetro di* T;
2. *l'area di* T.

Esercizio 1.x *Dati i vettori* $\underline{a} = \langle 1, 2, 3 \rangle$, $\underline{b} = \langle 0, -1, 0 \rangle$, $\underline{c} = \langle 1, -2, 0 \rangle$:

1. *verificare che i tre vettori sono linearmente indipendenti;*
2. *calcolare il volume del parallelepipedo costruito sui tre vettori.*

Esercizio 1.xi *Dati i vettori* $\underline{a} = \langle 2, 2, 1 \rangle$, $\underline{b} = \langle 2, 1, 3 \rangle$, $\underline{c} = \langle 1, -1, 2 \rangle$ *determinare se essi sono linearmente indipendenti o non; nel primo caso, trovare il volume del parallelepipedo formato dai tre lati.*

Esercizio 1.xii *Dati tre punti* A, B, C *e un vettore* $\underline{a}$ *indicare la risposta corretta*

	Punto	*Vettore*	*Scalare*	*Espressione non valida*
$2A + B - C$				
$3A + B - 4C$				
$2(\underline{a} + A) - B$				
$\underline{a} \times (A - B)$				
$(A - B) \bullet (A - C)$				

Esercizio 1.xiii *Sono dati nello spazio 3D i punti* $A(3, 0, 0)$, $B(1, 3, 0)$ *e* $C(0, 0, 3)$.

1. *Determinare i vettori* $\underline{a} = B - A$, $\underline{b} = C - A$ *e il punto* D *tale per cui* $D - C = \underline{a}$.
2. *Determinare il vettore* $\underline{u}$ *che ha la stessa direzione di* $\underline{a}$, *verso opposto a quello di* $\underline{a}$ *e lunghezza pari a 3.*
3. *Calcolare l'area del triangolo* ABC.

Esercizio 1.xiv *Dati i punti* $A(1, 3, 4)$, $B(1, 2, 2)$, *determinare:*

1. *l'area del triangolo* ABO;

2. *l'altezza del triangolo relativa alla base* OB;
3. *il perimetro del triangolo* ABO;
4. *il punto* D *simmetrico di* A *rispetto a* B *(*B *punto medio tra* A *e* D*).*

Esercizio 1.xv *Dati i punti* $A(3,1,0)$ *e* $B(-5,4,2)$:

1. *determinare il vettore che ha come corrispondente geometrico il vettore applicato in* A *e di secondo estremo in* B;
2. *scrivere il vettore in forma cartesiana;*
3. *determinare i vettori applicati in* O *e punto rappresentatore in* A *e in* B;
4. *dire se i punti* A, B *sono allineati con l'origine;*
5. *determinarne la distanza.*

Esercizio 1.xvi *Dati i tre punti* $A(1,-1,0)$, $B(3,0,2)$, $C(-1,2,4)$:

1. *verificare il loro allineamento;*
2. *che angolo formano i due vettori* $(B-A)$ *e* $(C-A)$?
3. *individuare il quarto vertice del parallelogramma* $ABCD$ *(opposto a* B*);*
4. *calcolare l'area del parallelogramma* $ABCD$;
5. *calcolare l'altezza del parallelogramma relativa alla base* AB;
6. *trovare il centro del parallelogramma: punto medio di una diagonale;*
7. *calcolare l'area del triangolo* AOB;
8. *calcolare l'altezza del triangolo* AOB *relativa alla base* BO;
9. *individuare* C, *il simmetrico di* A *rispetto a* B *(*C *a distanza doppia da* A *rispetto a* B*).*

Esercizio 1.xvii *Dati i punti* $A(3,0,0)$, $B(0,6,0)$, $C(0,0,12)$, *vertici di un triangolo, determinare i pesi da assegnare ai punti* A, B, C *in modo tale che il loro baricentro sia il punto* $(2,1,2)$.

Esercizio 1.xviii *Dati i punti* $P_1(2,2,0)$, $P_2(0,-1,1)$, $P_3(0,1,2)$, $P_4(0,0,0)$ *e* $G(1,1,1)$ *si vogliono determinare quattro coefficienti* c_1, c_2, c_3, c_4 *per cui devono essere moltiplicati i punti* P_i *in modo tale che* G *sia una loro combinazione baricentrica.*

Esercizio 1.xix *Ai punti* $P_1(2,2,0)$, $P_2(0,-1,1)$, $P_3(0,1,2)$, $P_4(0,0,0)$ *si applicano pesi puntiformi di valore rispettivamente* $w_1 = 10$, $w_2 = 10$, $w_3 = 15$, $w_4 = 15$; *determinare il baricentro del sistema.*

Esercizio 1.xx *Ai punti* $P_1(0,0,4)$, $P_2(1,-1,0)$, $P_3(2,2,0)$, $P_4(0,0,8)$ *si applicano pesi puntiformi uguali, ciascuno di valore* $w_0 = 1$.

1. *Determinare il baricentro del sistema;*
2. *Si aggiunge un peso nel punto* $P_4\left(\frac{1}{4},\frac{1}{4},3\right)$. *Determinare il peso* w_1 *che si deve applicare in* P_4 *in modo che il nuovo baricentro* G' *sia il punto medio di* GP_4.

Capitolo 2

Curve e superfici parametriche

2.1 Curve, superfici e loro descrizione matematica

Possiamo definire un oggetto geometrico come insieme di punti "organizzati" del piano o dello spazio. In particolare, la forma di un oggetto si definisce attraverso la *superficie* che lo delimita e talvolta attraverso *curve* che sono intersezione di tale superficie con altre superfici (spesso piani). Dunque l'attenzione si focalizza su come descrivere matematicamente (quando possibile) *curve e superfici.*

Descrivere matematicamente una curva o una superficie significa individuare delle *leggi matematiche* intercorrenti fra le coordinate dei punti che costituiscono la figura stessa. Comunemente una figura viene considerata come un *luogo di punti*[1] e i legami che individuano tali punti sono espressi mediante *equazioni.*

Come primo esempio consideriamo l'equazione seguente

$$x^2 + y^2 = 1 \tag{2.1}$$

e ci chiediamo: qual è la figura geometrica descritta da questa equazione? Per rispondere a questa domanda dobbiamo determinare *tutte* le soluzioni dell'equazione (2.1). Ma che cos'è una soluzione di un'equazione come questa? Prima di rispondere a questa seconda domanda consideriamo quest'altra equazione:

$$y - 1 = 0 \tag{2.2}$$

e ci chiediamo che cosa sia una sua soluzione.
Qui la risposta non ci causa problemi: una soluzione è un numero che, so-

[1] Ricordiamo che un luogo geometrico è l'insieme di tutti e soli i punti che godono di una certa proprietà.

stituito all'incognita y, soddisfa l'equazione (ossia rende il primo membro uguale al secondo). Nella fattispecie l'equazione (2.2) ha la sola soluzione 1.

Che cosa è invece una soluzione della (2.1)? In tale equazione figurano non una ma due incognite: x e y. Una soluzione è allora una coppia ordinata x, y che, sostituita nell'equazione, la soddisfa. Tale coppia ordinata in 2D corrisponde a un punto nel piano xy. Esiste un'infinità di soluzioni per la (2.1), come è facile verificare, e il luogo di queste soluzioni è la circonferenza di centro O e raggio 1. Diciamo che la (2.1) è l'*equazione cartesiana* di tale circonferenza.

Con analoga considerazione possiamo allora chiederci quale figura geometrica sia rappresentata in 2D dalla (2.2). Notando che in tale equazione l'incognita x non figura concludiamo che il luogo delle soluzioni è l'insieme dei punti del piano xy aventi ordinata y uguale a 1 e ascissa x qualunque. Tale luogo è una retta parallela all'asse x, di cui la (2.2) è pertanto l'equazione cartesiana.

Poniamoci ora nello spazio 3D; qualche esempio di legge potrebbe essere:

$$x^2 + y^2 + z^2 = 4 \tag{2.3}$$

$$x + y + z + 5 = 0 \tag{2.4}$$

La (2.3) è il luogo dei punti equidistanti (aventi distanza 2) dall'origine, cioè una superficie sferica di raggio 2. Per quanto riguarda la seconda equazione possiamo dire che, riprendendo l'idea che un'equazione lineare nel piano descrive una retta, un'equazione lineare nello spazio coinvolgente le tre coordinate descrive un piano (confermeremo questa intuizione in seguito).

E se interpretassimo in 3D la (2.2)? Tenendo conto del fatto che in questo caso possiamo scegliere arbitrariamente le coordinante x e z, la (2.2) rappresenta il piano parallelo al piano zx passante per $(0, 1, 0)$.

Che cosa può rappresentare la seguente espressione

$$\begin{cases} x^2 + y^2 + z^2 = 4 \\ y - 1 = 0 \end{cases} ? \tag{2.5}$$

Essa è un sistema di due equazioni, le cui soluzioni sono i punti soluzione di entrambe le equazioni prese separatamente, ossia i punti comuni alla superficie sferica di centro O raggio 2 e al piano parallelo al piano zx passante per $(0, 1, 0)$. Tale sistema rappresenta quindi l'intersezione di una superficie sferica e di un piano, quindi una circonferenza.

Quali problemi emergono da quanto visto finora? Un primo problema è strettamente legato all'obiettivo che si pone un architetto/designer davanti ad un oggetto: virtualizzarlo, cioè disegnarlo utilizzando un programma di grafica. Si tratta pertanto di fornire allo strumento di calcolo il maggior numero di coordinate dei punti appartenenti alla forma, nel modo più diretto possibile. Se la legge che descrive l'oggetto in esame è un'equazione implicita (come per esempio la (2.3) e (2.4)) non sempre è così facile trovare esplicitamente l'espressione di x, y e z.

D'altra parte, osservando la (2.5), si evidenzia che, nel caso di una curva in 3D, si tratterebbe di risolvere un sistema non lineare con le inevitabili complicazioni che ne seguono. Da qui nasce l'idea di esprimere le coordinate x y e z mediante leggi matematiche che le facciano dipendere in modo esplicito da uno o più *parametri*, quantità variabili che non hanno alcun legame col sistema di riferimento cartesiano. Un esempio potrebbe essere il sistema

$$\begin{cases} x = 2 + 3t \\ y = 4t \\ z = 1 - t \end{cases}$$

che, vedremo in seguito, rappresenta una retta in 3D.

2.2 Funzioni vettoriali a un parametro e curve parametriche

Allo scopo di determinare la forma parametrica di curve 3D introduciamo il concetto di funzione vettoriale a un parametro.

2.2.1 Funzioni scalari e funzioni vettoriali

Supponiamo di avere un insieme D di numeri reali e un insieme I di elementi generici. Stabiliamo una corrispondenza f tale che: "a ogni elemento di D corrisponde un solo elemento di I". Questa corrispondenza è visualizzata in modo schematico in Figura 2.1(a).

Mediante questa corrispondenza abbiamo definito una *funzione* f in cui:

Figura 2.1: Una funzione f è una corrispondenza fra elementi di D e elementi di I.

1. D è il *dominio* (o insieme di definizione), $D \subset \mathbb{R}$;
2. x, generico elemento di D, è detta *variabile indipendente*;
3. I è detto *insieme immagine*;
4. f si chiama *funzione della variabile reale* x e si indica con $f(x)$.

Se anche $I \subseteq \mathbb{R}$ (ossia se il generico valore della funzione è un numero reale) si ha una *funzione reale di variabile reale*, o semplicemente *funzione reale.*

Si noti che elementi distinti di D non puntano necessariamente a elementi distinti di I. Se avviene che elementi distinti di D puntino *sempre* a elementi distinti di I la funzione è *invertibile*, è cioè possibile stabilire una corrispondenza in cui D e I si scambiano i ruoli (D diventa insieme immagine mentre I diventa insieme di definizione). Tale corrispondenza è la *funzione inversa* di f.

Nel contesto della geometria vettoriale le funzioni ora viste sono dette *funzioni scalari.*

Se gli elementi dell'insieme I *sono vettori* abbiamo invece una *funzione vettoriale*. Per tale tipo di funzione la variabile indipendente è detta *parametro* e viene comunemente indicata con la lettera t. Questa corrispondenza è schematizzata in Figura 2.1(b), dove il generico simbolo di funzione è ora $\underline{f}$, intendendo con ciò che il valore assunto dalla funzione è un vettore.

Tale vettore dipende da t, è quindi scritto come $\underline{f}(t)$ ed è detto anche *vettore parametrico*, termine equivalente (e usato in maniera intercambiabile) a quello di funzione vettoriale.

2.2.2 Il grafico di una funzione vettoriale

Dato un vettore parametrico $\underline{f}(t)$, applichiamolo all'origine O del sistema di riferimento cartesiano. Il secondo estremo P di questo vettore risulta variabile con t. Il vettore così determinato si chiama *vettore posizione* del punto P.

Definiamo *grafico del vettore parametrico il luogo dei punti descritti dal secondo estremo del vettore posizione al variare di t in D*. Questo insieme di punti costituisce, nei casi di maggior interesse per noi, una *curva nello spazio* (vedi Figura 2.2). Vale quindi la relazione

$$P - O = \underline{f}(t) \tag{2.6}$$

detta *equazione parametrico-vettoriale* della curva. *Parametrica* perché in essa figura il parametro t, *vettoriale* perché è un'uguaglianza fra vettori. Nel seguito useremo per semplicità il termine *equazione vettoriale*. Nell'equazione vettoriale le incognite sono il parametro t e le componenti del vettore $P - O$. Dunque questa equazione ha infinite soluzioni: tutte le coppie costituite dal vettore $P - O$ e dal parametro t che soddisfano l'equazione vettoriale. Ogni coppia corrisponde a un punto della curva. Fissando arbitrariamente un valore del parametro t, il punto P della curva risulta determinato dalla (2.6).

Per $t = 0$ si ha un punto della curva detto *punto origine* (da non confondersi con l'origine del sistema di riferimento) o punto iniziale. Il punto iniziale e la funzione vettoriale definiscono sulla curva un *verso di percorrenza* (quello che si ottiene dando incrementi positivi al parametro), una *zona negativa* (insieme dei punti ottenuti per $t < 0$) e una *zona positiva* (per $t > 0$). È possibile descrivere una stessa curva con parametrizzazioni diverse (ossia usando diverse funzioni vettoriali), in tal caso punto origine, verso di percorrenza e zone positiva/negativa possono cambiare.

Se la corrispondenza fra vettore posizione e t non è biunivoca, uno stesso valore del vettore posizione (ossia uno stesso punto corrente sulla curva) è ottenuto per valori di t diversi fra loro. Questo corrisponde ad un *punto multiplo* (nodo) e quindi a una curva che incontra se stessa, come evidenziato in Figura 2.2.

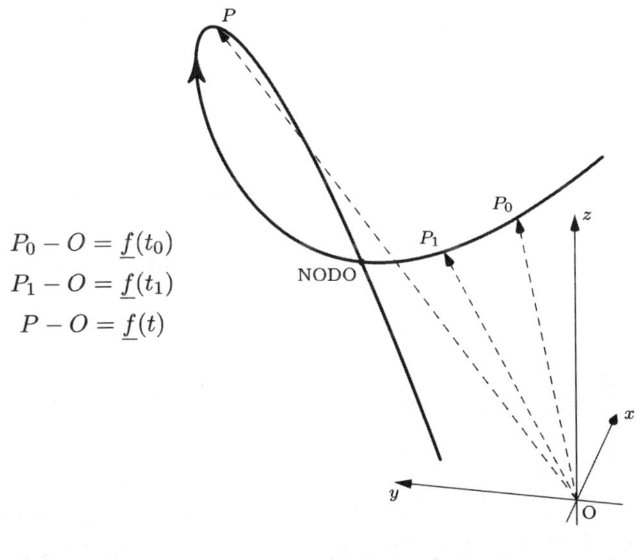

Figura 2.2: Una curva parametrica è ottenuta variando un vettore posizione applicato all'origine. È possibile in tal modo descrivere forme complesse, come una curva con punti multipli (nodi).

L'equazione (2.6) è equivalente al seguente sistema di equazioni scalari:

$$\begin{cases} x = f_x(t) \\ y = f_y(t) \\ z = f_z(t) \end{cases} \tag{2.7}$$

dove (x, y, z) *sono le componenti cartesiane del vettore posizione* (nonché le coordinate del punto P), mentre $f_x(t), f_y(t), f_z(t)$ *sono le componenti della funzione vettoriale*. Le (2.7) sono dette *equazioni parametriche* della curva.

Alternativamente (e in modo del tutto equivalente) a quanto visto sopra si può allora dire che il sistema di tre equazioni scalari nelle quattro incognite x, y, z, t ha infinite soluzioni: tutte le quaterne x, y, z, t che soddisfano il sistema. Ognuna di esse corrisponde a un punto della curva.

Come caso particolare il grafico di un vettore parametrico può essere una *curva piana* (ossia una curva appartenente a un piano). In tal caso, se la curva appartiene al piano xy, può essere descritta mediante una funzione vettoriale a due componenti, quindi con due (invece di tre) equazioni parametriche.

Se una curva è non piana è detta sghemba.

Nel seguito si pone come obiettivo *una "parametrizzazione" di una curva a partire dal suo grafico*, o meglio dalle sue caratteristiche geometriche. In altre parole si tratterà di determinare, a partire dalla forma, le funzioni f_x, f_y e f_z componenti la funzione vettoriale f.

2.2.3 Rette

La prima curva di cui si vuole determinare una parametrizzazione è la *retta*. Non solo è la curva più elementare, ma è un ente caratterizzante molti oggetti del quotidiano. Nello spazio una retta può essere definita da:

1. Un punto e una direzione;
2. Due punti;
3. Due piani che si intersecano.

La Figura 2.3 riguarda il caso 1. (retta definita dal punto P_0 e dalla direzione di $\underline{d}$). Sono cioè dati un punto $P_0(x_0, y_0, z_0)$ (*punto origine*[1], che è punto rappresentatore del vettore $\underline{r}_0 = P_0 - O$ in Figura 2.3) e un vettore $\underline{d} = \langle d_x, d_y, d_z \rangle$ (*vettore direzione*) che definisce la direzione della retta.

[1] Il punto origine P_0 è un punto arbitrario della retta. Non è (in genere) l'origine degli assi cartesiani.

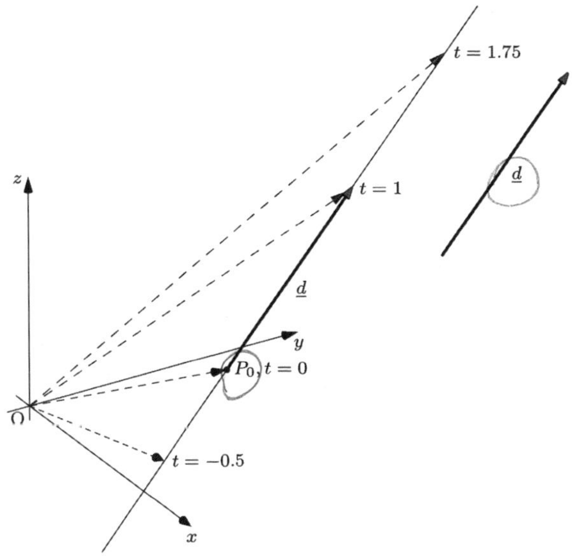

Figura 2.3: Retta definita da un punto e da una direzione.

Per determinare la funzione vettoriale $\underline{f}$, il cui grafico è la retta definita da P_0 e $\underline{d}$, seguiamo la seguente costruzione. Applichiamo il vettore $\underline{d}$ a P_0 e "stiriamo" il vettore $\underline{d}$ moltiplicandolo per uno scalare variabile t. I punti finali P di tutti i vettori applicati a P_0 e proporzionali a $\underline{d}$ stanno tutti sulla retta data.

Al variare del parametro t il punto P, che descrive una retta passante per P_0 e di direzione $\underline{d}$, è punto rappresentatore del vettore $\underline{r} = \underline{r}_0 + \underline{d}t$.

Il caso 2. (retta definita da due punti) si riduce facilmente al precedente prendendo come punto iniziale uno dei due punti dati e come vettore di direzione il vettore che va da tale punto all'altro punto (oppure il vettore opposto).

Il caso 3. (retta definita da due piani) viene considerato più avanti, trattando i piani.

Equazioni della Retta

L'uguaglianza $\underline{r} = \underline{r}_0 + \underline{d}t$ è l'*equazione vettoriale della retta* passante per P_0 e di direzione $\underline{d}$. Il vettore $\underline{r}$ (che è variabile con t) è il *vettore posizione* della retta.

L'equazione vettoriale è equivalente alla terna di equazioni scalari:

$$\begin{cases} x = x_0 + d_x t \\ y = y_0 + d_y t \\ z = z_0 + d_z t \end{cases}$$

che sono le *equazioni parametriche della retta.* In tali equazioni non figura in modo esplicito il dominio del parametro, ciò corrisponde al fatto che la retta è una curva illimitata. Ponendo opportunamente qualche limite è possibile definire una parte di retta, come una semiretta o un segmento.

Occorre notare che esiste un margine di arbitrarietà nell'equazione vettoriale della retta, come evidenziato in Figura 2.4.

Sostituendo $\underline{d}$ con un altro vettore $\underline{w}$ di uguale direzione la retta non cambia, quindi anche $\underline{r} = \underline{r}_0 + \underline{w}t$ è un'equazione parametrico-vettoriale della retta.

Sostituendo poi P_0 con un altro punto origine Q_0, purché giacente sulla retta, posto $\underline{q}_0 = Q_0 - O$ la nuova equazione $\underline{r} = \underline{q}_0 + \underline{w}t$ è ancora un'equazione vettoriale della stessa retta.

Possiamo quindi stabilire che di una stessa retta esistono più equazioni vettoriali, ognuna di esse corrisponde a una diversa scelta della coppia *punto origine, vettore direzione.* Ognuna di queste coppie costituisce una diversa *parametrizzazione* della stessa retta.

L'arbitrarietà dell'equazione vettoriale significa che di uno stesso oggetto geometrico retta possiamo dare diverse rappresentazioni, tutte fra loro equivalenti.

Come conseguenza di quanto ora visto si ha che se nell'equazione di una retta il punto P_0 coincide con l'origine del sistema di riferimento (ossia se l'equazione è del tipo: $\underline{r} = \underline{d}t$) la retta passa senz'altro per l'origine, mentre non è vero il contrario (ossia se la retta passa per l'origine l'equazione potrebbe essere del tipo: $\underline{r} = \underline{r}_0 + \underline{d}t$).

Esiste una *corrispondenza biunivoca* fra i valori del parametro t e il punto corrente P sulla retta, cambiando parametrizzazione (punto origine e/o vettore di direzione) questa corrispondenza cambia.

Una interessante considerazione deriva dal fatto che l'equazione vista definisce una retta orientata, quindi un asse. Infatti, dalla relazione $\underline{r} = \underline{r}_0 + \underline{d}t$, che equivale a $P - O = P_0 - O + \underline{d}t$, segue che $P - P_0 = \underline{d}t$, da cui si deduce che $\overline{PP_0} = |\underline{d}||t|$. Il valore assoluto di t è dunque la distanza del punto generico P dal punto origine P_0 divisa per il modulo del vettore direzione. Se il vettore direzione è un versore, $|t|$ è uguale a tale distanza. Il segno di t indica poi su quale semiretta si trova P rispetto a P_0. Dunque se partendo da P_0 per raggiungere P ci si muove concordemente al vettore

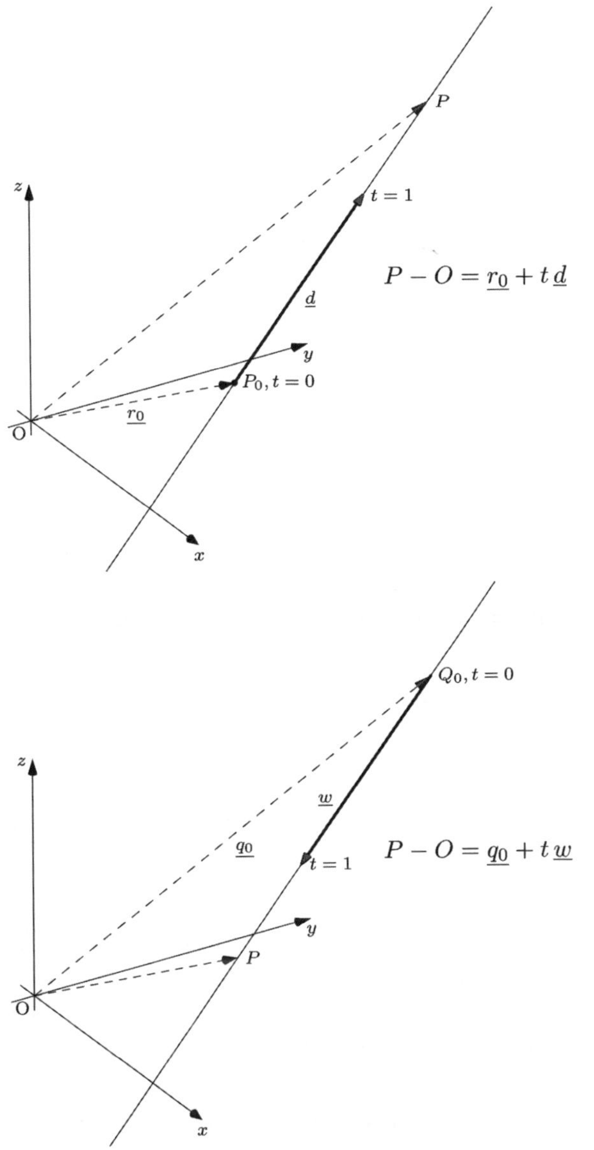

Figura 2.4: Diverse parametrizzazioni della stessa retta.

direzione, si avrà una distanza a cui attribuiamo segno positivo, altrimenti negativo.

Tutto ciò equivale a definire sulla retta un *asse* avente lo stesso orientamento del vettore direzione e avente per origine il punto iniziale. In questo caso il parametro t è detto anche *ascissa lungo l'asse* (da non confondere con l'ascissa lungo l'asse cartesiano x).

Una interpretazione fisica della parametrizzazione della retta si ottiene immaginando che essa sia la traccia lasciata da un punto mobile che si muove di moto rettilineo uniforme (cioè a velocità costante) e che il parametro t rappresenti il tempo a partire da un certo istante.

In questo caso il punto iniziale è il punto in cui si trova il punto mobile nell'istante iniziale ($t = 0$, quando si fa scattare il cronometro), il punto corrispondente al valore $t = 1$ è la posizione del punto mobile dopo $1s$ (supponendo di usare il secondo come unità di misura dei tempi), il punto corrispondente al valore $t = 2$ è la posizione del punto mobile dopo $2s$ ecc.

Posizioni relative di due rette

Consideriamo le due rette:

$$\underline{r}_1 = \langle x_1 + v_x t, y_1 + v_y t, z_1 + v_z t \rangle$$
$$\underline{r}_2 = \langle x_2 + w_x u, y_2 + w_y u, z_2 + w_z u \rangle$$

Le due rette sono identificate rispettivamente da:

1. punto origine (x_1, y_1, z_1), vettore direzione $\underline{v} = \langle v_x, v_y, v_z \rangle$;
2. punto origine (x_2, y_2, z_2), vettore direzione $\underline{w} = \langle w_x, w_y, w_z \rangle$

Notiamo che in genere nell'equazione di una retta (o di qualsiasi altra curva) il simbolo usato per indicare il parametro è poco importante e può essere indicato da una lettera qualsiasi (di solito t). Nel caso però come quello in esame, cioè in cui stiamo considerando un problema che riguarda due rette, è essenziale che le due rette siano considerate come enti definiti completamente a sé stanti, di conseguenza occorre distinguere il parametro su una o sull'altra retta mediante due simboli diversi. Abbiamo quindi deciso che sulla prima retta il parametro sia t, sulla seconda u.

Due rette nello spazio possono assumere le seguenti posizioni reciproche:

1. *parallele*;
2. *coincidenti*;
3. *incidenti*;
4. *sghembe*.

Esaminiamo ora brevemente i quattro casi possibili.

Rette parallele e coincidenti Per essere parallele due rette devono avere *vettori direzione paralleli*, ossia proporzionali. Devono quindi valere:

$$\frac{v_x}{w_x} = \frac{v_y}{w_y} = \frac{v_z}{w_z} = k \tag{2.8}$$

Questa relazione equivale alle tre equazioni seguenti:

$$\begin{cases} \dfrac{v_x}{w_x} = \dfrac{v_y}{w_y} \\ \dfrac{v_y}{w_y} = \dfrac{v_z}{w_z} \\ \dfrac{v_z}{w_z} = \dfrac{v_x}{w_x}. \end{cases} \tag{2.9}$$

Di queste tre equazioni solo due sono indipendenti. Ad esempio si può stabilire che:

$$\begin{cases} \dfrac{v_x}{w_x} = \dfrac{v_y}{w_y} & \text{e che:} \\ \dfrac{v_y}{w_y} = \dfrac{v_z}{w_z}. \end{cases} \tag{2.10}$$

La terza relazione di uguaglianza (2.9) (ossia $v_x/w_x = v_z/w_z$) segue dalle due precedenti.

Le equazioni che esprimono la condizione di parallelismo stabiliscono un coefficiente di proporzionalità k fra il vettore di direzione $\underline{v}$ e il vettore di direzione $\underline{w}$. Se k è positivo le rette sono orientate nello stesso verso, altrimenti hanno verso opposto.

La condizione di parallelismo ora vista è necessaria ma non sufficiente: se le due rette hanno la stessa direzione e in più hanno un punto comune allora coincidono (non sono considerate parallele ma *coincidenti*). Per il parallelismo occorre in aggiunta che un punto qualunque dell'una non appartenga all'altra, in tal caso le rette non hanno punti comuni e sono parallele (vedi l'esercizio 2.3, casi 3. e 4.).

Rette incidenti e sghembe Due rette di direzione diversa (ossia con vettori direzione non paralleli) possono avere un solo punto comune, in questo caso si dicono *incidenti*, oppure nessun punto comune e allora sono *sghembe*.

Per discriminare fra questi due casi, una volta stabilito che le due rette hanno direzioni diverse, si deve cercare la coppia di valori u, t per la quale i vettori posizione delle due rette coincidono. Se tale coppia esiste le due rette sono incidenti, altrimenti sono sghembe (si veda ad esempio l'esercizio 2.3, casi 1. e 2.).

Retta e combinazioni baricentriche

Vogliamo ora mostrare che una retta è il luogo delle combinazioni baricentriche di due qualsiasi dei suoi punti.
Ricordiamo innanzitutto che:

1. Combinazione baricentrica di più punti è una combinazione lineare dei punti dati, quando la somma dei coefficienti è 1;
2. Una combinazione baricentrica è un punto;
3. Luogo di punti è l'insieme di tutti e soli i punti che hanno una certa proprietà (in questo caso si tratta della proprietà: "essere combinazione baricentrica").

Consideriamo ora due punti P_1 e P_2. Moltiplichiamo uno dei due punti, ad esempio P_2, per un coefficiente arbitrario t. Per ottenere una combinazione baricentrica dobbiamo allora moltiplicare l'altro punto per $1 - t$ e otteniamo così:

$$G = tP_2 + (1 - t)P_1 = P_1 + t(P_2 - P_1) \tag{2.11}$$

o l'equazione equivalente

$$\underline{r} = G - O = P_1 - O + t(P_2 - P_1). \tag{2.12}$$

La (2.12) è l'equazione di una retta in cui P_1 è il punto origine e $P_2 - P_1$ il vettore direzione. La (2.11) è l'equazione equivalente in cui, al variare del parametro t, viene espresso non il vettore posizione $P - O$ ma il suo punto vettore. Chiameremo tale espressione *equazione puntuale* della retta (trattandosi di un'uguaglianza fra punti e non fra vettori).

Otteniamo così l'importante risultato che: *il luogo delle combinazioni baricentriche di due punti è la retta che li congiunge.* In Figura 2.5a è rappresentata tale retta.

Se ora vogliamo considerare le sole combinazioni convesse dei due punti, basta considerare l'insieme di tutte le combinazioni baricentriche ed eliminare tutte le combinazioni in cui uno dei due coefficienti è negativo. Semplici considerazioni geometriche, illustrate in Figura 2.5b, ci portano a concludere che il *luogo delle combinazioni convesse* (ossia il convex hull dei due punti) *è il segmento che congiunge i due punti* (vedere anche l'esercizio 2.6).

Otteniamo così lo stesso risultato ricavato per altra via, ossia mediante l'analogia dell'anello elastico (vedi Figura 1.22, pagina 28).

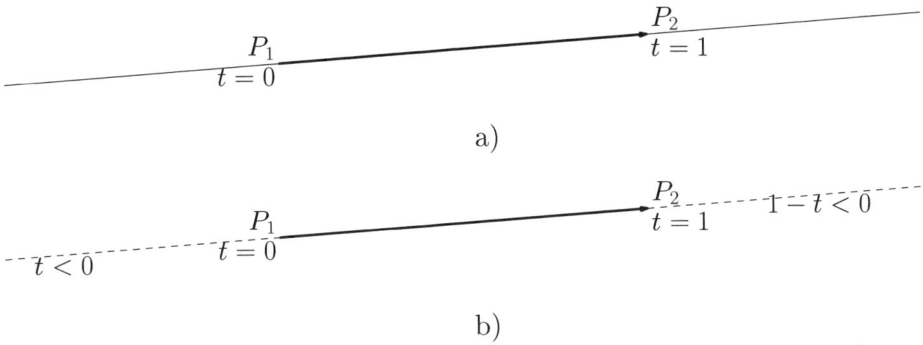

Figura 2.5: Combinazioni baricentriche di due punti.

2.2.4 Alcune curve piane

Illustriamo qui, a titolo di esempio applicativo della forma parametrica, qualche curva ben nota, rimandando una trattazione più estesa a capitoli successivi in cui le curve saranno considerate sotto l'aspetto della loro generazione.

Sinusoide

La sinusoide che consideriamo è una curva illimitata, ad andamento periodico e giacente nel piano xy. Essa è il grafico della funzione $\sin x$ e pertanto la sua equazione è $y = \sin x$.

In un caso come questo una rappresentazione parametrica può essere ottenuta in modo diretto assumendo come parametro la variabile indipendente x e sostituendo ad essa il parametro nell'equazione cartesiana. Nel nostro caso si ha pertanto:

$$\begin{cases} x = t \\ y = \sin t \end{cases} \tag{2.13}$$

Naturalmente le due equazioni parametriche (2.13) possono essere sostituite dall'unica equazione vettoriale $\underline{c} = \langle t, \sin t \rangle$ dove $\underline{c} = P - O$ è il vettore posizione della sinusoide.

Con questa parametrizzazione il parametro t è l'ascissa del punto generico P della curva; il punto origine (corrispondente al valore $t = 0$) è l'origine degli assi e la curva risulta orientata per x crescenti, come illustrato in Figura 2.6.

Osserviamo che in figura è rappresentato solo un ramo di sinusoide, quello corrispondente all'intervallo $[0, 2\pi]$ di variazione del parametro. L'intera

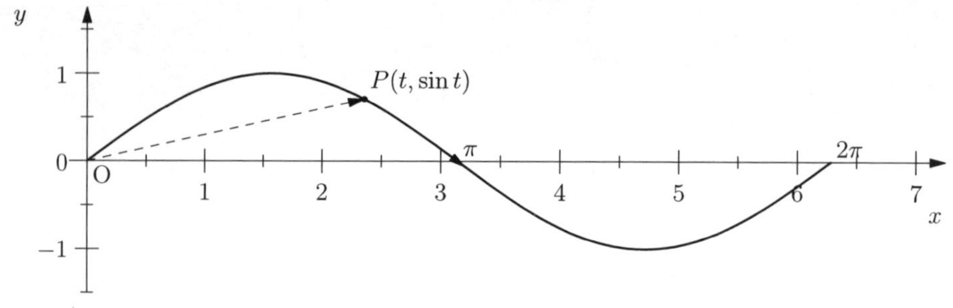

Figura 2.6: Sinusoide nel piano xy.

sinusoide consiste nella ripetizione indefinita di tale ramo, applicato a sinistra (per t negativi) o a destra (per $t > 2\pi$). La curva è quindi illimitata ed è definita per qualsiasi valore di t, pertanto nelle (2.13) non viene indicato esplicitamente il dominio della funzione vettoriale.

Sebbene la sinusoide sia una curva piana, può essere necessario per vari motivi considerarla "immersa" nello spazio $3D$, ossia rappresentarla in un sistema di riferimento spaziale, come illustrato in Figura 2.7.

Il vettore posizione $P - O$ di tale curva diventerà allora un vettore a tre componenti e le equazioni parametriche saranno tre invece di due. Tali equazioni si ottengono dalle (2.13) aggiungendo ad esse una terza equazione che indica che la terza componente del vettore posizione è sempre nulla (e quindi è sempre nulla la terza coordinata z del generico punto della curva).

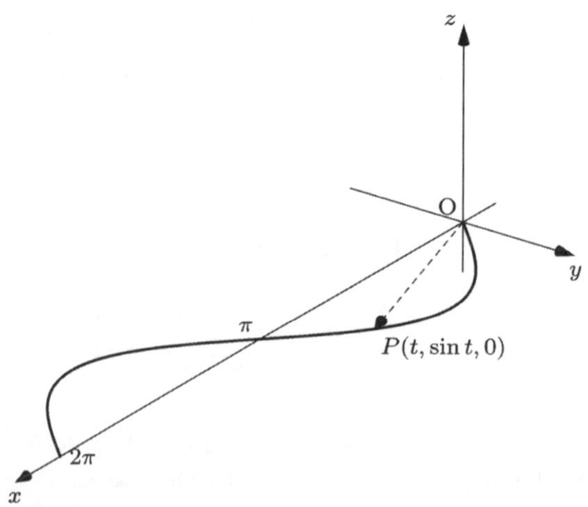

Figura 2.7: Sinusoide immersa nello spazio xyz.

Si avrà quindi:

$$\begin{cases} x = t \\ y = \sin t \\ z = 0 \end{cases} \tag{2.14}$$

Circonferenza

La circonferenza di centro l'origine, raggio R e giacente nel piano xy può essere descritta assumendo come parametro t l'anomalia del vettore posizione, ossia l'angolo che tale vettore forma col semiasse positivo x, come illustrato in Figura 2.8.

Notiamo che in tale figura la circonferenza è rappresentata immersa in $3D$, il vettore posizione è dato da $P - O = \underline{a} + \underline{b} + \underline{e}$, dove i tre vettori componenti sono orientati rispettivamente come i tre assi coordinati: $\underline{a} = \langle R\cos t, 0, 0\rangle$, $\underline{b} = \langle 0, R\sin t, 0\rangle$, $\underline{e} = \underline{o} = \langle 0, 0, 0\rangle$. Avremo quindi le tre seguenti equazioni parametriche:

$$\begin{cases} x = R\cos t \\ y = R\sin t \quad 0 \leq t \leq 2\pi \\ z = 0 \end{cases} \tag{2.15}$$

Nelle (2.15), a differenza del precedente caso della sinusoide, il dominio della funzione vettoriale (e quindi il campo di variazione del parametro t) deve essere dichiarato esplicitamente. Ciò è dovuto al fatto che per descrivere completamente la circonferenza è sufficiente compiere un solo giro, partendo dal valore iniziale $t = 0$ e terminando col valore finale $t = 2\pi$. In corrispondenza di questi due valori estremi si ha lo stesso punto della curva. La circonferenza è quindi una curva *chiusa* e limitata.

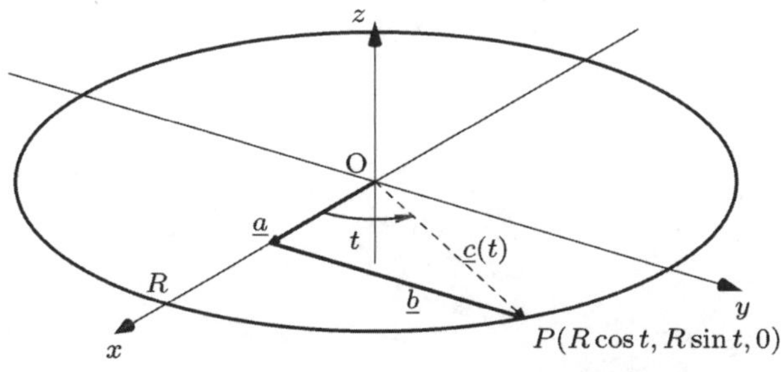

Figura 2.8: Circonferenza nel piano xy.

Anche qui, similmente a quanto visto per la retta, modificando il dominio del parametro è possibile rappresentare porzioni di curva. Ad esempio limitando il parametro nell'intervallo $[t_1, t_2]$ rappresentiamo un arco se $t_1 \geq 0$ e $t_2 \leq 2\pi$, mentre con $t_1 = 0$ e $t_2 = 2n\pi$ indichiamo una circonferenza percorsa n volte.

2.2.5 Alcune curve sghembe

Elica cilindrica

L'elica cilindrica è una curva che si può trovare facilmente in molte forme di uso comune, come il filetto di una vite o una scala a chiocciola. Essa può essere descritta da un filo che si avvolge con regolarità su una superficie cilindrica di cui è noto l'asse e il raggio. Un giro completo attorno all'asse corrisponde a una *spira* di elica, i due estremi della spira si trovano su una retta parallela all'asse e distano di una quantità chiamata *passo*. La Figura 2.9 illustra quanto detto.

Per qualificare un'elica cilindrica occorre quindi dare il suo: *asse, raggio, passo e verso di avvolgimento*. A una data rotazione attorno all'asse può corrispondere un avanzamento secondo l'asse in un verso oppure nel verso opposto, si possono avere così eliche destre oppure eliche sinistre. Un'elica destra corrisponde al filetto di una comune vite ed è quella rappresentata in Figura 2.9.

Per ricavare le equazioni parametriche di un'elica cilindrica destra, di raggio R e passo p, orientiamo il sistema di riferimento in modo che l'asse x sia l'asse dell'elica; supponiamo inoltre che l'elica passi per il punto $P_0(0, R, 0)$ e assumiamo tale punto come punto d'origine della curva (quindi in P_0 sarà $t = 0$), come illustrato in Figura 2.10.

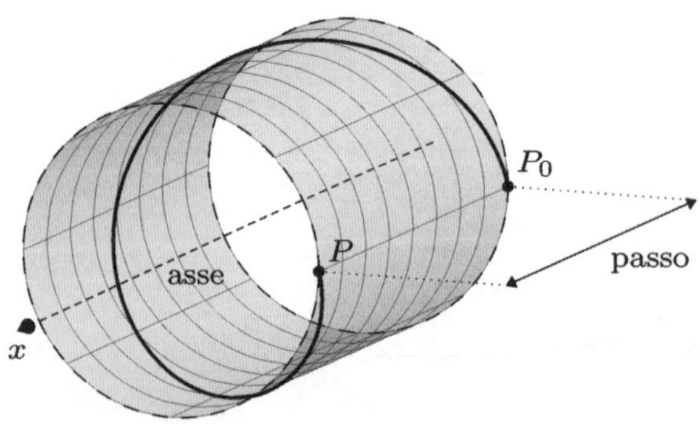

Figura 2.9: Elica cilindrica. Una spira compresa fra P_0 e P.

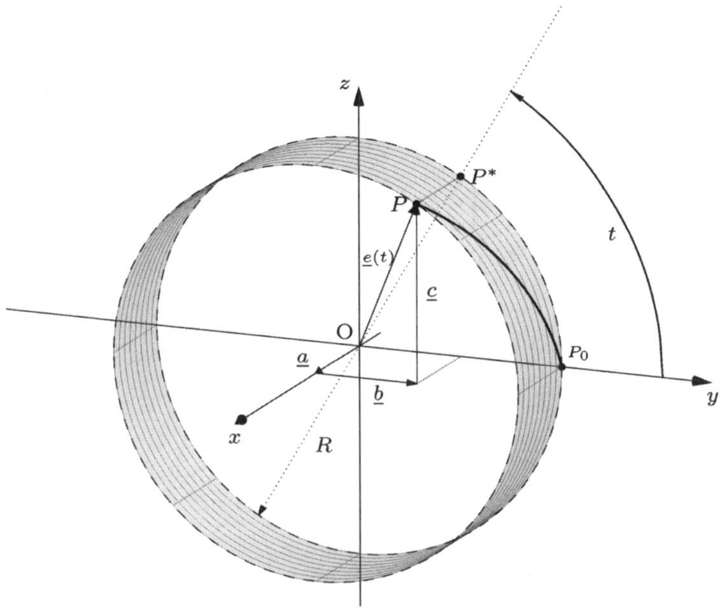

Figura 2.10: Costruzione dell'elica cilindrica a partire da P_0.

Iniziamo procedendo in modo analogo a quanto abbiamo fatto per la circonferenza. Consideriamo il punto P^*, proiezione ortogonale su yz del generico punto P, e assumiamo come parametro l'angolo che il vettore $P^* - O$ forma col semiasse positivo y. Inizialmente tale angolo è nullo e il vettore è $P_0 - O$. Osserviamo poi che, se all'aumentare di t non si verificasse l'avanzamento in direzione assiale, il punto generico della curva sarebbe P^* e si verrebbe a descrivere una circonferenza di centro O e raggio R, avente come vettore posizione $P^* - O = \underline{b} + \underline{c}$ e le cui equazioni parametriche sarebbero quelle di una circonferenza giacente nel piano yz, analoghe alle (2.15).

Tenendo conto dell'avanzamento assiale, il vettore posizione di P che descrive l'elica diviene $\underline{e}(t) = P - O = \underline{a} + \underline{b} + \underline{c}$ dove $\underline{a}$ è un vettore in direzione assiale che ha intensità crescente.

Il fatto che l'elica si ottiene sommando alla rotazione una traslazione assiale (ossia di direzione x) significa che la componente assiale del vettore posizione $P - O$ deve avere intensità crescente linearmente con t (ossia data da un'espressione del tipo $h + kt$), dove il valore iniziale h per le ipotesi fatte è nullo, mentre il coefficiente k deve essere tale da produrre un incremento di lunghezza uguale al passo in corrispondenza di una variazione di t equivalente a un giro. Ossia deve essere $k = \frac{p}{2\pi}$. Dunque $\underline{a} = \left\langle \frac{p}{2\pi} t, 0, 0 \right\rangle$.

In conclusione, l'espressione vettoriale trovata è equivalente alle equazioni parametriche:

$$\begin{cases} x = \dfrac{p}{2\pi}t \\ y = R\cos t \\ z = R\sin t \end{cases} \tag{2.16}$$

2.3 Funzioni vettoriali di due parametri e superfici parametriche

Analogamente al procedimento usato per le curve, introduciamo qui le funzioni vettoriali (o vettori parametrici) *di due parametri* allo scopo di ottenere da essi una rappresentazione di superfici.

Dati due insiemi di numeri reali U V determiniamo l'insieme D i cui elementi sono tutte le coppie ordinate (u, v), dove u e v sono i generici elementi rispettivamente di U e di V. Tale insieme, indicato come $D = U \times V$ è chiamato *prodotto cartesiano* di U e V.

Se definiamo una funzione vettoriale in cui D è il dominio, abbiamo una *funzione vettoriale di due parametri.* I due parametri vengono comunemente indicati con le lettere u, v e la funzione come $\underline{f}(u, v)$. Questa corrispondenza è schematizzata in Figura 2.11.

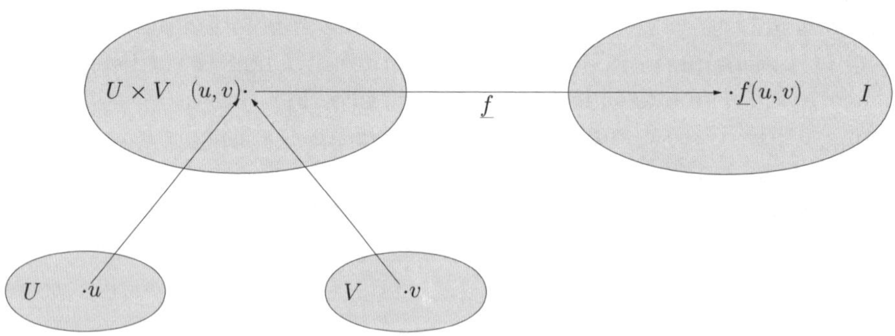

Figura 2.11: Funzione vettoriale di due parametri.

Ci proponiamo ora di individuare il significato geometrico di un vettore funzione di due parametri. Per questo procediamo in modo analogo a quanto fatto nel paragrafo 2.2.2: dato il vettore parametrico $\underline{f}(u, v)$ lo applichiamo all'origine del sistema di riferimento cartesiano ottenendo così un vettore posizione. Il grafico del vettore parametrico sarà il luogo dei punti descritti dal secondo estremo del vettore posizione al variare della coppia u, v in D.

Per ottenere questo luogo di punti procediamo come segue. Fissiamo uno dei due parametri (ad esempio u) attribuendogli un valore arbitrario (purché lecito, ossia contenuto in U), otteniamo così un vettore parametrico funzione del solo parametro v e tracciamo il suo grafico che, come sappiamo, è una curva. Ripetendo l'operazione per tutti (in genere infiniti) possibili valori di u otteniamo una famiglia di curve che nel loro insieme formano una superficie.

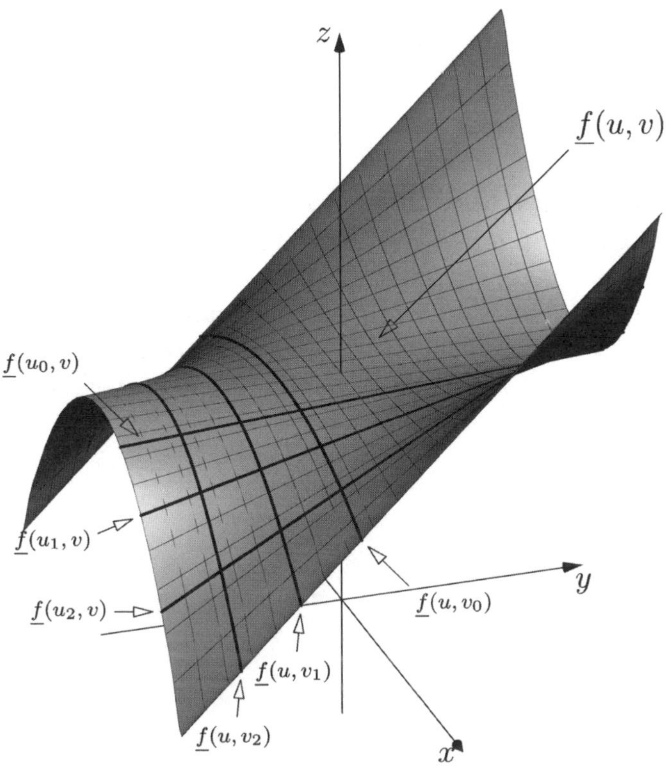

Figura 2.12: Grafico di un vettore funzione di due parametri. È costituito da due famiglie di curve che definiscono una superficie.

In Figura 2.12 sono illustrate alcune curve che si ottengono fissando il parametro u a certi valori (u_0, $u_1, \ldots$). L'insieme di tali curve, che hanno equazione parametrico-vettoriale del tipo $\underline{r} = \underline{f}(u_i, v)$, al variare di u descrive l'intera superficie. Tali curve appartengono alla superficie e sono dette curve coordinate a u costante o curve *isoparametriche a u costante*.

Fissando invece il parametro v a valori determinati (v_0, $v_1, \ldots$) si ottengono curve di equazione $\underline{r} = \underline{f}(u, v_i)$ dette curve coordinate a v costante o curve *isoparametriche a v costante.*
Per un qualsiasi punto P della superficie passano una curva isoparametrica a u costante e una curva isoparametrica a v costante. Se la superficie è regolare tali curve si incrociano in P e hanno direzioni distinte. Globalmente la superficie è solcata da *due famiglie di curve isoparametriche* che si intersecano fra loro.

A differenza del caso di una curva, qui il vettore posizione dipende da due parametri. In generale possiamo affermare:

1. nell'equazione vettoriale di una curva figura un parametro;
2. nell'equazione vettoriale di una superficie figurano due parametri.

Tale circostanza può anche essere descritta come segue. Per individuare la posizione di un punto libero di muoversi lungo una curva occorre un solo valore (si dice che un punto vincolato a una curva ha *un grado di libertà*); per individuare invece la posizione di un punto libero di muoversi su una superficie occorrono due valori (si dice che un punto vincolato a una superficie ha *due gradi di libertà*). Ovviamente nello spazio $3D$ un punto privo di vincoli ha tre gradi di libertà (occorrono cioè tre coordinate per individuare la sua posizione).

2.3.1 Piano

Come la retta è la più elementare delle curve, la prima superficie di cui vogliamo determinare una parametrizzazione è il *piano.* Nello spazio un piano può essere definito da:

1. Una retta e un punto esterno ad essa;
2. Un punto e una direzione normale al piano;
3. Tre punti non allineati;
4. Due rette parallele;
5. Due rette che si intersecano.

La Figura 2.13 riguarda l'ultimo caso (piano rs, ossia definito dalle due rette r e s che si intersecano nel punto P_0).

Tutti i punti delle due rette s, r (quindi anche P_0) appartengono al piano. Possiamo ottenere altri punti del piano prendendo una retta parallela a una delle due e incidente all'altra; questa retta appartiene al piano. Nella figura si sono prese ad esempio rette parallele alla s e incidenti la r. Vediamo ora

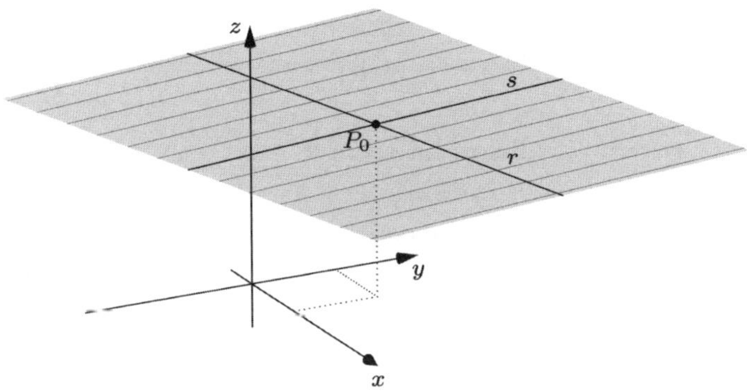

Figura 2.13: Piano definito dalle rette incidenti r e s.

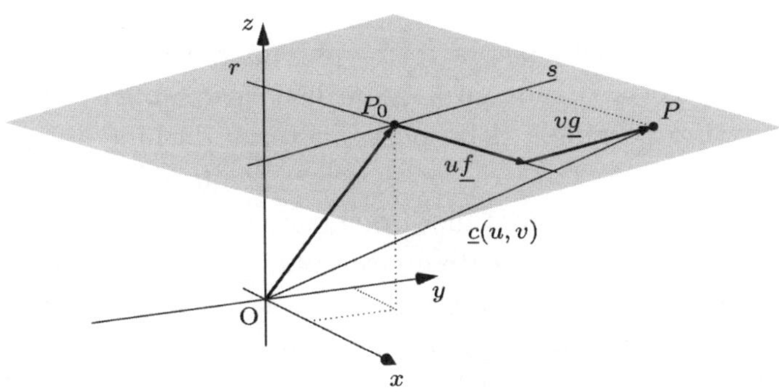

Figura 2.14: Costruzione del vettore posizione del piano rs.

come ottenere un'equazione vettoriale di questo piano.
Per questo facciamo riferimento alla Figura 2.14.

Il generico punto del piano (in figura indicato come $P(x,y,z)$) è il secondo estremo del vettore posizione

$$\underline{p} = \underline{p}_0 + u\underline{f} + v\underline{g}, \tag{2.17}$$

dove $u\underline{f}$ è un vettore parallelo alla retta r e $v\underline{g}$ è un vettore parallelo alla retta s, mentre $\underline{p}_0$ è il vettore posizione di P_0.

Si noti che le quantità u, v sono proporzionali alle due ascisse misurate rispettivamente lungo la retta orientata r (su cui si è scelta come origine P_0 e come verso quello di $\underline{f}$) e lungo la retta orientata s (origine P_0 e verso quello di $\underline{g}$). Quindi u, v hanno un segno: positivo o negativo se concorde oppure discorde col proprio vettore di direzione.

Al variare dei due parametri u e v il punto P, rappresentatore del vettore somma $\underline{p}$ (vettore posizione) descrive il piano voluto. La (2.17) è quindi un'equazione parametrico-vettoriale del piano.
Tale equazione è equivalente alle tre equazioni parametriche:

$$\begin{cases} x = x_0 + f_x u + g_x v \\ y = y_0 + f_y u + g_y v \\ z = z_0 + f_z u + g_z v \end{cases}$$

I due vettori $\underline{f}$ e $\underline{g}$ si chiamano *vettori di giacitura* del piano mentre P_0 è il *punto origine.*
Anche qui, come già visto per la retta, per un dato piano esistono infinite possibilità di scelta per quanto riguarda i tre elementi: punto origine, vettori di giacitura. Ognuna delle possibili terne dà luogo a una differente parametrizzazione del piano e di conseguenza a equazioni differenti.

Un piano definito negli altri modi dell'elenco di pagina 70 può essere ricondotto alla forma ora vista mediante semplici passaggi (si veda ad esempio l'esercizio 2.7 per il caso 3. - tre punti), ad eccezione del caso 2. (un punto e direzione normale) per il quale conviene usare la forma cartesiana, come illustrato più avanti (sezione 2.4.1).

2.3.2 Forma vettoriale di alcune superfici

Illustriamo a titolo di esempio qualche superficie nota. Come già detto a proposito delle curve, una trattazione più estesa verrà svolta in capitoli successivi.

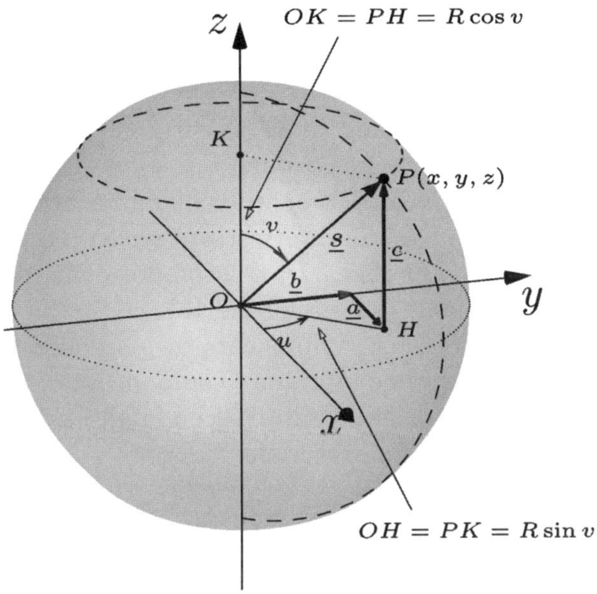

Figura 2.15: Costruzione vettoriale della superficie sferica.

Superficie sferica

Data una superficie sferica di raggio R assumiamo un sistema di riferimento con l'origine coincidente col centro della superficie (vedi Figura 2.15).

Assumiamo l'asse z come *asse polare*: le due intersezioni della superficie con i semiassi z positivo e z negativo sono rispettivamente il polo Nord (N) e il polo Sud (S). Il piano per O e perpendicolare all'asse polare (quindi il piano xy) è il *piano equatoriale*. Un piano passante per z è detto piano meridiano e la sua intersezione con la superficie è una circonferenza di raggio R detta *meridiano*. Un piano parallelo al piano equatoriale interseca la superficie secondo una circonferenza di raggio variabile detta *parallelo*, il parallelo di raggio massimo si ha in corrispondenza del piano equatoriale, ha raggio R ed è detto *equatore*.

Le convenzioni ora descritte sono quelle comunemente usate nella descrizione della superficie terrestre (ad esempio in un comune mappamondo) e sono usualmente associate alla coppia di parametri di posizione ottenuta come segue.

Sia $P(x, y, z)$ il generico punto della superficie. Definiamo come punto origine sull'equatore l'intersezione dell'equatore col semiasse positivo x. A partire da tale punto raggiungiamo il meridiano su cui giace P ruotando di

un angolo chiamato *longitudine*. Il generico punto P della superficie è ora raggiunto muovendosi lungo il meridiano di P e ruotando di un angolo chiamato *latitudine*.
Come parametri usiamo i due angoli: la colatitudine v (ossia l'angolo complementare della latitudine); la longitudine u.

Fissata questa struttura di riferimento vediamo di ottenere una rappresentazione vettoriale della superficie. Il vettore $\underline{s}$, che è il vettore posizione del generico punto della superficie, viene scomposto nei tre vettori $\underline{a}$ $\underline{b}$ $\underline{c}$ paralleli ai tre assi coordinati (vedi Figura 2.15).

Il vettore $\underline{c}$ è ottenuto come componente di $\underline{s}$ secondo l'asse z, mentre per ottenere $\underline{a}$ e $\underline{b}$ si determina dapprima il componente di $\underline{s}$ sul piano equatoriale e scomponendo poi questo vettore secondo gli assi x e y. Da questa costruzione si ricava l'equazione vettoriale:

$$\underline{s} = \underline{a} + \underline{b} + \underline{c} = R\langle \sin v \cos u, \sin v \sin u, \cos v\rangle \quad u \in [0, 2\pi], v \in [0, \pi], \tag{2.18}$$

dove

$$\begin{aligned}
\underline{a} &= \left\langle OH \sin\left(\frac{\pi}{2} - u\right), 0, 0\right\rangle = \langle\underbrace{R\sin v}_{=OH}\cos u, 0, 0\rangle = \langle R\sin v\cos u, 0, 0\rangle \\
\underline{b} &= \left\langle 0, OH \cos\left(\frac{\pi}{2} - u\right), 0\right\rangle = \langle 0, \underbrace{R\sin v}_{=OH}\sin u, 0\rangle = \langle 0, R\sin v\sin u, 0\rangle \\
\underline{c} &= \langle 0, 0, OK\rangle = \langle 0, 0, \underbrace{R\cos v}_{OK}\rangle = \langle 0, 0, R\cos v\rangle
\end{aligned}$$

Dato che la superficie non deve ricoprire se stessa, si deve ruotare un semimeridiano compreso tra i poli di un giro per completare la superficie e quindi $u \in [0, 2\pi], v \in [0, \pi]$. In alternativa si potrebbe considerare un meridiano intero e farlo ruotare di mezzo giro il che corrisponderebbe al dominio: $u \in [0, \pi], v \in [0, 2\pi]$. In entrambi i casi le curve isoparametriche a u costante sono i meridiani, le curve isoparametriche a v costante sono i paralleli.

Assumendo come parametro v la latitudine invece della colatitudine l'espressione del vettore posizione verrebbe modificata nella seguente:

$$\underline{s} = R\langle \cos v \cos u, \cos v \sin u, \sin v\rangle \quad u \in [0, 2\pi], v \in \left[-\frac{\pi}{2}, \frac{\pi}{2}\right]$$

La (2.18) è equivalente alle equazioni parametriche:

$$\begin{cases} x = R\sin v \cos u \\ y = R\sin v \sin u \quad u \in [0, 2\pi], v \in [0, \pi] \\ z = R\cos v \end{cases} \tag{2.19}$$

Superficie cilindrica

Data una superficie cilindrica di raggio R assumiamo un sistema di riferimento con l'asse z coincidente con l'asse della superficie (vedi Figura 2.16).

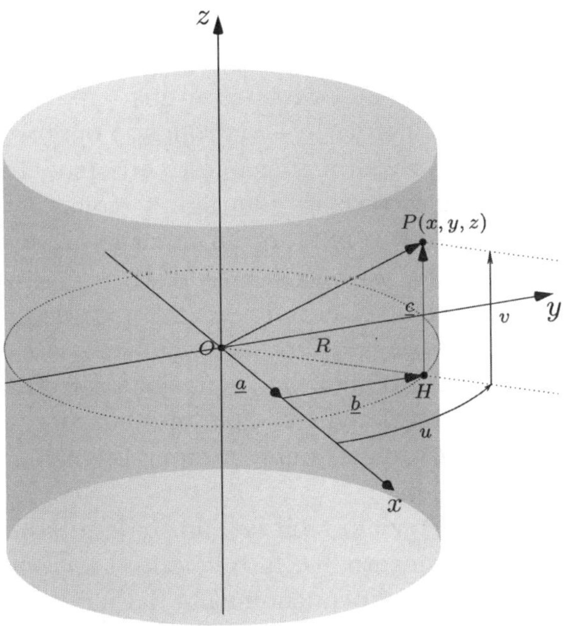

Figura 2.16: Superficie cilindrica di asse z e raggio R.

Ricaviamo l'espressione parametrico-vettoriale di questa superficie con un approccio analogo a quello usato per l'elica cilindrica (sezione 2.2.5), esprimendo il vettore posizione come somma di tre vettori orientati rispettivamente come i tre assi cartesiani: $P - O = \underline{a} + \underline{b} + \underline{c}$.

Come primo parametro prendiamo u, anomalia del vettore proiezione di $P - O$ sul piano xy, e come secondo parametro v la quota z del punto corrente P (uguale alla componente z del vettore posizione). Le equazioni parametriche della superficie, essendo $\underline{a} = \langle R\cos u, 0, 0\rangle, \underline{b} = \langle 0, R\sin u, 0\rangle$ e $\underline{c} = \langle 0, 0, v\rangle$, risultano:

$$\begin{cases} x = R\cos u \\ y = R\sin u \quad u \in [0, 2\pi] \\ z = v \end{cases} \tag{2.20}$$

Nelle (2.20) il solo parametro u è soggetto al limite corrispondente a una sola rotazione e derivante dal fatto che la superficie non deve ricoprire se stessa, mentre v può assumere qualsiasi valore dato che la superficie è illimitata in direzione assiale.

2.4 Curve e superfici in forma cartesiana

La descrizione parametrico-vettoriale di un oggetto geometrico ha una grande capacità rappresentativa e soprattutto è una rappresentazione di tipo "costruttivo", nel senso che permette - controllando opportunamente i parametri - di ottenere la forma voluta. Per questo è la modalità preferita nelle applicazioni in cui si vuole tracciare una figura (come nella progettazione assistita da computer, CAD) o pilotare un utensile per costruire un pezzo fisico (fabbricazione assistita da computer, CAM).

Esiste tuttavia una serie di situazioni in cui le proprietà dell'oggetto geometrico oppure il problema da risolvere sono più facilmente descritti mediante equazioni cartesiane (ricordiamo che l'equazione cartesiana di un oggetto geometrico è un'equazione scalare in cui figurano *solo* coordinate cartesiane). È quindi utile saper utilizzare entrambe le rappresentazioni e saper passare da una forma all'altra.

Riprendiamo le considerazioni svolte all'inizio di questo capitolo e poniamoci in un sistema di riferimento 3D. In tale ipotesi *un'equazione cartesiana rappresenta una superficie*, indipendentemente dal fatto che in essa figurino tutte le tre coordinate o solo alcune.

2.4.1 Equazionc cartesiana del piano

Una semplice costruzione geometrica per ottenere l'espressione cartesiana del piano è la seguente.
Dato il punto P_0 e il vettore $\underline{n} = \langle a, b, c \rangle$ vogliamo determinare il piano passante per P_0 e normale a $\underline{n}$.

Se P è un generico punto del piano (vedi Figura 2.17) i due vettori $P - P_0$ e $\underline{n}$ dovranno risultare perpendicolari, quindi:

$$(P - P_0) \bullet \underline{n} = 0$$

ossia:

$$(x - x_0)\, a + (y - y_0)\, b + (z - z_0)\, c = 0$$

da cui, posto $d = -x_0 a - y_0 b - z_0 c$:

$$ax + by + cz + d = 0 \tag{2.21}$$

La (2.21) è un'equazione cartesiana del piano voluto. In essa i coefficienti $a\ b\ c$ sono le componenti cartesiane di un vettore che identifica l'orientamento

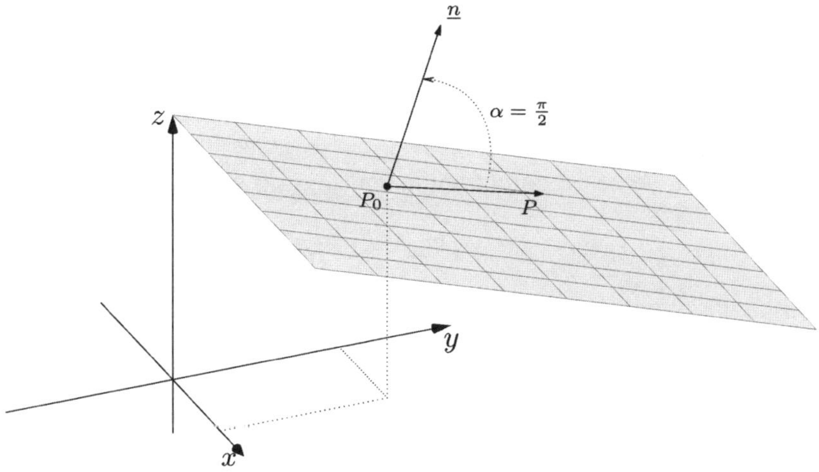

Figura 2.17: Piano definito da un punto e dalla direzione normale.

del piano nello spazio. Questo vettore può essere sostituito da qualsiasi altro vettore ad esso parallelo, ossia proporzionale, e corrispondentemente tutta l'equazione verrà moltiplicata per un fattore costante. Fra tutti i casi possibili consideriamo come *forma canonica* quella in cui il primo coefficiente non nullo (nel caso generale quello della x) è positivo e tutti i coefficienti, se razionali o interi, sono ridotti ai minimi termini.

Come casi particolari della (2.21) abbiamo: un piano perpendicolare a un asse coordinato, in cui non figurano i termini contenenti le altre due coordinate (ad esempio in un piano normale all'asse y i coefficienti a e c risultano nulli e l'equazione diventa del tipo $by + d = 0$); un piano parallelo a un asse coordinato, in cui non figurano i termini contenenti quella coordinata (ad esempio in un piano parallelo all'asse x il coefficiente a è nullo e l'equazione diventa $by + cz + d = 0$).

Il coefficiente d non influisce sull'orientamento del piano ma sul suo posizionamento nello spazio. Variando d si ottiene una schiera di piani fra loro paralleli, di essi quello passante per l'origine corrisponde al valore $d = 0$.

2.4.2 Equazione cartesiana della superficie sferica

Partiamo dalle equazioni parametriche (2.19) e, quadrando e sommando le prime due equazioni, ci riduciamo al sistema seguente di due equazioni in cui non figura più il parametro v:

$$\begin{cases} x^2 + y^2 = R^2 \sin^2 u \\ z = R \cos u \end{cases}$$

Quadrando ora la seconda equazione e sommando si ottiene:

$$x^2 + y^2 + z^2 = R^2 \tag{2.22}$$

che è l'equazione cartesiana della superficie sferica di centro O e raggio R.

Notiamo che la (2.22) si può ottenere direttamente dalla definizione di superficie sferica come luogo dei punti equidistanti dal centro. Tuttavia il procedimento che abbiamo qui illustrato, consistente nel partire dalle equazioni parametriche eliminando successivamente un parametro alla volta fino a ridursi a un'unica equazione, può essere applicato ad altre superfici parametriche.

2.4.3 Equazione cartesiana della superficie cilindrica

Analogamente a quanto fatto per la superficie sferica, consideriamo le equazioni parametriche (2.20) e, quadrando e sommando le prime due equazioni, ci riduciamo al sistema seguente di due equazioni:

$$\begin{cases} x^2 + y^2 = R^2 \\ z = v \end{cases}$$

A differenza del caso della superficie sferica, qui nella prima equazione non figura alcun parametro, essa è dunque un'equazione cartesiana (in cui figurano solo le coordinate x e y). Per quanto riguarda la seconda equazione, si tratta di un'equazione parametrica in cui figura la sola coordinata cartesiana z. Questa equazione non pone alcun vincolo ai valori che tale coordinata può assumere, limitandosi a dire che essa è uguale al parametro v. Pertanto l'unica relazione che deve essere soddisfatta dalle coordinate di un generico punto è

$$x^2 + y^2 = R^2 \tag{2.23}$$

che è l'equazione cartesiana della superficie cilindrica di asse z e raggio R.

Notiamo che in un sistema di riferimento piano Oxy la (2.23) è l'equazione della circonferenza di centro O e raggio R. Tale circonferenza è l'intersezione della nostra superficie cilindrica col piano xy. Ciò ci richiama una considerazione già fatta all'inizio di questo capitolo: una stessa equazione cartesiana in due incognite, che in $2D$ rappresenta una curva piana, in $3D$ rappresenta una superficie. Più specificamente, la superficie rappresentata è il luogo dei punti per i quali due coordinate sono soluzioni dell'equazione, mentre la terza coordinata può assumere qualsiasi valore. Questa superficie si ottiene conducendo dai punti della curva nel piano coordinato $2D$ rette parallele alla terza coordinata, chiamate generatrici. Se la curva è una circonferenza, come nel caso presente, si ottiene una superficie cilindrica a sezione circolare, diversamente si ottiene una superficie che chiameremo ancora cilindrica, ma la cui sezione col piano coordinato è generica. Ad esempio l'equazione $z = x^2$ nel piano zx rappresenta una parabola avente per vertice l'origine e asse x, nello spazio una superficie cilindrica con generatrici parallele all'asse y. Nel caso limite in cui la curva piana sia una retta la superficie diventa un piano parallelo al terzo asse.

2.4.4 Retta e circonferenza in forma cartesiana

Riprendiamo le considerazioni svolte all'inizio di questo capitolo. Una curva può essere considerata l'intersezione di due superfici, di conseguenza possiamo rappresentarla mediante il sistema delle equazioni cartesiane delle due superfici. Più in particolare, se si tratta di una curva piana una delle due superfici sarà il piano di giacitura della curva. Se poi la curva diventa una retta le due superfici intersecantesi saranno due piani e la forma cartesiana della retta risulta essere il sistema delle equazioni cartesiane di due piani:

$$\begin{cases} ax + by + cz + d = 0 \\ ex + fy + gz + h = 0 \end{cases} \tag{2.24}$$

Si noti che le (2.24) rappresentano una retta solo se i due piani sono incidenti, ossia se i due vettori $\langle a, b, c \rangle$ e $\langle e, f, g \rangle$ non sono paralleli. Diversamente i due piani sono paralleli oppure coincidenti e non individuano alcuna retta.

In modo analogo si può esprimere in modo cartesiano una circonferenza come intersezione di una superficie sferica e di un piano, ad esempio mediante il sistema seguente:

$$\begin{cases} x^2 + y^2 + z^2 - R^2 = 0 \\ ax + by + cz + d = 0 \end{cases}$$

In questo esempio si è usato una superficie sferica di centro O e raggio R, l'intersezione dipende dall'orientamento e dalla posizione del piano, può non esistere (se il piano è esterno alla sfera) e il suo raggio può avere un valore massimo R (se il piano passa per O).

2.5 Problemi relativi a rette e piani

Quanto visto finora a proposito di curve e superfici ci permette di risolvere molti problemi di natura geometrica, come determinare le posizioni relative di due figure, loro eventuali intersezioni, distanze reciproche e altro. In questa sezione ci limitiamo a indicare una serie di criteri relativi a problemi coinvolgenti rette e piani, ma facilmente adattabili a curve e superfici generiche.

La posizione reciproca di due piani si studia attraverso i rispettivi vettori normali (vedi esercizio 2.12).

Il caso retta/piano si analizza confrontando il vettore direzione della retta col vettore normale al piano (vedi esercizio 2.10).

Gli esercizi relativi ai problemi di cui sopra trattano caso per caso i vari argomenti con approcci adeguati.

Esercizi

Esercizi su rette e piani

Esercizio 2.1 *Dati i punti A e B della figura*

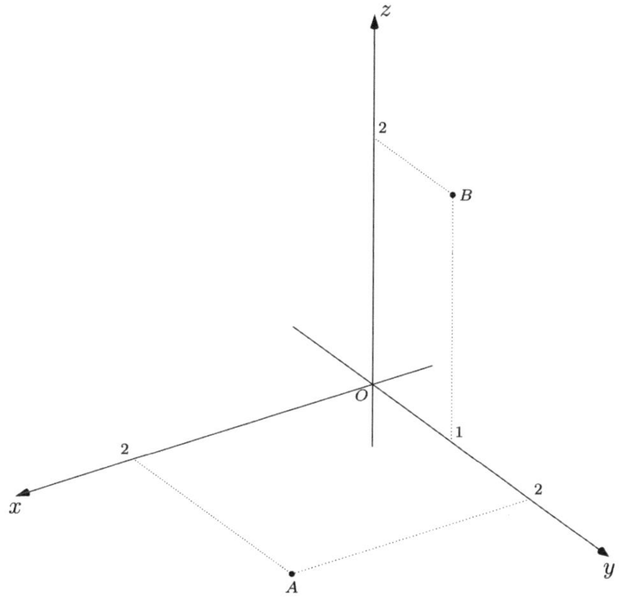

1. *determinare le equazioni parametriche della retta AB ottenute prendendo B come punto origine e $vers(A-B)$ come vettore di direzione;*
2. *determinare il valore del parametro corrispondente ad A;*
3. *determinare a quale valore del parametro corrisponde D, punto di intersezione della retta AB col piano zx, e calcolare le coordinate di D;*
4. *riportare sulla figura la retta, evidenziando il suo orientamento, i punti A B D e i relativi valori di parametro;*
5. *determinare la distanza $\overline{AD}$.*

1. Dalla figura risulta $A(2,2,0)$ e $B(0,1,2)$ per cui:
$A-B=(2,2,0)-(0,1,2)=\langle 2-0, 2-1, 0-2\rangle=\langle 2,1,-2\rangle$
$|A-B|=\sqrt{4+1+4}=3$
$vers(A-B)=\left\langle \frac{2}{3},\frac{1}{3},-\frac{2}{3}\right\rangle$
$\underline{r}=B-O+vers\underline{v}\cdot t=\langle 0,1,2\rangle+\left\langle \frac{2}{3},\frac{1}{3},-\frac{2}{3}\right\rangle t=\left\langle \frac{2}{3}t, 1+\frac{1}{3}t, 2-\frac{2}{3}t\right\rangle$. Equazioni parametriche della retta AB: $\begin{cases} x=\dfrac{2}{3}t \\ y=1+\dfrac{1}{3}t \\ z=2-\dfrac{2}{3}t \end{cases}$.

2. Il punto A appartiene al piano xy per cui la sua quota è nulla: dalla terza delle equazioni parametriche della retta si ha che $2 - \frac{2}{3}t_A = 0 \Rightarrow t_A = 3$.

3. Per ogni punto del piano zx è $y = 0$ da cui: $y_D = 0 \Rightarrow 1 + \frac{1}{3}t_D = 0 \Rightarrow t_D = -3 \Rightarrow D(-2, 0, 4)$.

4. La figura risulta la seguente:

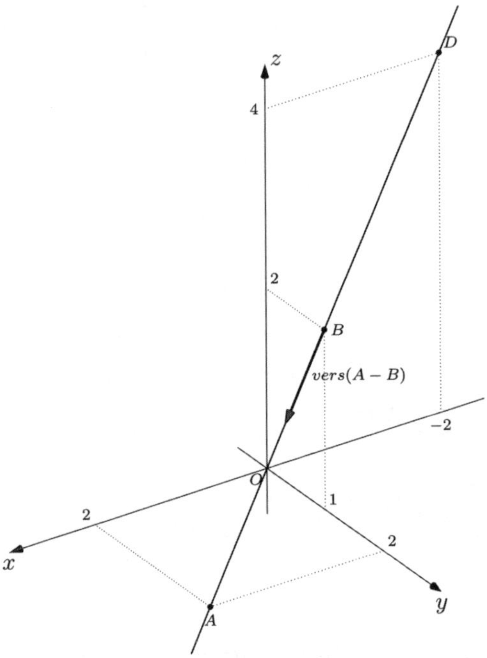

5. Conoscendo le coordinate di A e D è possibile calcolare in base ad esse la distanza dei due punti.
Tuttavia in questo caso conviene tener presente la proprietà che la distanza fra due punti della retta è data dal valore assoluto del prodotto della differenza dei loro parametri per il modulo del vettore direzione. Essendo il vettore direzione un versore:

$$\overline{AD} = |t_A - t_D| = |3 - (-3)| = 6.$$

Esercizio 2.2 *Dati i punti* $A(-1, -2, -2)$ *e* $B(1, 2, 2)$,

1. *scrivere un'equazione vettoriale della retta* r *definita da* A *e* B;
2. *riparametrizzarla attraverso l'uso dei coseni direttori dei vettori di direzione;*
3. *trovare, se esiste, il punto* C, *intersezione della retta* $\underline{r}$ *con il piano* zx;
4. *trovare la distanza di* C *da* A;

5. determinare, sull'equazione della retta riparametrizzata del punto 2., i punti D e F corrispondenti ai valori del parametro $t = 5$ *e* $t = 10$*;*
6. determinare un'equazione vettoriale del segmento DF*;*
7. determinare la lunghezza del segmento DF*;*
8. riparametrizzare l'equazione di r *in modo che il valore del parametro sia 0 in* A *e 3 in* B*.*

1. Procediamo assumendo A come punto origine e $B - A$ come vettore direzione:

$$\begin{aligned} \underline{r} &= \langle -1 + (1 - (-1))t, -2 + (2 - (-2))t, -2 + (2 - (-2))t \rangle \\ &= \langle -1 + 2t, -2 + 4t, -2 + 4t \rangle. \end{aligned}$$

2. $|B - A| = \sqrt{2^2 + 4^2 + 4^2} = \sqrt{4 + 16 + 16} = \sqrt{36} = 6$,
$\frac{B-A}{|B-A|} = \left\langle \frac{2}{6}, \frac{4}{6}, \frac{4}{6} \right\rangle = \left\langle \frac{1}{3}, \frac{2}{3}, \frac{2}{3} \right\rangle$,
$\underline{r} = \left\langle -1 + \frac{1}{3}u, -2 + \frac{2}{3}u, -2 + \frac{2}{3}u \right\rangle$.

3. Il piano zx ha equazione $y = 0$ e quindi il punto C che appartiene alla retta e contemporaneamente al piano zx ha componente $y = 0$, e nella parametrizzazione del punto 2.:

$$-2 + \frac{2}{3}t = 0 \quad \Rightarrow \quad t_c = 3 \quad \Rightarrow \quad C(0, 0, 0),$$

osserviamo che la retta r passa per O.

4. $\overline{AC} = |t_c| = 3$.

5. $t = 5 \quad \Rightarrow \quad D\left(-1 + \frac{1}{3}5, -2 + \frac{2}{3}5, -2 + \frac{2}{3}5\right) \Rightarrow D\left(\frac{2}{3}, \frac{4}{3}, \frac{4}{3}\right)$,
$t = 10 \quad \Rightarrow \quad F\left(-1 + \frac{1}{3}10, -2 + \frac{2}{3}10, -2 + \frac{2}{3}10\right) \Rightarrow F\left(\frac{7}{3}, \frac{14}{3}, \frac{14}{3}\right)$.

6. Il segmento DF è una porzione della retta r, pertanto tutti i suoi punti soddisfano l'equazione di r. Ciò che differenzia il segmento dall'intera retta è l'insieme dei valori che può assumere il parametro: nell'equazione della retta tale insieme non viene solitamente indicato, intendendosi con ciò che esso è l'insieme di tutti i possibili valori per cui le espressioni delle componenti scalari sono definite, ossia $(-\infty, \infty)$.
Nel caso del segmento occorre invece esplicitare tale insieme: esso è l'intervallo chiuso avente per estremi i valori di parametro corrispondenti ai punti estremi del segmento. Questi valori estremi possono variare a seconda della parametrizzazione utilizzata. Di conseguenza, indicando con $\underline{c}$ il vettore posizione del segmento, l'equazione vettoriale di DF risulta, utilizzando la parametrizzazione della retta del punto 1.:

$$\underline{c} = \langle -1 + 2t, -2 + 4t, -2 + 4t \rangle \qquad t \in \left[\frac{5}{6}, \frac{10}{6}\right],$$

mentre utilizzando l'equazione riparametrizzata del punto 2.:

$$\underline{c} = \left\langle -1 + \frac{1}{3}t, -2 + \frac{2}{3}t, -2 + \frac{2}{3}t \right\rangle; \qquad t \in [5, 10].$$

7. Essendo la retta r parametrizzata (punto 2.) per mezzo di un versore come vettore di direzione:
$\overline{DF} = |t_D - t_F| = |5 - 10| = 5.$

8. L'equazione di r ottenuta al punto 1. soddisfa già la prima condizione (per $t = 0$ si ottiene il punto A). Per soddisfare la seconda richiesta occorre un vettore direzione che abbia lo stesso verso di $B - A$ (in B il parametro è positivo, se il verso fosse opposto in B si avrebbe un valore negativo del parametro), mentre la sua lunghezza deve essere un terzo di quella di $B - A$. Dato che la parametrizzazione del punto 1. utilizza $B - A$ come vettore direzione, è sufficiente moltiplicare tale vettore per $\frac{1}{3}$. La retta r riparametrizzata ha quindi equazione:

$$\begin{aligned} \underline{r} &= \left\langle -1 + 2 \cdot \frac{1}{3}t, -2 + 4 \cdot \frac{1}{3}t, -2 + 4 \cdot \frac{1}{3}t \right\rangle \\ &= \left\langle -1 + \frac{2}{3}t, -2 + \frac{4}{3}, -2 + \frac{4}{3}t \right\rangle. \end{aligned}$$

Esercizio 2.3 *Stabilire la posizione reciproca fra le rette delle seguenti coppie:*

1. $\underline{r} = \langle t, 3 + 2t, 2t\rangle$, $\underline{s} = \langle -3 - 2u, 5 + 4u, 2 + 4u\rangle$;
2. $\underline{r} = \langle t, 2t, 1 + 2t\rangle$, $\underline{s} = \langle 1 - u, -2 + 2u, 2 - 2u\rangle$;
3. $\underline{r} = \langle 2t, -t + 1, t\rangle$, $\underline{s} = \langle 6u, -3u + 3, 3u - 2\rangle$;
4. $\underline{r} = \langle 2t, -t + 1, t\rangle$, $\underline{s} = \langle 6u - 4, -3u + 3, 3u - 2\rangle$.

Si ricordi innanzitutto che in 3D due rette possono essere complanari o sghembe. Se sono complanari si deve distinguere se sono coincidenti, parallele o incidenti. Se sono parallele l'analisi viene completata determinando la distanza fra le rette. Se sono incidenti occorre determinare il punto di incidenza. Infine nel caso di rette incidenti o sghembe l'analisi viene completata determinando l'angolo fra le rette.

1. I vettori direzione delle due rette $\langle 1, 2, 2\rangle$ $\langle -2, 4, 4\rangle$ non sono proporzionali, infatti

$$\frac{1}{-2} \neq \frac{2}{4} = \frac{2}{4},$$

quindi le rette non sono parallele né coincidenti. Hanno un punto in comune?

$$\underline{r} = \underline{s} \Rightarrow \begin{cases} t = -3 - 2u \\ 3 + 2t = 5 + 4u \\ 2t = 2 + 4u \end{cases} \Rightarrow \begin{cases} t = -3 - 2u \\ 3 - 6 - 4u = 5 + 4u \\ 2t = 2 + 4u \end{cases}$$

$$\Rightarrow \begin{cases} t = -3 - 2u \\ -8u = 8 \\ 2t = 2 + 4u \end{cases} \Rightarrow \begin{cases} t = -1 \\ u = -1 \\ -2 = -2 \end{cases} \Rightarrow \begin{cases} t = -1 \\ u = -1 \end{cases}$$

Il sistema ha soluzione, quindi le due rette r ed s sono incidenti e di conseguenza complanari. Il punto di incidenza P si ottiene ponendo $t = -1$ in $\underline{r}$, oppure $u = -1$ in $\underline{s}$. In entrambi i casi: $P(-1, 1, -2)$.
Si determini ora l'angolo α fra le due rette. Essendo

$$\underline{v} \bullet \underline{w} = \langle 1, 2, 2\rangle \bullet \langle -2, 4, 4\rangle = -2 + 8 + 8 = 14 \neq 0.$$

le rette non sono ortogonali. Il coseno dell'angolo fra le due rette si ottiene come nell'esercizio 1.5:

$$\cos\alpha = \frac{\underline{v} \bullet \underline{w}}{|\underline{v}|\,|\underline{w}|} = \frac{14}{\sqrt{1^2 + 2^2 + 2^2}\sqrt{(-2)^2 + 4^2 + 4^2}} = \frac{14}{18} = \frac{7}{9}.$$

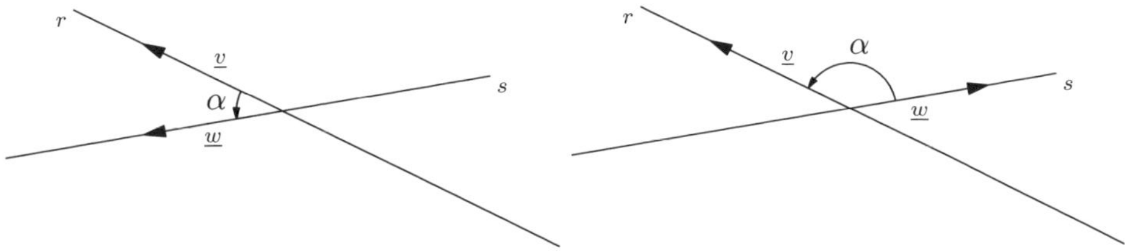

Figura 2.18: L'angolo formato dalle due rette r e s, determinato attraverso il prodotto scalare dei vettori direzione, risulta acuto (sinistra). Cambiando il verso a uno dei due vettori direzione (in questo esempio a $\underline{w}$) l'angolo diventa ottuso (destra).

Notiamo che, essendo il prodotto scalare positivo, l'angolo risulta acuto. Tuttavia il segno del prodotto scalare dipende dai versi dei vettori direzione, come illustrato in Figura 2.18, e un eventuale segno negativo darebbe luogo a un angolo ottuso. In effetti due rette non ortogonali formano sempre due angoli supplementari, uno acuto e l'altro ottuso, i cui coseni sono uno l'opposto dell'altro. La regola del prodotto scalare fornisce uno dei due a seconda del verso dei vettori direzione. Per eliminare l'ambiguità stabiliremo che per angolo fra le rette si intende quello acuto (cui corrisponde un prodotto scalare positivo).

2. I vettori direzione delle due rette $\langle 1, 2, 2\rangle$ e $\langle -1, 2, -2\rangle$ non sono proporzionali, quindi le rette non sono parallele né coincidenti. Hanno un punto in comune?

$$\begin{cases} t = 1 - u \\ 2t = -2 + 2u \\ 1 + 2t = 2 - 2u \end{cases} \Rightarrow \begin{cases} t = 1 - u \\ 2 - 2u = -2 + 2u \\ 1 + 2t = 2 - 2u \end{cases} \Rightarrow \begin{cases} t = 0 \\ u = 1 \\ 1 = 0 \quad \longrightarrow \text{impossibile} \end{cases}$$

Il sistema è impossibile, quindi le rette r e s sono sghembe.
Determiniamo ora l'angolo α fra le due rette. Trattandosi di rette sghembe il vertice e i lati di tale angolo non hanno una posizione determinata nello spazio, per fissarla possiamo pensare di prendere un punto P qualsiasi su una delle due rette e determinare la retta parallela alla seconda incidente la

prima in tale punto. Così facendo ci si riconduce al caso di rette incidenti, mentre l'ampiezza dell'angolo non dipende dalla scelta di P. Per calcolarla procediamo come al punto 1.. Essendo

$$\underline{v} \bullet \underline{w} = \langle 1, 2, 2\rangle \bullet \langle -1, 2, -2\rangle = -1 + 4 - 4 = -1 \neq 0.$$

le rette non sono ortogonali.

$$\cos\alpha = \left|\frac{\underline{v} \bullet \underline{w}}{|\underline{v}|\,|\underline{w}|}\right| = \frac{1}{\sqrt{1^2+2^2+2^2}\sqrt{(-1)^2+2^2+(-2)^2}} = \frac{1}{9}.$$

3. I vettori direzione delle due rette $\langle 2, -1, 1\rangle$ e $\langle 6, -3, 3\rangle$ sono proporzionali, infatti

$$\frac{2}{6} = \frac{-1}{-3} = \frac{1}{3},$$

quindi le rette sono o parallele o coincidenti. Per distinguere fra i due casi prendiamo il punto origine della prima ($t = 0$) e verifichiamo se appartiene alla seconda:

$$\underline{r}(0) = \underline{s}(u) \Rightarrow \begin{cases} 0 = 6u \\ 1 = -3u + 3 \\ 0 = 3u - 2 \end{cases} \Rightarrow \begin{cases} u = 0 \\ 3 = 1 \\ -2 = 0\,. \end{cases}$$

Il sistema è impossibile, quindi le due rette sono parallele.

4. I vettori direzione $\langle 2, -1, 1\rangle$ e $\langle 6, -3, 3\rangle$ sono proporzionali (vedi caso precedente), quindi le rette sono o parallele o coincidenti. Per distinguere fra i due casi prendiamo il punto origine della prima ($t = 0$) e verifichiamo se appartiene alla seconda:

$$\underline{r}(0) = \underline{s}(u) \Rightarrow \begin{cases} 0 = 6u - 4 \\ 1 = -3u + 3 \\ 0 = 3u - 2 \end{cases} \Rightarrow \begin{cases} 6u = 4 \\ 3u = 2 \\ 3u = 2\,. \end{cases}$$

Il sistema ammette la soluzione $u = \dfrac{2}{3}$ come si verifica facilmente, quindi le due rette sono coincidenti.

Esercizio 2.4 *Dati i punti $A(-1, 0, 2)$ e $B(1, 1, 3)$ determinare*

1. *un'equazione vettoriale della retta r passante per i punti A e B;*
2. *un'equazione vettoriale della retta r_1 passante per B e con vettore di direzione $\underline{v} = \langle 4, 1, -1\rangle$;*
3. *un'equazione vettoriale della retta r_2 passante per A e perpendicolare a r_1;*

4. *le coordinate di R_0, intersezione di r_1 e r_2;*
5. *la distanza di A da r_1;*
6. *un'equazione vettoriale della retta r_3 passante per B e parallela a r_2.*

1. Assumendo A come punto origine e $B - A$ come vettore direzione:

$$\begin{aligned} \underline{r} &= A + (B - A)u \\ &= \langle -1 + (1 - (-1))u, 0 + (1 - 0)u, 2 + (3 - 2)u \rangle \\ &= \langle -1 + 2u, u, 2 + u \rangle. \end{aligned}$$

2. Assumendo B come punto origine:

$$\underline{r}_1 = B + \underline{v}t = (1, 1, 3) + \langle 4, 1, -1 \rangle t = \langle 1 + 4t, 1 + t, 3 - t \rangle.$$

3. Il problema ammette un'unica soluzione se il punto $A(-1, 0, 2)$ non appartiene alla retta r_1, infinite soluzioni se A appartiene a r_1. E' necessario quindi cercare un eventuale valore di t per cui le coordinate di A soddisfano le equazioni parametriche di r_1:

$$\begin{cases} 1 + 4t = -1 \\ 1 + t = 0 \\ 3 - t = 2 \end{cases} \Rightarrow \begin{cases} 1 + 4t = -1 \\ 1 + t = 0 \\ t = 1 \end{cases} \Rightarrow \begin{cases} 1 + 5 = 1 \quad \text{impossibile} \\ \cdots \\ t = 1. \end{cases}$$

La prima equazione è impossibile e di conseguenza il sistema. Se ne conclude che A non appartiene a r_1 e che il problema ammette un'unica soluzione.

Si consideri un generico punto R di r_1:
$R = (1 + 4t, 1 + t, 3 - t)$
$R - A = \langle 1 + 4t + 1, 1 + t + 0, 3 - t - 2 \rangle = \langle 2 + 4t, 1 + t, 1 - t \rangle$.
Si ottiene la direzione della retta r_2 (data da $R_0 - A$, in Figura 2.19) imponendo la condizione di ortogonalità fra $R - A$ (vettore direzione della retta generica passante per A e per un punto generico di r) e $\underline{v} = \langle 4, 1, -1 \rangle$ (vettore direzione della retta r_1):

$$\underline{v} \bullet (R - A) = 0 \Rightarrow 8 + 16t + 1 + t - 1 + t = 0 \Rightarrow 18t = -8 \Rightarrow t_0 = -\frac{4}{9}.$$

Sostituendo il valore t_0 così determinato nell'espressione di $R - A$ si ottiene:

$$R_0 - A = \left\langle 2 + 4\left(-\frac{4}{9}\right), 1 - \frac{4}{9}, 1 + \frac{4}{9} \right\rangle = \left\langle \frac{2}{9}, \frac{5}{9}, \frac{13}{9} \right\rangle.$$

La retta cercata ha equazione $\underline{r}_2 = A + (R_0 - A)t = \left\langle -1 + \frac{2}{9}s, \frac{5}{9}s, 2 + \frac{13}{9}s \right\rangle$.

4. Le coordinate di R_0 si ottengono ponendo nell'equazione di r_1 $t = t_0$:

$$\begin{aligned} R_0 &= (1 + 4t_0, 1 + t_0, 3 - t_0) \\ &= \left(1 + 4\left(-\frac{4}{9}\right), 1 - \frac{4}{9}, 3 + \frac{4}{9}\right) = \left(-\frac{7}{9}, \frac{5}{9}, \frac{31}{9}\right). \end{aligned}$$

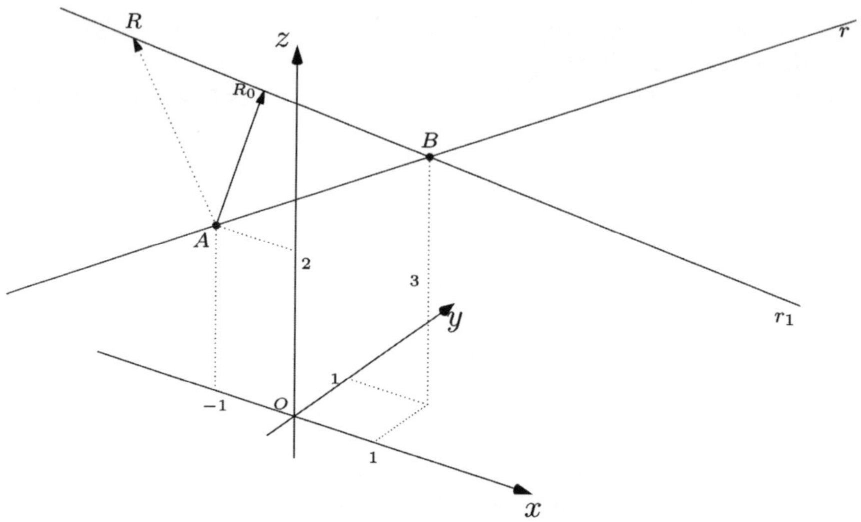

Figura 2.19: Quando il generico punto R di r_1 si trova in posizione R_0 la retta AR risulta perpendicolare alla r_1.

5. $d = \overline{AR_0}$
$= \sqrt{\left(-1-\left(-\frac{7}{9}\right)\right)^2 + \left(0-\frac{5}{9}\right)^2 + \left(2-\frac{31}{9}\right)^2}$
$= \sqrt{\left(-\frac{2}{9}\right)^2 + \left(-\frac{5}{9}\right)^2 + \left(-\frac{13}{9}\right)^2} = \frac{2}{3}\sqrt{11}.$

6. Ricordiamo che le due rette r_2 e r_3 sono parallele se i rispettivi vettori direzione $\underline{v}$ e $\underline{w}$ sono paralleli, ossia se vale $\underline{v} = k\underline{w}$. Nel nostro caso la retta di equazione $\underline{r}_2 = A + (R_0 - A)s = \left\langle -1 + \frac{2}{9}s, \frac{5}{9}s, 2 + \frac{13}{9}s \right\rangle$ ha vettore di direzione $\underline{v} = \left\langle \frac{2}{9}, \frac{5}{9}, \frac{13}{9} \right\rangle$, quindi, scegliendo $k = \frac{1}{9}$, la retta r_3 passante per B e parallela a r_2 è data da

$$\begin{aligned} \underline{r}_3 &= B + \underline{v}q \\ &= (1,1,3) + \langle 2,5,13 \rangle\, q \\ &= \langle 1+2q, 1+5q, 3+13q \rangle\,. \end{aligned}$$

Esercizio 2.5 *Dato il punto $A(0,0,1)$ e la retta s di equazione*

$$\underline{s} = \langle 4+t, 1-t, 3+2t \rangle$$

1. *scrivere un'equazione vettoriale della retta r passante per A e avente vettore direzione $\langle b,1,0 \rangle$;*
2. *determinare b in modo che r sia incidente a s.*

1. $\underline{r} = \langle bu, u, 1 \rangle$.

2. Il sistema seguente individua un valore di b tale per cui esistono due valori di u e t corrispondenti allo stesso punto della retta $\underline{r} = \underline{s} \Rightarrow \begin{cases} bu = 4 + t \\ u = 1 - t \\ 1 = 3 + 2t \end{cases}$

$$\Rightarrow \begin{cases} 2b = 3 \\ u = 2 \\ t = -1 \end{cases} \quad \text{segue } b = \tfrac{3}{2}.$$

Esercizio 2.6 *Dati due punti $A(1, -1, 2)$, $B(-1, -3, 4)$, scrivere un'equazione vettoriale del loro Convex hull.*

Ricordiamo che il *Convex hull* di un insieme di punti è l'insieme di tutte le loro combinazioni baricentriche convesse. Nel caso di due punti una generica combinazione baricentrica è data dall'espressione

$$\begin{aligned} G &= At + B(1-t) = B + (A-B)t \\ &= (-1, -3, 4) + ((1, -1, 2) - (-1, -3, 4))t = \langle -1 + 2t, -3 + 2t, 4 - 2t \rangle . \end{aligned}$$

Questa è l'equazione della retta AB, ottenuta usando B come punto origine e $A - B$ come vettore direzione.
Se ora vogliamo le sole combinazioni convesse, nell'equazione precedente dobbiamo limitare i coefficienti di A e B ai soli valori non negativi, deve cioè essere:

$$\begin{array}{ll} \text{coefficiente di A:} & t \geq 0 \\ \text{coefficiente di B:} & (1-t) \geq 0 \implies t \leq 1. \end{array}$$

In conclusione l'equazione dell'insieme cercato è:

$$G = B + (A - B)t = \langle -1 + 2t, -3 + 2t, 4 - 2t \rangle \qquad t \in [0, 1].$$

cioè l'equazione del segmento AB (confronta esercizio 2.2).

Esercizio 2.7 *Dati i tre punti $A(1, -1, 0)$, $B(3, 2, -2)$ e $C(0, 0, 4)$:*

1. verificare che i tre punti non sono allineati;
2. determinare un'equazione vettoriale del piano p passante per i tre punti A, B e C;
3. determinare l'equazione cartesiana del piano p;
4. il punto $Q(1, 1, 1)$ appartiene al piano p?

1. Si verifica se i tre punti sono allineati come nell'esercizio 1.17. I vettori $B - A$ e $C - A$ sono proporzionali?

$$\begin{aligned} B - A &= \langle 3 - 1, 2 - (-1), -2 - 0 \rangle = \langle 2, 3, -2 \rangle, \\ C - A &= \langle 0 - 1, 0 - (-1), 4 - 0 \rangle = \langle -1, 1, 4 \rangle, \\ & \frac{2}{-1} \neq \frac{3}{1} \neq \frac{-2}{4}. \end{aligned}$$

I tre rapporti sono tutti diversi fra loro, i due vettori $B - A$ e $C - A$ non sono paralleli e dunque i tre punti A, B e C non sono allineati.

2. Un'equazione vettoriale di p prendendo A come punto origine e i vettori $B-A$ e $C - A$ calcolati al punto 1. come vettori di giacitura è:

$$\begin{aligned} \underline{p} &= A + (B - A)u + (C - A)v \\ &= \langle 1 + 2u - v, -1 + 3u + v, -2u + 4v\rangle. \end{aligned}$$

3. Si calcola il vettore $\underline{n}$ normale al piano p:

$$\begin{aligned} \underline{n} &= (B - A) \times (C - A) = \langle 2, 3, -2\rangle \times \langle -1, 1, 4\rangle \\ &= \langle 12 - (-2), 2 - 8, 2 - (-3)\rangle = \langle 14, -6, 5\rangle. \end{aligned}$$

Un'equazione cartesiana di un piano normale a n è:

$$14x - 6y + 5z + d = 0,$$

per determinare d si impone che $B(3, 2, -2)$ appartenga al piano

$$d = -14 \cdot 3 + 6 \cdot 2 - 5 \cdot (-2) \qquad \Rightarrow \qquad d = -20,$$

l'equazione cartesiana del piano p è: $14x - 6y + 5z - 20 = 0$.

4. Sostituendo le coordinate del punto $Q(1, 1, 1)$ nell'equazione cartesiana del piano p si trova che quest'ultima non è soddisfatta:

$$14 \cdot 1 - 6 \cdot 1 + 5 \cdot 1 - 20 \neq 0.$$

Non avendo ottenuto un'uguaglianza concludiamo che il punto $Q \notin p$.

Esercizio 2.8 *Dati i punti $A(1, 2, 0)$, $B(0, -1, 0)$ e la retta $\underline{r} = \langle 3, 2t, 1 - t\rangle$, trovare le equazioni parametriche del piano p passante per A e B e parallelo alla retta r:*

1. la parametrizzazione sia tale che abbia A come punto origine e $B - A$ come uno dei vettori di giacitura;
2. trovare il punto P di intersezione dell'asse z con il piano p.

1. Si assume $B - A = (0, -1, 0) - (1, 2, 0) = \langle -1, -3, 0\rangle$ come primo vettore di giacitura, il vettore $\langle 0, 2, -1\rangle$ di direzione di r come secondo vettore di giacitura e il punto A come punto origine
$\underline{p} = \langle 1 - u, 2 - 3u + 2v, -v\rangle$.

2. La forma cartesiana dell'asse z è $\begin{cases} x = 0 \\ y = 0 \end{cases}$
quindi le componenti x e y nell'equazione del piano p devono essere uguali a zero:

$$\begin{cases} 1 - u = 0 \\ 2 - 3u + 2v = 0 \end{cases} \Rightarrow \begin{cases} u = 1 \\ 2 - 3 + 2v = 0 \end{cases} \Rightarrow \begin{cases} u = 1 \\ v = \frac{1}{2} \end{cases}$$

$$P\left(1 - 1, 2 - 3 \cdot 1 + 2\frac{1}{2}, -\frac{1}{2}\right) \Rightarrow P\left(0, 0, -\frac{1}{2}\right).$$

Esercizio 2.9 *Data la retta r di equazione $\underline{r} = \langle 1+t, 2+3t, 3t\rangle$, determinare:*

1. *l'equazione cartesiana del piano q passante per O e perpendicolare alla retta r;*
2. *l'equazione del piano g, parallelo al piano q, passante per $P(0,0,2)$;*
3. *un'equazione della retta s perpendicolare al piano g, passante per il punto $Q(1,1,1)$;*
4. *il punto P di intersezione della retta s con il piano g;*
5. *la distanza fra i due piani paralleli g e q.*

1. Il vettore direzione della retta r: $\underline{n} = \langle 1,3,3\rangle$, è il vettore normale al piano q, e $O(0,0,0)$ è un punto appartenente al piano q. Segue che l'equazione cartesiana del piano q è:
$$x + 3y + 3z = 0.$$
2. L'equazione cartesiana di g è:
$$x + 3y + 3z - 6 = 0.$$
3. Considerando Q punto origine e $\underline{n} = \langle 1,3,3\rangle$ vettore direzione:
$$\underline{s} = \langle 1+t, 1+3t, 1+3t\rangle\,.$$
4. Sostituendo le coordinate del generico punto della retta s nell'equazione del piano g si determina il valore di t per cui l'equazione cartesiana del piano g è soddisfatta:
$$\begin{aligned} &1(1+t) + 3(1+3t) + 3(1+3t) - 6 = 0 \\ &\Rightarrow \quad 1 + t + 3 + 9t + 3 + 9t - 6 = 0 \\ &\Rightarrow \quad 19t + 1 = 0 \quad \Rightarrow \quad t = -\frac{1}{19}, \\ &P\left(1 + \left(-\frac{1}{19}\right), 1 + 3\left(-\frac{1}{19}\right), 1 + 3\left(-\frac{1}{19}\right)\right) \\ &\Rightarrow \quad P\left(\frac{18}{19}, \frac{16}{19}, \frac{16}{19}\right). \end{aligned}$$
5. Per calcolare la distanza fra i piani g e q, si calcola la distanza di un qualsiasi punto del piano g dal piano q: $P(0,0,2)$ è un punto di g, $\underline{n}_1 = \langle 1,3,3\rangle$ è il vettore normale al piano g, quindi la retta passante per P e perpendicolare al piano g ha equazione:
$$\underline{r} = \langle t, 3t, 2+3t\rangle\,.$$

Intersecando la retta r con il piano q otteniamo il punto R:

$$1\,(t)+3(3t)+3\,(2+3t)=0 \quad\Rightarrow\quad t+9t+6+9t=0 \quad\Rightarrow$$
$$\Rightarrow\quad 19t+6=0 \quad\Rightarrow\quad t=-\frac{6}{19};$$
$$R\left(\left(-\frac{6}{19}\right),3\left(-\frac{6}{19}\right),2+3\left(-\frac{6}{19}\right)\right) \quad\Rightarrow\quad R\left(-\frac{6}{19},-\frac{18}{19},\frac{20}{19}\right).$$

La distanza tra i due piani p e q è dunque:

$$\begin{aligned}\overline{PR} &= \sqrt{\left(-\frac{6}{19}\right)^2+\left(-\frac{18}{19}\right)^2+\left(\frac{20}{19}-2\right)^2}=\frac{1}{19}\sqrt{36+324+324}\\ &= \frac{6}{19}\sqrt{19}.\end{aligned}$$

Esercizio 2.10 *Stabilire la posizione reciproca del piano p di equazione vettoriale* $\underline{p}=\langle u+v,-2u,u+2v+1\rangle$ *e delle rette r di equazioni vettoriali:*

1. $\underline{r}=\langle 8t,2t,-4t-20\rangle$;
2. $\underline{r}=\langle t,-2t,t+1\rangle$.

I vettori di giacitura del piano p sono $\langle 1,-2,1\rangle$ e $\langle 1,0,2\rangle$. Calcoliamo un vettore $\underline{n}$ normale al piano:

$$\underline{n}=\langle 1,-2,1\rangle\times\langle 1,0,2\rangle=\langle -4-0,-2+1,0+2\rangle=\langle -4,-1,2\rangle.$$

1. Il prodotto scalare del vettore direzione della retta prima e $\underline{n}$ è

$$\langle 8,2,-4\rangle\bullet\langle -4,-1,2\rangle=-42\neq 0,$$

dunque la retta non è parallela al piano e lo interseca. In particolare $\langle 8,2,-4\rangle$ è proporzionale a $\underline{n}$, quindi la retta è perpendicolare al piano.

Per determinare il punto in comune imponiamo che il punto generico della retta coincida col punto generico del piano, ossia scriviamo l'equazione vettoriale $\underline{r}(t)=\underline{p}(u,v)$. Essa equivale al seguente sistema di equazioni scalari, nelle tre incognite t,u,v.

$$\begin{cases}8t=u+v\\ 2t=-2u\\ -4t-20=u+2v+1\end{cases}\quad\Rightarrow\quad\begin{cases}9t=v\\ t=-u\\ 4u-20=u-18u+1\end{cases}\quad\Rightarrow\begin{cases}u=1\\ v=-9\\ t=-1\,.\end{cases}$$

Il punto di incidenza P si ottiene ponendo $t=-1$ nell'equazione della retta, oppure $u=1,v=-9$ nell'equazione del piano. In entrambi i casi si ottiene: $P\,(-8,-2,-16)$.

2. Il vettore direzione della retta $\langle 1, -2, 1\rangle$ è ortogonale a $\underline{n}$, infatti

$$\langle 1, -2, 1\rangle \bullet \underline{n} = 1 \cdot (-4) - 2 \cdot (-1) + 1 \cdot 2 = 0.$$

Quindi la retta è parallela al piano oppure appartiene al piano. Per distinguere fra i due casi prendiamo il punto origine della retta ($t = 0$) e verifichiamo se appartiene al piano, ossia scriviamo l'equazione vettoriale $\underline{r}(0) = \underline{p}(u, v)$ equivalente al sistema:

$$\begin{cases} 0 = u + v \\ 0 = -2u \\ 1 = u + 2v + 1 \; . \end{cases}$$

Questo sistema ammette la soluzione $u = 0, v = 0$ quindi la retta appartiene al piano.

Esercizio 2.11 *Dati i due piani p_1 e p_2 di equazioni cartesiane, rispettivamente, $2x + y + z + 1 = 0$ e $3x + y - 4z - 3 = 0$ determinare:*

1. *due vettori $\underline{v}$ e $\underline{w}$, perpendicolari rispettivamente a p_1 e p_2;*
2. *un vettore perpendicolare contemporaneamente a $\underline{v}$ e $\underline{w}$;*
3. *la retta passante per O e parallela a p_1 e p_2;*
4. *un'equazione vettoriale del piano passante per $A(1, 1, 1)$ e perpendicolare sia a p_1 che a p_2.*

1. $\underline{v} = \langle 2, 1, 1\rangle$,
   $\underline{w} = \langle 3, 1, -4\rangle$.
2. $\underline{n} = \underline{v} \times \underline{w} = \langle -4 - 1, 3 + 8, 2 - 3\rangle = \langle -5, 11, -1\rangle$.
3. Il vettore $\underline{n}$ è ortogonale a $\underline{v}$ e $\underline{w}$ e questi ultimi sono vettori ortogonali rispettivamente ai piani p_1 e p_2. $\underline{n}$ è dunque parallelo ai piani p_1 e p_2 e si può considerare come vettore di direzione della retta richiesta:

$$\underline{r} = \langle -5t, 11t, -t\rangle \, .$$

4. Utilizzando come vettori di giacitura del piano i vettori $\underline{v}$ e $\underline{w}$ (normali rispettivamente ai piani p_1 e p_2) e punto origine A:

$$\underline{p}_3 = \langle 1 + 2u + 3v, 1 + u + v, 1 + u - 4v\rangle \, .$$

Esercizio 2.12 *Dati due piani:*
$\underline{p}_1 = \langle u - v, 2 - v, -1 - 2u + v\rangle$, $p_2 : 2x - 2y + z - 3 = 0$*:*

1. *stabilire la loro posizione reciproca;*
2. *determinare le espressioni cartesiane delle rette r e s, intersezioni rispettivamente di p_1 e di p_2 con il piano xy;*
3. *stabilire la posizione reciproca delle rette r e s;*

4. *determinare il piano q passante per $A(1,1,1)$ e perpendicolare alla retta r_1 passante per i punti $B\left(\frac{1}{2},0,1\right)$ e $C(0,1,-3)$.*

1. I vettori normali ai piani p_1 e p_2 sono:

$$\begin{aligned}\underline{n}_1 &= \langle 1,0,-2\rangle \times \langle -1,-1,1\rangle = \langle 0-2, 2-1, -1-0\rangle = \langle -2,1,-1\rangle,\\ \underline{n}_2 &= \langle 2,-2,1\rangle.\end{aligned}$$

$\underline{n}_1$ e $\underline{n}_2$ non sono proporzionali (quindi non sono paralleli) per cui i due piani sono incidenti. Il prodotto scalare dei due vettori normali $\underline{n}_1$ e $\underline{n}_2$ è:

$$\underline{n}_1 \bullet \underline{n}_2 = -4-2-1=-7;$$

i vettori non sono perpendicolari, quindi anche i piani p_1 e p_2 non sono perpendicolari. Occorre ora determinare la retta intersezione tra i due piani. Otteniamo innanzitutto un'equazione cartesiana del piano p_1:

$$-2x+y-z+d=0;$$

imponendo il passaggio per il punto $P(0,2,-1)$ (ottenuto ponendo $u=0$ e $v=0$ in p_1):

$$0+2+1+d=0 \qquad \Rightarrow \qquad d=-3,$$

l'equazione cartesiana di p_1 è dunque $2x-y+z+3=0$. Il sistema delle equazioni cartesiane dei piani p_1 e p_2:

$$\begin{cases} 2x-y+z+3=0\\ 2x-2y+z-3=0\end{cases}$$

è un'espressione cartesiana della retta cercata.
Per ottenere un'equazione vettoriale di tale retta parametrizziamo le equazioni, ponendo ad esempio $z=t$ e otteniamo

$$\begin{cases} 2x-y=-t-3\\ 2x-2y=-t+3\\ z=t\end{cases}$$

sottraendo membro a membro le prime due equazioni abbiamo

$$\begin{cases} x=-\frac{1}{2}t-\frac{9}{2}\\ y=-6\\ z=t\end{cases}$$

e la corrispondente equazione vettoriale:

$$\underline{r}=\left\langle -\frac{9}{2}-\frac{1}{2}t,-6,t\right\rangle.$$

2. Per determinare espressioni cartesiane delle rette r e s, intersezioni dei due piani con il piano xy, è sufficiente impostare i sistemi:

$$\begin{cases} 2x - y + z + 3 = 0 \\ z = 0 \end{cases} \quad \Rightarrow \quad r = \begin{cases} 2x - y + 3 = 0 \\ z = 0 \end{cases}$$
$$\begin{cases} 2x - 2y + z - 3 = 0 \\ z = 0 \end{cases} \quad \Rightarrow \quad s = \begin{cases} 2x - 2y - 3 = 0 \\ z = 0\,. \end{cases}$$

3. Parametrizzando le equazioni cartesiane delle rette ottenute al punto 2., ponendo, ad esempio $x = t$ nella prima e $x = u$ nella seconda, si ottiene $\underline{r} = \langle t, 2t + 3, 0\rangle$ e $\underline{s} = \left\langle u, u - \frac{3}{2}, 0\right\rangle$. I vettori direzione delle due rette r e s: $\underline{v} = \langle 1, 2, 0\rangle$ e $\underline{w} = \langle 1, 1, 0\rangle$ non sono proporzionali e quindi le due rette r e s non sono né parallele né coincidenti. r e s sono incidenti perché giacciono entrambe sul piano $z = 0$ e il punto di incidenza è:

$$\begin{cases} t = u \\ 2t + 3 = u - \frac{3}{2} \\ 0 = 0 \end{cases} \Rightarrow \begin{cases} t = u \\ 2u + 3 = u - \frac{3}{2} \\ 0 = 0 \end{cases} \Rightarrow \begin{cases} t = -\frac{9}{2} \\ u = -\frac{9}{2} \\ 0 = 0 \end{cases}$$
$$P\left(-\frac{9}{2}, 2\left(-\frac{9}{2}\right) + 3, 0\right) \quad \Rightarrow \quad P\left(-\frac{9}{2}, -6, 0\right).$$

4. Un'equazione della retta r passante per i punti $B\left(\frac{1}{2}, 0, 1\right)$ e $C\,(0, 1, -3)$ è:

$$\begin{aligned} \underline{r} &= \left\langle \frac{1}{2} + \left(0 - \frac{1}{2}\right)t, 0 + (1 - 0)\,t, 1 + (-3 - 1)t \right\rangle \\ &= \left\langle \frac{1}{2} - \frac{1}{2}t, t, 1 - 4t \right\rangle. \end{aligned}$$

Il piano, essendo perpendicolare alla retta r, ha il vettore normale parallelo alla retta; un'equazione cartesiana di un piano normale a r è

$$-\frac{1}{2}x + y - 4z + d = 0,$$

imponendo l'appartenenza di $A(1, 1, 1)$ al piano:

$$\begin{aligned} &-\frac{1}{2} \cdot 1 + 1 \cdot 1 - 4 \cdot 1 + d = 0 \quad \Rightarrow \quad -\frac{1}{2} + 1 - 4 + d = 0 \quad \Rightarrow \\ &\Rightarrow \quad -\frac{7}{2} + d = 0 \quad \Rightarrow \quad d = \frac{7}{2}, \\ &-\frac{1}{2}x + y - 4z + \frac{7}{2} = 0 \quad \Rightarrow \quad x - 2y + 8z - 7 = 0. \end{aligned}$$

Esercizio 2.13 *Dati i punti* $A(1, 1, 1)$, $B(-1, -3, 0)$, $C(0, -1, 2)$*:*

1. scrivere un'equazione dell'asse di AB *giacente nel piano* ABC*;*

2. determinare le coordinate del punto P *proiezione ortogonale del punto* $R(5, -6, 3)$ *sul piano* ABC*.*

1. A, B e C non sono allineati, infatti i vettori

$$\begin{aligned} A - B &= \langle 1+1, 1+3, 1-0 \rangle = \langle 2, 4, 1 \rangle, \\ C - B &= \langle 0+1, -1+3, 2-0 \rangle = \langle 1, 2, 2 \rangle, \end{aligned}$$

non sono proporzionali.

Asse di un segmento AB è una retta ortogonale ad AB e passante per il suo punto medio M. Nello spazio ne esistono infiniti, formanti il piano p (vedi Figura 2.20). L'asse cercato è quello che appartiene anche al piano ABC.

Il punto medio del segmento AB è dato da:

$$M\left(\frac{1-1}{2}, \frac{1-3}{2}, \frac{1+0}{2}\right) \quad \Rightarrow \quad M\left(0, -1, \frac{1}{2}\right).$$

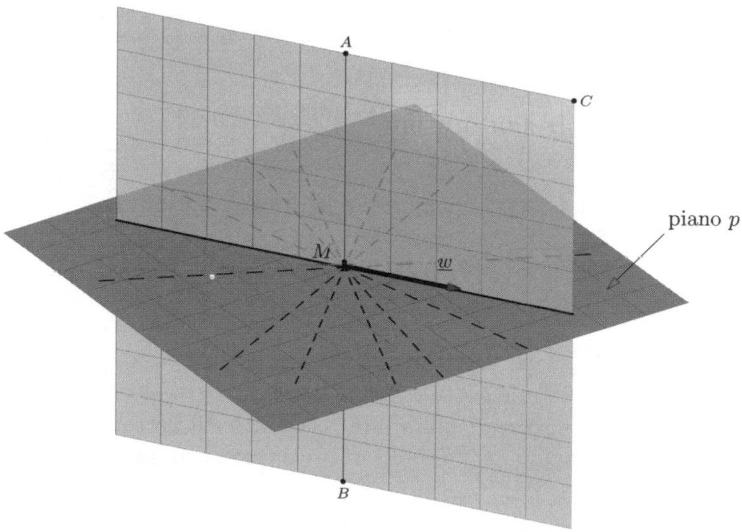

Figura 2.20: Fra tutte le rette passanti per M (punto medio di AB) e perpendicolari ad AB, che determinano il piano p, occorre individuare quella appartenente al piano ABC, che ha direzione $\underline{w}$.

La direzione dell'asse cercato è, ovviamente, ortogonale al segmento AB e alla direzione normale al piano ABC cui appartiene.

Il vettore $\underline{n}$ normale al piano ABC è:

$$\begin{aligned} \underline{n} = (A - B) \times (C - B) &= \langle 8-2, 1-4, 4-4 \rangle \\ &= \langle 6, -3, 0 \rangle. \end{aligned}$$

La direzione dell'asse del segmento AB è:

$$\underline{w} = \underline{n} \times (A - B) = \langle -3, -6, 24+6 \rangle = \langle -3, -6, 30 \rangle \ .$$

L'asse ha dunque equazione

$$\underline{r} = M + \underline{w}t = \left\langle 0 - 3t, -1 - 6t, \frac{1}{2} + 30t \right\rangle.$$

2. L'equazione cartesiana del piano ABC è:

$$2x - y - 1 = 0.$$

Poiché il vettore normale al piano ABC è $\underline{n} = \langle 6, -3, 0\rangle$, un'equazione vettoriale della retta perpendicolare al piano ABC e passante per il punto $R(5, -6, 3)$ è:

$$\langle 5 + 6t, -6 - 3t, 3\rangle,$$

calcoliamo ora l'intersezione di tale retta con il piano ABC:

$$\begin{aligned} &2(5 + 6t) - (-6 - 3t) - 1 = 0 \quad \Rightarrow \quad 10 + 12t + 6 + 3t - 1 = 0 \\ &\quad \Rightarrow \quad 15t + 15 = 0 \quad \Rightarrow \quad t = -1, \\ &P(5 - 6, -6 + 3, 3) \quad \Rightarrow \quad P(-1, -3, 3). \end{aligned}$$

Esercizio 2.14 *Dati i tre punti* $P_1(6, 3, 4), P_2(-12, 6, 2), P_3(12, -3, 2)$, *determinare un'equazione vettoriale del loro Convex hull.*

Abbiamo visto (esercizio 2.6) che il *Convex hull* di due punti è il segmento che li congiunge. Se quindi attribuiamo coefficiente nullo al terzo punto otteniamo una porzione dell'insieme cercato.
Fissiamo ad esempio l'attenzione su P_1 e P_2 e scriviamo un'equazione del loro *Convex hull*, ossia del segmento P_1P_2:

$$\underline{s} = P_1 - O + (P_2 - P_1)u = \langle 6 - 18u, 3 + 3u, 4 - 2u\rangle \text{ con } 0 \leq u \leq 1\ .$$

Il generico punto $G'(u)$ di questo segmento si ottiene attribuendo a P_1 il coefficiente $1 - u$, a P_2 il coefficiente u, a P_3 il coefficiente 0. Ad esempio quando i tre coefficienti sono, nell'ordine, $(0, 1, 0)$ otteniamo P_2 (vedi Figura 2.21).

Se ora vogliamo ottenere i rimanenti punti dobbiamo diminuire i coefficienti di P_1 e P_2 e aumentare quello di P_3 in modo che la somma rimanga $= 1$. Esistono molti modi per fare ciò, ognuno dei quali darà luogo a una diversa parametrizzazione, ma la figura geometrica che si ottiene è sempre una. Scegliamo un modo semplice: attribuiamo a P_3 un coefficiente v (ovviamente deve essere $0 \leq v \leq 1$) e a P_1 il coefficiente $1 - u - v$, l'equazione diventa:

$$\underline{c} = P_1 - O + (P_2 - P_1)u + (P_3 - P_1)v = \langle 6 - 18u + 6v, 3 + 3u - 6v, 4 - 2u - 2v\rangle$$

con $u, v \in [0, 1]$.

Questa equazione è di base l'equazione vettoriale di un piano, in cui P_1 è il punto origine, $P_2 - P_1$ e $P_3 - P_1$ i vettori di giacitura. La limitazione del

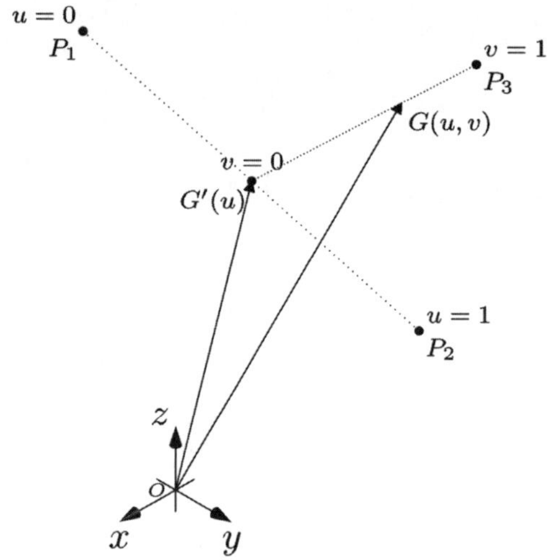

Figura 2.21: Costruzione del Convex hull dei punti $P_1P_2P_3$. G è il generico punto di tale insieme.

dominio (u e v possono assumere valori in intervalli finiti) limita la figura a una porzione dell'intero piano. Tale porzione è il triangolo $P_1P_2P_3$ che è quindi la figura cercata.
D'altra parte questo risultato si sarebbe potuto ottenere direttamente dall'analogia dell'anello elastico, per la quale il *Convex hull* di un insieme piano di punti è comunque una figura piana, e nel caso di tre punti non allineati è il triangolo avente i punti come vertici.

Esercizi su curve e superfici

Esercizio 2.15 *Nel piano xy è data la parabola $y = x^2$. Scrivere un'equazione vettoriale di tale parabola.*

La curva data è il grafico di una funzione di x, ossia è una curva la cui equazione cartesiana è del tipo $y = f(x)$, dove $f(x)$ è un'espressione più o meno complessa in cui la sola variabile che figura è x.
Una curva come questa si parametrizza facilmente ponendo $x = t$ e riscrivendo l'equazione data in cui al posto di $f(x)$ si ha $f(t)$. Ad esempio nel nostro caso otteniamo le due equazioni parametriche:

$$\begin{cases} x = t \\ y = t^2 \end{cases} .$$

Di qui è immediato ricavare la corrispondente equazione vettoriale in 2D:

$$\underline{p} \quad = \quad \langle t, t^2 \rangle .$$

Esercizio 2.16 *Scrivere un'equazione vettoriale dell'arco di parabola AB della figura.*

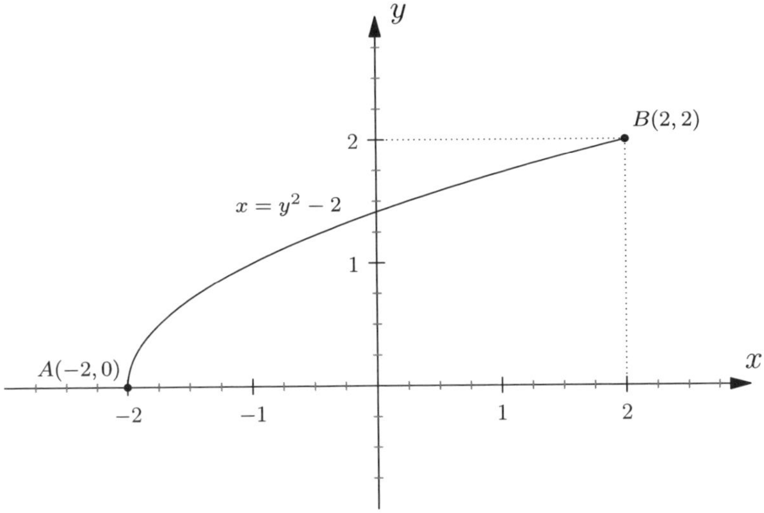

La curva data è il grafico di una funzione di y, quindi procediamo analogamente all'esercizio 2.15 ponendo $y = t$ e riscrivendo l'equazione data come $x = f(t)$. Tuttavia questa volta si deve rispettare l'ulteriore vincolo derivante dal fatto che non dobbiamo descrivere l'intera parabola, ma solo una sua porzione. Occorre quindi specificare in modo appropriato il dominio di t: notando che in A si ha $y = 0$ (quindi $t = 0$) e in B $y = 2$ (quindi $t = 2$) otteniamo l'equazione vettoriale:

$$\underline{p} \;=\; \langle t^2 - 2, t\rangle \qquad t \in [0, 2].$$

Esercizio 2.17 *Determinare un'equazione vettoriale della circonferenza avente il centro sull'asse z, di raggio $r = 3$ e appartenente al piano $z = 3$.*

Nel piano xy la circonferenza di centro O e raggio 3 ha equazione vettoriale

$$\underline{c} \;=\; \langle 3\cos t, 3\sin t\rangle \qquad t \in [0, 2\pi].$$

Avendo a che fare con una figura in 2D abbiamo correttamente usato vettori a due componenti.
Se ora dobbiamo traslare la nostra circonferenza in modo che esca verticalmente dal piano xy per portarsi su un piano parallelo usciamo dal nostro mondo 2D e ci occorre una terza dimensione (e cioè quella dell'asse z). Di conseguenza dovremo introdurre vettori a tre componenti e l'equazione ora vista non è più corretta.

Procediamo in due passi:

1. Immergiamo la circonferenza nello spazio 3D. Per fare questo aggiungiamo la coordinata z che sarà ovviamente nulla in ogni punto, corrispondentemente la terza componente del vettore posizione sarà nulla e l'equazione vettoriale diventa:

$$\underline{c} \;=\; \langle 3\cos t, 3\sin t, 0\rangle \qquad t \in [0, 2\pi];$$

2. Trasliamo verticalmente la circonferenza in modo che si sposti parallelamente a se stessa dal piano xy al piano $z = 3$. In questo spostamento le coordinate x e y di ogni punto non cambiano, mentre la z passa da 0 a 3. In corrispondenza l'equazione vettoriale voluta, che risolve il problema iniziale, diventa:

$$\underline{c} = \langle 3\cos t, 3\sin t, 3\rangle \qquad t \in [0, 2\pi].$$

Esercizio 2.18 *Si consideri nello spazio 3D la circonferenza avente il centro sull'asse z, raggio $R = 2$ e giacente nel piano $z - 2 = 0$:*

1. scrivere una parametrizzazione della curva. Determinare le coordinate dei punti della circonferenza corrispondenti, rispettivamente, ai valori $\frac{\pi}{4}$ e $\frac{\pi}{2}$ del parametro;
2. parametrizzare la semicirconferenza compresa tra il punto $A(-2, 0, 2)$ e il punto $B(0, -2, 2)$;
3. determinare, se esistono, i punti d'intersezione della circonferenza con i piani $x = -4$ e $y = -2$.

1. $\begin{cases} x = 2\cos t \\ y = 2\sin t \\ z = 2 \end{cases}$ con $t \in [0, 2\pi]$.

Il punto corrispondente al valore $t = \frac{\pi}{4}$ è $P_1(\sqrt{2}, \sqrt{2}, 2)$.
Il punto corrispondente al valore $t = \frac{\pi}{2}$ è $P_2(0, 2, 2)$.

2. Dalle due relazioni $\begin{cases} -2 = 2\cos t \\ 0 = 2\sin t \\ 2 = 2 \end{cases}$ e $\begin{cases} 0 = 2\cos t \\ -2 = 2\sin t \\ 2 = 2 \end{cases}$ segue $\begin{cases} x = 2\cos t \\ y = 2\sin t \\ z = 2 \end{cases}$

con $t \in \left[\pi, \frac{3}{2}\pi\right]$.

3. Dalle equazioni parametriche si deduce che $-4 = 2\cos t \Rightarrow \cos t = -2$ impossibile. La circonferenza non interseca il piano $x = -4$. Si deduce inoltre $-2 = 2\sin t \Rightarrow \sin t = -1 \Rightarrow t = \frac{3}{2}\pi$, dunque la curva interseca il piano $y = -2$ nel punto $P_3(0, -2, 2)$.

Esercizio 2.19 *Si consideri la Figura 2.22. Parametrizzare la semicirconferenza BC.*

Come ben noto, le parametrizzazioni sono infinite. Si consiglia di seguire la seguente regola per la scelta del parametro da utilizzare:

a) visualizzare la curva sul piano coordinato di appartenenza (si ricorda la convenzione: xy, yz, zx), nel nostro caso zx;

b) considerare l'angolo a partire dal primo semiasse positivo coordinato, nel nostro caso z (vedi Figura 2.23).

Segue

$$\begin{cases} x = \sin t \\ y = 0 \\ z = \cos t \end{cases} \qquad t \in \left[\frac{\pi}{2}, \frac{3}{2}\pi\right].$$

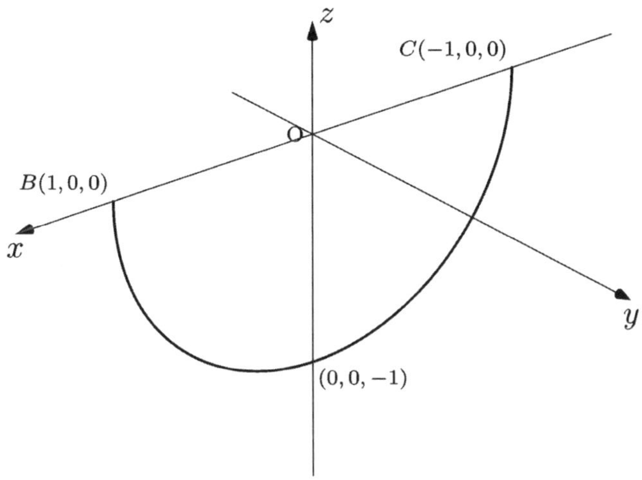

Figura 2.22

Esercizio 2.20 *É dato l'arco di elica cilindrica di equazioni parametriche:*

$$\begin{cases} x = \cos t \\ y = 3t \\ z = \sin t \end{cases} \qquad t \in [0, 3\pi],$$

determinare:

1. *l'asse dell'elica;*
2. *il raggio dell'elica;*
3. *il passo dell'elica;*
4. *i punti iniziale e finale dell'arco;*
5. *il verso di avvolgimento dell'elica.*

1. Nelle equazioni paramериche dell'elica si osserva che la coordinata y dipende linearmente dal parametro t, ne segue che l'asse dell'elica cilindrica è l'asse coordinato y.

2. Il raggio dell'elica è dato dal coefficiente di $\cos t$ e $\sin t$ nelle espressioni delle coordinate x e z. Nel nostro caso tale coefficiente è 1, quindi il raggio dell'elica è 1.

3. Il passo dell'elica è la variazione della coordinata lungo l'asse (nel nostro caso l'asse y) che si verifica in corrispondenza di una rotazione completa (ossia di una variazione 2π del parametro).
   Per calcolarlo si può procedere come segue:

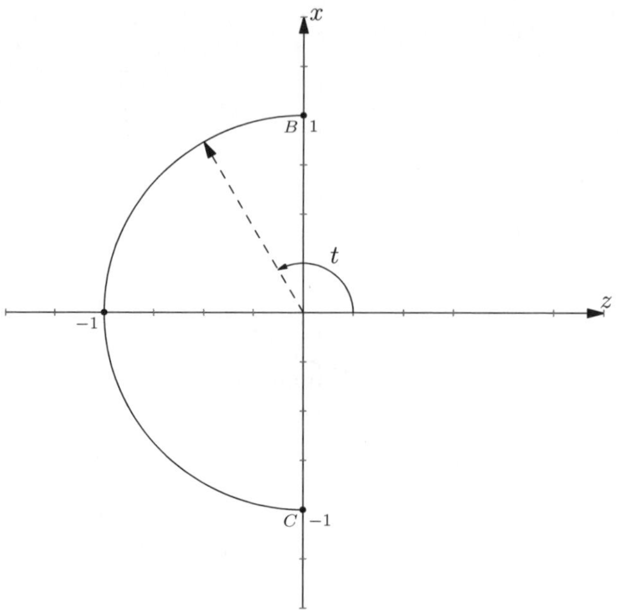

Figura 2.23

I. si prendono due valori del parametro t_1 e t_2 la cui differenza in valore assoluto sia 2π, cioè $|t_2 - t_1| = 2\pi$;

II. si determinano i punti dell'elica A_1 e A_2 corrispondenti rispettivamente ai valori t_1 e t_2;

III. si calcola il valore assoluto della differenza delle coordinate lungo l'asse dei due punti A_1 e A_2. Tale valore è il passo.

Prendiamo $t_1 = 0$ e $t_2 = 2\pi$, sostituiamo questi due valori nell'equazione dell'elica e otteniamo:

$$t_1 = 0 \quad \Rightarrow \quad \begin{cases} x = \cos 0 \\ y = 3 \cdot 0 \\ z = \sin 0 \end{cases} \quad \Rightarrow \quad A_1 = (1, 0, 0),$$

$$t_2 = 2\pi \quad \Rightarrow \quad \begin{cases} x = \cos 2\pi \\ y = 3 \cdot 2\pi \\ z = \sin 2\pi \end{cases} \quad \Rightarrow \quad A_2 = (1, 6\pi, 0)\ .$$

Una volta ottenuti i punti A_1 e A_2 è immediato il calcolo della differenza delle loro coordinate y, da cui risulta che il passo dell'elica è 6π.

4. I punti iniziali e finali dell'arco sono i punti ottenuti sostituendo nell'equazione dell'elica cilindrica i valori $t = 0$ (punto iniziale) e $t = 3\pi$ (punto

finale):

$$t = 0 \Rightarrow \begin{cases} x = \cos 0 \\ y = 3 \cdot 0 \\ z = \sin 0 \end{cases} \Rightarrow A_1 = (1, 0, 0) \quad \text{(punto iniziale)},$$

$$t = 3\pi \Rightarrow \begin{cases} x = \cos 3\pi \\ y = 3 \cdot 3\pi \\ z = \sin 3\pi \end{cases} \Rightarrow B = (-1, 9\pi, 0) \quad \text{(punto finale)} .$$

5. Abbiamo visto che dando un incremento positivo a t la coordinata y lungo l'asse dell'elica aumenta (si passa ad esempio dal punto iniziale A_1 a B). Occorre verificare il segno della rotazione corrispondente a un incremento positivo di t.

   Prendiamo $t = 0$ (punto A_1) e diamo un incremento di $\pi/2$: si passa da $(1, 0, 0)$ a $(0, 3/2\pi, 1)$. Questo passaggio corrisponde a una rotazione negativa attorno a y, quindi l'elica è sinistra (vedi Figura 2.24).

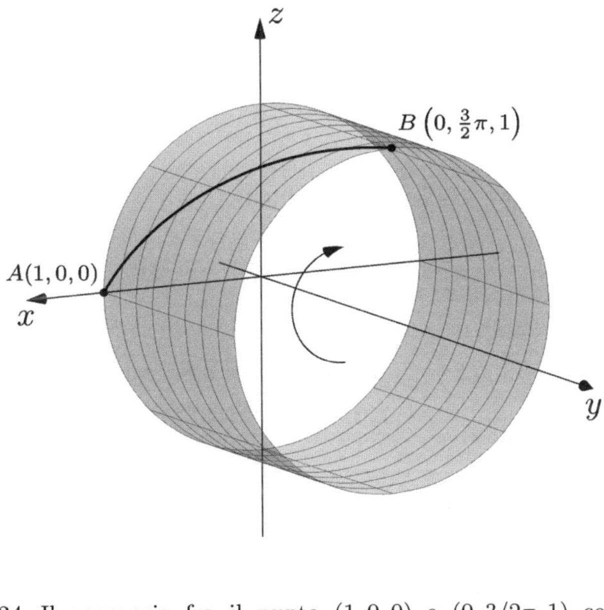

Figura 2.24: Il passaggio fra il punto $(1, 0, 0)$ e $(0, 3/2\pi, 1)$ corrisponde a una rotazione negativa attorno a y.

Esercizio 2.21 *Scrivere le equazioni parametriche dell'elica che soddisfa le seguenti condizioni:*

1. *asse* z;
2. *passa per* $A(1, 1, 1)$;
3. *il punto origine sia* $B(\sqrt{2}, 0, 0)$;

4. ha verso di avvolgimento destro.

Ricordiamo che tutti i punti di un'elica cilindrica di raggio r hanno distanza r dall'asse. La distanza del punto $A(1,1,1)$ dall'asse z è la distanza di A dal punto $A_1(0,0,1)$, ottenuto dalla proiezione ortogonale di A sull'asse z, quindi

$$r = \overline{AA_1} = \sqrt{(1-0)^2 + (1-0)^2 + (1-1)^2} = \sqrt{1+1} = \sqrt{2},$$

pertanto il raggio dell'elica $r = \sqrt{2}$.

Le equazioni parametriche dell'elica sono quindi

$$\begin{cases} x = \sqrt{2}\cos t \\ y = \sqrt{2}\sin t \\ z = kt \end{cases}$$

dove il parametro t rappresenta una rotazione positiva attorno all'asse, mentre la costante k dipende dal passo e dal verso dell'elica.

Notiamo che con questa parametrizzazione per $t = 0$ otteniamo il punto $B(\sqrt{2}, 0, 0)$, che è quindi il punto origine sull'elica. Rimane da determinare k. Per far ciò pensiamo di partire da $B(\sqrt{2}, 0, 0)$ e di dover raggiungere $A(1,1,1)$: dato che la quota z deve aumentare e che l'elica è destra, occorre imprimere una rotazione positiva. Ciò equivale a dire che nel punto A avremo un valore di t positivo. Per tale valore l'ascissa e l'ordinata di A sono uguali fra loro ed entrambe positive, quindi l'angolo di rotazione è un ottavo di giro, ossia $\frac{\pi}{4}$ (Notiamo che la stessa situazione si potrebbe ottenere anche con una rotazione di: un giro+un ottavo; due giri+un ottavo; ecc... ma ciò contraddirebbe la condizione che la distanza fra B e A non superi una spira, vedi la Figura 2.25).

Per determinare il valore di k basta allora osservare che per $t = \frac{\pi}{4}$ dobbiamo ottenere il punto $A(1,1,1)$; in particolare, uguagliando la coordinata z dell'elica e quella del punto A, deve valere

$$k\frac{\pi}{4} = 1 \qquad \Rightarrow \qquad k = \frac{4}{\pi},$$

e le equazioni diventano:

$$\begin{cases} x = \sqrt{2}\cos t \\ y = \sqrt{2}\sin t \\ z = \dfrac{4}{\pi}t\ . \end{cases}$$

Esercizio 2.22 *Determinare se la curva* $\underline{c} = \left\langle -\frac{\sqrt{2}}{2\pi}\cos t, \frac{\sqrt{2}}{2\pi}\cos t, \frac{1}{\pi}\sin t \right\rangle$ *è una curva piana e il suo eventuale piano di giacitura.*

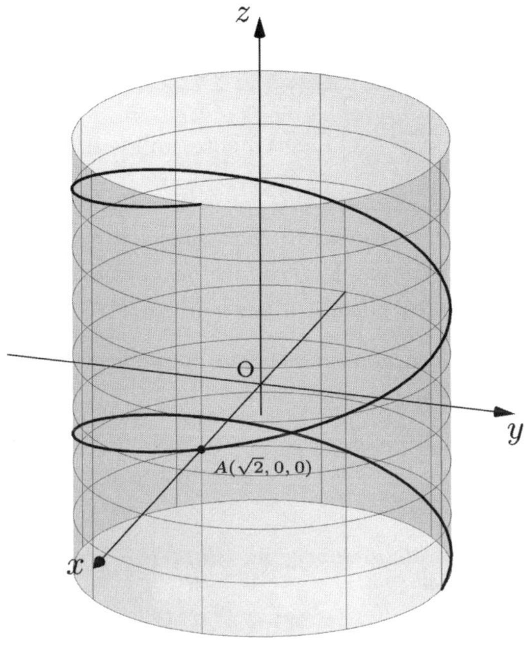

Figura 2.25: L'elica destra ha asse z, raggio $\sqrt{2}$ e per $t = 0$ passa per il punto B.

Individuiamo tre punti della curva distinti e non allineati scegliendo tre valori per il parametro t:

$$\begin{aligned} t = 0 \quad &\Rightarrow \quad A\left(-\frac{\sqrt{2}}{2\pi}, \frac{\sqrt{2}}{2\pi}, 0\right) \\ t = \frac{\pi}{2} \quad &\Rightarrow \quad B\left(0, 0, \frac{1}{\pi}\right) \\ t = \pi \quad &\Rightarrow \quad C\left(\frac{\sqrt{2}}{2\pi}, -\frac{\sqrt{2}}{2\pi}, 0\right). \end{aligned}$$

Determiniamo ora un'equazione cartesiana del piano ABC (confronta ad es. l'esercizio 2.7). Un vettore normale al piano è $(A - B) \times (C - B) = \left\langle -\frac{\sqrt{2}}{\pi^2}, -\frac{\sqrt{2}}{\pi^2}, 0 \right\rangle$ da cui segue l'equazione

$$x + y = 0 \; .$$

Se anche tutti gli altri punti della curva giacciono su questo piano la curva è piana, altrimenti non lo è. Per effettuare la verifica basta riscrivere l'equazione cartesiana del piano sostituendo alle coordinate xyz la loro espressione ricavata dall'equazione vettoriale della curva. Risulta:

$$-\frac{\sqrt{2}}{2\pi}\cos t + \frac{\sqrt{2}}{2\pi}\cos t = 0 \ .$$

Quest'ultima equazione è evidentemente un'identità, quindi la curva giace sul piano $x + y = 0$.

Esercizio 2.23 *Scrivere le equazioni parametrica e cartesiana della superficie cilindrica di asse z e raggio 1. Trovare gli eventuali punti di intersezione fra tale superficie e la retta passante per i punti $A(2,0,0)$ e $B(-1,1,2)$.*

1. *Equazione parametrica della superficie cilindrica.* Usando la solita convenzione per i parametri:

$$\begin{cases} x = \cos u \\ y = \sin u \qquad\qquad u \in [0, 2\pi],\ v \in \mathbb{R} \ . \\ z = v \end{cases}$$

2. *Equazione cartesiana della superficie cilindrica.* L'equazione cartesiana della superficie cilindrica è:

$$x^2 + y^2 = 1.$$

3. *Equazione della retta.* Un'equazione della retta passante per $A(2,0,0)$ e $B(-1,1,2)$ è data da:

$$\begin{aligned} \underline{r} &= \langle 2 + (2+1)t, 0 + (0-1)t, 0 + (0-2)t \rangle \\ &= \langle 2 + 3t, -t, -2t \rangle \ . \end{aligned}$$

4. *Intersezione superficie cilindrica-retta.* Sostituendo nell'equazione della superficie a x e y le loro espressioni ricavate dall'equazione della retta si ha:

$$4 + 9t^2 + 12t + t^2 = 1 \quad \Rightarrow \quad 10t^2 + 12t + 3 = 0.$$

Dalla risoluzione di questa equazione di secondo grado possiamo calcolare (se esistono) i valori di t che, attribuiti al parametro nell'equazione della retta r, forniranno i punti cercati.
L'equazione di secondo grado ha due soluzioni, ciò significa che esistono due punti di intersezione fra la retta e la superficie. Le soluzioni sono:

$$t_{1,2} = \frac{-6 \pm \sqrt{(6)^2 - 10 \cdot 3}}{10} = \frac{-6 \pm \sqrt{36 - 30}}{10} = \frac{-6 \pm \sqrt{6}}{10}.$$

Sostituendo i due valori t_1 e t_2 nell'equazione della retta r otteniamo i due punti di intersezione P_1 e P_2:

$$\begin{aligned} P_1 &= \left(\frac{2 + 3\sqrt{6}}{10}, \frac{6 - \sqrt{6}}{10}, \frac{6 - \sqrt{6}}{5} \right), \\ P_2 &= \left(\frac{2 - 3\sqrt{6}}{10}, \frac{6 + \sqrt{6}}{10}, \frac{6 + \sqrt{6}}{5} \right). \end{aligned}$$

Esercizi proposti

Esercizi su rette e piani

Esercizio 2.i *Dati i punti* $A(-1,-2,-2)$, $B(1,2,2)$:

1. *determinare un'equazione vettoriale della retta* AB;
2. *determinare* C, *punto d'intersezione della retta* AB *col piano* zx;
3. *determinare la distanza* AC.

Esercizio 2.ii *Dati il punto* $A(2,1,2)$ *e la retta* $\underline{s} = \langle 1-t, 3+2t, 4+2t \rangle$:

1. *determinare un'equazione vettoriale della retta* r *passante per* A *e avente la stessa direzione della retta* s;
2. *stabilire se le rette* r *e* s *sono parallele o coincidenti.*

Esercizio 2.iii *Dati i punti* $A(-3,1,-4)$ *e* $B(1,1,1)$:

1. *determinare un'equazione vettoriale della retta* r *passante per i punti* A *e* B;
2. *determinare le corrispondenti equazioni parametriche della retta* r;
3. *riparametrizzare l'equazione di* r *in modo che il valore del parametro sia 0 in* A *e 3 in* B;
4. *determinare un'equazione vettoriale del segmento* AB;
5. *determinare la lunghezza del segmento* AB.

Esercizio 2.iv *Dati i punti* $A(4,5,-1)$, $B(2,3,-1)$ *trovare un'equazione parametrica della retta* r *passante per* A *e* B:

1. *la parametrizzazione sia tale che abbia* A *come punto origine (ovvero* $t_A = 0$, *dove* t *è il parametro della retta) e sia tale per cui il valore del parametro* t *corrispondente a* B *sia* $t_B = 2$;
2. *riparametrizzare la retta* r *in modo tale che abbia* B *come punto origine (*$t_B = 0$*) e* $vers(B-A)$ *come vettore direzione;*
3. *per quale valore del parametro* t *la retta* r *interseca il piano* zx?
4. *Sia* P *il punto di intersezione della retta* r *con il piano* zx, *determinare la distanza tra i due punti* P *e* B.

Esercizio 2.v *Data la retta* $\underline{r} = \langle 6+3t, 1+4t, 1 \rangle$ *riparametrizzarla assumendo* $A(3,-3,1)$ *come punto origine e un vettore di direzione tale che:*

a) *il parametro sia uguale alla distanza del punto generico da* A;
b) *l'intersezione della retta con* zx *corrisponda a un valore positivo del parametro.*

Esercizio 2.vi *Data la retta* $\underline{r} = \langle 2t, 1-t, 2+t \rangle$:

1. *verificare che il punto* $P(0,1,2)$ *non appartiene alla retta* r;
2. *trovare la distanza di* P *dalla retta* r.

Esercizio 2.vii *Determinare un'equazione vettoriale della perpendicolare p condotta dal punto $A(2,0,1)$ alla retta r di equazione $\underline{r} = \langle 2+t, 7, 6+t \rangle$.*
Determinare la direzione perpendicolare sia a p che a r.

Esercizio 2.viii *Determinare la posizione reciproca delle rette*
$\underline{r} = \langle 5+2\sqrt{2}t, 1, -4-2\sqrt{2}t \rangle$ *e* $\underline{s} = \langle -1-\sqrt{2}u, 1-2\sqrt{3}u, \sqrt{2}u \rangle$.
Le rette sono:

- ☐ ***Parallele**, la loro distanza è:.........;*
- ☐ ***Coincidenti**;*
- ☐ ***Incidenti**, nel punto: ...., l'angolo che formano è; ....;*
- ☐ ***Sghembe**, l'angolo che formano è; ....*

Esercizio 2.ix *Stabilire la posizione reciproca fra le seguenti coppie di rette:*

1. $\underline{r} = \langle 2t, 1-t, -1-t \rangle$, $\underline{s} = \langle 2u-1, -u, 1-u \rangle$;
2. $\underline{r} = \langle 2-t, t, 2-t \rangle$, $\underline{s} = \langle 3u, 2-3u, 2-6u \rangle$;
3. $\underline{r} = \langle 2t, t-1, 1-3t \rangle$, $\underline{s} = \langle -1+u, -u, -2-3u \rangle$.

Esercizio 2.x *Determinare la posizione reciproca tra le rette*
$\underline{r} = \langle 1+2t, 3t, 2+2t \rangle$ *e* $\underline{s} = \langle -1+u, 3, u \rangle$.
Le due rette sono ortogonali?

Esercizio 2.xi *Date le due rette*

$$\underline{r} = \begin{cases} x = bt \\ y = 1+3t \\ z = -t \end{cases} \qquad \underline{s} = \begin{cases} x = u \\ y = -1+u \\ z = -\frac{1}{3}u \end{cases}$$

trovare il valore del parametro b affinché r e s siano parallele.

Esercizio 2.xii *Sono dati nello spazio 3D i punti $A(0,2,0)$, $B(2,1,0)$ e il vettore $\underline{u} = -4\underline{i} - \underline{j} + 3\underline{k}$.*

1. *Determinare il vettore $(B-A)$ e le coordinate del secondo estremo C del vettore $\underline{u}$ applicato in A. Illustrare graficamente il procedimento.*
2. *Determinare il vettore $\underline{v} = (B-A)+(C-A)$. Determinare un vettore $\underline{w}$ che abbia la stessa direzione di $\underline{v}$, verso concorde a quello di $\underline{v}$ e lunghezza 3.*
3. *Calcolare la componente e il componente di $(C-A)$ lungo la direzione di $(B-A)$. Calcolare le coordinate del punto H proiezione ortogonale di C sulla retta che contiene $(B-A)$. Illustrare graficamente il risultato.*
4. *Calcolare il prodotto vettoriale $(B-A)\times(C-A)$ e l'area del parallelogramma costruito su $(B-A)$ e $(C-A)$.*
5. *Scrivere una parametrizzazione della retta r passante per A e C. Calcolare le coordinate dei punti P e Q che, nella parametrizzazione precedente, corrispondono, rispettivamente, ai valori $\frac{1}{2}$ e -1 del parametro.*
6. *Scrivere una riparametrizzazione di r. Determinare per quale valore del parametro la nuova parametrizzazione riproduce il punto Q.*

7. *Scrivere una parametrizzazione della retta s passante per* $B(2,1,0)$ *e parallela a* r. *Illustrare graficamente le due rette.*
8. *Determinare la posizione reciproca fra* r *e la retta*

$$\underline{q} = \langle 3-2u, u, -2u \rangle \ .$$

Esercizio 2.xiii *Dati due vettori di giacitura* $\underline{v} = \langle 1,2,0 \rangle$ *e* $\underline{w} = \langle 0,1,1 \rangle$, *e un punto* $P(0,1,-1)$, *determinare:*

1. *un'equazione vettoriale del piano definito da* $\underline{v}$, $\underline{w}$ *e passante per* P;
2. *l'equazione cartesiana del piano definito da* $\underline{v}$, $\underline{w}$ *e passante per* P.

Esercizio 2.xiv *Sono dati i tre punti* $A(1,1,1)$, $B(1,2,1)$, $C(0,0,3)$:

1. *verificare che i tre punti non sono allineati;*
2. *scrivere un'equazione vettoriale del piano* ABC;
3. *scrivere l'equazione cartesiana del piano passante per i tre punti.*

Esercizio 2.xv *Sono dati un punto* $P(1,1,2)$ *e una retta* $\underline{r} = \langle 1-t, 1-2t, 1+3t \rangle$:

1. *verificare che il punto* P *non appartiene alla retta;*
2. *scrivere un'equazione vettoriale del piano per* P *e passante per* r;
3. *scrivere l'equazione cartesiana dello stesso piano.*

Esercizio 2.xvi *Sono dati un punto* $P(1,1,1)$ *e un piano* $p : 2x - y + z = 0$:

1. *verificare che il punto* P *non appartiene al piano;*
2. *scrivere un'equazione vettoriale del piano per* P *e parallelo a* p;
3. *scrivere l'equazione cartesiana dello stesso piano.*

Esercizio 2.xvii *Data una retta* $\underline{r} = \langle 1-2t, 2t, 1+3t \rangle$ *e un piano* $\underline{p} = \langle u+v, 1-v, 2u+v \rangle$:

1. *verificare che la retta non appartiene al piano;*
2. *scrivere un'equazione vettoriale del piano per* r *e perpendicolare a* p;
3. *scrivere l'equazione cartesiana dello stesso piano.*

Esercizio 2.xviii *Dato il piano* p *di equazioni parametriche* $\begin{cases} x = 3u + v \\ y = 4u + v \\ z = 2u + v \end{cases}$

1. *individuare la direzione normale a* p;
2. *determinare la distanza del piano* p *dall'origine.*

Esercizio 2.xix *Dato il punto* $A(1,1,1)$:

1. *determinare l'equazione cartesiana del piano per* A *perpendicolare alla retta* $\underline{r} = \langle 2+t, 2+2t, 4t \rangle$;
2. *scrivere un'equazione vettoriale della perpendicolare condotta dall'origine al piano;*
3. *determinare* B, *intersezione della retta con il piano;*

4. *disegnare sul piano cartesiano la retta e il piano evidenziando i punti* A, B *e le intersezioni con gli assi coordinati.*

Esercizio 2.xx *Dato il piano* $\underline{p} : 2x - y - z + 2 = 0$*:*

1. *individuare un vettore di direzione normale al piano* p*;*
2. *determinare la distanza del piano* p *dal punto* $P(1, 2, 3)$*.*

Esercizio 2.xxi *Dati i punti* $A(1, 1, 0)$*,* $B(0, 1, 2)$ *e la retta* r *di equazione vettoriale* $\underline{r} = \langle -t, t, 2 + 2t \rangle$ *determinare:*

1. *un'equazione vettoriale del piano* p *passante per* A *e* B *e parallelo ad* r*;*
2. *i tre punti di intersezione del piano con i tre assi coordinati* x*,* y *e* z*;*
3. *l'equazione cartesiana del piano* p*.*

Esercizio 2.xxii *Dati i punti* $A(-1, 2, 1)$*,* $B(1, 1, 0)$ *e* $C(4, -1, -1)$ *e la retta* r *di equazione* $\underline{r} = \langle 2t, t - 6, 2 - 3t \rangle$ *determinare:*

1. *un'equazione vettoriale del piano* p_1 *passante per i tre punti* A*,* B *e* C*;*
2. *l'equazione cartesiana normalizzata del piano* p_1*;*
3. *la posizione reciproca fra la retta* r *e il piano* p_1*;*
4. *un'equazione vettoriale e cartesiana del piano* p_2 *contenente la retta* r *e perpendicolare a* p_1*.*

Esercizio 2.xxiii *Dati i due piani* $p_1 : 2x + y + z + 1 = 0$*,* $p_2 : 3x + y - 4z - 3 = 0$ *determinare:*

1. *due vettori* $\underline{v}$ *e* $\underline{w}$*, perpendicolari rispettivamente a* p_1 *e* p_2*;*
2. *un vettore perpendicolare contemporaneamente a* $\underline{v}$ *e* $\underline{w}$*;*
3. *la retta passante per* O *e parallela a* p_1 *e* p_2*;*
4. *un'equazione vettoriale del piano passante per* $(1, 1, 1)$ *e perpendicolare sia a* p_1 *che a* p_2*.*

Esercizio 2.xxiv

1. *Determinare un'equazione vettoriale del piano per* O *perpendicolare alla retta* $\underline{r} = \langle 1 + t, 2 + 3t, 3t \rangle$*;*
2. *determinare l'equazione cartesiana del piano parallelo al precedente e passante per* $(0, 0, 2)$*;*
3. *determinare la distanza fra i due piani.*

Esercizio 2.xxv *Dati due piani:*
$\underline{p}_1 = \langle u + v + 1, u - 3v, v - 3u \rangle$*,* $p_2 : x - y - z + 1 = 0$*:*

1. *stabilire la loro posizione reciproca;*
2. *determinare le espressioni cartesiane e vettoriali delle rette* r *e* s*, intersezioni rispettivamente di* p_1 *e di* p_2 *con il piano* xy*;*
3. *stabilire la posizione reciproca delle rette* r *e* s*;*

4. *determinare il piano q passante per* $A(3,2,1)$ *e perpendicolare alla retta r passante per i punti* $B(1,2,3)$ *e* $C\left(\frac{1}{3},\frac{4}{3},0\right)$.

Esercizio 2.xxvi *Sono dati i punti* $A(0,4,1)$, $B(3,0,1)$*:*

1. *scrivere un'equazione vettoriale per il piano passante per A, B e parallelo all'asse z;*
2. *scrivere l'equazione cartesiana del piano precedentemente trovato;*
3. *determinare l'intersezione del piano col piano xy.*

Esercizio 2.xxvii *Dati i due piani*
$p_1: 3x - y - 3z - 1 = 0$, $p_2: x + y + z - 2 = 0$*:*

1. *verificare che i due piani sono incidenti non ortogonali;*
2. *determinare la retta r, intersezione tra i due piani;*
3. *determinare il piano passante per O e contenente la retta r;*
4. *determinare il piano q parallelo a* p_1 *e passante per* $P(2,8,-2)$*;*
5. *determinare la distanza tra i due piani* p_1 *e q.*

Esercizio 2.xxviii *Dato il piano p di equazione vettoriale*
$\underline{p} = \langle 2 + 4u - 3v, u + v, -v\rangle$*:*

1. *verificare l'appartenenza al piano p della retta r di equazione vettoriale* $\underline{r} = \langle 2 + 8t, 2t, 0\rangle$*;*
2. *costruire il piano perpendicolare ad esso e passante per la retta r.*

Esercizio 2.xxix *Sono dati i due piani p di equazione cartesiana* $x - y + z - 2 = 0$ *e* p' *di equazione cartesiana* $x + 2y - z + 2 = 0$*:*

1. *verificare che i due piani sono incidenti non ortogonalmente;*
2. *determinare la retta r intersezione di p e* p'*;*
3. *determinare il piano per O e passante per la retta r;*
4. *determinare il piano q parallelo a p e passante per* $P(5,2,0)$*;*
5. *determinare la distanza fra i due piani p e* p'.

Esercizio 2.xxx *È dato il piano p passante per il punto* $A(2,-1,3)$ *e avente vettori di giacitura* $\underline{w}_1 = \langle 1,0,-1\rangle$ *e* $\underline{w}_2 = \langle 2,-1,1\rangle$*:*

1. *scrivere un'equazione vettoriale di p. Determinare il punto P appartenente a p corrispondente alla coppia* $(u,v) = (-1,0)$*;*
2. *scrivere l'equazione cartesiana di p. Determinare il punto Q appartenente a p che ha ascissa* $x = 1$ *e ordinata* $y = 0$*;*
3. *scrivere l'equazione cartesiana e vettoriale del piano* p' *passante per l'origine e parallelo a p;*
4. *scrivere un'equazione vettoriale della retta r passante per* $B(1,1,2)$ *e ortogonale a p. Determinare il punto di intersezione tra la retta r e il piano p;*
5. *stabilire la posizione reciproca fra p e il piano*
$\underline{q} = \langle 1 + u - 2v, u + v, 2 - u + v\rangle$.

Esercizio 2.xxxi *Sono dati i punti* $A(2,2,3)$, $B(-2,3,0)$.

1. *Determinare le coordinate del punto* C *tale per cui* $(C-O)=(A-O)+(B-O)$.
2. *Determinare la componente e il componente di* $(A-O)$ *su* $(B-O)$. *Calcolare l'area del parallelogramma* $OACB$.
3. *Scrivere una parametrizzazione della retta* r *per l'origine e avente la direzione della diagonale del parallelogramma* $OACB$. *Calcolare la distanza* $d(B,r)$.
4. *Scrivere una parametrizzazione della retta* s *passante per* $D(0,3,0)$ *e parallela a* r. *Scrivere una parametrizzazione della retta* q *per* A *e incidente ortogonalmente a* r.
5. *Scrivere una parametrizzazione e l'equazione cartesiana del piano* π *che contiene il parallelogramma* $OACB$.
6. *Trovare le coordinate della proiezione ortogonale di* $Q(1,1,1)$ *su* π.
7. *Stabilire la reciproca posizione tra* π *e* $\sigma: 2x-y+2=0$. *Nel caso in cui i due piani siano incidenti, trovare una parametrizzazione della retta intersezione.*
8. *Scrivere l'equazione cartesiana del piano* α *passante per* $R(-1,1,0)$ *e parallelo a* σ. *Trovare la distanza* $d(\alpha,\sigma)$.

Esercizi su curve e superfici

Esercizio 2.xxxii *Parametrizzare le curve aventi, in un sistema di riferimento cartesiano 2D, equazioni* $y=x^2$ *e* $x=y^2+1$.

Esercizio 2.xxxiii *Parametrizzare l'arco di sinusoide* OP *rappresentato in figura.*

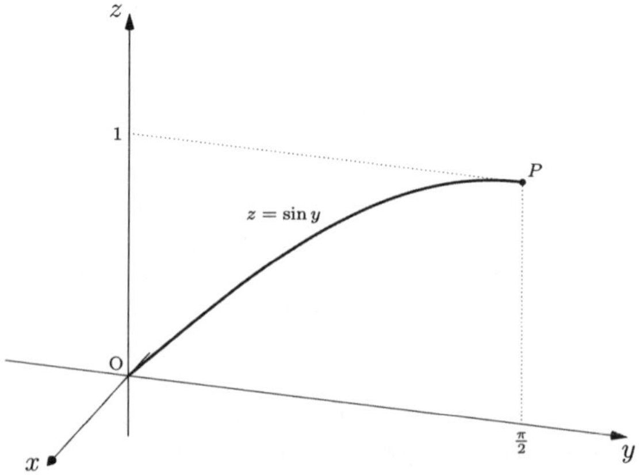

Esercizio 2.xxxiv *Parametrizzare la semicirconferenza rappresentata in figura*

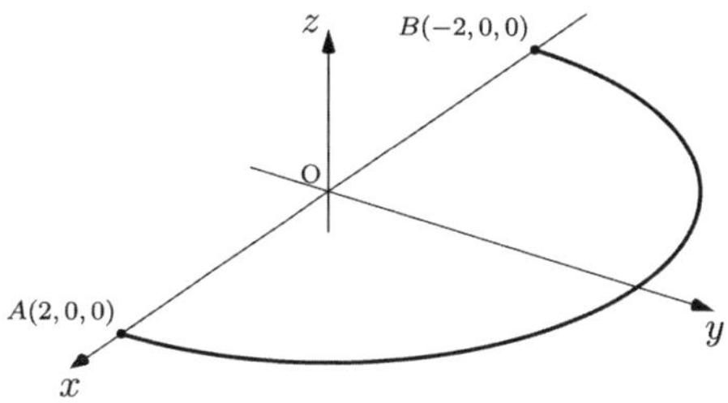

Esercizio 2.xxxv *In Figura 2.26 è rappresentato il tratto di elica cilindrica di equazione* $\langle 5\cos t, 5\sin t, t\rangle$, $t \in [0, 4\pi]$:

1. *determinare l'asse e il raggio dell'elica;*
2. *calcolare il passo p dell'elica;*
3. *determinare le coordinate dei punti d'intersezione dell'elica con il piano yz;*
4. *calcolare la lunghezza di una spira dell'elica.*

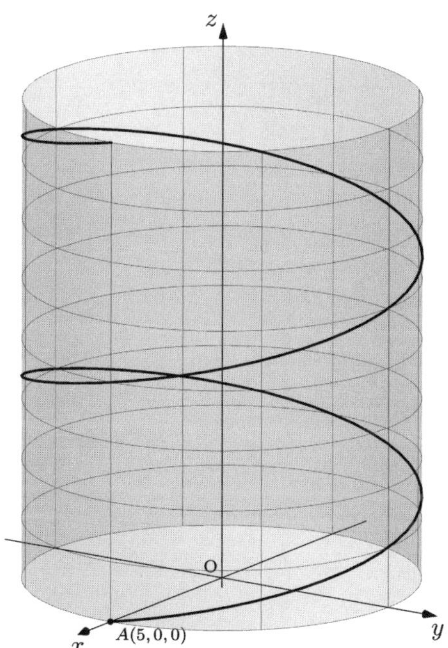

Figura 2.26

Capitolo 3

Matrici

3.1 Definizioni e simbologia

Chiamiamo *matrice di dimensioni* m, n un insieme di $m \cdot n$ elementi scalari ordinati secondo un doppio ordinamento, intendendo con ciò che la posizione di ogni elemento è individuata da due indici:

1. i *indice di riga*, $1 \leq i \leq m$
2. k *indice di colonna*, $1 \leq k \leq n$

Rappresentiamo la matrice come una tabella di m righe e n colonne, in cui ogni elemento è indicato con una lettera minuscola contraddistinta da due pedici che sono rispettivamente l'indice di riga e l'indice di colonna, mentre l'intera matrice è indicata dalla stessa lettera maiuscola[1]:

$$A = \begin{bmatrix} a_{11} & a_{12} & \cdots & \cdots & \cdots & a_{1n} \\ \cdots & \cdots & \cdots & a_{ik} & \cdots & \cdots \\ a_{m1} & a_{m2} & \cdots & \cdots & \cdots & a_{mn} \end{bmatrix}.$$

I due pedici di ogni elemento indicano rispettivamente su quale riga e su quale colonna della tabella l'elemento si trova. I due pedici vengono scritti consecutivamente uno dietro l'altro, anche se taluni autori per maggior chiarezza li separano con la virgola.

Il fatto che una matrice abbia dimensioni m, n si esprime anche dicendo che essa è una matrice $m \times n$ (che si legge «m per n»). Tali dimensioni

[1]Nei capitoli precedenti abbiamo usato una lettera maiuscola per indicare un punto. Qui parliamo di matrici e la usiamo per un altro scopo. Più avanti potrebbe verificarsi l'esigenza di entrambi gli usi; in genere dal contesto si capisce se una lettera maiuscola indica un punto oppure una matrice, in caso di dubbio verrà dichiarato esplicitamente nel testo.

possono essere indicate in modo sintetico riportandole presso la lettera che indica la matrice, scrivendo: $A_{(m \times n)}$.

In base a queste convenzioni se ad esempio definiamo una matrice B mediante la seguente espressione:

$$B = \begin{bmatrix} 1 & 2 & 1 & -4 \\ 0 & 3 & 2 & -1 \\ 5 & -1 & 0 & -3 \end{bmatrix}$$

per tale matrice B risulterà che:

- $m = 3$
- $n = 4$
- $b_{21} = 0$
- $b_{12} = 2$
- $b_{34} = -3$
- b_{43} non esiste.

3.1.1 Matrice trasposta

Si dice *matrice trasposta* di una matrice data la matrice ottenuta dalla matrice data scambiando fra loro le righe con le colonne. La trasposta di una matrice A si indica con A^T. Da quanto detto, la 1ª riga di A^T sarà uguale alla 1ª colonna di A, la 2ª riga di A^T uguale alla 2ª colonna di A e così via oppure (il che è del tutto equivalente) la 1ª colonna di A^T sarà uguale alla 1ª riga di A, la 2ª colonna di A^T uguale alla 2ª riga di A e così via.

Se m, n sono le dimensioni di A, le dimensioni di A^T risultano n, m. Evidentemente $(A^T)^T = A$.

Pertanto, la trasposta della matrice $B_{(3\times4)}$ dell'esempio precedente sarà

$$B^T_{(4\times3)} = \begin{bmatrix} 1 & 0 & 5 \\ 2 & 3 & -1 \\ 1 & 2 & 0 \\ -4 & -1 & -3 \end{bmatrix}.$$

3.1.2 Matrici partizionate

A volte conviene esprimere una matrice come composta di matrici di dimensioni minori, opportunamente combinate. Ad esempio una matrice $A_{(5\times7)}$

può essere scomposta in quattro matrici secondo lo schema seguente:

$$A = \left[\begin{array}{ccc|cccc} 1 & 3 & 5 & -1 & -2 & 0 & 7 \\ 2 & 4 & 6 & 3 & 2 & 0 & 0 \\ 11 & -9 & 8 & 2 & 4 & 6 & 8 \\ \hline 1 & 6 & 7 & -3 & 0 & 4 & 4 \\ 0 & 0 & 0 & 3 & 4 & 6 & 6 \end{array}\right] = \begin{bmatrix} P_{11} & P_{12} \\ P_{21} & P_{22} \end{bmatrix}.$$

I quattro elementi di cui risulta ora composta la matrice A non sono più scalari, ma sono a loro volta le seguenti matrici:

$$P_{11} = \begin{bmatrix} 1 & 3 & 5 \\ 2 & 4 & 6 \\ 11 & -9 & 8 \end{bmatrix}, \qquad P_{12} = \begin{bmatrix} -1 & -2 & 0 & 7 \\ 3 & 2 & 0 & 0 \\ 2 & 4 & 6 & 8 \end{bmatrix},$$

$$P_{21} = \begin{bmatrix} 1 & 6 & 7 \\ 0 & 0 & 0 \end{bmatrix}, \qquad P_{22} = \begin{bmatrix} -3 & 0 & 4 & 4 \\ 3 & 4 & 6 & 6 \end{bmatrix}.$$

3.1.3 Matrici quadrate

Se in una matrice è verificata l'uguaglianza $m = n$ (ossia se il numero di righe è uguale al numero di colonne) la matrice si dice *quadrata di ordine n*, diversamente abbiamo una *matrice rettangolare.*

Le matrici quadrate rivestiranno una notevole importanza nel seguito del nostro studio.

Diagonale principale

La diagonale principale di una matrice $A_{(n\times n)}$ *(quadrata di ordine n) è il vettore (di ordine n):* $\langle a_{11}, a_{22}, \cdots, a_{nn}\rangle$.

Le componenti di questo vettore sono tutti gli elementi della matrice aventi l'indice di colonna uguale all'indice di riga. Possiamo pensare di raccogliere tali elementi percorrendo la tabella della matrice partendo dal vertice sinistro superiore e muovendoci diagonalmente fino a raggiungere il vertice destro inferiore.

La Figura 3.1 riporta ad esempio una matrice A di ordine 3 la cui diagonale principale è il vettore $\langle 1, 7, -6\rangle$.

Percorrendo la tabella della matrice dal vertice superiore destro al vertice inferiore sinistro si determina invece la *diagonale secondaria.* Per la matrice di Figura 3.1 essa è il vettore $\langle -2, 7, 0\rangle$.

$$\begin{bmatrix} 1 & 3 & -2 \\ -1 & 7 & 5 \\ 0 & 4 & -6 \end{bmatrix}$$

Figura 3.1: Esempio di diagonale principale.

Matrice triangolare

La tabella che rappresenta una matrice quadrata risulta divisa in due parti dalla diagonale principale.

Detti i, k gli indici rispettivamente di riga e di colonna, la parte inferiore della matrice è costituita da tutti gli elementi della matrice per i quali $i > k$, la parte superiore dagli elementi che hanno $i < k$, mentre gli elementi aventi $i = k$ formano la diagonale principale.

Se tutti gli elementi della parte inferiore sono nulli abbiamo una matrice *triangolare superiore* (i valori significativi, non nulli, stanno tutti sopra la diagonale), viceversa se sono nulli gli elementi della parte superiore si ha una matrice *triangolare inferiore*. La Figura 3.2 riporta due esempi di matrici B e C, rispettivamente triangolare superiore e inferiore.

$$B = \begin{bmatrix} 1 & 3 & 0 & -6 \\ 0 & 4 & -2 & 5 \\ 0 & 0 & -2 & 3 \\ 0 & 0 & 0 & -3 \end{bmatrix} \qquad C = \begin{bmatrix} -1 & 0 & 0 & 0 \\ 3 & 4 & 0 & 0 \\ 5 & 0 & -2 & 0 \\ 12 & -3 & 9 & 3 \end{bmatrix}$$

Figura 3.2: Matrici triangolari.

Matrice simmetrica

Se in una matrice quadrata A risulta, per ogni possibile coppia i, k degli indici di riga e di colonna: $a_{ik} = a_{ki}$, la matrice si dice *simmetrica*.
L'uguaglianza ora scritta vale per coppie di elementi che si trovano in posizione simmetrica rispetto alla diagonale principale. Ad esempio la seguente matrice C è simmetrica:

$$C = \begin{bmatrix} -1 & 3 & 0 & 12 \\ 3 & 4 & 0 & -3 \\ 0 & 0 & -2 & 9 \\ 12 & -3 & 9 & 3 \end{bmatrix}.$$

Risulta infatti: $c_{12} = c_{21} = 3$, $c_{13} = c_{31} = 0$, $c_{23} = c_{32} = 0 \cdots$ e così via per tutte le coppie di elementi simmetriche rispetto alla diagonale principale.

Una matrice simmetrica coincide con la propria trasposta, come si può constatare facilmente.

Matrice diagonale

Se in una matrice quadrata tutti gli elementi che non appartengono alla diagonale principale sono nulli, la matrice si dice *matrice diagonale*. Una matrice diagonale è contemporaneamente triangolare inferiore e triangolare superiore.

Se in una matrice diagonale di ordine n tutti gli elementi della diagonale principale sono uguali a 1 la matrice si dice *matrice unità* o *matrice identica* di ordine n, indicata in generale con la lettera I.
Quindi tale matrice ha elementi uguali a 1 sulla diagonale e zero altrove:

$$I_{(n\times n)} = \begin{bmatrix} 1 & 0 & \cdots & 0 \\ 0 & 1 & \ddots & \vdots \\ \vdots & \ddots & \ddots & 0 \\ 0 & \cdots & 0 & 1 \end{bmatrix}. \tag{3.1}$$

3.2 Operazioni sulle matrici

3.2.1 Addizione e sottrazione

Date due matrici $A_{(m\times n)}$ e $B_{(m\times n)}$ definiamo *addizione* l'operazione il cui risultato è la *matrice somma* $S_{(m\times n)}$, $S = A + B$, di elementi:

$$s_{ik} = a_{ik} + b_{ik} \;\; (i = 1, 2, \cdots, m;\; k = 1, 2, \cdots, n)\,,$$

e *sottrazione* l'operazione il cui risultato è la *matrice differenza* $D_{(m\times n)}$, $D = A - B$, di elementi:

$$d_{ik} = a_{ik} - b_{ik} \;\; (i = 1, 2, \cdots, m;\; k = 1, 2, \cdots, n)\,.$$

La somma/differenza si può calcolare solo per matrici aventi le stesse dimensioni. I suoi elementi sono ottenuti mediante la somma/differenza di tutte le coppie di elementi che si trovano nella stessa posizione, ossia aventi gli stessi indici. Ad esempio:

$$A = \begin{bmatrix} 1 & 3 \\ 11 & -9 \\ 0 & 7 \end{bmatrix}; \; B = \begin{bmatrix} 3 & -3 \\ -3 & 11 \\ 2 & 1 \end{bmatrix};$$

$$A + B = \begin{bmatrix} 4 & 0 \\ 8 & 2 \\ 2 & 8 \end{bmatrix}; \; A - B = \begin{bmatrix} -2 & 6 \\ 14 & -20 \\ -2 & 6 \end{bmatrix}.$$

Per la somma di matrici valgono le proprietà dell'addizione fra numeri reali:

- commutativa: $A + B = B + A$,
- associativa: $A + (B + C) = (A + B) + C$,

  l'elemento neutro è la matrice nulla (matrice che ha tutti elementi uguali a zero).

3.2.2 Moltiplicazione

Prodotto di un numero per una matrice

Dato uno scalare (numero) c e una matrice $A_{(m \times n)}$, si definisce *prodotto* $D = cA$ la matrice $D_{(m \times n)}$ di elementi:

$$d_{ik} = ca_{ik} \;\; (i = 1, 2, \cdots, m;\; k = 1, 2, \cdots, n),$$

ad esempio:

$$A = \begin{bmatrix} 1 & 3 \\ 11 & -9 \\ 0 & 7 \end{bmatrix} \Rightarrow -2A = \begin{bmatrix} -2 & -6 \\ -22 & 18 \\ 0 & -14 \end{bmatrix}.$$

Il prodotto del numero -1 per una matrice è la *matrice opposta.* La differenza fra due matrici A, B è la somma di A con l'opposta di B: $A - B = A + (-1)B$.

Prodotto di matrici

Date due matrici $A_{(m \times n)}$, $B_{(n \times p)}$ si definisce *moltiplicazione* delle due matrici l'operazione che genera la *matrice prodotto* $P_{(m \times p)}$, $P = A \cdot B$ (oppure $P = AB$), di elementi:

$$p_{ik} = \underline{r}_i \bullet \underline{c}_k \;\; (i = 1, 2, \cdots, m;\; k = 1, 2, \cdots, p),$$

dove

$\underline{r}_i$ è il vettore formato dagli elementi della «i-esima riga» di A;

$\underline{c}_k$ è il vettore formato dagli elementi della «k-esima colonna» di B;

tale operazione si dice prodotto scalare «righe per colonne».

Affinché sia possibile moltiplicare due matrici A e B, le dimensioni interne (ossia numero di colonne di A e numero di righe di B) devono essere uguali (*matrici compatibili*); le dimensioni esterne (ossia righe di A e colonne di B) determinano le dimensioni della matrice prodotto:

$$\underbrace{P}_{(\boxed{m}\times\boxed{p})} = \underbrace{A}_{(\boxed{m}\times n)} \cdot \underbrace{B}_{(n\times\boxed{p})}$$

$\uparrow\ \uparrow$ dimensioni interne $\uparrow\ \uparrow$

$\uparrow$ dimensioni esterne $\uparrow$;

ad esempio:

$$A = \begin{bmatrix} 1 & 2 & 3 \\ 0 & -1 & 0 \end{bmatrix}; \quad B = \begin{bmatrix} 1 & 0 \\ 3 & 5 \\ 0 & -4 \end{bmatrix}; \quad \begin{matrix} P = AB \\ A_{(2\times3)} \ B_{(3\times2)} \\ \searrow\uparrow \text{ ok } \uparrow\swarrow \\ P_{(2\times2)} \end{matrix}$$

$$P = AB = \begin{bmatrix} 7 & -2 \\ -3 & -5 \end{bmatrix} \qquad \begin{aligned} p_{11} &= \langle 1,2,3\rangle \bullet \langle 1,3,0\rangle = 7 \\ p_{12} &= \langle 1,2,3\rangle \bullet \langle 0,5,-4\rangle = -2 \\ p_{21} &= \langle 0,-1,0\rangle \bullet \langle 1,3,0\rangle = -3 \\ p_{22} &= \langle 0,-1,0\rangle \bullet \langle 0,5,-4\rangle = -5\ . \end{aligned}$$

Il prodotto di matrici quadrate dello stesso ordine è sempre possibile ed è una matrice quadrata dello stesso ordine, inoltre è immediato verificare che una matrice (rettangolare) è sempre moltiplicabile per la propria trasposta.

Le proprietà della moltiplicazione di matrici sono:

· proprietà associativa: $(AB)C = A(BC)$; si può scrivere quindi: ABC;

· non vale la proprietà commutativa, quindi (anche se BA esiste): $AB \neq BA$;

3.3 Vettori definiti come matrici

I vettori algebrici possono essere messi in corrispondenza biunivoca con matrici: è infatti sempre possibile attribuire gli elementi di un vettore a una matrice di una sola riga o colonna; nel primo caso la matrice è detta «vettore riga», nel secondo caso la matrice è detta «vettore colonna». Considerando pertanto un vettore come una particolare matrice è possibile operare su di esso mediante l'operazione di prodotto fra matrici.

Un vettore riga moltiplicato a destra per una matrice determina un altro vettore riga.

$$B = \begin{bmatrix} -1 & 2 & -2 \end{bmatrix}; \quad A = \begin{bmatrix} 1 & -2 & 1 \\ 2 & 0 & 1 \\ 2 & 1 & -1 \end{bmatrix}; \qquad \begin{matrix} B_{(1\times 3)}\, A_{(3\times 3)} \\ BA_{(1\times 3)} \end{matrix}$$

$$BA = \begin{bmatrix} -1 & 0 & 3 \end{bmatrix} \qquad \begin{aligned} p_{11} &= \langle -1, 2, -2\rangle \bullet \langle 1, 2, 2\rangle = -1 \\ p_{12} &= \langle -1, 2, -2\rangle \bullet \langle -2, 0, 1\rangle = 0 \\ p_{13} &= \langle -1, 2, -2\rangle \bullet \langle 1, 1, -1\rangle = 3\ . \end{aligned}$$

Un vettore colonna moltiplicato a sinistra per una matrice diventa un altro vettore colonna.

$$A = \begin{bmatrix} 1 & 2 & 2 \\ -2 & 0 & 1 \\ 1 & 1 & -1 \end{bmatrix}; \quad B = \begin{bmatrix} -1 \\ 2 \\ -2 \end{bmatrix}; \qquad \begin{matrix} A_{(3\times 3)}\, B_{(3\times 1)} \\ AB_{(3\times 1)} \end{matrix}$$

$$AB = \begin{bmatrix} -1 \\ 0 \\ 3 \end{bmatrix} \qquad \begin{aligned} p_{11} &= \langle 1, 2, 2\rangle \bullet \langle -1, 2, -2\rangle = -1 \\ p_{21} &= \langle -2, 0, 1\rangle \bullet \langle -1, 2, -2\rangle = 0 \\ p_{31} &= \langle 1, 1, -1\rangle \bullet \langle -1, 2, -2\rangle = 3\ . \end{aligned}$$

Il fatto di rappresentare i vettori come vettori riga o vettori colonna è una scelta convenzionale. Tuttavia, una volta operata tale scelta, occorre seguirla per non generare confusione. I vettori colonna sono in genere più usati, quindi, d'ora in avanti, un vettore sarà sempre un vettore colonna.

È comunque possibile passare da un vettore colonna al corrispondente vettore riga (e viceversa) mediante l'operazione di trasposizione. Per comodità di scrittura un vettore colonna è spesso indicato come un vettore riga trasposto: $[a\, b\, c\, \cdots]^T$. Il prodotto di un vettore riga per il suo trasposto genera uno scalare uguale al modulo del vettore elevato al quadrato.

3.4 Matrici quadrate e determinanti

3.4.1 Matrice ortogonale

Una matrice quadrata A si dice *ortogonale* se $AA^T = A^T A = I$, ad esempio:

$$A = \begin{bmatrix} 0 & -1 & 0 \\ 1 & 0 & 0 \\ 0 & 0 & 1 \end{bmatrix} \quad \text{Matrice ortogonale}$$

$$A^T A = \begin{bmatrix} 0 & 1 & 0 \\ -1 & 0 & 0 \\ 0 & 0 & 1 \end{bmatrix} \begin{bmatrix} 0 & -1 & 0 \\ 1 & 0 & 0 \\ 0 & 0 & 1 \end{bmatrix} = \begin{bmatrix} 1 & 0 & 0 \\ 0 & 1 & 0 \\ 0 & 0 & 1 \end{bmatrix}.$$

Si verifica inoltre che tutte le colonne (o righe) di una matrice ortogonale sono versori ortogonali fra loro, infatti

$$A = \begin{bmatrix} 0 & -1 & 0 \\ 1 & 0 & 0 \\ 0 & 0 & 1 \end{bmatrix} \quad \begin{array}{ll} \underline{c}_1 = \langle 0,1,0 \rangle & |\underline{c}_1| = 1 \\ \underline{c}_2 = \langle -1,0,0 \rangle & |\underline{c}_2| = 1 \\ \underline{c}_3 = \langle 0,0,1 \rangle & |\underline{c}_3| = 1 \end{array}$$

$$\begin{aligned} \underline{c}_1 \bullet \underline{c}_2 &= \langle 0,1,0 \rangle \bullet \langle -1,0,0 \rangle = 0 \\ \underline{c}_1 \bullet \underline{c}_3 &= \langle 0,1,0 \rangle \bullet \langle 0,0,1 \rangle = 0 \\ \underline{c}_2 \bullet \underline{c}_3 &= \langle -1,0,0 \rangle \bullet \langle 0,0,1 \rangle = 0. \end{aligned}$$

3.4.2 Matrice inversa

Data una matrice quadrata A, la sua inversa A^{-1} è la matrice quadrata tale che $A^{-1}A = AA^{-1} = I$. Se A è ortogonale, la sua inversa coincide con la sua trasposta: $A^{-1} = A^T$. Se A è ortogonale e simmetrica ($A = A^T$) la sua inversa coincide con A. Se A non è ortogonale la sua inversa può non esistere, in tal caso A si dice non invertibile.

3.4.3 Determinante di una matrice quadrata

Un determinante è un'espressione algebrica che si ricava in modo univoco, seguendo regole ben precise, da una matrice quadrata. Se $detA = 0$ la matrice A si dice *singolare*.

Determinante di una matrice di ordine 1.

Il determinante di una matrice di ordine 1 coincide con l'unico elemento della matrice:

$$A = [\ a_{11}\ ], \quad detA = a_{11}.$$

Determinante di una matrice di ordine 2.

Il determinante di una matrice di ordine 2 è definito come il prodotto degli elementi della diagonale principale meno prodotto elementi della diagonale secondaria:

$$A = \begin{bmatrix} a_{11} & a_{12} \\ a_{21} & a_{22} \end{bmatrix}, \quad detA = a_{11}a_{22} - a_{12}a_{21},$$

ad esempio

$$det \begin{bmatrix} 2 & 1 \\ 1 & 3 \end{bmatrix} = 2 \cdot 3 - 1 \cdot 1 = 5.$$

Determinante di una matrice di ordine 3.

Il determinante di una matrice di ordine 3 può essere calcolato secondo la *regola di Sarrus* che utilizza il seguente schema: si trascrivono a destra della matrice le sue prime due colonne e si sommano i prodotti ottenuti moltiplicando gli elementi sulle diagonali, presi con il segno + per i prodotti che si svolgono parallelamente alla diagonale principale e con il segno − per gli altri.

$$\begin{aligned} A &= \left[\begin{array}{ccc} a_{11} & a_{12} & a_{13} \\ a_{21} & a_{22} & a_{23} \\ a_{31} & a_{32} & a_{33} \end{array}\right] \begin{array}{cc} a_{11} & a_{12} \\ a_{21} & a_{22} \\ a_{31} & a_{32} \end{array} \\ detA &= a_{11}a_{22}a_{33} + a_{12}a_{23}a_{31} + a_{13}a_{21}a_{32} + \\ &\quad -a_{13}a_{22}a_{31} - a_{11}a_{23}a_{32} - a_{12}a_{21}a_{33} \ . \end{aligned}$$

Ad esempio

$$A = \begin{bmatrix} 1 & 0 & 1 \\ 2 & -1 & 0 \\ 0 & 1 & 3 \end{bmatrix}$$

$$\text{regola di Sarrus: } A = \left[\begin{array}{ccc} 1 & 0 & 1 \\ 2 & -1 & 0 \\ 0 & 1 & 3 \end{array}\right] \begin{array}{cc} 1 & 0 \\ 2 & -1 \\ 0 & 1 \end{array}$$

$$\begin{aligned} detA = {} & 1 \cdot (-1) \cdot 3 + 0 \cdot 0 \cdot 0 + 1 \cdot 2 \cdot 1 + \\ & -1 \cdot (-1) \cdot 0 - 1 \cdot 0 \cdot 1 - 0 \cdot 2 \cdot 3 = -1 \ . \end{aligned}$$

Determinante di una matrice di ordine n.

Il determinante di una matrice di ordine n può essere calcolato secondo la *regola di Laplace* (relativa alla prima riga):

$$A = \begin{bmatrix} a_{11} & a_{12} & \cdots & a_{1n} \\ a_{21} & a_{22} & \ddots & \vdots \\ \vdots & \ddots & \ddots & \vdots \\ a_{n1} & \cdots & \cdots & a_{nn} \end{bmatrix}$$

$$det A = a_{11}(-1)^{1+1} det \begin{bmatrix} a_{22} & a_{23} & \cdots & a_{2n} \\ a_{32} & a_{33} & \ddots & \vdots \\ \vdots & \ddots & \ddots & \vdots \\ a_{n2} & \cdots & \cdots & a_{nn} \end{bmatrix} +$$

$$+a_{12}(-1)^{1+2} det \begin{bmatrix} a_{21} & a_{23} & \cdots & a_{2n} \\ a_{31} & a_{33} & \ddots & \vdots \\ \vdots & \ddots & \ddots & \vdots \\ a_{n1} & \cdots & \cdots & a_{nn} \end{bmatrix} +$$

$$+ \cdots + a_{1k}(-1)^{1+k} det \begin{bmatrix} a_{21} & \cdots & a_{2,k-1} & a_{2,k+1} & \cdots & a_{2n} \\ a_{31} & \cdots & \cdots & \cdots & \cdots & a_{3n} \\ \vdots & \cdots & \cdots & \cdots & \cdots & \vdots \\ a_{n1} & \cdots & a_{n,k-1} & a_{n,k+1} & \cdots & a_{nn} \end{bmatrix} +$$

$$+ \cdots + a_{1n}(-1)^{1+n} det \begin{bmatrix} a_{21} & a_{22} & \cdots & a_{2,n-1} \\ a_{31} & a_{32} & \ddots & \vdots \\ \vdots & \ddots & \ddots & \vdots \\ a_{n1} & \cdots & \cdots & a_{n,n-1} \end{bmatrix}.$$

Il procedimento illustrato permette di esprimere il determinante mediante la combinazione lineare (ossia una somma di prodotti) degli elementi della prima riga e di determinanti di matrici di dimensione inferiore. Più precisamente, ogni elemento della prima riga è moltiplicato per il determinante della matrice (di dimensione $n-1$) ottenuta eliminando dalla matrice data la prima riga e la colonna dell'elemento. Si ottengono così n termini, la cui somma fornisce il determinante della matrice data.

Applicando ripetutamente questo procedimento si può arrivare a matrici sufficientemente piccole di cui si sa come calcolare il determinante, al limite a «matrici» di dimensione 1, il cui determinante coincide con l'unico elemento.

Questo procedimento può essere applicato a qualsiasi riga (vale cioè anche se si sviluppa non secondo la prima riga ma secondo una riga qualsiasi) o a qualsiasi colonna (è cioè possibile effettuare l'espansione lungo una colonna invece che lungo una riga).

L'espressione $(-1)^{i+k}$ che moltiplica ogni termine serve a controllare il segno del termine stesso: se la somma $i+k$ degli indici di riga e di colonna dell'elemento è pari il termine mantiene il segno (viene moltiplicato per 1), se è dispari al termine si cambia il segno (viene moltiplicato per -1). Quindi ogni termine della somma viene moltiplicato alternativamente per 1 e -1. Vediamo un esempio:

$$\begin{aligned} A &= \begin{bmatrix} a_{11} & a_{12} & a_{13} \\ a_{21} & a_{22} & a_{23} \\ a_{31} & a_{32} & a_{33} \end{bmatrix} \\ detA &= a_{11}det \begin{bmatrix} a_{22} & a_{23} \\ a_{32} & a_{33} \end{bmatrix} - a_{12}det \begin{bmatrix} a_{21} & a_{23} \\ a_{31} & a_{33} \end{bmatrix} + \\ &\quad + a_{13}det \begin{bmatrix} a_{21} & a_{22} \\ a_{31} & a_{32} \end{bmatrix} \\ &= a_{11}(a_{22}a_{33} - a_{23}a_{32}) - a_{12}(a_{21}a_{33} - a_{23}a_{31}) + \\ &\quad + a_{13}(a_{21}a_{32} - a_{22}a_{31}) \; . \end{aligned}$$

In questo esempio si osserva che, applicando la regola di Laplace a una matrice di ordine 3 si ottiene la stessa espressione ottenuta con la regola di Sarrus (basta sciogliere le parentesi e scrivere per primi i termini con segno $+$, quindi quelli con segno $-$).

Proprietà del determinante:

scambiando due righe (o due colonne) fra loro il determinante cambia segno;

se due righe (o due colonne) sono uguali o proporzionali il determinante è nullo;

se una riga (colonna) è combinazione lineare di altre due righe (colonne) il determinante è nullo;

$detA^T = detA$: il determinante della matrice trasposta è uguale al determinante della matrice;

se in una riga (colonna) tutti gli elementi sono nulli il determinante è nullo;

$det(cA) = c^n detA$: il determinante del prodotto di una matrice di ordine n per una costante è il prodotto del determinante della matrice per la costante elevata a n;

$det(AB) = detAdetB$: il determinante del prodotto di due matrici è il prodotto dei loro determinanti;

se A è triangolare $detA = a_{11}a_{22}\cdots a_{nn}$: il determinante di una matrice triangolare è il prodotto degli elementi diagonali; quindi $detI = 1$.

Determinante di una matrice ortogonale

Se C è una matrice ortogonale ($C^TC = I$), utilizzando le proprietà del determinante, possiamo concludere che

$$detC^TC = detC^TdetC = (detC)^2 \xrightarrow[C \text{ ortogonale}]{} \begin{cases} detC^TC = detI = 1 \\ (detC)^2 = 1 \end{cases}$$
$$\Downarrow$$
$$detC = \pm 1,$$

quindi il determinante di una matrice ortogonale è 1 oppure -1 (non è vero il viceversa: se una matrice ha determinante uguale a 1 oppure -1 non è detto che sia una matrice ortogonale).

Determinante della matrice inversa

Utilizzando le proprietà del determinante, è possibile anche stabilire il determinante dell'inversa di una matrice A:

$$detA^{-1}A = detA^{-1}detA \longrightarrow \begin{cases} detA^{-1}A = detI = 1 \\ detA^{-1}detA = 1 \end{cases}$$
$$\Downarrow$$
$$detA^{-1} = \frac{1}{detA}.$$

Quindi, data una matrice, il determinante della sua inversa è l'inverso del determinante della matrice data.

La matrice inversa esiste se la matrice data A non è singolare ($detA \neq 0$), pertanto: «matrice invertibile = matrice non singolare».

3.4.4 Prodotto vettore espresso matricialmente

È possibile ottenere il prodotto vettore tra due vettori $\underline{a} = \langle a_x, a_y, a_z\rangle$, $\underline{b} = \langle b_x, b_y, b_z\rangle$ come determinate di una particolare matrice di ordine 3:

$$\underline{a} \times \underline{b} = det \begin{bmatrix} \underline{i} & \underline{j} & \underline{k} \\ a_x & a_y & a_z \\ b_x & b_y & b_z \end{bmatrix}$$

Sviluppando secondo la prima riga

$$\begin{aligned} \underline{a} \times \underline{b} &= \underline{i}(a_y b_z - a_z b_y) - \underline{j}(a_x b_z - a_z b_x) + \underline{k}(a_x b_y - a_y b_x) \\ &= \langle a_y b_z - a_z b_y, a_z b_x - a_x b_z, a_x b_y - a_y b_x\rangle . \end{aligned}$$

L'espressione del prodotto vettore così ottenuta coincide con quella indicata per i vettori algebrici. In particolare utilizzando le proprietà dei determinanti, se scambiamo la seconda riga con la terza otteniamo che il determinante cambia segno. Ciò equivale alla proprietà, già nota: $\underline{b} \times \underline{a} = -\underline{a} \times \underline{b}$.

3.4.5 Doppio prodotto misto espresso matricialmente

È possibile ottenere il doppio prodotto misto tra tre vettori $\underline{a} = \langle a_x, a_y, a_z\rangle$, $\underline{b} = \langle b_x, b_y, b_z\rangle$, $\underline{c} = \langle c_x, c_y, c_z\rangle$ come determinate di una particolare matrice di ordine 3:

$$\underline{a} \bullet \underline{b} \times \underline{c} = det \begin{bmatrix} a_x & a_y & a_z \\ b_x & b_y & b_z \\ c_x & c_y & c_z \end{bmatrix}$$

Sviluppando secondo la prima riga

$$\underline{a} \bullet \underline{b} \times \underline{c} = a_x(b_y c_z - b_z c_y) - a_y(b_x c_z - b_z c_x) + a_z(b_x c_y - b_y c_x).$$

Utilizzando le proprietà del determinante e del prodotto scalare si ottiene:

$$\underline{a} \bullet \underline{b} \times \underline{c} =_{(1)} -\underline{a} \bullet \underline{c} \times \underline{b} =_{(2)} \underline{c} \bullet \underline{a} \times \underline{b} =_{(3)} \underline{a} \times \underline{b} \bullet \underline{c},$$

dove in (1) si sono scambiate le righe 2,3, in (2) le righe 1,2 e in (3) si è utilizzata la proprietà commutativa del prodotto scalare. Ne segue che $\underline{a} \bullet \underline{b} \times \underline{c} = \underline{a} \times \underline{b} \bullet \underline{c}$, cioè nel doppio prodotto misto si possono scambiare gli operatori $\times$ e $\bullet$. Questa proprietà corrisponde al fatto che nel parallelepipedo di lati a, b, c si può considerare come base bc oppure ab e il volume (uguale al doppio prodotto misto) non cambia.

Esercizi

Esercizio 3.1 *Dati la matrice* $A = \begin{bmatrix} 1 & 2 \\ 3 & 4 \end{bmatrix}$ *e il vettore* $\underline{v} = \langle p, q \rangle$ *comporre le seguenti matrici:*

1. $[A\ \underline{v}]$;
2. $[\underline{v}\ A]$;
3. $\begin{bmatrix} A \\ \underline{v}^T \end{bmatrix}$;
4. $\begin{bmatrix} A & \underline{v} \\ \underline{v} & A \end{bmatrix}$.

1. Il vettore $\underline{v} = \langle p, q \rangle$ è un vettore colonna, ossia la matrice 2×1: $\begin{bmatrix} p \\ q \end{bmatrix}$. Pertanto l'operazione di composizione produce il risultato seguente:

$$[A\ \underline{v}] = \begin{bmatrix} 1 & 2 & p \\ 3 & 4 & q \end{bmatrix};$$

2. $[\underline{v}\ A] = \begin{bmatrix} p & 1 & 2 \\ q & 3 & 4 \end{bmatrix}$;

3. $\underline{v}^T$ è un vettore riga, e cioè la matrice 1×2: $[p\ q]$. Pertanto l'operazione di composizione produce:

$$\begin{bmatrix} A \\ \underline{v}^T \end{bmatrix} = \begin{bmatrix} 1 & 2 \\ 3 & 4 \\ p & q \end{bmatrix};$$

4. $\begin{bmatrix} A & \underline{v} \\ \underline{v} & A \end{bmatrix} = \begin{bmatrix} 1 & 2 & p \\ 3 & 4 & q \\ p & 1 & 2 \\ q & 3 & 4 \end{bmatrix}$

Esercizio 3.2 *Date le matrici*

$$A = \begin{bmatrix} -2 & 1 \\ 1 & -1 \\ -1 & 4 \\ 3 & -1 \end{bmatrix}, \qquad B = \begin{bmatrix} -3 & 4 \\ 4 & 2 \\ -2 & -1 \\ 1 & -4 \end{bmatrix}$$

calcolare:

1. *la matrice opposta della matrice* A;
2. *la somma delle matrici* A *e* B;
3. *la somma* $A^T + B^T$ *e* $(A + B)^T$;

4. *la matrice* $C = 3B - 2A$;
5. *il prodotto* BC *e* BC^T *se possibile.*

1. L'opposta di una matrice A, indicata con $-A$, è la matrice delle stesse dimensioni della matrice A, ovvero con lo stesso numero di righe e colonne della matrice A, i cui elementi sono gli opposti dei corrispondenti elementi della matrice A:

$$-A = \begin{bmatrix} 2 & -1 \\ -1 & 1 \\ 1 & -4 \\ -3 & 1 \end{bmatrix};$$

2. la somma di matrici si può calcolare solo tra matrici delle stesse dimensioni, come in questo caso. Gli elementi della matrice somma sono le somme dei corrispondenti elementi delle matrici addendi:

$$A + B = \begin{bmatrix} -2 & 1 \\ 1 & -1 \\ -1 & 4 \\ 3 & -1 \end{bmatrix} + \begin{bmatrix} -3 & 4 \\ 4 & 2 \\ -2 & -1 \\ 1 & -4 \end{bmatrix} = \begin{bmatrix} -2-3 & 1+4 \\ 1+4 & -1+2 \\ -1-2 & 4-1 \\ 3+1 & -1-4 \end{bmatrix} = \begin{bmatrix} -5 & 5 \\ 5 & 1 \\ -3 & 3 \\ 4 & -5 \end{bmatrix};$$

3. calcoliamo prima le matrici trasposte A^T e B^T:

$$A^T = \begin{bmatrix} -2 & 1 & -1 & 3 \\ 1 & -1 & 4 & -1 \end{bmatrix}, \qquad B^T = \begin{bmatrix} -3 & 4 & -2 & 1 \\ 4 & 2 & -1 & -4 \end{bmatrix},$$

ora possiamo calcolare la somma $A^T + B^T$:

$$\begin{aligned} A^T + B^T &= \begin{bmatrix} -2 & 1 & -1 & 3 \\ 1 & -1 & 4 & -1 \end{bmatrix} + \begin{bmatrix} -3 & 4 & -2 & 1 \\ 4 & 2 & -1 & -4 \end{bmatrix} \\ &= \begin{bmatrix} -2-3 & 1+4 & -1-2 & 3+1 \\ 1+4 & -1+2 & 4-1 & -1-4 \end{bmatrix} \\ &= \begin{bmatrix} -5 & 5 & -3 & 4 \\ 5 & 1 & 3 & -5 \end{bmatrix}, \end{aligned}$$

la matrice $A + B$ è già stata calcolata al punto 2., calcoliamone la trasposta:

$$(A+B)^T = \begin{bmatrix} -5 & 5 & -3 & 4 \\ 5 & 1 & 3 & -5 \end{bmatrix},$$

da ciò possiamo verificare che $(A + B)^T = A^T + B^T$;

4. gli elementi della matrice $C = 3B - 2A$ si ottengono moltiplicando per lo scalare 3 ogni elemento della matrice B, poi moltiplicando per lo scalare -2 la matrice A, e infine sommando le due matrici risultanti:

$$\begin{aligned} C &= 3B - 2A = \begin{bmatrix} 3\cdot(-3) & 3\cdot 4 \\ 3\cdot 4 & 3\cdot 2 \\ 3\cdot(-2) & 3\cdot(-1) \\ 3\cdot 1 & 3\cdot(-4) \end{bmatrix} + \begin{bmatrix} -2\cdot(-2) & -2\cdot 1 \\ -2\cdot 1 & -2\cdot(-1) \\ -2\cdot(-1) & -2\cdot 4 \\ -2\cdot 3 & -2\cdot(-1) \end{bmatrix} \\ &= \begin{bmatrix} -9 & 12 \\ 12 & 6 \\ -6 & -3 \\ 3 & -12 \end{bmatrix} + \begin{bmatrix} 4 & -2 \\ -2 & 2 \\ 2 & -8 \\ -6 & 2 \end{bmatrix} = \begin{bmatrix} -5 & 10 \\ 10 & 8 \\ -4 & -11 \\ -3 & -10 \end{bmatrix}; \end{aligned}$$

5. la matrice B ha dimensione 4×2, la matrice C ha dimensione 4×2; poiché le dimensioni interne non coincidono (quella di B è 2 mentre quella di C è 4) le due matrici non possono essere moltiplicate.
La matrice B ha dimensione 4×2, la matrice C^T ha dimensione 2×4; poiché le dimensioni interne coincidono (sono entrambe uguali a 2) le due matrici possono essere moltiplicate, e la matrice ottenuta come risultato avrà dimensione uguale alle dimensioni esterne delle matrici, cioè dimensione 4×4:

$$\begin{aligned} BC^T &= \begin{bmatrix} -3 & 4 \\ 4 & 2 \\ -2 & -1 \\ 1 & -4 \end{bmatrix} \begin{bmatrix} -5 & 10 & -4 & -3 \\ 10 & 8 & -11 & -10 \end{bmatrix} \\ &= \begin{bmatrix} 55 & 2 & -32 & -31 \\ 0 & 56 & -38 & -32 \\ 0 & -28 & 19 & 16 \\ -45 & -22 & 40 & 37 \end{bmatrix}. \end{aligned}$$

Esercizio 3.3 *Dato il vettore* $\underline{v} = \langle v_x, v_y, v_z \rangle$ *trasformarlo attraverso la matrice*

$$A = \begin{bmatrix} a_{11} & a_{12} & a_{13} \\ a_{21} & a_{22} & a_{23} \\ a_{31} & a_{32} & a_{33} \end{bmatrix}$$

e aggiungere il vettore $\underline{b} = \langle b_x, b_y, b_z \rangle$.

$$A\underline{v} + \underline{b} = \begin{bmatrix} a_{11} & a_{12} & a_{13} \\ a_{21} & a_{22} & a_{23} \\ a_{31} & a_{32} & a_{33} \end{bmatrix} \begin{bmatrix} v_x \\ v_y \\ v_z \end{bmatrix} + \begin{bmatrix} b_x \\ b_y \\ b_z \end{bmatrix} = \begin{bmatrix} a_{11}v_x + a_{12}v_y + a_{13}v_z + b_x \\ a_{21}v_x + a_{22}v_y + a_{23}v_z + b_y \\ a_{31}v_x + a_{32}v_y + a_{33}v_z + b_z \end{bmatrix}.$$

Esercizio 3.4 *Dato il vettore* $\underline{v} = \langle -1, 3, -2 \rangle$ *e la matrice*

$$A = \begin{bmatrix} 5 & -2 & 1 \\ 3 & -3 & -4 \\ -1 & 0 & -1 \end{bmatrix},$$

calcolare il prodotto $A\underline{v}$ *ed aggiungere il vettore* $\underline{b} = \langle 7, -3, 1 \rangle$.

$$A\underline{v} + \underline{b} = \begin{bmatrix} 5 & -2 & 1 \\ 3 & -3 & -4 \\ -1 & 0 & -1 \end{bmatrix} \begin{bmatrix} -1 \\ 3 \\ -2 \end{bmatrix} + \begin{bmatrix} 7 \\ -3 \\ 1 \end{bmatrix} = \begin{bmatrix} -6 \\ -7 \\ 4 \end{bmatrix} = \underline{w}.$$

Si osserva che il vettore $\underline{v}$ è stato trasformato nel vettore $\underline{w}$ attraverso la relazione $A\underline{v} + \underline{b}$.

Esercizio 3.5 *Data la matrice*

$$A = \begin{bmatrix} 0 & \frac{\sqrt{3}}{2} & -\frac{1}{2} \\ 0 & \frac{1}{2} & \frac{\sqrt{3}}{2} \\ -1 & 0 & 0 \end{bmatrix},$$

1. *calcolare la matrice* $A + A^T$;
2. *stabilire se* A *è una matrice ortogonale;*
3. *moltiplicare la matrice* A *per il vettore* $\underline{v} = \langle -1, 2, -2 \rangle$;
4. *sia* $\underline{w}$ *il vettore risultante del punto 3., calcolare il modulo di* $\underline{v}$ *e* $\underline{w}$.

1. calcoliamo prima la trasposta della matrice A:

$$A^T = \begin{bmatrix} 0 & 0 & -1 \\ \frac{\sqrt{3}}{2} & \frac{1}{2} & 0 \\ -\frac{1}{2} & \frac{\sqrt{3}}{2} & 0 \end{bmatrix},$$

quindi calcoliamo $A + A^T$:

$$\begin{aligned} A + A^T &= \begin{bmatrix} 0 & \frac{\sqrt{3}}{2} & -\frac{1}{2} \\ 0 & \frac{1}{2} & \frac{\sqrt{3}}{2} \\ -1 & 0 & 0 \end{bmatrix} + \begin{bmatrix} 0 & 0 & -1 \\ \frac{\sqrt{3}}{2} & \frac{1}{2} & 0 \\ -\frac{1}{2} & \frac{\sqrt{3}}{2} & 0 \end{bmatrix} \\ &= \begin{bmatrix} 0 & \frac{\sqrt{3}}{2} & -\frac{3}{2} \\ \frac{\sqrt{3}}{2} & 1 & \frac{\sqrt{3}}{2} \\ -\frac{3}{2} & \frac{\sqrt{3}}{2} & 0 \end{bmatrix}. \end{aligned}$$

La matrice ottenuta è simmetrica;

2. A è ortogonale se $AA^T = I$:

$$AA^T = \begin{bmatrix} 0 & \frac{\sqrt{3}}{2} & -\frac{1}{2} \\ 0 & \frac{1}{2} & \frac{\sqrt{3}}{2} \\ -1 & 0 & 0 \end{bmatrix} \begin{bmatrix} 0 & 0 & -1 \\ \frac{\sqrt{3}}{2} & \frac{1}{2} & 0 \\ -\frac{1}{2} & \frac{\sqrt{3}}{2} & 0 \end{bmatrix} = \begin{bmatrix} 1 & 0 & 0 \\ 0 & 1 & 0 \\ 0 & 0 & 1 \end{bmatrix} = I,$$

quindi A è una matrice ortogonale;

3.

$$\underline{w} = A\underline{v} = \begin{bmatrix} 0 & \frac{\sqrt{3}}{2} & -\frac{1}{2} \\ 0 & \frac{1}{2} & \frac{\sqrt{3}}{2} \\ -1 & 0 & 0 \end{bmatrix} \begin{bmatrix} -1 \\ 2 \\ -2 \end{bmatrix} = \begin{bmatrix} \sqrt{3}+1 \\ 1-\sqrt{3} \\ 1 \end{bmatrix};$$

4. calcoliamo i moduli dei due vettori $\underline{v} = \langle -1, 2, -2 \rangle$ e $\underline{w} = \langle \sqrt{3}+1, 1-\sqrt{3}, 1 \rangle$:

$$|\underline{v}| = \sqrt{1+4+4} = \sqrt{9} = 3$$
$$|\underline{w}| = \sqrt{3+1+2\sqrt{3}+1+3-2\sqrt{3}+1} = \sqrt{9} = 3,$$

di qui verifichiamo che, se A è una matrice ortogonale, preso un vettore $\underline{v}$, calcolando il prodotto matrice-vettore $\underline{w} = A\underline{v}$, il vettore di partenza $\underline{v}$ e il vettore trasformato $\underline{w}$ hanno lo stesso modulo.

Esercizio 3.6 *Date le matrici*

$$A = \begin{bmatrix} d & 3 & -1 \\ 0 & e & 5 \\ 0 & 0 & f \end{bmatrix}, \qquad B = \begin{bmatrix} 1 & 0 & 0 \\ -7 & 0 & 1 \\ 4 & 8 & -12 \end{bmatrix}$$

calcolare:

1. $\det(AB)$;
2. $\det(A^T B)$;
3. $\det(A - I)$.

1. Applicando le proprietà dei determinanti (paragrafo 3.4.3) e osservando che A è triangolare:

$$\begin{aligned} \det(AB) &= \det A \det B \\ \det A &= def \\ \det B &= 1 \cdot \det \begin{bmatrix} 0 & 1 \\ 8 & -12 \end{bmatrix} = -8. \end{aligned}$$

Quindi: $\det(AB) = -8def$;

2. sempre per le proprietà dei determinanti risulta:

$$\det(A^T B) = \det A^T \det B = \det A \det B = \det(AB) = -8def;$$

3. per la compatibilità richiesta dalla sottrazione la matrice unitaria dell'espressione deve essere I_3. Inoltre, dato che sia A che I_3 sono triangolari, anche $A - I_3$ è triangolare. Risulta quindi:

$$\det(A - I_3) = (d-1)(e-1)(f-1).$$

Esercizio 3.7 *1. Completare la matrice quadrata*

$$A = \begin{bmatrix} 3 & -5 & 1 \\ * & 0 & -4 \\ * & * & 2 \end{bmatrix},$$

in maniera tale che sia simmetrica;

2. calcolare il determinante di A e stabilire se A è ortogonale;

3. dato il vettore $\underline{v} = \langle 2, -6, -1 \rangle$, calcolare il prodotto $A\underline{v}$;

4. calcolare il prodotto $\underline{v}^T A$.

1. Occorre determinare gli elementi mancanti, inserendo al posto degli asterischi $(*)$ valori uguali a quelli «riflessi» dalla diagonale principale.
   Gli elementi da determinare sono:

$$\begin{aligned} a_{21} &= a_{12} = -5 \\ a_{31} &= a_{13} = 1 \\ a_{32} &= a_{23} = -4 \end{aligned}$$

   e la matrice risulta:

$$A = \begin{bmatrix} 3 & -5 & 1 \\ -5 & 0 & -4 \\ 1 & -4 & 2 \end{bmatrix};$$

2. Trattandosi di una matrice 3×3 possiamo calcolare il determinante con la regola di Sarrus:

$$\begin{aligned} \det A &= \left| \begin{array}{ccc|cc} 3 & -5 & 1 & 3 & -5 \\ -5 & 0 & -4 & -5 & 0 \\ 1 & -4 & 2 & 1 & -4 \end{array} \right. \\ &= (3 \cdot 0 \cdot 2) + (-5 \cdot (-4) \cdot 1) + (1 \cdot (-5) \cdot (-4)) + \\ &\quad -[(1 \cdot 0 \cdot 1) + (3 \cdot (-4) \cdot (-4)) + ((-5) \cdot (-5) \cdot 2)] \\ &= 0 + 20 + 20 - [0 + 48 + 50] = 40 - 98 = -58. \end{aligned}$$

   A non può essere ortogonale perché $|\det A| \neq 1$;

3.

$$A\underline{v} = \begin{bmatrix} 3 & -5 & 1 \\ -5 & 0 & -4 \\ 1 & -4 & 2 \end{bmatrix} \begin{bmatrix} 2 \\ -6 \\ -1 \end{bmatrix} = \begin{bmatrix} 6 + 30 - 1 \\ -10 + 0 + 4 \\ 2 + 24 - 2 \end{bmatrix} = \begin{bmatrix} 35 \\ -6 \\ 24 \end{bmatrix};$$

4. in questo caso $\underline{v}^T$ è un vettore riga:

$$\begin{aligned}\underline{v}^T A &= \begin{bmatrix} 2 & -6 & -1 \end{bmatrix} \begin{bmatrix} 3 & -5 & 1 \\ -5 & 0 & -4 \\ 1 & -4 & 2 \end{bmatrix} \\ &= \begin{bmatrix} (6+30-1) & (-10+0+4) & (2+24-2) \end{bmatrix} \\ &= \begin{bmatrix} 35 & -6 & 24 \end{bmatrix}.\end{aligned}$$

Notiamo che, essendo A una matrice simmetrica, allora $A\underline{v} = (\underline{v}^T A)^T$.

Esercizio 3.8 *Dati i tre vettori* $\underline{v} = \langle 1, 2, 3 \rangle$, $\underline{w} = \langle -1, 0, 1 \rangle$ *e* $\underline{r} = \langle 2, 1, 0 \rangle$*:*

1. calcolare, attraverso il calcolo matriciale, $\underline{v} \times \underline{w}$*;*

2. calcolare, attraverso il calcolo matriciale, $\underline{r} \bullet (\underline{v} \times \underline{w})$*.*

1. Calcoliamo il determinante della matrice

$$\begin{bmatrix} \underline{i} & \underline{j} & \underline{k} \\ & \underline{v}^T & \\ & \underline{w}^T & \end{bmatrix}$$

dove $\underline{i}$, $\underline{j}$ e $\underline{k}$ sono i versori fondamentali, mentre $\underline{v}^T$ e $\underline{w}^T$ sono matrici 1×3 (trasposte dei vettori dati). Risulta:

$$\underline{v} \times \underline{w} = \det \begin{bmatrix} \underline{i} & \underline{j} & \underline{k} \\ 1 & 2 & 3 \\ -1 & 0 & 1 \end{bmatrix} = 2\underline{i} - 4\underline{j} + 2\underline{k}.$$

2. Analogamente al punto precedente, calcoliamo il determinante della matrice

$$\begin{bmatrix} \underline{r}^T \\ \underline{v}^T \\ \underline{w}^T \end{bmatrix}.$$

Risulta:

$$\underline{r} \bullet (\underline{v} \times \underline{w}) = \det \begin{bmatrix} 2 & 1 & 0 \\ 1 & 2 & 3 \\ -1 & 0 & 1 \end{bmatrix} = 4 - 3 + 0 - (0 + 0 + 1) = 0.$$

Notiamo che, essendo nullo il prodotto misto, i vettori $\underline{r}$, $\underline{v}$ e $\underline{w}$ sono complanari, e cioè i tre vettori algebrici risultano linearmente dipendenti.

Esercizio 3.9 *Calcolare il volume del parallelepipedo costruito sui tre vettori* $\underline{v} = \langle 1, -1, 0 \rangle$, $\underline{w} = \langle 2, -3, 1 \rangle$ *e* $\underline{u} = \langle 0, 0, 2 \rangle$.

Come illustrato in Figura 1.16, il volume del parallelepipedo costruito su tre vettori è dato dal valore assoluto del loro prodotto misto. Utilizzando il calcolo matriciale risulta:

$$\begin{aligned}|\underline{v} \bullet \underline{w} \times \underline{u}| &= \left|\det \begin{bmatrix} 1 & -1 & 0 \\ 2 & -3 & 1 \\ 0 & 0 & 2 \end{bmatrix}\right| \\ &= |-6+0+0-(0+0-4)| = |-2| = 2.\end{aligned}$$

Esercizio 3.10 *Verificare, attraverso il calcolo matriciale, che la retta* $\underline{r} = \langle 1+5t, -4-3t, -3-10t\rangle$ *e il piano* $\underline{p} = \langle 4-3u+4v, 1-2v+u, 2u-6v\rangle$ *sono paralleli.*

La retta r e il piano p sono paralleli se il vettore di direzione della retta, $\underline{v} = \langle 5, -3, -10\rangle$, e i vettori di giacitura del piano, $\underline{w} = \langle -3, 1, 2\rangle$ e $\underline{u} = \langle 4, -2, -6\rangle$, sono complanari, ovvero se il loro doppio prodotto misto è uguale a zero. Applicando la regola di Sarrus si ha:

$$\begin{aligned}\underline{v} \bullet \underline{w} \times \underline{u} &= \det \begin{bmatrix} 5 & -3 & -10 \\ -3 & 1 & 2 \\ 4 & -2 & -6 \end{bmatrix} \\ &= -30-24-60-(-40-20-54) = -114-(-114) = 0.\end{aligned}$$

Esercizi proposti

Esercizio 3.i *Date le matrici* $A = \begin{bmatrix} 1 & 2 \\ 0 & 1 \\ 2 & 1 \end{bmatrix}$ *e* $B = \begin{bmatrix} 2 & 1 \\ 0 & 1 \end{bmatrix}$, *calcolare* BA^T.

Esercizio 3.ii *Data la matrice* $A = \begin{bmatrix} 0 & a & 0 \\ 1 & 0 & 0 \\ 0 & 0 & 1 \end{bmatrix}$ *per quali valori del parametro reale a la matrice A è ortogonale?*

Esercizio 3.iii *Data la matrice*

$$A = \begin{bmatrix} 0 & \frac{\sqrt{3}}{2} & -\frac{1}{2} \\ 0 & \frac{1}{2} & \frac{\sqrt{3}}{2} \\ -1 & 0 & 0 \end{bmatrix},$$

1. *calcolare la matrice* $A + A^T$;
2. *stabilire se A è una matrice ortogonale;*
3. *trasformare attraverso la matrice A il vettore* $\underline{v} = \langle -1, 2, -2\rangle$;
4. *sia $\underline{w}$ il vettore trasformato di $\underline{v}$, calcolare il modulo di $\underline{v}$ e $\underline{w}$.*

Esercizio 3.iv *Data la matrice* $A = \begin{bmatrix} a & 2 \\ 7 & 2 \end{bmatrix}$ *per quali valori del parametro reale* a *la matrice* A *è invertibile?*

Esercizio 3.v *Calcolare i determinanti delle seguenti matrici:*

1. $\begin{bmatrix} 3 & 0 & 0 & 0 \\ -1 & & & \\ 5 & & I_3 & \\ \frac{1}{2} & & & \end{bmatrix}$;
2. $\begin{bmatrix} 0 & 2 & 0 & 0 \\ -7 & 8 & & \\ 3 & 5 & \multicolumn{2}{c}{I_2} \\ 4 & 1 & 0 & 0 \end{bmatrix}$;
3. $I_3 \begin{bmatrix} 0 & 1 & 1 \\ 5 & 4 & 10 \\ 0 & 1 & 2 \end{bmatrix}$.

Esercizio 3.vi *Date le matrici* $A = \begin{bmatrix} a & 0 & 0 \\ -5 & b & 0 \\ \frac{5}{8} & 3 & c \end{bmatrix}$ *e* $B = \begin{bmatrix} 1 & -5 & 0 \\ 0 & 8 & -1 \\ \frac{5}{8} & 3 & c \end{bmatrix}$ *calcolare*

1. $\det(AB)$;
2. $\det(A^T B)$;
3. $\det(A - I)$.

Esercizio 3.vii *Dati i vettori* $\underline{v} = \langle 0, 2, 3 \rangle$, $\underline{w} = \langle -2, -1, -1 \rangle$ *e* $\underline{u} = \langle 0, -1, 3 \rangle$, *verificare la loro lineare indipendenza attraverso il calcolo matriciale.*

Esercizio 3.viii *Verificare la complanarità dei tre seguenti vettori attraverso il calcolo matriciale:* $\underline{v} = \langle -1, 4, 1 \rangle$, $\underline{w} = \langle 3, -2, -3 \rangle$ *e* $\underline{u} = \langle 2, 2, -2 \rangle$.

Chiara

Capitolo 4

Trasformazioni Affini

Le tecniche illustrate nel capitolo precedente ci forniscono una base per introdurre un nuovo e importante argomento. Sappiamo che nel piano (2D) o nello spazio (3D) mediante i vettori algebrici (rispettivamente a 2 o 3 componenti) siamo in grado di rappresentare punti e quindi figure geometriche. Inoltre abbiamo visto che un vettore algebrico può essere considerato una matrice e ciò permette di effettuare su di esso le relative operazioni. Se consideriamo gli esercizi 3.3 e 3.4 vediamo che, mediante una matrice quadrata $A_{(3\times3)}$ e un vettore algebrico $\underline{b}$ a tre componenti, possiamo trasformare le tre componenti cartesiane di un vettore algebrico $\underline{v}$, ottenendo così un nuovo vettore $\underline{w}$ che chiameremo *vettore trasformato*.

4.1 Struttura e proprietà delle trasformazioni affini

Precisiamo meglio quanto visto sopra e iniziamo ponendoci in un caso semplificato.

4.1.1 Trasformazioni affini applicate a vettori e punti

Siano dati: una matrice quadrata A e un vettore (colonna) $\underline{v}$. Applichiamo il vettore geometrico $\underline{v}$ all'origine e sia P il suo punto rappresentatore. Si ha:

$$\begin{aligned} \underline{w} &= A\underline{v} \\ \underline{v} &= P - O \\ \underline{w} &= P' - O \end{aligned} \tag{4.1}$$

dove P' è il punto rappresentatore di $\underline{w}$.

Abbiamo così determinato un vettore (colonna) $\underline{w}$, il cui corrispondente vettore geometrico è applicato all'origine, trasformato di $\underline{v}$ e, in corrispondenza, un punto P' trasformato di P. Evidentemente, dato un certo $\underline{v}$ possiamo da esso ottenere diversi $\underline{w}$ applicando diverse matrici A che sono dette *matrici di trasformazione*. La matrice A caratterizza quindi la trasformazione.

Se risulta $\underline{w} = \underline{v}$ (e di conseguenza $P' = P$) si dice che P è un *punto unito* di quella trasformazione.

Se $\det A \neq 0$ (ossia se la matrice è non singolare) diciamo che siamo in presenza di una *trasformazione affine*. Limiteremo il nostro studio a questo tipo di trasformazioni.

Le considerazioni ora viste valgono sia nel piano (ossia in 2D) che nello spazio (3D). Nel primo caso la matrice di trasformazione è una matrice 2×2 e i vettori sono delle matrici 2×1, nel secondo caso la matrice di trasformazione sarà una matrice 3×3 e i vettori matrici 3×1.

Occorre tenere presente che la trasformazione si suppone che operi su vettori applicati all'origine, dunque esiste una corrispondenza biunivoca fra punti e vettori che ci permette di considerare una terna ordinata (una coppia ordinata in 2D) di valori indifferentemente come coordinate di un punto oppure come componenti di un vettore.

In definitiva l'effetto di una trasformazione affine è di *modificare punti in altri punti*[1].

In una trasformazione chiamiamo *vettore spostamento* il vettore $P' - P$. Tale vettore dice come, in seguito alla trasformazione, si muove un punto generico. In Figura 4.1 si vede come il vettore spostamento è dato dalla diagonale secondaria di un parallelogramma avente per lati $\underline{v}$ e $\underline{w}$ ed è quindi la loro differenza. Risulta quindi:

$$\begin{aligned} P' - P &= \underline{w} - \underline{v} \\ &= A\underline{v} - \underline{v} \\ &= (A - I)\underline{v}. \end{aligned} \tag{4.2}$$

4.1.2 Traslazione

Chiamiamo *traslazione una trasformazione in cui tutti i punti subiscono lo stesso spostamento*. È impossibile che in una trasformazione ottenuta mediante un prodotto di matrice tutti i punti abbiano lo stesso spostamento.

[1] Questa corrispondenza biunivoca punti-vettori vale solo nel caso delle trasformazioni, dato che qui si suppone di operare esclusivamente su vettori applicati all'origine. In generale - quando si considerano vettori liberi - non è lecito scambiare indifferentemente punti con vettori o viceversa.

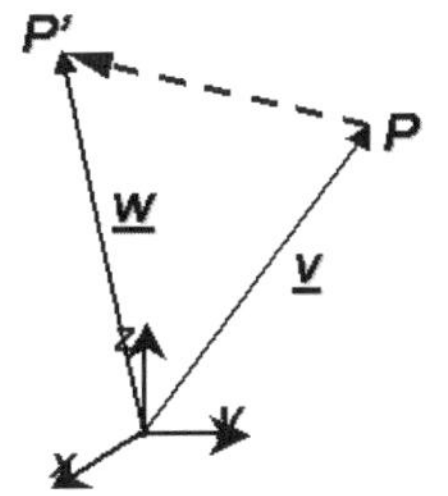

Figura 4.1: In una trasformazione lo spostamento di un punto è la differenza dei vettori posizione.

Ad esempio, è immediato verificare che un punto situato nell'origine non potrà mai essere spostato, perché il suo vettore posizione è $\underline{o}$ (vettore nullo) e, qualunque sia la matrice di trasformazione, il prodotto $A\underline{o}$ è sempre $\underline{o}$. La conclusione è che mediante la sola applicazione di un prodotto di matrice non è possibile rappresentare una traslazione.

Modifichiamo allora come segue l'espressione generica di una trasformazione (ossia la prima delle (4.1)):

$$\underline{w} = A\underline{v} + \underline{b}$$

dove A è la matrice di trasformazione già vista, mentre $\underline{b}$ è detto *vettore traslazione*. La trasformazione affine è quindi completamente definita dalla coppia $A, \underline{b}$ e le espressioni dello spostamento non sono più le (4.2) ma diventano

$$\begin{aligned} P' - P &= \underline{w} - \underline{v} \\ &= A\underline{v} + \underline{b} - \underline{v} \\ &= (A - I)\underline{v} + \underline{b}. \end{aligned}$$

Come casi particolari abbiamo: le trasformazioni ottenute per semplice applicazione del prodotto di matrice (come quelle ipotizzate all'inizio di queste considerazioni) in cui $\underline{b} = \underline{o}$ e lo spostamento si riduce all'espressione $A\underline{v}$ vista prima; la semplice traslazione in cui $A = I$ e lo spostamento di qualsiasi punto è $\underline{b}$.

4.1.3 Trasformazione inversa

Supposto di applicare una trasformazione affine $A, \underline{b}$ a una figura, otteniamo una figura trasformata. Ci proponiamo di stabilire se è possibile applicare a quest'ultima una trasformazione affine che ricostruisca la figura iniziale (tale cioè che tutti i punti trasformati riprendano la posizione primitiva). Tale trasformazione si dice *trasformazione inversa* ed è definita dalla coppia $A^{-1}, -A^{-1}\underline{b}$. Verifichiamo tale espressione. Abbiamo visto che un generico vettore $\underline{v}$ viene trasformato in $\underline{w} = A\underline{v} + \underline{b}$, applichiamo a quest'ultimo la trasformazione inversa:

$$\begin{aligned} A^{-1}\underline{w} - A^{-1}\underline{b} &= A^{-1}(A\underline{v} + \underline{b}) - A^{-1}\underline{b} \\ &= A^{-1}A\underline{v} + A^{-1}\underline{b} - A^{-1}\underline{b} \\ &= A^{-1}A\underline{v} = I\underline{v} = \underline{v}. \end{aligned}$$

Riotteniamo quindi il vettore iniziale $\underline{v}$, come doveva avvenire.

Abbiamo visto (paragrafo 3.4.3) che una matrice quadrata non singolare è sempre invertibile. Avendo posto la limitazione che la matrice di una trasformazione affine sia sempre non singolare, concludiamo che *la trasformazione inversa esiste sempre.*

4.1.4 Trasformazioni affini e combinazioni baricentriche

Data una combinazione baricentrica di n punti:

$$G = \alpha_1 P_1 + \alpha_2 P_2 + \ldots + \alpha_n P_n \quad (\alpha_1 + \alpha_2 + \cdots + \alpha_n = 1)$$

e una trasformazione affine $A, \underline{b}$, applichiamo tale trasformazione a G:

$$\begin{aligned} G' &= AG + \underline{b} \\ &= \alpha_1 AP_1 + \alpha_2 AP_2 + \ldots + \alpha_n AP_n + \underline{b} \\ &= \alpha_1 AP_1 + \alpha_2 AP_2 + \ldots + \alpha_n AP_n + (\alpha_1 + \alpha_2 + \cdots + \alpha_n)\,\underline{b} \\ &= \alpha_1 (AP_1 + \underline{b}) + \alpha_2 (AP_2 + \underline{b}) + \ldots + \alpha_n (AP_n + \underline{b}) \\ &= \alpha_1 P_1' + \alpha_2 P_2' + \ldots + \alpha_n P_n'. \end{aligned}$$

L'ultima di queste relazioni ci fornisce una delle proprietà fondamentali delle trasformazioni affini: «Il trasformato di una combinazione baricentrica è la combinazione baricentrica dei punti trasformati, in cui i coefficienti non cambiano». Questa proprietà viene anche enunciata dicendo che *una trasformazione affine mantiene le combinazioni baricentriche.*

Da questa proprietà derivano le seguenti:

1. Dato che il luogo delle combinazioni baricentriche di due punti è la retta passante per i due punti, il luogo delle combinazioni baricentriche di due punti P_1 e P_2 è trasformato nel luogo delle combinazioni

baricentriche dei punti P_1' e P_2', ossia *la retta* P_1P_2 *è trasformata nella retta* $P_1'P_2'$.

2. Dall'invertibilità della trasformazione deduciamo che tre punti non allineati sono trasformati in tre punti non allineati e di conseguenza *rette incidenti sono trasformate in rette incidenti* e *un piano viene trasformato in un piano.*
3. Per lo stesso motivo, se due rette non hanno punti in comune anche le loro trasformate non ne avranno, quindi:
   (a) In 2D rette parallele sono trasformate in parallele;
   (b) In 3D rette parallele sono trasformate in parallele (questo perché essendo complanari devono rimanere complanari), mentre rette sghembe sono trasformate in sghembe.

4.1.5 Trasformazioni affini di figure geometriche

Abbiamo visto che una trasformazione affine applicata a un punto lo trasforma (quindi lo sposta) in un altro punto. Se applichiamo la trasformazione a tutti i punti di una figura geometrica l'intera figura verrà modificata. Vediamo di approfondire questo aspetto.

Con riferimento alla Figura 4.2 supponiamo che P e Q siano due punti appartenenti a una stessa figura geometrica. Il vettore $\underline{d}$ che li congiunge (vettore distanza) dopo la trasformazione sarà diventato un vettore $\underline{d}'$.

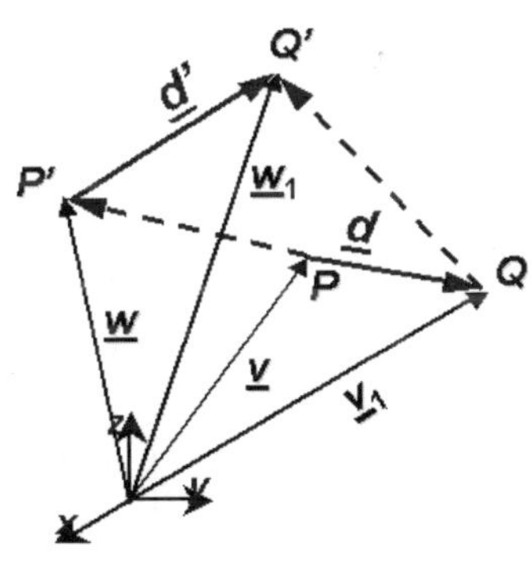

Figura 4.2: Il vettore $\underline{d}$ congiungente i punti P e Q dopo la trasformazione diventa $\underline{d}'$. Esso dipende solo dalla matrice di trasformazione, non dal vettore traslazione $\underline{b}$.

Siano $\underline{v}$ e $\underline{v}_1$ i vettori posizione rispettivamente di P e di Q. Calcoliamo $\underline{d}'$ come segue:

$$\begin{aligned}
&\underline{d} = Q - P = \underline{v}_1 - \underline{v} \\
&\underline{d}' = Q' - P' = \underline{w}_1 - \underline{w} \\
&\underline{w}_1 = A\underline{v}_1 + \underline{b} \\
&\underline{w} = A\underline{v} + \underline{b} \\
&\underline{d}' = A\underline{v}_1 + \underline{b} - (A\underline{v} + \underline{b}) = A(\underline{v}_1 - \underline{v}) \,.
\end{aligned}$$

L'ultima di queste relazioni ci dice che la trasformazione subìta dal vettore distanza dipende solo dalla matrice di trasformazione, non dal vettore traslazione. Ciò significa che *la matrice A caratterizza completamente la trasformazione* per quanto riguarda le modifiche (variazione di orientamento, deformazioni o altro) apportate a una figura geometrica; il vettore traslazione ha il solo effetto aggiuntivo di spostare la figura nello spazio (o nel piano) parallelamente a se stessa.

Deformazioni e rapporto di aree in 2D

Studiamo ora l'effetto di una generica trasformazione affine 2D su forma e dimensioni di una figura geometrica, considerando un quadrato di lato unitario e giacente nel primo quadrante, che chiameremo *quadrato di riferimento* (vedi Figura 4.3).

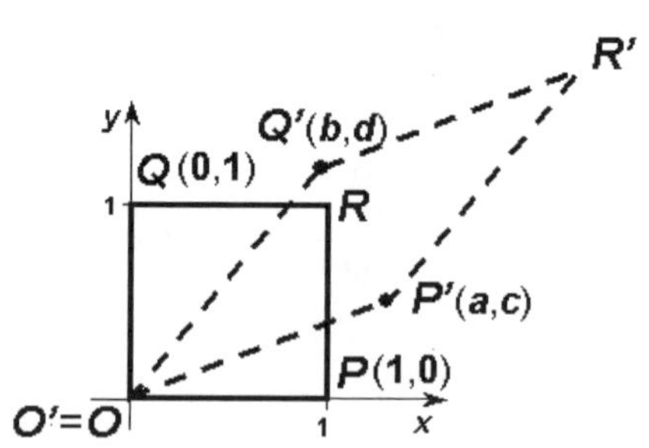

Figura 4.3: L'effetto della trasformazione su una figura in 2D viene studiato considerando il quadrato di riferimento $OPRQ$.

Abbiamo visto che il vettore traslazione non ha influenza sulle deformazioni apportate alla figura. Applichiamo quindi al quadrato di riferimento

$OPRQ$ la matrice di trasformazione

$$A = \begin{bmatrix} a & b \\ c & d \end{bmatrix}.$$

Determiniamo dapprima i trasformati dei vertici P e Q. Risulta:

$$P' = AP = \begin{bmatrix} a & b \\ c & d \end{bmatrix} \begin{bmatrix} 1 \\ 0 \end{bmatrix} = \begin{bmatrix} a \\ c \end{bmatrix};$$

$$Q' = AQ = \begin{bmatrix} a & b \\ c & d \end{bmatrix} \begin{bmatrix} 0 \\ 1 \end{bmatrix} = \begin{bmatrix} b \\ d \end{bmatrix}.$$

Il vertice O, come già visto, non subisce spostamenti, quindi $O' = O$. Il trasformato del vertice R si determina in base alle proprietà sopra viste: i due segmenti OP e QR, fra loro paralleli, vengono trasformati rispettivamente nei due segmenti OP' e $Q'R'$ fra loro paralleli, lo stesso dicasi per OQ e PR. Possiamo quindi concludere che *un parallelogramma viene trasformato in un parallelogramma*, e ciò vale in particolare per il nostro quadrato di riferimento. A questo punto le coordinate di R' sono determinate.

Vogliamo calcolare l'area del parallelogramma trasformato. Immergiamo il piano in 3D e, utilizzando la proprietà del prodotto vettore, abbiamo:

$$\text{Area}(OP'R'Q') = \left|(P' - O) \times (Q' - O)\right|.$$

Il prodotto vettore è dato da:

$$(P' - O) \times (Q' - O) = \det \begin{bmatrix} \underline{i} & \underline{j} & \underline{k} \\ a & c & 0 \\ b & d & 0 \end{bmatrix} = \underline{k}\,(ad - bc) = \underline{k}\det A.$$

Risulta finalmente: $\text{Area}(OP'R'Q') = |\det A|$. Tenendo presente che l'area iniziale del quadrato era 1, se ne deduce che *il rapporto delle aree della figura trasformata rispetto alla figura iniziale è* $|detA|$. Questo risultato si può generalizzare a una figura qualsiasi, per cui la proprietà ora vista vale in generale per qualsiasi figura piana.

Deformazioni e rapporto di volumi in 3D

Estendiamo in tre dimensioni le considerazioni ora viste sulle trasformazioni 2D, procedendo in modo analogo.

Invece di un quadrato consideriamo un cubo di lato unitario giacente nel primo ottante che chiameremo *cubo di riferimento* (vedi Figura 4.4), cui applichiamo la seguente matrice di trasformazione (ottenuta orlando la matrice del precedente caso piano):

$$A = \begin{bmatrix} a & b & e \\ c & d & f \\ g & h & m \end{bmatrix}.$$

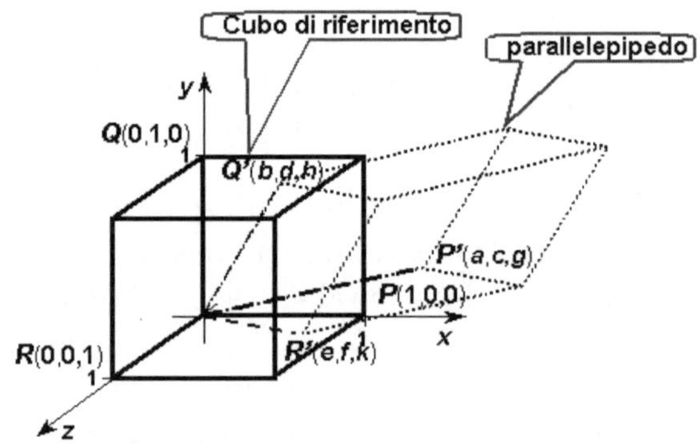

Figura 4.4: L'effetto della trasformazione su una figura in 3D viene studiato considerando il cubo di riferimento.

I trasformati dei tre vertici significativi risultano:

$$P' = AP = A \begin{bmatrix} 1 \\ 0 \\ 0 \end{bmatrix} = \begin{bmatrix} a \\ c \\ g \end{bmatrix};$$

$$Q' = AQ = A \begin{bmatrix} 0 \\ 1 \\ 0 \end{bmatrix} = \begin{bmatrix} b \\ d \\ h \end{bmatrix};$$

$$R' = AR = A \begin{bmatrix} 0 \\ 0 \\ 1 \end{bmatrix} = \begin{bmatrix} e \\ f \\ m \end{bmatrix}.$$

Con considerazioni analoghe a quelle del caso piano possiamo concludere che *un parallelepipedo viene trasformato in un parallelepipedo.* Vogliamo calcolare il volume del trasformato del cubo di riferimento. Usando la proprietà del prodotto misto abbiamo:

$$\begin{aligned}\text{Volume}(parallelepipedo) &= |(P'-O)\times(Q'-O)\bullet(R'-O)| \\ &= \left|\det\begin{bmatrix} a & c & g \\ b & d & h \\ e & f & m \end{bmatrix}\right| = \left|\det A^T\right| = |\det A|\,.\end{aligned}$$

Tenendo presente che il volume iniziale del cubo era 1, se ne deduce che *il rapporto dei volumi della figura trasformata rispetto alla figura iniziale è* $|detA|$. Anche qui il risultato, ottenuto dal cubo di riferimento, è generalizzabile a qualunque figura solida.

4.1.6 Compendio delle proprietà delle trasformazioni affini

Elenchiamo qui di seguito le principali proprietà delle trasformazioni affini. Alcune di queste proprietà sono già state illustrate. Altre derivano da esse in modo più o meno immediato.

1. Tratti rettilinei sono trasformati in tratti rettilinei;
2. L'ordine dei punti su una retta è mantenuto;
3. Il rapporto delle distanze fra tali punti è mantenuto;
4. Rette parallele sono trasformate in rette parallele;
5. Rette incidenti sono trasformate in rette incidenti;
6. Ellissi sono trasformate in ellissi;
7. Parabole sono trasformate in parabole;
8. Iperboli sono trasformate in iperboli;
9. Il grado di una curva algebrica è mantenuto;
10. Il rapporto delle aree (2D) è dato da $|\det A|$;
11. Il rapporto dei volumi (3D) è dato da $|\det A|$;
12. I rapporti di aree/volumi all'interno di una stessa figura sono mantenuti;
13. Esiste sempre la trasformazione inversa.

NOTE:

- Proprietà 2,3: queste proprietà seguono dal fatto che nella trasformazione la combinazione baricentrica viene mantenuta con gli stessi coefficienti. Tali coefficienti rappresentano la posizione del punto rispetto ai due punti base P_1 e P_2 (vedi paragrafo 4.1.4) per cui ad esempio se sono entrambi positivi il punto sta sul segmento P_1P_2, se valgono entrambi 1/2 il punto è il punto medio di P_1P_2, ecc.

- Proprietà 6-8: queste proprietà non vengono dimostrate. Si noti solo che in questo contesto una circonferenza è considerata un caso particolare di ellisse (ellisse con eccentricità nulla);
- Proprietà 9: una curva algebrica è una curva parametrica in cui le componenti del vettore posizione sono polinomi nel parametro t. Il grado della curva è il massimo grado di tali polinomi. Questa proprietà risulterà evidente dallo studio delle trasformazioni applicate a curve;
- Proprietà 10,11: i rapporti in questione sono i rapporti fra l'area/volume della figura trasformata e quello della figura iniziale;
- Proprietà 12: questa proprietà discende direttamente dalle due precedenti. Se ad esempio una figura piana comprende due triangoli di cui uno ha l'area doppia dell'altro, la figura trasformata comprenderà due triangoli di cui uno avrà area doppia dell'altro.

4.2 Trasformazioni isometriche

Una categoria importante è costituita dalle trasformazioni che mantengono la distanza fra due qualsiasi punti. Come conseguenza di ciò esse mantengono anche gli angoli fra due rette qualsiasi (basta pensare a due punti, uno su ognuna delle due rette incidenti, e al punto di incidenza: si ottiene un triangolo i cui lati devono mantenersi, di conseguenza si mantengono anche gli angoli). Queste trasformazioni sono dette *isometriche* e sono caratterizzate dal fatto di avere la *matrice di trasformazione ortogonale.*

Abbiamo visto che il determinante di una matrice ortogonale è ± 1, ciò concorda col fatto che in una trasformazione ortogonale le aree e i volumi devono mantenersi. Un semplice esempio di trasformazione isometrica è la traslazione.

4.3 Composizione di Trasformazioni e Coordinate omogenee

Una caratteristica significativa delle trasformazioni affini è di poter essere composte. Se si applica una prima trasformazione affine a un vettore $\underline{v}$ esso viene trasformato in $\underline{w}_1$. Se applichiamo una seconda trasformazione a $\underline{w}_1$ esso viene trasformato in $\underline{w}_2$. Se nell'espressione di $\underline{w}_2$ sostituiamo a $\underline{w}_1$ la sua espressione in funzione di $\underline{v}$ otteniamo un'espressione che lega $\underline{w}_2$ a $\underline{v}$. Considerando la struttura delle trasformazioni affini è facile rendersi conto che anche quest'ultima espressione è una trasformazione affine, che chiameremo *trasformazione composta* delle prime due.

Questo processo può essere ripetuto un numero di volte indefinito, ottenendo sempre una trasformazione affine composta da più trasformazioni affini. Dato che una trasformazione affine è determinata da una matrice di trasformazione e da un vettore di traslazione, la composizione di trasformazioni consiste nel determinare tale matrice e tale vettore, note le matrici e i vettori delle trasformazioni componenti.

4.3.1 Trasformazione composta

Vediamo come primo esempio di ottenere la trasformazione composta da tre trasformazioni successive, definite rispettivamente da $A_1, \underline{b}_1$ $A_2, \underline{b}_2$ $A_3, \underline{b}_3$. A un vettore $\underline{v}$ applichiamo nell'ordine le tre trasformazioni:

1. 1ª trasformazione: $\underline{w}_1 = A_1\underline{v} + \underline{b}_1$;
2. 2ª trasformazione: $\underline{w}_2 = A_2\left(A_1\underline{v} + \underline{b}_1\right) + \underline{b}_2 = A_2A_1\underline{v} + A_2\underline{b}_1 + \underline{b}_2$
3. 3ª trasformazione: $\underline{w}_3 = A_3\left(A_2A_1\underline{v} + A_2\underline{b}_1 + \underline{b}_2\right) + \underline{b}_3 = A_3A_2A_1\underline{v} + A_3A_2\underline{b}_1 + A_3\underline{b}_2 + \underline{b}_3$.

La trasformazione composta risulta quindi definita da:

$$\begin{aligned} A &= A_3A_2A_1 \\ \underline{b} &= A_3A_2\underline{b}_1 + A_3\underline{b}_2 + \underline{b}_3. \end{aligned} \tag{4.3}$$

Aggiungendo successive trasformazioni le espressioni della matrice di trasformazione e del vettore traslazione diventano via via più complesse. Estrapolando otteniamo la regola generale per ottenere la matrice A, che è semplice: basta effettuare il prodotto di tutte le matrici componenti rispettando l'ordine corretto (ossia scrivendo a sinistra l'ultima matrice, a destra la prima).

Essa è riassunta nella seguente espressione, valida per un generico numero n di trasformazioni componenti:

$$A = A_nA_{n-1}A_{n-2}\cdots A_2A_1.$$

L'espressione del vettore di traslazione $\underline{\mathrm{b}}$ è invece alquanto più complessa e, sempre nel caso di n trasformazioni componenti, è data dalla relazione seguente:

$$\underline{b} = \sum_{i=0}^{n-1} A_nA_{n-1}A_{n-2}\cdots A_{n-i+1}\underline{b}_{n-i}$$

Non è tuttavia conveniente usare tale espressione, soprattutto avendo a che fare con un numero elevato di trasformazioni componenti, ma è preferibile un metodo alternativo ricorrendo all'uso delle coordinate omogenee.

4.3.2 Coordinate omogenee

Coordinate omogenee nel piano

Utilizziamo il consueto sistema di riferimento cartesiano xy. Un generico punto P del piano è individuato dalle due coordinate cartesiane: ascissa x, ordinata y.

Dato lo stesso sistema di riferimento cartesiano, possiamo individuare P, invece che con la coppia ordinata (x, y), con una *terna ordinata* (x_1, x_2, x_3) di valori chiamati coordinate omogenee.

Le coordinate omogenee sono legate alle coordinate cartesiane dalle relazioni seguenti:

$$x_1 = x \cdot x_3$$
$$x_2 = y \cdot x_3$$

dove x_3 è un valore arbitrario. Viceversa dalle coordinate omogenee possiamo ricavare le coordinate cartesiane mediante le espressioni:

$$x = x_1/x_3$$
$$y = x_2/x_3.$$

Dato che la posizione di un punto nel piano è completamente determinata dai due soli valori x e y (si dice che un punto nel piano ha due gradi di libertà), l'introduzione di un terzo valore introduce un elemento di arbitrarietà. Ne segue che la terza coordinata omogenea x_3 può assumere qualsiasi valore (escluso zero) e le altre due vengono determinate di conseguenza. Ad esempio il punto $P(-1, 2)$ (in coordinate cartesiane), in coordinate omogenee può essere dato da $P(-2, 4, 2)$ oppure $P(-4, 8, 4)$. Possiamo quindi affermare che «a un dato punto del piano corrisponde un'unica coppia di coordinate cartesiane, infinite terne di coordinate omogenee». In genere si pone $x_3 = 1$. Ponendo tale coordinata $= 1$, le altre due coincidono con le comuni coordinate cartesiane, quindi il punto dell'esempio diventerà $P(-1, 2, 1)$.

Utilizzando le coordinate omogenee un punto è rappresentato da una terna ordinata, quindi da un vettore a tre componenti. Per modificare tale vettore occorre una matrice quadrata di ordine 3. Per far sì che la trasformazione sia la stessa sia in coordinate cartesiane che in coordinate omogenee, tale matrice è ottenuta dalla matrice in coordinate cartesiane orlandola con una riga aggiuntiva e una colonna aggiuntiva. La riga aggiuntiva è costituita di elementi nulli (tranne l'ultimo elemento sulla diagonale principale, di indici $3, 3$, che vale 1). La colonna aggiuntiva (a parte l'ultimo elemento) è costituita dagli elementi del vettore traslazione.

Verifichiamo che i due vettori trasformati sono uguali (tranne ovviamente il terzo valore aggiuntivo =1 nel caso del vettore omogeneo):

In coordinate cartesiane:

$$\underline{w} = \begin{bmatrix} a_{11} & a_{12} \\ a_{21} & a_{22} \end{bmatrix} \begin{bmatrix} x \\ y \end{bmatrix} + \begin{bmatrix} b_x \\ b_y \end{bmatrix} = \begin{bmatrix} a_{11}x + a_{12}y + b_x \\ a_{21}x + a_{22}y + b_y \end{bmatrix}.$$

In coordinate omogenee:

$$\underline{w} = \begin{bmatrix} a_{11} & a_{12} & b_x \\ a_{21} & a_{22} & b_y \\ 0 & 0 & 1 \end{bmatrix} \begin{bmatrix} x \\ y \\ 1 \end{bmatrix} = \begin{bmatrix} a_{11}x + a_{12}y + b_x \\ a_{21}x + a_{22}y + b_y \\ 1 \end{bmatrix}.$$

Pertanto in coordinate omogenee è sufficiente moltiplicare la matrice per il vettore; non occorre sommare a parte il vettore traslazione. Si può pure verificare come i determinanti delle due matrici siano uguali (basta sviluppare la matrice omogenea secondo l'ultima riga).

Non è vero invece che se la matrice in coordinate cartesiane è ortogonale lo sia anche la matrice omogenea. Pertanto usando le coordinate omogenee, per verificare se una trasformazione è o non è isometrica, occorre considerare la matrice non orlata (privata di riga e colonna aggiuntive).

Coordinate omogenee nello spazio (3D)

Si procede in modo del tutto analogo a quanto visto per il piano. Nel consueto sistema di riferimento cartesiano xyz un generico punto P, individuato dalla terna cartesiana (x, y, z), può invece essere individuato dalla *quaterna ordinata* (x_1, x_2, x_3, x_4) di coordinate omogenee.

Le coordinate omogenee in 3D sono legate alle coordinate cartesiane dalle relazioni seguenti:

$$\begin{aligned} x_1 &= x \cdot x_4 \\ x_2 &= y \cdot x_4 \\ x_3 &= z \cdot x_4 \end{aligned}$$

con x_4 arbitrario e comunemente posto $= 1$. Dalle coordinate omogenee si ricavano le coordinate cartesiane mediante le espressioni:

$$\begin{aligned} x &= x_1/x_4 \\ y &= x_2/x_4 \\ z &= x_3/x_4. \end{aligned}$$

Utilizzando le coordinate omogenee un punto è rappresentato da una quaterna ordinata, quindi da un vettore a quattro componenti, per modificare il quale occorre una matrice di ordine 4.

4.3.3 Trasformazione composta in coordinate omogenee

Dato che in coordinate omogenee una trasformazione affine è definita solamente da una matrice di trasformazione, la trasformazione composta da un generico numero n di trasformazioni componenti è data semplicemente da:

$$A = A_n A_{n-1} A_{n-2} \cdots A_2 A_1.$$

Si noti che in questa espressione i vettori di traslazione non sono spariti, ma semplicemente sono inglobati nelle matrici di trasformazione, pertanto le operazioni algebriche per determinarne le componenti devono in un modo o nell'altro essere effettuate. Tuttavia la semplicità formale dell'ultima espressione ha come effetto che essa sia molto più immediatamente programmabile su computer, ciò fa sì che l'uso delle coordinate omogenee sia universalmente adottato nei sistemi di grafica computerizzata.

4.4 Trasformazioni in 2D

Descriviamo ora in maniera sistematica le trasformazioni di base. Iniziamo con la limitazione di utilizzare particolari sistemi di riferimento. In seguito vedremo come il sistema di riferimento possa essere reso generico grazie all'operazione di composizione.

Introduciamo per prime le tre fondamentali trasformazioni isometriche: *traslazione, rotazione, riflessione.*

4.4.1 Trasformazioni Isometriche in 2D

Traslazione

Nel paragrafo 4.1.2 abbiamo già introdotto la traslazione come quella trasformazione che provoca lo stesso spostamento per qualsiasi punto e in cui la matrice di trasformazione è la matrice identica I. In 2D la traslazione è definita geometricamente dal vettore traslazione $\underline{b}$, uguale allo spostamento voluto. In *coordinate omogenee* la traslazione è quindi descritta dalla matrice:

$$\begin{bmatrix} 1 & 0 & b_x \\ 0 & 1 & b_y \\ 0 & 0 & 1 \end{bmatrix}.$$

Si verifica immediatamente che la matrice I è ortogonale, compatibilmente col fatto che la traslazione è una trasformazione isometrica.

Rotazione

Nel piano la rotazione è definita geometricamente da un centro C e da un angolo di rotazione α. Assumiamo come centro l'origine e imponiamo la rotazione a un generico punto P (vedi Figura 4.5).

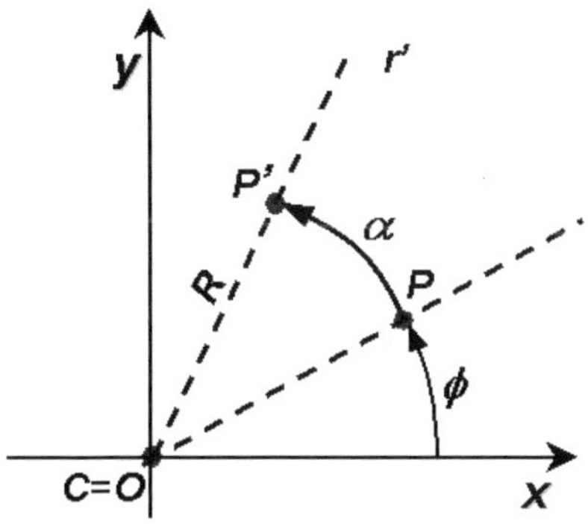

Figura 4.5: Costruzione della rotazione piana di centro O e angolo α.

La distanza R dall'origine del trasformato P' deve essere uguale alla distanza dall'origine di P. Risulta quindi, utilizzando le formule di addizione della trigonometria:

$$\begin{cases} x' = R\cos(\phi+\alpha) = R\cos\phi\cos\alpha - R\sin\phi\sin\alpha \\ y' = R\sin(\phi+\alpha) = R\sin\phi\cos\alpha + R\cos\phi\sin\alpha. \end{cases} \tag{4.4}$$

Essendo:

$$\begin{cases} x = R\cos\phi \\ y = R\sin\phi \end{cases}$$

le (4.4) diventano:

$$\begin{cases} x' = x\cos\alpha - y\sin\alpha \\ y' = x\sin\alpha + y\cos\alpha. \end{cases} \tag{4.5}$$

Notiamo che l'angolo ϕ corrisponde alla posizione iniziale del generico punto P e viene evidenziato nelle formule solo per comodità. Lo stesso vale per la distanza R (infatti nell'espressione finale queste grandezze non appaiono).

Le (4.5) forniscono le relazioni fra le coordinate (x, y) di un punto e le coordinate (x', y') del punto trasformato. Tali relazioni determinano la matrice di rotazione. Si verifica infatti facilmente che le stesse relazioni sono ottenute mediante l'espressione matriciale:

$$\begin{bmatrix} x' \\ y' \end{bmatrix} = A \begin{bmatrix} x \\ y \end{bmatrix}$$

dove

$$A = \begin{bmatrix} \cos\alpha & -\sin\alpha \\ \sin\alpha & \cos\alpha \end{bmatrix}. \tag{4.6}$$

La (4.6) è la *matrice di rotazione* cercata. Si verifica facilmente che essa è ortogonale, essendo la rotazione una trasformazione isometrica (ruotando una figura piana attorno ad O la figura non viene deformata). Sappiamo che l'inversa di una matrice ortogonale coincide con la sua trasposta, avremo quindi:

$$A^T = \begin{bmatrix} \cos\alpha & \sin\alpha \\ -\sin\alpha & \cos\alpha \end{bmatrix}.$$

Questa è la matrice della trasformazione inversa ed è facile verificare che essa non è altro che la matrice di rotazione in cui al posto di α si mette $-\alpha$. Il significato geometrico di ciò è evidente: la trasformazione inversa di una rotazione attorno a un centro (in questo caso O) è una rotazione attorno allo stesso centro e di un angolo di rotazione opposto (stessa ampiezza e segno cambiato).

In *coordinate omogenee* la matrice di rotazione attorno all'origine è:

$$A = \begin{bmatrix} \cos\alpha & -\sin\alpha & 0 \\ \sin\alpha & \cos\alpha & 0 \\ 0 & 0 & 1 \end{bmatrix}.$$

Nella rotazione c'è *un solo punto unito*: il centro di rotazione. La rotazione è l'unica isometria che ha un solo punto unito.

Riflessione

Nel piano la riflessione rispetto a un asse è definita geometricamente da una retta detta *asse di riflessione*. Essa è la trasformazione in cui il trasformato di un punto è il suo simmetrico rispetto all'asse. Assumiamo un asse di riflessione passante per l'origine e determiniamo il trasformato di un generico punto P (vedi Figura 4.6).

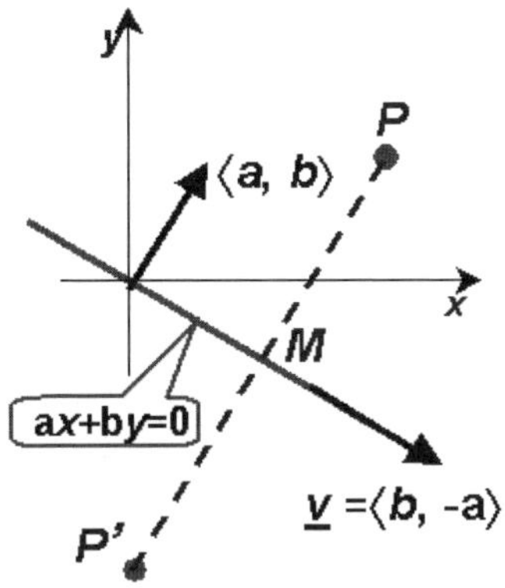

Figura 4.6: Costruzione della riflessione piana con asse di riflessione passante per l'origine.

Nel piano, la più generica equazione di una retta per O è $ax + by = 0$. «Immergendo» il piano in 3D, l'asse di riflessione può essere pensato come l'intersezione del piano passante per l'asse z e perpendicolare al vettore $\langle a, b, 0\rangle$ col piano xy. L'equazione di tale piano è $ax + by = 0$ (che nelle coordinate xy è l'equazione della retta intersezione, ossia dell'asse di riflessione).

Il vettore $\langle a, b\rangle$ è quindi perpendicolare all'asse di riflessione. Imponendogli una rotazione di un angolo retto (per coerenza col verso usato in Figura 4.6 di $-\pi/2$) mediante la matrice di rotazione $\begin{bmatrix} 0 & 1 \\ -1 & 0 \end{bmatrix}$ si ottiene il vettore direzione dell'asse: $\underline{v} = \langle b, -a\rangle$.

L'asse di riflessione è l'asse del segmento PP', risulta quindi ad esso perpendicolare e il punto medio M di PP' deve appartenere all'asse di riflessione. Tenendo presente che la distanza (con segno) di M da O è data da $(P - O) \bullet vers\underline{v}$ risulta:

$$\begin{aligned} M &= O + (P - O) \bullet vers\underline{v} \cdot vers\underline{v} \\ &= O + (P - O) \bullet \underline{v} \cdot \frac{\underline{v}}{|\underline{v}|^2}. \end{aligned}$$

Essendo poi

$$\begin{aligned} (P - O) \bullet \underline{v} &= bx - ay \\ |\underline{v}|^2 &= a^2 + b^2 \end{aligned}$$

si ha la seguente espressione per il punto medio:

$$M = O + \frac{bx - ay}{a^2 + b^2}\langle b, -a\rangle = \left(\frac{b^2x - aby}{a^2 + b^2}, \frac{a^2y - abx}{a^2 + b^2}\right). \tag{4.7}$$

La proprietà geometrica della riflessione ci fornisce ora il punto trasformato:

$$P' = M + (M - P) = 2M - P$$

che per la (4.7) diventa:

$$\begin{aligned} P' &= 2\left(\frac{b^2x - aby}{a^2 + b^2}, \frac{a^2y - abx}{a^2 + b^2}\right) - (x, y) \\ &= \left(\frac{2b^2x - 2aby - a^2x - b^2x}{a^2 + b^2}, \frac{2a^2y - 2abx - a^2y - b^2y}{a^2 + b^2}\right) \\ &= \left(\frac{\left(b^2 - a^2\right)x - 2aby}{a^2 + b^2}, \frac{\left(a^2 - b^2\right)y - 2abx}{a^2 + b^2}\right). \end{aligned} \tag{4.8}$$

La (4.8) è equivalente alle due seguenti relazioni scalari:

$$\begin{cases} x' = x\dfrac{-a^2 + b^2}{a^2 + b^2} + y\dfrac{-2ab}{a^2 + b^2} \\ y' = x\dfrac{-2ab}{a^2 + b^2} + y\dfrac{a^2 - b^2}{a^2 + b^2} \end{cases}$$

che sono l'equivalente delle (4.5), viste per la rotazione. Con analoghe considerazioni possiamo quindi ricavare la *matrice di riflessione*:

$$\begin{bmatrix} \dfrac{-a^2 + b^2}{a^2 + b^2} & \dfrac{-2ab}{a^2 + b^2} \\ \dfrac{-2ab}{a^2 + b^2} & \dfrac{a^2 - b^2}{a^2 + b^2} \end{bmatrix}.$$

Si verifica facilmente che tale matrice è ortogonale, quindi la riflessione è una trasformazione isometrica (riflettendo una figura piana rispetto a un asse la figura non viene deformata, ma se ne ottiene un'immagine speculare). Si nota poi che la matrice è anche simmetrica, di conseguenza essa coincide con la propria trasposta. Come conseguenza la matrice di riflessione *coincide con la propria inversa*, infatti riflettendo una figura due volte rispetto allo stesso asse si ottiene la figura iniziale.

In questa trasformazione il vettore traslazione è nullo, pertanto in coordinate omogenee la matrice di trasformazione è

$$\begin{bmatrix} \dfrac{-a^2 + b^2}{a^2 + b^2} & \dfrac{-2ab}{a^2 + b^2} & 0 \\ \dfrac{-2ab}{a^2 + b^2} & \dfrac{a^2 - b^2}{a^2 + b^2} & 0 \\ 0 & 0 & 1 \end{bmatrix}.$$

Nella riflessione i *punti uniti* sono tutti i punti dell'asse di riflessione (è ovvio che ognuno di tali punti viene riflesso in se stesso). La riflessione è l'unica isometria che ammette un asse di punti uniti.

Un'altra peculiarità è il fatto che il determinante della matrice di riflessione è negativo (ossia $= -1$), mentre nella traslazione e nella rotazione il determinante è positivo (ossia $= 1$). Questa differenza si esprime anche dicendo che la traslazione e la rotazione sono *isometrie dirette* mentre la riflessione è un'*isometria inversa* e ha il significato geometrico seguente: una figura trasformata mediante traslazione o rotazione può essere ottenuta mediante un movimento rigido nel piano, una figura riflessa non può essere ottenuta mediante un movimento rigido nel piano (occorre ribaltare la figura ruotandola nello spazio di un angolo piatto attorno all'asse di riflessione).

4.4.2 Trasformazioni non isometriche

Due importanti trasformazioni non isometriche piane sono *il cambiamento di scala o «scaling» e la trasformazione corrispondente a una deformazione di taglio detta «shear»*[1]. Queste trasformazioni, applicate a una figura piana, la deformano modificandone le proporzioni e/o gli angoli.

Geometricamente entrambe le trasformazioni sono definite da un *centro* C, una *direzione* identificata da un vettore $\underline{v}$ e una *ragione* (ossia un coefficiente moltiplicativo). In entrambi i casi i punti subiscono spostamenti di direzione $\underline{v}$ e dipendenti (in intensità e verso) dalla ragione. Le differenze fra le due trasformazioni, illustrate in Figura 4.7, sono le seguenti:

1.
   - Scaling: i punti P e Q hanno spostamenti differenti, tanto maggiori quanto più ci si allontana dalla retta passante per C e normale a $\underline{v}$ (retta di punti uniti);
   - Shear: i punti P e Q hanno lo stesso spostamento, dato che hanno la stessa distanza dalla retta passante per C e di direzione $\underline{v}$ (retta dei punti uniti).
2.
   - Scaling: i punti P e R hanno lo stesso spostamento, dato che hanno la stessa distanza dalla retta passante per C e normale a $\underline{v}$ (retta di punti uniti);
   - Shear: i punti P e R hanno spostamenti opposti, dato che hanno dalla retta dei punti uniti distanza uguale in valore assoluto ma di segno opposto (si trovano da bande opposte).
3.
   - Scaling: una retta come la PR, perpendicolare a $\underline{v}$, rimane parallela a se stessa;

[1]Usiamo di qui in avanti le terminologie inglesi «scaling» e «shear» perché di uso più comune.

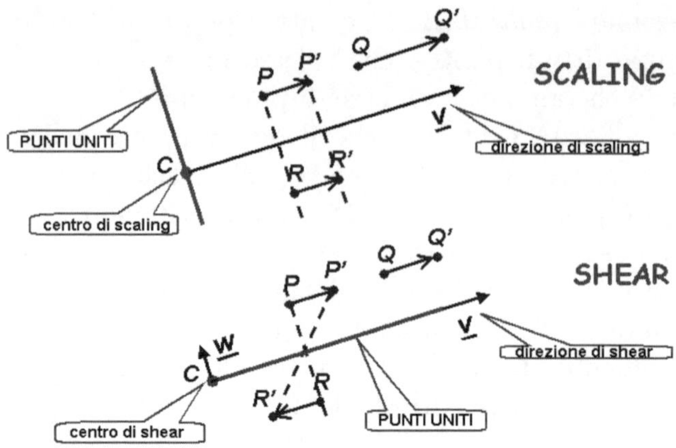

Figura 4.7: Analogie e differenze fra scaling e shear in 2D.

- Shear: una retta come la PR, perpendicolare a $\underline{v}$, subisce una rotazione dipendente in intensità e verso dalla ragione di shear.

Introdotte le caratteristiche geometriche, definiamo ora in modo rigoroso le due trasformazioni. Analogamente a quanto fatto per rotazione e riflessione ne ricaveremo la struttura matriciale in casi particolari, per poi generalizzare più avanti.

Scaling

Scaling di centro C, ragione k e direzione $\underline{v}$ è una deformazione di ragione k nella sola direzione di $\underline{v}$. Se $|k| > 1$ si ha una dilatazione, se $|k| < 1$ una contrazione.

Valgono le seguenti regole:

- C corrisponde a se stesso (è un punto unito);
- Un punto P subisce uno spostamento nella stessa direzione di $\underline{v}$ ($P' - P$ ha la stessa direzione di $\underline{v}$);
- La componente secondo $\underline{v}$ di $P - C$ viene moltiplicata per k: $(P' - C) \bullet vers\underline{v} = k\,(P - C) \bullet vers\underline{v}$;
- Dev'essere: $k \in \mathbb{R}, k \neq 0, k \neq -1, k \neq 1$.

Il centro C è il punto rispetto a cui si cambia scala (ossia a partire dal quale la figura iniziale viene «stirata» o «compressa» in direzione di $\underline{v}$). Esso può essere scelto in modo arbitrario su una retta di punti uniti. In genere conviene prenderlo in modo opportuno per semplificare i calcoli (ad es. se la retta di punti uniti passa per O conviene prendere O).

La ragione k può essere un numero reale qualsiasi ad eccezione di: 0 perché in tal caso la trasformazione sarebbe degenere ($\det A = 0$); 1 perché la trasformazione diventa un'identità (nessun punto viene modificato); -1 perché in tal caso la trasformazione si riduce a una riflessione avente per asse la retta per C e normale a $\underline{v}$. Tutti i punti della retta passante per C e normale a $\underline{v}$ risultano essere punti uniti.

Consideriamo ora due casi particolari in cui il centro è O e le direzioni quelle dei due assi x e y. Le ragioni siano rispettivamente k_x e k_y. Le due matrici sono:

$$\begin{bmatrix} k_x & 0 \\ 0 & 1 \end{bmatrix} \quad \begin{bmatrix} 1 & 0 \\ 0 & k_y \end{bmatrix}$$

Il vettore traslazione è $\underline{o}$, mentre la matrice è derivata dalla matrice I in cui si rimpiazza rispettivamente il primo/secondo elemento della diagonale principale con la ragione di scaling. In coordinate omogenee le due matrici sono:

$$\begin{bmatrix} k_x & 0 & 0 \\ 0 & 1 & 0 \\ 0 & 0 & 1 \end{bmatrix} \quad \begin{bmatrix} 1 & 0 & 0 \\ 0 & k_y & 0 \\ 0 & 0 & 1 \end{bmatrix}$$

L'effetto di queste trasformazioni è di moltiplicare rispettivamente l'ascissa/ordinata di un punto per la ragione k. L'area di una figura viene moltiplicata per $|\det A| = |k|$.

Applichiamo ad esempio uno scaling secondo x di ragione 2, quindi $k_x = 2$ (vedi Figura 4.8).

La matrice (in coordinate non omogenee) è

$$\begin{bmatrix} 2 & 0 \\ 0 & 1 \end{bmatrix}.$$

Tutti i punti dell'asse y sono punti uniti. Le dimensioni orizzontali (parallele all'asse x) sono raddoppiate (moltiplicate per $|k_x|$). Gli angoli non vengono mantenuti, in particolare le rette perpendicolari alla direzione di scaling (quindi parallele all'asse y) sono trasformate in rette aventi la stessa direzione. Lo stesso avviene per rette aventi la direzione di scaling (parallele all'asse x), mentre rette di direzione generica cambiano direzione; ad esempio la retta OA viene trasformata nella OA'. L'effetto globale è di deformare la figura alterando certi angoli e mantenendone altri.

Risulta poi $\det A = 2$, quindi l'area della figura è raddoppiata.

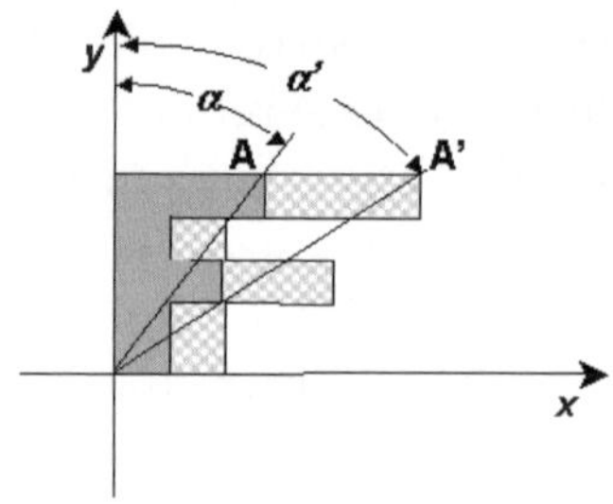

Figura 4.8: Esempio di scaling secondo x, centro O e ragione 2.

Shear

Shear di centro C, ragione k e direzione $\underline{v}$ è una deformazione nella sola direzione di $\underline{v}$. Valgono le seguenti regole:

- Detto $\underline{w}$ il versore ortogonale a $\underline{v}$ ottenuto per rotazione positiva (vedi Figura 4.7), lo spostamento di un punto P è proporzionale alla distanza del punto dalla retta dei punti uniti e vale $k\,(P-C) \bullet \underline{w} vers \underline{v}$;
- C corrisponde a se stesso (è un punto unito);
- La retta per C di direzione $\underline{v}$ è una retta di punti uniti;
- Rette parallele alla retta di punti uniti sono trasformate in se stesse. I loro punti subiscono uno stesso spostamento, proporzionale alla distanza fra le due rette;
- Rette perpendicolari alla retta di punti uniti sono ruotate di un angolo α tale che $\tan \alpha = -k$;
- Dev'essere: $k \neq 0$.

Ci limitiamo a considerare due casi particolari in cui il centro è O e le direzioni quelle dei due assi x e y. Le ragioni siano rispettivamente k_x e k_y. Le due matrici sono:

$$\begin{bmatrix} 1 & k_x \\ 0 & 1 \end{bmatrix} \quad \begin{bmatrix} 1 & 0 \\ k_y & 1 \end{bmatrix}.$$

Il vettore traslazione è $\underline{o}$, mentre la matrice è derivata dalla matrice I in cui si rimpiazza rispettivamente il primo/secondo elemento della diagonale secondaria con la ragione di scaling. In coordinate omogenee le due matrici sono:

$$\begin{bmatrix} 1 & k_x & 0 \\ 0 & 1 & 0 \\ 0 & 0 & 1 \end{bmatrix} \quad \begin{bmatrix} 1 & 0 & 0 \\ k_y & 1 & 0 \\ 0 & 0 & 1 \end{bmatrix}.$$

L'area di una figura viene moltiplicata per $|\text{det}A| = 1$, quindi non viene modificata. Si noti che sebbene queste matrici abbiano determinante unitario non sono ortogonali, corrispondentemente la trasformazione di shear non è isometrica.

Applichiamo ad esempio uno shear secondo x e di ragione k_x positiva (vedi Figura 4.9).

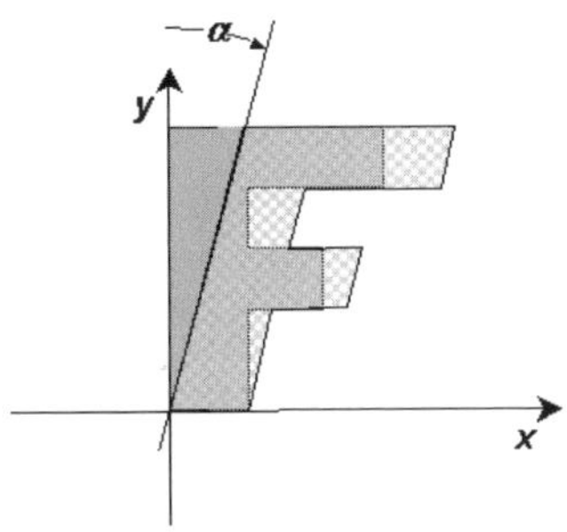

Figura 4.9: Esempio di shear secondo x, centro O e ragione $k_x > 0$.

La matrice (in coordinate non omogenee) è

$$\begin{bmatrix} 1 & k_x \\ 0 & 1 \end{bmatrix}.$$

Tutti i punti dell'asse x sono punti uniti. Le dimensioni orizzontali (parallele all'asse x) sono mantenute. Gli angoli non vengono mantenuti, in particolare le rette perpendicolari alla direzione di shear (quindi parallele all'asse y) sono ruotate di un angolo negativo, essendo $\tan \alpha = -k_x$.

4.4.3 Trasformazioni 2D generalizzate

A parte la traslazione, le altre trasformazioni di base fin qui descritte sono caratterizzate dall'essere determinate in un sistema di riferimento specifico (ad esempio una rotazione solo nel caso di centro di rotazione coincidente con l'origine). Sono sempre presenti cioè dei vincoli per quanto riguarda il sistema di riferimento e, grazie a queste limitazioni, il vettore traslazione risulta nullo. Vediamo ora come, mediante l'operazione di composizione delle trasformazioni affini, sia possibile definire nuove trasformazioni e sciogliere i predetti vincoli.

Come osservazione preliminare notiamo che, se componiamo solo trasformazioni a vettore traslazione nullo otteniamo, per le (4.3), una trasformazione pure a vettore traslazione nullo e pertanto possiamo usare le coordinate cartesiane; se invece nella composizione entra qualche trasformazione a vettore traslazione non nullo conviene non usare le (4.3) ma ricorrere alle coordinate omogenee. Così facendo l'unico tipo di operazione che utilizziamo per comporre trasformazioni è il prodotto di matrici.

Cambiamento del sistema di riferimento

Una trasformazione rispetto a un sistema di riferimento generico può essere ricondotta a una trasformazione in un sistema di riferimento specifico mediante un cambiamento di riferimento.

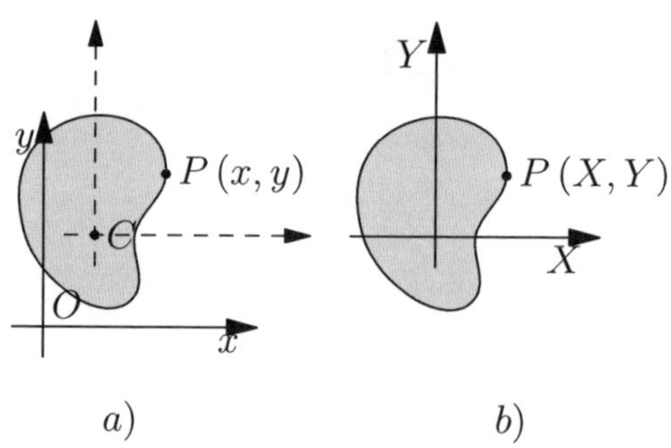

Figura 4.10: La rotazione attorno a C equivale a una rotazione attorno all'origine nel sistema di riferimento XY.

Per fissare le idee supponiamo di avere la figura piana illustrata in Figura 4.10a) e di voler applicare ad essa una rotazione di centro C. Se assumiamo un sistema di riferimento XY con origine in C (assi tratteggiati in figura), sappiamo come determinare la rotazione. Pertanto come prima operazione calcoliamo le coordinate della nostra figura in questo nuovo sistema di riferimento. Per far ciò osserviamo la Figura 4.10b): nel nuovo sistema XY la figura si è spostata, rispetto agli assi, in basso e verso sinistra, ha cioè subìto uno spostamento di vettore $O - C$.

A questo punto sappiamo determinare la rotazione, che viene calcolata nel sistema di riferimento (provvisorio) XY. A noi interessa il calcolo nel sistema originario xy, quindi dopo aver effettuato la rotazione ripristiniamo il sistema di riferimento iniziale mediante una traslazione opposta a quella precedente, ossia di vettore $C - O$, e l'operazione è conclusa.

Più in generale: muovendo rigidamente una figura nel piano si modifica la sua posizione rispetto al sistema di riferimento. Ciò equivale ad assumere un nuovo sistema di riferimento. Pertanto si effettuano trasformazioni equivalenti a spostamenti rigidi allo scopo di:

1. Cambiare il sistema di riferimento, assumendo un sistema di riferimento provvisorio, in modo da ricondursi a una situazione nota (ad esempio centro di rotazione nell'origine);
2. Effettuare la trasformazione nel nuovo sistema di riferimento;
3. Ripristinare il sistema di riferimento iniziale.

Alla fine di questa serie di operazioni si sarà effettuata la trasformazione nel sistema di riferimento iniziale generico.

Rotazione di centro generico

Otteniamo la rotazione di centro generico $C\left(x_C, y_C\right)$ e angolo α mediante la seguente sequenza:

1. Determinazione delle coordinate in un nuovo sistema di riferimento avente assi della stessa direzione e origine in C (ciò si ottiene con una traslazione di vettore $O - C$).
   A questo punto il centro di rotazione coincide con l'origine;
2. Rotazione di angolo α attorno all'origine;
3. Ripristino del sistema di riferimento originario
   (ovvero traslazione $C - O$, opposta a quella del punto 1.).

La matrice di trasformazione risulterà pertanto:

$$
\begin{aligned}
A &= A_3 A_2 A_1 \\
&= \begin{bmatrix} 1 & 0 & x_C \\ 0 & 1 & y_C \\ 0 & 0 & 1 \end{bmatrix} \begin{bmatrix} \cos\alpha & -\sin\alpha & 0 \\ \sin\alpha & \cos\alpha & 0 \\ 0 & 0 & 1 \end{bmatrix} \begin{bmatrix} 1 & 0 & -x_C \\ 0 & 1 & -y_C \\ 0 & 0 & 1 \end{bmatrix} \\
&= \begin{bmatrix} \cos\alpha & -\sin\alpha & x_C\left(1-\cos\alpha\right) + y_C \sin\alpha \\ \sin\alpha & \cos\alpha & -x_C \sin\alpha + y_C\left(1-\cos\alpha\right) \\ 0 & 0 & 1 \end{bmatrix}.
\end{aligned}
$$

Notiamo che questa matrice differisce dalla matrice di rotazione con centro O solo per il vettore traslazione. Tale vettore si riduce al vettore nullo (e quindi le due trasformazioni coincidono) quando $x_C = y_C = 0$ (ossia quando C coincide con O) oppure nel caso banale $\alpha = 0$ (in questo caso non si ha rotazione e la trasformazione si riduce a un'identità).

Riflessione rispetto a un asse non passante per O

In questo caso abbiamo un asse di riflessione di equazione $ax + by + c = 0$. Analogamente alla rotazione si procede come segue:

1. Coordinate in un nuovo sistema di riferimento tale che l'asse passi per O (ovvero traslazione arbitraria, purché faccia passare l'asse per O);
2. Riflessione rispetto al nuovo asse (che non ha cambiato direzione e la cui equazione è quindi $aX + bY = 0$, dove i coefficienti a, b non sono cambiati e avendo indicato con X, Y le coordinate nel sistema di riferimento provvisorio);
3. Ripristino del sistema di riferimento originario (ovvero traslazione opposta a quella del punto 1.).

Scaling composto

Consideriamo le due trasformazioni base di scaling, di centro O, direzioni degli assi coordinati e ragioni k_x e k_y (vedi paragrafo 4.4.2) e applichiamole in sequenza.

Trattandosi di trasformazioni a vettore traslazione nullo possiamo utilizzare le coordinate cartesiane ottenendo la trasformazione di matrice:

$$A = \begin{bmatrix} k_x & 0 \\ 0 & 1 \end{bmatrix} \begin{bmatrix} 1 & 0 \\ 0 & k_y \end{bmatrix} = \begin{bmatrix} 1 & 0 \\ 0 & k_y \end{bmatrix} \begin{bmatrix} k_x & 0 \\ 0 & 1 \end{bmatrix} = \begin{bmatrix} k_x & 0 \\ 0 & k_y \end{bmatrix}.$$

Queste relazioni mostrano che le due trasformazioni sono mutuamente invertibili (ossia scambiando l'ordine in cui vengono composte la trasformazione risultante non cambia, in genere ciò non accade)[1]. Definiamo quindi questa trasformazione come uno *scaling composto*, in cui si applica un cambiamento di scala contemporaneamente secondo x e secondo y, tenendo fisso O che risulta essere l'*unico punto unito*.

Applichiamo ad esempio uno scaling composto alla stessa forma di Figura 4.8, utilizzando la matrice

$$\begin{bmatrix} 1,5 & 0 \\ 0 & 0,5 \end{bmatrix}.$$

[1] Non confondere questa proprietà con la proprietà di essere invertibili singolarmente, ossia prese isolatamente, di cui godono tutte le trasformazioni affini.

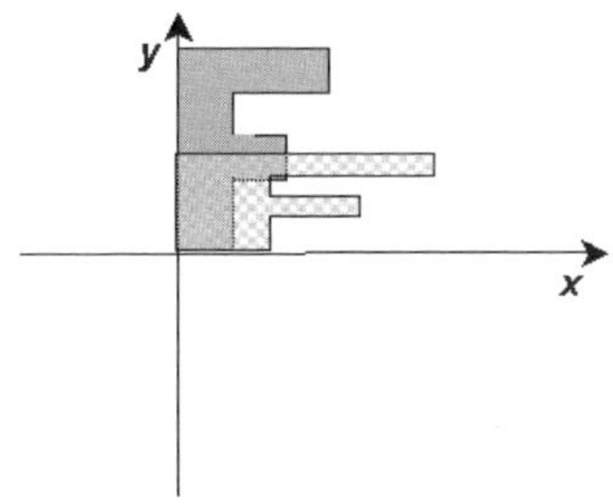

Figura 4.11: Esempio di scaling composto, centro O, ragioni $k_x = 1,5$ $k_y = 0,5$.

Le dimensioni secondo x vengono aumentate del 50%, quelle secondo y dimezzate. Risultando $\det A = 1,5 \cdot 0,5 = 0,75$ come effetto finale si ha che l'area della figura viene ridotta del 25%.

Omotetia

L'omotetia è un caso particolare di scaling composto, in cui $k_x = k_y$. Pertanto essa è definita da un centro e da una ragione k. In questo caso gli angoli vengono mantenuti e una figura viene trasformata in una figura ingrandita o rimpicciolita di un fattore k e la sua superficie viene moltiplicata per k^2.

4.5 Trasformazioni in 3D

4.5.1 Trasformazioni isometriche in 3D

Traslazione

Valgono le stesse considerazioni viste per il caso 2D (paragrafo 4.4.1): la traslazione è quella trasformazione che provoca lo stesso spostamento per qualsiasi punto e in cui la matrice di trasformazione è la matrice identica I. In 3D la traslazione è definita geometricamente da un vettore traslazione $\underline{b}$ a tre componenti, uguale allo spostamento voluto. In *coordinate omogenee* la traslazione è quindi descritta dalla matrice:

$$\begin{bmatrix} 1 & 0 & 0 & b_x \\ 0 & 1 & 0 & b_y \\ 0 & 0 & 1 & b_z \\ 0 & 0 & 0 & 1 \end{bmatrix}.$$

Rotazione

Nello spazio la rotazione è definita geometricamente da un asse di rotazione r e da un angolo di rotazione α (vedi Figura 4.12). Ogni punto di r cor-

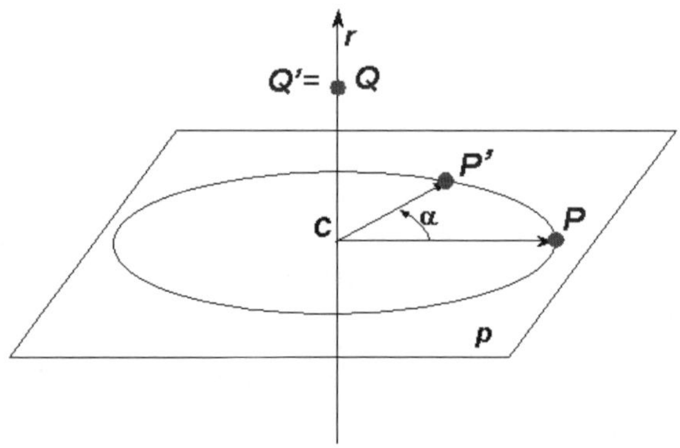

Figura 4.12: Nello spazio una rotazione è definita da un asse r e un angolo α.

risponde a se stesso (l'asse r è una retta di punti uniti[1]). Dato un punto P non appartenente a r si consideri il piano p, passante per P e perpendicolare a r, sia C l'intersezione del piano p con r. Il punto P', trasformato di P, si ottiene applicando a P la rotazione nel piano p di centro C e angolo α.

Si tenga presente che l'asse di rotazione è un *asse*, ossia una retta orientata. Ciò ha per conseguenza che il suo orientamento determina il verso delle rotazioni positive. Ad esempio, supponendo che in Figura 4.12 sia rappresentata una rotazione α positiva che porta P in P', invertendo il verso dell'asse per portare P in P' occorrerebbe una rotazione negativa.

La rotazione nello spazio è riconducibile a una rotazione piana. In particolare possiamo ricondurre una rotazione di asse z a una rotazione di centro C nel piano xy, di cui conosciamo già l'espressione algebrica.

Occorre però immergere tale rotazione nello spazio 3D aggiungendo una riga e una colonna alla matrice di rotazione, in modo che diventi di ordine

[1] N.B. Data una generica trasformazione affine, si noti la distinzione fra «retta di punti uniti» e «retta unita». La retta di punti uniti è una retta i cui punti sono tutti uniti e che quindi viene trasformata in se stessa. È questo il caso dell'asse di rotazione in 3D oppure dell'asse di riflessione in 2D. Con retta unita intendiamo invece una retta i cui punti non sono necessariamente uniti, ma che viene trasformata in se stessa. È questo ad esempio il caso di una retta cui venga applicata una traslazione di vettore avente la stessa direzione della retta. Ovviamente una retta di punti uniti è anche una retta unita, non viceversa.

3. Occorre quindi inserire 5 nuovi elementi (ossia a_{13}, a_{23}, a_{31}, a_{32}, a_{33}) per completare la nuova matrice di ordine 3.

Per determinare tale matrice possiamo calcolare le prime due coordinate del punto P' mediante la trasformazione 2D ottenendo:

$$\begin{bmatrix} x' \\ y' \end{bmatrix} = \begin{bmatrix} \cos\alpha & -\sin\alpha \\ \sin\alpha & \cos\alpha \end{bmatrix} \begin{bmatrix} x \\ y \end{bmatrix}. \tag{4.9}$$

A questa equazione va poi aggiunta: $z' = z$, dato che P e P' appartengono a uno stesso piano perpendicolare all'asse di rotazione z.

Il calcolo di P' mediante una matrice di rotazione 3D ci fornisce invece:

$$\begin{bmatrix} x' \\ y' \\ z' \end{bmatrix} = \begin{bmatrix} \cos\alpha & \sin\alpha & a_{13} \\ \sin\alpha & \cos\alpha & a_{23} \\ a_{31} & a_{32} & a_{33} \end{bmatrix} \begin{bmatrix} x \\ y \\ z \end{bmatrix}. \tag{4.10}$$

Confrontando le (4.9) con le (4.10) e imponendo di ottenere gli stessi valori per x' y' z' si ricavano i valori dei 5 elementi mancanti e la matrice di rotazione attorno all'asse z risulta essere la seguente:

$$\begin{bmatrix} \cos\alpha & -\sin\alpha & 0 \\ \sin\alpha & \cos\alpha & 0 \\ 0 & 0 & 1 \end{bmatrix}.$$

Se le considerazioni ora viste vengono ripetute cambiando l'asse di rotazione (e corrispondentemente l'orientamento del piano in cui avviene la rotazione) si ottengono le matrici di rotazione attorno agli altri assi coordinati. In definitiva le matrici di rotazione attorno ai tre assi risultano:

$$\underset{\text{asse } x}{\begin{bmatrix} 1 & 0 & 0 \\ 0 & \cos\alpha & -\sin\alpha \\ 0 & \sin\alpha & \cos\alpha \end{bmatrix}} \qquad \underset{\text{asse } y}{\begin{bmatrix} \cos\alpha & 0 & \sin\alpha \\ 0 & 1 & 0 \\ -\sin\alpha & 0 & \cos\alpha \end{bmatrix}} \qquad \underset{\text{asse } z}{\begin{bmatrix} \cos\alpha & -\sin\alpha & 0 \\ \sin\alpha & \cos\alpha & 0 \\ 0 & 0 & 1 \end{bmatrix}}$$

mentre il vettore traslazione è nullo. Di conseguenza le matrici in coordinate omogenee si ottengono da queste orlandole come già visto in paragrafo 4.3.2. Ad esempio in coordinate omogenee la matrice di rotazione attorno all'asse x è

$$\begin{bmatrix} 1 & 0 & 0 & 0 \\ 0 & \cos\alpha & -\sin\alpha & 0 \\ 0 & \sin\alpha & \cos\alpha & 0 \\ 0 & 0 & 0 & 1 \end{bmatrix}.$$

Riflessione

La riflessione in 3D viene definita in modo analogo alla riflessione nel piano. Di conseguenza la determinazione della sua espressione matriciale seguirà un procedimento analogo a quanto visto nel paragrafo 4.4.1.

Nel piano la riflessione avviene rispetto a un asse, nello spazio rispetto a un *piano di riflessione*. Essa è la trasformazione in cui il trasformato di un punto è il suo simmetrico rispetto a tale piano. Precisamente: ad ogni punto P del piano di riflessione p corrisponde se stesso; ad ogni punto P di uno dei due semispazi generati dal piano corrisponde un punto P' del semispazio opposto, tale che il segmento PP' sia perpendicolare al piano e lo interseca nel punto medio (vedi Figura 4.13).

In base alla definizione costruiamo vettorialmente il riflesso di un punto. Q giace sul piano di riflessione p ed è unito, quindi $Q' = Q$. P non giace su p, il suo trasformato è tale per cui:

$$P' - M = M - P = \underline{d}.$$

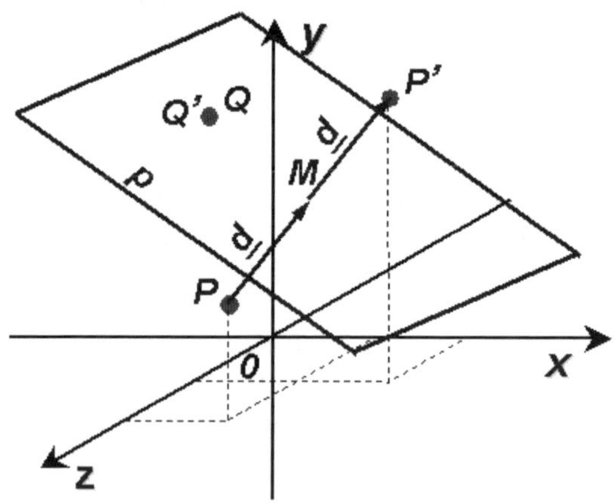

Figura 4.13: Nella riflessione 3D Q è un punto unito, P viene trasformato in P'.

Una riflessione è dunque una trasformazione isometrica in cui il piano di riflessione è un *piano di punti uniti*[1].

[1] Anche in questo caso, analogamente a quanto visto per la retta di punti uniti, vale la distinzione fra «piano di punti uniti» e «piano unito». Un piano di punti uniti è un piano i cui punti sono tutti uniti (come il piano di riflessione). Un piano unito è un piano che

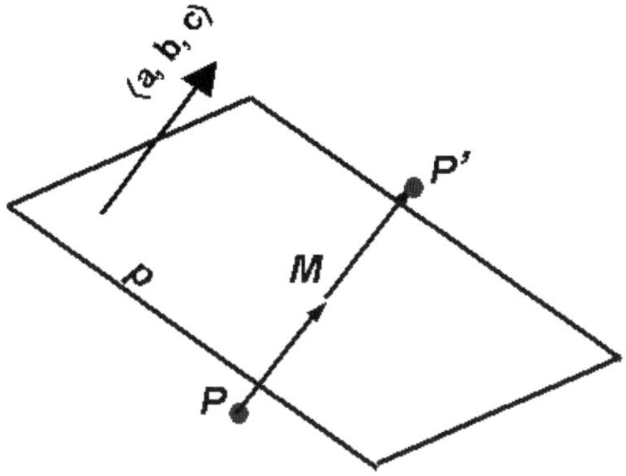

Figura 4.14: Riflessione rispetto a un piano passante per O.

Assumiamo ora un piano di riflessione passante per l'origine e determiniamo il trasformato di un generico punto P (vedi Figura 4.14). Le coordinate del generico punto P sono indicate con (x_P, y_P, z_P), quelle del suo trasformato P' con (x', y', z').

L'equazione cartesiana del piano di riflessione p è $ax + by + cz = 0$, un'equazione vettoriale della retta PP' è $\underline{r} = \langle x_P + at, y_P + bt, z_P + ct \rangle$. Per determinare il punto M, appartenente contemporaneamente alla retta e al piano, sostituiamo le coordinate del generico punto della retta nell'equazione del piano ottenendo:

$$\begin{aligned}&a\,(x_P + at) + b\,(y_P + bt) + c\,(z_P + ct) = 0\\&t\left(a^2 + b^2 + c^2\right) + ax_P + by_P + cz_P = 0\\&\text{da cui:}\\&t_M = -\frac{ax_P + by_P + cz_P}{a^2 + b^2 + c^2}.\end{aligned} \tag{4.11}$$

Il punto trasformato è dato (come nel caso piano) da:

$$P' = 2M - P$$

viene trasformato in se stesso (ad esempio un piano che subisca una traslazione di vettore parallelo al piano stesso). Ovviamente un piano di punti uniti è anche un piano unito, non viceversa.

e quindi le sue coordinate, per l'ultima delle (4.11):

$$\begin{cases} x' &= 2x_M - x_P = 2\,(x_P + at_M) - x_P = x_P + 2at_M \\ &= x_P - 2a\dfrac{ax_P + by_P + cz_P}{a^2+b^2+c^2} \\ &= x_P\dfrac{-a^2+b^2+c^2}{a^2+b^2+c^2} + y_P\dfrac{-2ab}{a^2+b^2+c^2} + z_P\dfrac{-2ac}{a^2+b^2+c^2} \\ y' &= 2y_M - y_P = 2\,(y_P + bt_M) - y_P = y_P + 2bt_M \\ &= y_P - 2b\dfrac{ax_P + by_P + cz_P}{a^2+b^2+c^2} \\ &= y_P\dfrac{a^2-b^2+c^2}{a^2+b^2+c^2} + x_P\dfrac{-2ba}{a^2+b^2+c^2} + z_P\dfrac{-2bc}{a^2+b^2+c^2} \\ z' &= 2z_M - z_P = 2\,(z_P + ct_M) - z_P = z_P + 2ct_M \\ &= z_P - 2c\dfrac{ax_P + by_P + cz_P}{a^2+b^2+c^2} \\ &= z_P\dfrac{a^2+b^2-c^2}{a^2+b^2+c^2} + x_P\dfrac{-2ca}{a^2+b^2+c^2} + y_P\dfrac{-2cb}{a^2+b^2+c^2}. \end{cases} \tag{4.12}$$

Notiamo che il denominatore $a^2 + b^2 + c^2$ che appare in tutte le frazioni è sempre diverso da zero (altrimenti il piano p non sarebbe determinato), pertanto le espressioni trovate hanno validità generale.

Le (4.12) sono equivalenti all'espressione matriciale:

$$\begin{bmatrix} x' \\ y' \\ z' \end{bmatrix} = A \begin{bmatrix} x_P \\ y_P \\ z_P \end{bmatrix}$$

dove

$$A = \begin{bmatrix} \dfrac{-a^2+b^2+c^2}{a^2+b^2+c^2} & \dfrac{-2ab}{a^2+b^2+c^2} & \dfrac{-2ac}{a^2+b^2+c^2} \\ \dfrac{-2ab}{a^2+b^2+c^2} & \dfrac{a^2-b^2+c^2}{a^2+b^2+c^2} & \dfrac{-2bc}{a^2+b^2+c^2} \\ \dfrac{-2ac}{a^2+b^2+c^2} & \dfrac{-2bc}{a^2+b^2+c^2} & \dfrac{a^2+b^2-c^2}{a^2+b^2+c^2} \end{bmatrix}$$

è la *matrice di riflessione* cercata.

4.5.2 Trasformazioni non isometriche

Fondamentalmente queste trasformazioni sono estensioni delle corrispondenti trasformazioni in 2D. Valgono pertanto definizioni geometriche e matrici di trasformazione analoghe.

Scaling

Scaling di centro C, ragione k e direzione $\underline{v}$ è una dilatazione di ragione k nella sola direzione di $\underline{v}$. Valgono le regole:

- C corrisponde a se stesso (è un punto unito);
- Un punto P subisce uno spostamento nella stessa direzione di $\underline{v}$ ($P' - P$ ha la stessa direzione di $\underline{v}$);
- La componente secondo $\underline{v}$ di $P - C$ viene moltiplicata per k, si ottiene così la componente del vettore trasformato: $(P' - C) \bullet vers\underline{v} = k\,(P - C) \bullet vers\underline{v}$;
- Dev'essere: $k \in \mathbb{R}, k \neq 0, k \neq -1, k \neq 1$.

Tutti i punti del piano passante per C e normale a $\underline{v}$ risultano essere punti uniti.

Casi particolari importanti sono quelli in cui il centro è O e le direzioni quelle degli assi x y z. Le ragioni siano rispettivamente k_x k_y k_z. Le tre matrici corrispondenti sono:

$$\begin{bmatrix} k_x & 0 & 0 \\ 0 & 1 & 0 \\ 0 & 0 & 1 \end{bmatrix} \quad \begin{bmatrix} 1 & 0 & 0 \\ 0 & k_y & 0 \\ 0 & 0 & 1 \end{bmatrix} \quad \begin{bmatrix} 1 & 0 & 0 \\ 0 & 1 & 0 \\ 0 & 0 & k_z \end{bmatrix}.$$

Il vettore traslazione è $\underline{o}$, mentre la matrice è derivata dalla matrice I in cui si rimpiazzano gli elementi della diagonale principale con la ragione di scaling.

L'effetto di queste trasformazioni è di moltiplicare rispettivamente l'ascissa/ordinata/quota di un punto per la ragione k. Il volume di una figura viene moltiplicato per $|\det A| = |k|$.

Shear

In 3D shear di asse $\underline{c}$, ragione k e direzione $\underline{v}$ è una deformazione nella sola direzione di $\underline{v}$ per cui valgono le seguenti regole:

- Detto $\underline{w}$ il versore ortogonale a $\underline{c}$ e a $\underline{v}$ ($\underline{w} = \text{vers}\,(\underline{c} \times \underline{v})$), lo spostamento di un punto P è $k\,(P - C) \bullet \underline{w}\text{vers}\underline{v}$, dove il centro C è un generico punto dell'asse (tipicamente il punto origine);
- c è una retta di punti uniti;
- Il piano per c e avente vettore di giacitura $\underline{v}$ è un piano di punti uniti;
- Piani paralleli al piano di punti uniti sono trasformati in se stessi. I loro punti subiscono uno stesso spostamento, proporzionale alla distanza fra i due piani;

- Piani perpendicolari al piano di punti uniti sono ruotati di un angolo α tale che $\tan\alpha = -k$;
- Dev'essere: $k \in \mathbb{R}, k \neq 0, k \neq -1, k \neq 1$.

Come casi particolari l'asse e la direzione sono una coppia di assi coordinati, il centro è O e il piano di punti uniti è il piano coordinato definito dai due assi.

Se ad esempio assumiamo come asse z possiamo avere direzione x e ragione k_{zx}, oppure direzione y e ragione k_{zy}. In entrambi i casi la trasformazione equivale allo shear in 2D nel piano xy di direzione rispettivamente x e y e le matrici risultano:

$$\begin{bmatrix} 1 & k_{zx} & 0 \\ 0 & 1 & 0 \\ 0 & 0 & 1 \end{bmatrix} \quad \begin{bmatrix} 1 & 0 & 0 \\ k_{zy} & 1 & 0 \\ 0 & 0 & 1 \end{bmatrix}$$

mentre il vettore traslazione è $\underline{o}$.

Nel primo caso (matrice di sinistra, ragione k_{zx}) il piano di punti uniti è il piano zx, tutti i piani ad esso paralleli scorrono in direzione x di una quantità proporzionale alla distanza da tale piano (ossia alla coordinata y). Nel secondo caso (matrice di destra, ragione k_{zy}) il piano di punti uniti è il piano yz, tutti i piani ad esso paralleli scorrono in direzione y di una quantità proporzionale alla coordinata x.

In entrambi i casi il volume di una figura viene moltiplicato per $|\det A| = 1$, quindi non è modificato. Si noti che sebbene queste matrici abbiano determinante unitario non sono ortogonali, corrispondentemente la trasformazione di shear non è isometrica.

Gli altri casi possibili sono:

- Asse x: direzione y, ragione k_{xy}; oppure direzione z, ragione k_{xz}. Le matrici sono:

$$\begin{bmatrix} 1 & 0 & 0 \\ 0 & 1 & k_{xy} \\ 0 & 0 & 1 \end{bmatrix} \quad \begin{bmatrix} 1 & 0 & 0 \\ 0 & 1 & 0 \\ 0 & k_{xz} & 1 \end{bmatrix};$$

- Asse y: direzione z, ragione k_{yz}; oppure direzione x, ragione k_{yx}. Le matrici sono:

$$\begin{bmatrix} 1 & 0 & 0 \\ 0 & 1 & 0 \\ k_{yz} & 0 & 1 \end{bmatrix} \quad \begin{bmatrix} 1 & 0 & k_{yx} \\ 0 & 1 & 0 \\ 0 & 0 & 1 \end{bmatrix}.$$

Esercizi

Esercizio 4.1 *Determinare la traslazione di vettore* $[1,-2]^T$ *e applicarla ai punti* $A(-1,1)$, $B(2,-1)$, $C(-4,3)$.

La matrice di trasformazione richiesta è

$$\begin{bmatrix} I_2 & \underline{b} \\ 0 \quad 0 & 1 \end{bmatrix} = \begin{bmatrix} 1 & 0 & 1 \\ 0 & 1 & -2 \\ 0 & 0 & 1 \end{bmatrix}.$$

Per determinare i trasformati dei punti dati occorre applicare questa matrice ai vettori posizione dei punti. Risulta:

$$\begin{aligned}
A' - O &= \begin{bmatrix} 1 & 0 & 1 \\ 0 & 1 & -2 \\ 0 & 0 & 1 \end{bmatrix} \begin{bmatrix} -1 \\ 1 \\ 1 \end{bmatrix} = \begin{bmatrix} 0 \\ -1 \\ 1 \end{bmatrix} \Rightarrow A'(0,-1), \\
B' - O &= \begin{bmatrix} 1 & 0 & 1 \\ 0 & 1 & -2 \\ 0 & 0 & 1 \end{bmatrix} \begin{bmatrix} 2 \\ -1 \\ 1 \end{bmatrix} = \begin{bmatrix} 3 \\ -3 \\ 1 \end{bmatrix} \Rightarrow B'(3,-3), \\
C' - O &= \begin{bmatrix} 1 & 0 & 1 \\ 0 & 1 & -2 \\ 0 & 0 & 1 \end{bmatrix} \begin{bmatrix} -4 \\ 3 \\ 1 \end{bmatrix} = \begin{bmatrix} -3 \\ 1 \\ 1 \end{bmatrix} \Rightarrow C'(-3,1).
\end{aligned}$$

Esercizio 4.2 *Determinare la rotazione di centro O (origine degli assi) e ampiezza* $\frac{\pi}{6}$.
Determinare i punti trasformati di $A(1,0)$, $B(1,1)$ *e* $C(0,1)$ *e rappresentare sul piano xy il quadrato OABC e la sua figura trasformata.*

Essendo $\alpha = \frac{\pi}{6}$ l'angolo di rotazione e il vettore traslazione uguale al vettore nullo, la matrice di rotazione risulta

$$\begin{bmatrix} \frac{\sqrt{3}}{2} & -\frac{1}{2} & 0 \\ \frac{1}{2} & \frac{\sqrt{3}}{2} & 0 \\ 0 & 0 & 1 \end{bmatrix}.$$

La trasformazione è:

$$\underline{w} = \begin{bmatrix} \frac{\sqrt{3}}{2} & -\frac{1}{2} & 0 \\ \frac{1}{2} & \frac{\sqrt{3}}{2} & 0 \\ 0 & 0 & 1 \end{bmatrix} \begin{bmatrix} v_x \\ v_y \\ 1 \end{bmatrix}.$$

Da questa equazione otteniamo i punti trasformati di $A(x_A, y_A)$, $B(x_B, y_B)$ e $C(x_C, y_C)$ interpretando il generico vettore $\underline{v} = [v_x, v_y, 1]^T$, rispettivamente come $[x_A, y_A, 1]^T$, $[x_B, y_B, 1]^T$ e $[x_C, y_C, 1]^T$, da cui:

$$\begin{bmatrix} \frac{\sqrt{3}}{2} & -\frac{1}{2} & 0 \\ \frac{1}{2} & \frac{\sqrt{3}}{2} & 0 \\ 0 & 0 & 1 \end{bmatrix} \begin{bmatrix} 1 \\ 0 \\ 1 \end{bmatrix} = \begin{bmatrix} \frac{\sqrt{3}}{2} \\ \frac{1}{2} \\ 1 \end{bmatrix} \Rightarrow A'\left(\frac{\sqrt{3}}{2}, \frac{1}{2}\right),$$

$$\begin{bmatrix} \frac{\sqrt{3}}{2} & -\frac{1}{2} & 0 \\ \frac{1}{2} & \frac{\sqrt{3}}{2} & 0 \\ 0 & 0 & 1 \end{bmatrix} \begin{bmatrix} 1 \\ 1 \\ 1 \end{bmatrix} = \begin{bmatrix} \frac{\sqrt{3}-1}{2} \\ \frac{\sqrt{3}+1}{2} \\ 1 \end{bmatrix} \Rightarrow B'\left(\frac{\sqrt{3}-1}{2}, \frac{\sqrt{3}+1}{2}\right),$$

$$\begin{bmatrix} \frac{\sqrt{3}}{2} & -\frac{1}{2} & 0 \\ \frac{1}{2} & \frac{\sqrt{3}}{2} & 0 \\ 0 & 0 & 1 \end{bmatrix} \begin{bmatrix} 0 \\ 1 \\ 1 \end{bmatrix} = \begin{bmatrix} -\frac{1}{2} \\ \frac{\sqrt{3}}{2} \\ 1 \end{bmatrix} \Rightarrow C'\left(-\frac{1}{2}, \frac{\sqrt{3}}{2}\right).$$

Trattandosi di un'affinità è mantenuto il parallelismo, in particolare trattandosi di un'isometria sono mantenute le lunghezze, ne segue che la figura trasformata è ancora un quadrato con le stesse misure della figura data, come rappresentato in Figura 4.15. Notiamo che il punto O è punto unito della trasformazione e quindi coincide col proprio trasformato O' (non riportato in figura).

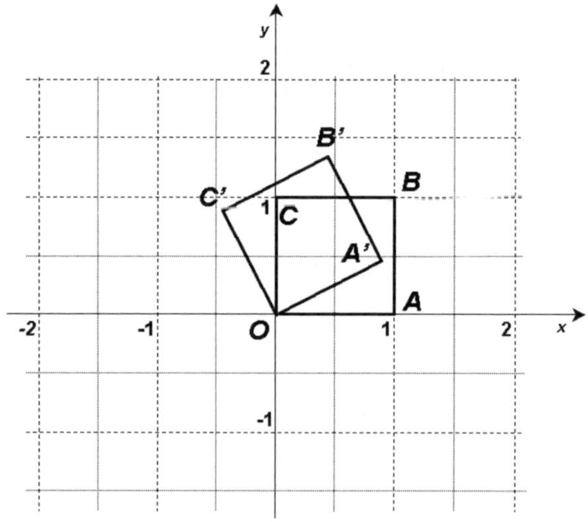

Figura 4.15: Quadrato di base $OABC$ e trasformato $OA'B'C'$ dopo la rotazione di centro O.

Esercizio 4.3 *Determinare la trasformazione ottenuta componendo, nell'ordine, una riflessione rispetto alla retta $y - 2x = 0$ e uno scaling di centro O e ragione 2 secondo x e -1 secondo y.*

Determinare i punti trasformati di $A(1,1)$, $B(2,3)$ e $C(1,3)$ e rappresentare sul piano xy il triangolo ABC e la sua figura trasformata.

La trasformazione viene composta effettuando il prodotto delle matrici delle due trasformazioni:

$$\begin{bmatrix} 2 & 0 & 0 \\ 0 & -1 & 0 \\ 0 & 0 & 1 \end{bmatrix} \begin{bmatrix} -\frac{3}{5} & \frac{4}{5} & 0 \\ \frac{4}{5} & \frac{3}{5} & 0 \\ 0 & 0 & 1 \end{bmatrix} = \begin{bmatrix} -\frac{6}{5} & \frac{8}{5} & 0 \\ -\frac{4}{5} & -\frac{3}{5} & 0 \\ 0 & 0 & 1 \end{bmatrix}.$$

La trasformazione è:

$$\underline{w} = \begin{bmatrix} -\frac{6}{5} & \frac{8}{5} & 0 \\ -\frac{4}{5} & -\frac{3}{5} & 0 \\ 0 & 0 & 1 \end{bmatrix} \begin{bmatrix} v_x \\ v_y \\ 1 \end{bmatrix}.$$

I punti trasformati di A, B e C si ottengono come segue:

$$\begin{bmatrix} -\frac{6}{5} & \frac{8}{5} & 0 \\ -\frac{4}{5} & -\frac{3}{5} & 0 \\ 0 & 0 & 1 \end{bmatrix} \begin{bmatrix} 1 \\ 1 \\ 1 \end{bmatrix} = \begin{bmatrix} \frac{2}{5} \\ -\frac{7}{5} \\ 1 \end{bmatrix} \Rightarrow A'\left(\frac{2}{5}, -\frac{7}{5}\right),$$

$$\begin{bmatrix} -\frac{6}{5} & \frac{8}{5} & 0 \\ -\frac{4}{5} & -\frac{3}{5} & 0 \\ 0 & 0 & 1 \end{bmatrix} \begin{bmatrix} 2 \\ 3 \\ 1 \end{bmatrix} = \begin{bmatrix} \frac{12}{5} \\ -\frac{17}{5} \\ 1 \end{bmatrix} \Rightarrow B'\left(\frac{12}{5}, -\frac{17}{5}\right),$$

$$\begin{bmatrix} -\frac{6}{5} & \frac{8}{5} & 0 \\ -\frac{4}{5} & -\frac{3}{5} & 0 \\ 0 & 0 & 1 \end{bmatrix} \begin{bmatrix} 1 \\ 3 \\ 1 \end{bmatrix} = \begin{bmatrix} \frac{18}{5} \\ -\frac{13}{5} \\ 1 \end{bmatrix} \Rightarrow C'\left(\frac{18}{5}, -\frac{13}{5}\right).$$

Poiché la trasformazione non è un'isometria la figura trasformata non preserva né la lunghezza dei lati né gli angoli, come rappresentato in Figura 4.16. Notiamo, in particolare, che l'angolo retto della figura originale ABC è diventato ottuso nella figura trasformata $A'B'C'$.

Esercizio 4.4 *Classificare la trasformazione piana definita da*

$$A = \begin{bmatrix} 0 & 1 & 2 \\ -1 & 0 & -4 \\ 0 & 0 & 1 \end{bmatrix}.$$

Per classificare una trasformazione bisogna verificare tre proprietà: affinità, ortogonalità e punti uniti.
Si consideri $\overline{A}$ sottomatrice di A formata dalle prime due righe e colonne $\overline{A} = \begin{bmatrix} 0 & 1 \\ -1 & 0 \end{bmatrix}$:
$\det\overline{A} = 1$,
poiché $\det\overline{A} \neq 0$ la trasformazione è affine, inoltre poiché

$$\overline{A}^T\overline{A} = \begin{bmatrix} 0 & -1 \\ 1 & 0 \end{bmatrix} \begin{bmatrix} 0 & 1 \\ -1 & 0 \end{bmatrix} = \begin{bmatrix} 1 & 0 \\ 0 & 1 \end{bmatrix} = I.$$

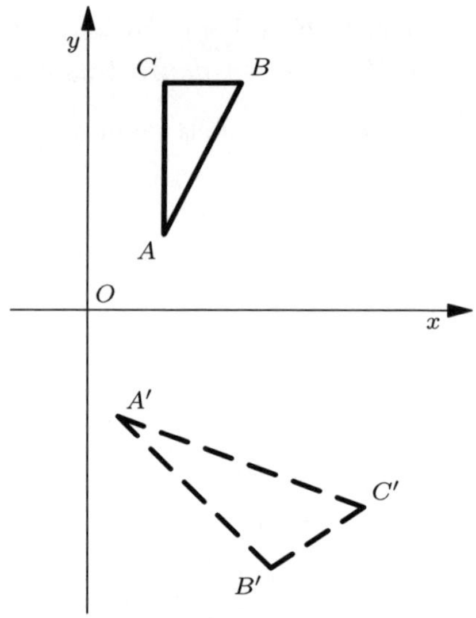

Figura 4.16: Triangolo ABC e suo trasformato $A'B'C'$ tramite composizione di riflessione e scaling.

la matrice è ortogonale, quindi la trasformazione è isometrica.
Determiniamo i punti uniti risolvendo l'equazione vettoriale $\overline{A}(P-O) = (P-O)$, dove $P(x, y)$ è il generico punto del piano. Questa equazione equivale al sistema:

$$\begin{cases} 0 \cdot x + 1 \cdot y + 2 = x \\ -1 \cdot x + 0 \cdot y - 4 = y \end{cases} \Rightarrow \begin{cases} x = y + 2 \\ y = -x - 4 \end{cases} \Rightarrow \begin{cases} x = -1 \\ y = -3 \end{cases}.$$

La trasformazione ha un unico punto unito $(-1, -3)$; possiamo quindi concludere che si tratta di una rotazione di centro $(-1, -3)$. Per calcolare l'ampiezza della rotazione cerchiamo l'angolo che soddisfa le due condizioni

$$\begin{cases} \cos\alpha = 0 \\ \sin\alpha = -1 \end{cases}$$

ovvero $\alpha = \frac{3\pi}{2}$.

Esercizio 4.5 *Data la trasformazione piana definita da*

$$A = \begin{bmatrix} 1 & 1 & 0 \\ 0 & 1 & 0 \\ 0 & 0 & 1 \end{bmatrix},$$

1. *stabilire se la trasformazione è affine;*

2. stabilire se la trasformazione è o non è isometrica;
3. determinare gli eventuali punti uniti della trasformazione;
4. classificare la trasformazione data.

1. Si consideri $\overline{A}$ sottomatrice di A formata dalle prime due righe e colonne $\overline{A} = \begin{bmatrix} 1 & 1 \\ 0 & 1 \end{bmatrix}$:
   $\det\overline{A} = 1 \cdot 1 - 1 \cdot 0 = 1$,
   poiché $\det\overline{A} \neq 0$ la trasformazione è affine.

2. Essendo $|\det\overline{A}| = 1$ potrebbe essere ortogonale. Occorre verificarlo calcolando:

$$\overline{A}^T\overline{A} = \begin{bmatrix} 1 & 0 \\ 1 & 1 \end{bmatrix} \begin{bmatrix} 1 & 1 \\ 0 & 1 \end{bmatrix} = \begin{bmatrix} 1 & 1 \\ 1 & 2 \end{bmatrix} \neq I.$$

   La matrice non è ortogonale, quindi la trasformazione non è isometrica.

3. Per determinare i punti uniti si deve risolvere l'equazione vettoriale $\overline{A}(P - O) = (P - O)$, dove $P(x, y)$ è il generico punto del piano. Questa equazione equivale al sistema:

$$\begin{cases} 1 \cdot x + 1 \cdot y + 0 = x \\ 0 \cdot x + 1 \cdot y + 0 = y \end{cases} \quad \Rightarrow \quad y = 0.$$

   Tutti i punti dell'asse x sono quindi punti uniti.

4. La trasformazione è uno *shear* di direzione x, centro O (o qualunque punto dell'asse x), ragione 1.

Esercizio 4.6 *Dati gli elementi della figura:*

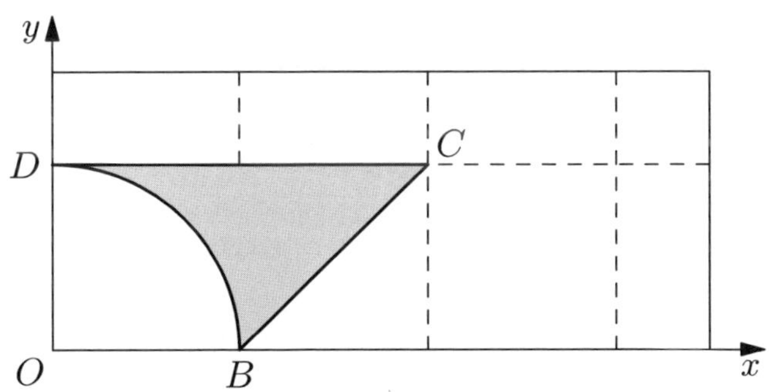

Figura 4.17

1. determinare le equazioni parametriche dell'arco di circonferenza BD;
2. calcolare l'area della regione piana ombreggiata in Figura 4.17;

3. *applicare la trasformazione dell'esercizio precedente al contorno di tale regione e riportare sul grafico la figura trasformata;*
4. *determinare l'area di quest'ultima figura.*

1. Le equazioni sono le stesse della circonferenza di centro O, ma con variazione del parametro limitata:

$$\begin{cases} x = \cos t \\ y = \sin t \end{cases} \qquad 0 \leq t \leq \frac{\pi}{2}.$$

2. L'area è data dalla differenza:

$$\text{Area} = \text{Area}(\text{trapezio}OBCD) - \text{Area}(\text{settore}OBD) = \frac{3}{2} - \frac{\pi}{4}.$$

3. Detto $P(x, y)$ il punto corrente dell'arco BC si applica la trasformazione al vettore $P - O$:

$$\begin{bmatrix} 1 & 1 & 0 \\ 0 & 1 & 0 \\ 0 & 0 & 1 \end{bmatrix} \begin{bmatrix} x \\ y \\ 1 \end{bmatrix} \quad \Rightarrow \quad \begin{bmatrix} 1 & 1 & 0 \\ 0 & 1 & 0 \\ 0 & 0 & 1 \end{bmatrix} \begin{bmatrix} \cos t \\ \sin t \\ 1 \end{bmatrix}.$$

Di qui si ricavano le equazioni parametriche richieste:

$$\begin{cases} x = \cos t + \sin t \\ y = \sin t \end{cases} \qquad 0 \leq t \leq \frac{\pi}{2}.$$

La figura trasformata è la seguente:

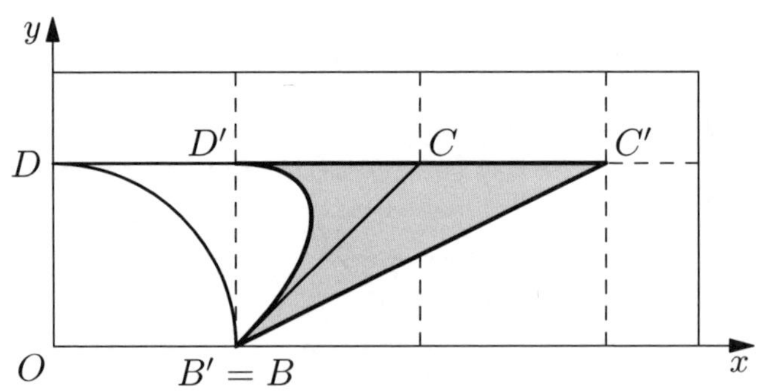

Figura 4.18

4. Trattandosi di un'affinità, l'area della regione ombreggiata in Figura 4.18 è data da

$$\text{Area} = \det \begin{bmatrix} 1 & 1 \\ 0 & 1 \end{bmatrix} \cdot \text{Area}(BCD) = 1 \cdot \left(\frac{3}{2} - \frac{\pi}{4} \right).$$

Esercizio 4.7 *Applicare la trasformazione di matrice*

$$A = \begin{bmatrix} 0 & -1 & 2 \\ -1 & 0 & 6 \\ 0 & 0 & 1 \end{bmatrix},$$

al trapezio BCDE in Figura 4.19, riportare sul grafico la figura trasformata e studiare la trasformazione.

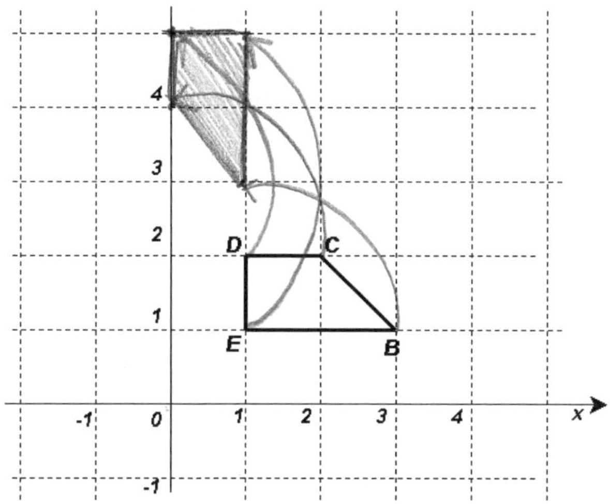

Figura 4.19: Trapezio.

I punti trasformati sono dati da:

$$\begin{bmatrix} 0 & -1 & 2 \\ -1 & 0 & 6 \\ 0 & 0 & 1 \end{bmatrix} \begin{bmatrix} 3 \\ 1 \\ 1 \end{bmatrix} = \begin{bmatrix} 1 \\ 3 \\ 1 \end{bmatrix} \Rightarrow B'(1,3),$$
$$\begin{bmatrix} 0 & -1 & 2 \\ -1 & 0 & 6 \\ 0 & 0 & 1 \end{bmatrix} \begin{bmatrix} 2 \\ 2 \\ 1 \end{bmatrix} = \begin{bmatrix} 0 \\ 4 \\ 1 \end{bmatrix} \Rightarrow C'(0,4),$$
$$\begin{bmatrix} 0 & -1 & 2 \\ -1 & 0 & 6 \\ 0 & 0 & 1 \end{bmatrix} \begin{bmatrix} 1 \\ 2 \\ 1 \end{bmatrix} = \begin{bmatrix} 0 \\ 5 \\ 1 \end{bmatrix} \Rightarrow D'(0,5),$$
$$\begin{bmatrix} 0 & -1 & 2 \\ -1 & 0 & 6 \\ 0 & 0 & 1 \end{bmatrix} \begin{bmatrix} 1 \\ 1 \\ 1 \end{bmatrix} = \begin{bmatrix} 1 \\ 5 \\ 1 \end{bmatrix} \Rightarrow E'(1,5).$$

La figura trasformata è rappresentata in Figura 4.20.

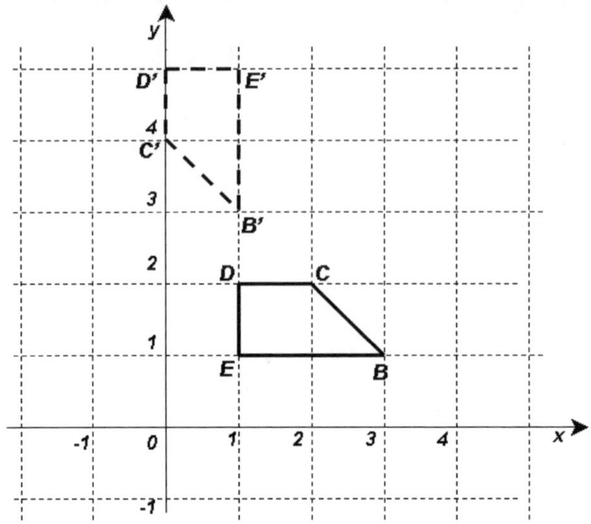

Figura 4.20: Trapezio $BCDE$ e trasformato $B'C'D'E'$.

Per analizzare la trasformazione, si consideri $\overline{A}$ sottomatrice di A formata dalle prime due righe e colonne $\overline{A} = \begin{bmatrix} 0 & -1 \\ -1 & 0 \end{bmatrix}$:

$$\det \begin{bmatrix} 0 & -1 \\ -1 & 0 \end{bmatrix} = -1.$$

La trasformazione potrebbe quindi essere isometrica. Per stabilirlo si determina se la matrice è ortogonale:

$$\begin{bmatrix} 0 & -1 \\ -1 & 0 \end{bmatrix} \begin{bmatrix} 0 & -1 \\ -1 & 0 \end{bmatrix} = \begin{bmatrix} 1 & 0 \\ 0 & 1 \end{bmatrix}.$$

La matrice è quindi ortogonale e la trasformazione è isometrica. Essendo poi il determinante negativo si tratta di una matrice di riflessione. La ricerca dei punti uniti si effettua risolvendo la seguente equazione vettoriale:

$$\begin{bmatrix} 0 & -1 & 2 \\ -1 & 0 & 6 \\ 0 & 0 & 1 \end{bmatrix} \begin{bmatrix} x \\ y \\ 1 \end{bmatrix} = \begin{bmatrix} x \\ y \\ 1 \end{bmatrix},$$

che equivale al sistema:

$$\begin{cases} 0 \cdot x - 1 \cdot y + 2 = x \\ -1 \cdot x + 0 \cdot y + 6 = y \end{cases} \Rightarrow \begin{cases} x = 2 - y \\ 4 = 0 \end{cases} \Rightarrow \text{impossibile,}$$

la trasformazione non ha punti uniti. Si tratta di una riflessione composta con una traslazione di vettore non perpendicolare all'asse di riflessione. Per individuare l'asse di riflessione, si risolve:

$$\begin{bmatrix} 0 & -1 & 0 \\ -1 & 0 & 0 \\ 0 & 0 & 1 \end{bmatrix} \begin{bmatrix} x \\ y \\ 1 \end{bmatrix} = \begin{bmatrix} x \\ y \\ 1 \end{bmatrix},$$

che equivale al sistema

$$\begin{cases} -y = x \\ -x = y \end{cases},$$

che ammette soluzione $y = -x$, ovvero l'asse di riflessione è la bisettrice del 2° e 4° quadrante.

Esercizio 4.8 *Determinare la riflessione nello spazio rispetto al piano di equazione $x - 3y + 2z = 0$. Determinare i trasformati dei punti $A(1, 0, 1)$ e $B(1, 1, 1)$.*

La matrice che rappresenta la riflessione rispetto al piano $x - 3y + 2z = 0$ è

$$\begin{bmatrix} \frac{-1+9+4}{14} & \frac{-2\cdot 1\cdot(-3)}{14} & \frac{-2\cdot 1\cdot 2}{14} & 0 \\ \frac{-2\cdot 1\cdot(-3)}{14} & \frac{1-9+4}{14} & \frac{-2\cdot(-3)\cdot 2}{14} & 0 \\ \frac{-2\cdot 1\cdot 2}{14} & \frac{-2\cdot(-3)\cdot 2}{14} & \frac{1+9-4}{14} & 0 \\ 0 & 0 & 0 & 1 \end{bmatrix} = \begin{bmatrix} \frac{6}{7} & \frac{3}{7} & -\frac{2}{7} & 0 \\ \frac{3}{7} & -\frac{2}{7} & \frac{6}{7} & 0 \\ -\frac{2}{7} & \frac{6}{7} & \frac{3}{7} & 0 \\ 0 & 0 & 0 & 1 \end{bmatrix}.$$

La trasformazione è

$$\underline{w} = \begin{bmatrix} \frac{6}{7} & \frac{3}{7} & -\frac{2}{7} & 0 \\ \frac{3}{7} & -\frac{2}{7} & \frac{6}{7} & 0 \\ -\frac{2}{7} & \frac{6}{7} & \frac{3}{7} & 0 \\ 0 & 0 & 0 & 1 \end{bmatrix} \begin{bmatrix} v_x \\ v_y \\ v_z \\ 1 \end{bmatrix}.$$

Da questa equazione otteniamo i punti trasformati di A e B, con $A(x_A, y_A, z_A)$ e $B(x_B, y_B, z_B)$, interpretando il generico vettore $\underline{v} = [v_x, v_y, v_z, 1]^T$, rispettivamente, come $[x_A, y_A, z_A, 1]^T$ e $[x_B, y_B, z_B, 1]^T$, da cui

$$\begin{bmatrix} \frac{6}{7} & \frac{3}{7} & -\frac{2}{7} & 0 \\ \frac{3}{7} & -\frac{2}{7} & \frac{6}{7} & 0 \\ -\frac{2}{7} & \frac{6}{7} & \frac{3}{7} & 0 \\ 0 & 0 & 0 & 1 \end{bmatrix} \begin{bmatrix} 1 \\ 0 \\ 1 \\ 1 \end{bmatrix} = \begin{bmatrix} \frac{4}{7} \\ \frac{9}{7} \\ \frac{1}{7} \\ 1 \end{bmatrix} \Rightarrow A'\left(\frac{4}{7}, \frac{9}{7}, \frac{1}{7}\right),$$

$$\begin{bmatrix} \frac{6}{7} & \frac{3}{7} & -\frac{2}{7} & 0 \\ \frac{3}{7} & -\frac{2}{7} & \frac{6}{7} & 0 \\ -\frac{2}{7} & \frac{6}{7} & \frac{3}{7} & 0 \\ 0 & 0 & 0 & 1 \end{bmatrix} \begin{bmatrix} 1 \\ 1 \\ 1 \\ 1 \end{bmatrix} = \begin{bmatrix} 1 \\ 1 \\ 1 \\ 1 \end{bmatrix} \Rightarrow B'(1, 1, 1).$$

osserviamo che $B = B'$ poiché B è un punto che appartiene al piano di riflessione.

Esercizio 4.9 *Determinare la trasformazione nello spazio ottenuta mediante la composizione, nell'ordine, delle seguenti trasformazioni:*

1) rotazione di ampiezza $\frac{\pi}{2}$ radianti attorno all'asse z;
2) riflessione rispetto al piano di equazione $x + y - 1 = 0$;
3) omotetia di ragione -2 e centro $C(0, 1, -1)$.

1) La matrice che rappresenta la rotazione di asse z e angolo $\alpha = \frac{\pi}{2}$ è

$$A_1 = \begin{bmatrix} \cos\left(\frac{\pi}{2}\right) & -\sin\left(\frac{\pi}{2}\right) & 0 & 0 \\ \sin\left(\frac{\pi}{2}\right) & \cos\left(\frac{\pi}{2}\right) & 0 & 0 \\ 0 & 0 & 1 & 0 \\ 0 & 0 & 0 & 1 \end{bmatrix} = \begin{bmatrix} 0 & -1 & 0 & 0 \\ 1 & 0 & 0 & 0 \\ 0 & 0 & 1 & 0 \\ 0 & 0 & 0 & 1 \end{bmatrix}.$$

2) La trasformazione che rappresenta la riflessione rispetto ad un piano che non passa per O si ottiene con la composizione di tre trasformazioni nella seguente sequenza:

a. traslazione di vettore $-[0, 1, 0]$, dove $P(0, 1, 0)$ è un punto qualsiasi del piano $x + y - 1 = 0$, in modo da far coincidere il punto P del piano con l'origine O;

b. riflessione rispetto al piano $x + y = 0$ (che è l'equazione del piano $x + y - 1 = 0$ privata del termine noto -1);

c. traslazione per riportare il punto P (e di conseguenza tutto il piano) nella posizione iniziale.

In coordinate omogenee la trasformazione viene composta effettuando il prodotto delle matrici delle tre trasformazioni:

$$\begin{bmatrix} 1 & 0 & 0 & 0 \\ 0 & 1 & 0 & 1 \\ 0 & 0 & 1 & 0 \\ 0 & 0 & 0 & 1 \end{bmatrix} \begin{bmatrix} 0 & -1 & 0 & 0 \\ -1 & 0 & 0 & 0 \\ 0 & 0 & 1 & 0 \\ 0 & 0 & 0 & 1 \end{bmatrix} \begin{bmatrix} 1 & 0 & 0 & 0 \\ 0 & 1 & 0 & -1 \\ 0 & 0 & 1 & 0 \\ 0 & 0 & 0 & 1 \end{bmatrix}.$$

Di conseguenza la matrice di trasformazione è

$$A_2 = \begin{bmatrix} 0 & -1 & 0 & 1 \\ -1 & 0 & 0 & 1 \\ 0 & 0 & 1 & 0 \\ 0 & 0 & 0 & 1 \end{bmatrix}.$$

3) La trasformazione che rappresenta l'omotetia di ragione -2 e di centro C (quindi, rispetto ad un centro che non è l'origine O) si ottiene con la composizione di tre trasformazioni nella seguente sequenza:

a. traslazione di vettore $-[0, 1, -1]$ in modo da far coincidere il centro dell'omotetia C con l'origine O;

b. omotetia di ragione -2;

c. traslazione per riportare il punto C nella posizione iniziale.

In coordinate omogenee la trasformazione viene composta effettuando il prodotto delle matrici delle tre trasformazioni:

$$\begin{bmatrix} 1 & 0 & 0 & 0 \\ 0 & 1 & 0 & 1 \\ 0 & 0 & 1 & -1 \\ 0 & 0 & 0 & 1 \end{bmatrix} \begin{bmatrix} -2 & 0 & 0 & 0 \\ 0 & -2 & 0 & 0 \\ 0 & 0 & -2 & 0 \\ 0 & 0 & 0 & 1 \end{bmatrix} \begin{bmatrix} 1 & 0 & 0 & 0 \\ 0 & 1 & 0 & -1 \\ 0 & 0 & 1 & 1 \\ 0 & 0 & 0 & 1 \end{bmatrix}.$$

Di conseguenza la matrice di trasformazione è

$$A_3 = \begin{bmatrix} -2 & 0 & 0 & 0 \\ 0 & -2 & 0 & 3 \\ 0 & 0 & -2 & -3 \\ 0 & 0 & 0 & 1 \end{bmatrix}.$$

La trasformazione richiesta ha matrice di trasformazione:

$$\begin{aligned} A = A_3A_2A_1 &= \begin{bmatrix} -2 & 0 & 0 & 0 \\ 0 & -2 & 0 & 3 \\ 0 & 0 & -2 & -3 \\ 0 & 0 & 0 & 1 \end{bmatrix} \begin{bmatrix} 0 & -1 & 0 & 1 \\ -1 & 0 & 0 & 1 \\ 0 & 0 & 1 & 0 \\ 0 & 0 & 0 & 1 \end{bmatrix} \begin{bmatrix} 0 & -1 & 0 & 0 \\ 1 & 0 & 0 & 0 \\ 0 & 0 & 1 & 0 \\ 0 & 0 & 0 & 1 \end{bmatrix} \\ &= \begin{bmatrix} 2 & 0 & 0 & -2 \\ 0 & -2 & 0 & 1 \\ 0 & 0 & -2 & -3 \\ 0 & 0 & 0 & 1 \end{bmatrix}. \end{aligned}$$

Esercizio 4.10 *Determinare un'equazione parametrico vettoriale della circonferenza di raggio $r = 5$, centro $C(3, 3, 2)$ e appartenente al piano $y = x$.*

Si tratta di applicare alla circonferenza di stesso raggio e centro O nel piano $x = 0$ la trasformazione ottenuta con la composizione di due trasformazioni, nella seguente sequenza:

a. rotazione attorno all'asse z di angolo $\alpha = -\frac{\pi}{4}$;

b. traslazione di vettore $[3, 3, 2]$ per spostare il centro da O in C.

In coordinate omogenee la trasformazione viene composta effettuando il prodotto delle matrici delle due trasformazioni:

$$\begin{bmatrix} 1 & 0 & 0 & 3 \\ 0 & 1 & 0 & 3 \\ 0 & 0 & 1 & 2 \\ 0 & 0 & 0 & 1 \end{bmatrix} \begin{bmatrix} \cos\left(-\frac{\pi}{4}\right) & -\sin\left(-\frac{\pi}{4}\right) & 0 & 0 \\ \sin\left(-\frac{\pi}{4}\right) & \cos\left(-\frac{\pi}{4}\right) & 0 & 0 \\ 0 & 0 & 1 & 0 \\ 0 & 0 & 0 & 1 \end{bmatrix}.$$

Di conseguenza la matrice di trasformazione è

$$\begin{aligned} A &= \begin{bmatrix} 1 & 0 & 0 & 3 \\ 0 & 1 & 0 & 3 \\ 0 & 0 & 1 & 2 \\ 0 & 0 & 0 & 1 \end{bmatrix} \begin{bmatrix} \frac{\sqrt{2}}{2} & \frac{\sqrt{2}}{2} & 0 & 0 \\ -\frac{\sqrt{2}}{2} & \frac{\sqrt{2}}{2} & 0 & 0 \\ 0 & 0 & 1 & 0 \\ 0 & 0 & 0 & 1 \end{bmatrix} \\ &= \begin{bmatrix} \frac{\sqrt{2}}{2} & \frac{\sqrt{2}}{2} & 0 & 3 \\ -\frac{\sqrt{2}}{2} & \frac{\sqrt{2}}{2} & 0 & 3 \\ 0 & 0 & 1 & 2 \\ 0 & 0 & 0 & 1 \end{bmatrix}. \end{aligned}$$

L'equazione richiesta si ottiene moltiplicando la matrice di trasformazione per il vettore posizione del generico punto P della circonferenza di centro O e raggio $r = 5$ sul piano $x = 0$ (espresso in coordinate omogenee), cioè:

$$\begin{bmatrix} \frac{\sqrt{2}}{2} & \frac{\sqrt{2}}{2} & 0 & 3 \\ -\frac{\sqrt{2}}{2} & \frac{\sqrt{2}}{2} & 0 & 3 \\ 0 & 0 & 1 & 2 \\ 0 & 0 & 0 & 1 \end{bmatrix} \begin{bmatrix} 0 \\ 5\cos t \\ 5\sin t \\ 1 \end{bmatrix} = \begin{bmatrix} \frac{5\sqrt{2}}{2}\cos t + 3 \\ \frac{5\sqrt{2}}{2}\cos t + 3 \\ 5\sin t + 2 \\ 1 \end{bmatrix},$$

da cui risulta l'equazione parametrica

$$\underline{c} = \left\langle \frac{5\sqrt{2}}{2}\cos t + 3, \frac{5\sqrt{2}}{2}\cos t + 3, 5\sin t + 2 \right\rangle \quad 0 \leq t \leq 2\pi.$$

Esercizi proposti

Esercizio 4.i *Determinare la trasformazione piana definita da una traslazione di vettore* $[-3, 4]^T$. *Applicarla ai punti* $A(1, 0)$, $B(1, 1)$ *e* $C(0, 1)$.

Esercizio 4.ii *Determinare la trasformazione lineare nel piano che rappresenta la riflessione attorno all'asse* $2x + y - 4 = 0$. *Determinare i punti trasformati di* $A(1, 0)$, $B(1, 1)$ *e* $C(0, 1)$.

Esercizio 4.iii *Determinare la trasformazione lineare nel piano che rappresenta l'omotetia di centro* $Q(-6, 2)$ *e ragione* -3. *Determinare i punti trasformati di* $A(1, 0)$, $B(1, 1)$ *e* $C(0, 1)$.

Esercizio 4.iv *Identificare la trasformazione definita dalla matrice*

$$A = \begin{bmatrix} 1 & 0 & 8 \\ 0 & 1 & -9 \\ 0 & 0 & 1 \end{bmatrix}.$$

Esercizio 4.v *Classificare la trasformazione piana definita da*

$$A = \begin{bmatrix} \frac{1}{2} & -\frac{\sqrt{3}}{2} & 2 \\ \frac{\sqrt{3}}{2} & \frac{1}{2} & 0 \\ 0 & 0 & 1 \end{bmatrix}.$$

Esercizio 4.vi *Classificare la trasformazione piana definita da*

$$A = \begin{bmatrix} \frac{1}{2} & -\frac{\sqrt{3}}{2} & 2 \\ \frac{\sqrt{3}}{2} & \frac{1}{2} & 2 \\ 0 & 0 & 1 \end{bmatrix}.$$

Esercizio 4.vii *Classificare la trasformazione piana definita da*

$$A = \begin{bmatrix} \frac{1}{2} & -\frac{\sqrt{3}}{2} & -4 \\ \frac{\sqrt{3}}{2} & \frac{1}{2} & 0 \\ 0 & 0 & 1 \end{bmatrix}.$$

Esercizio 4.viii *Classificare la trasformazione piana definita da*

$$A = \begin{bmatrix} \frac{1}{2} & -\frac{\sqrt{3}}{2} & -4 \\ \frac{\sqrt{3}}{2} & \frac{1}{2} & -4 \\ 0 & 0 & 1 \end{bmatrix}.$$

Esercizio 4.ix *Identificare la trasformazione definita dalla matrice*

$$A = \begin{bmatrix} \frac{3}{5} & -\frac{4}{5} & 1 \\ -\frac{4}{5} & -\frac{3}{5} & 2 \\ 0 & 0 & 1 \end{bmatrix}.$$

Esercizio 4.x *Determinare la trasformazione affine T, nello spazio, ottenuta mediante la composizione, nell'ordine, delle seguenti trasformazioni:*

1) riflessione rispetto al piano di equazione $y + z = 0$;
2) omotetia di ragione 2 e centro $C(-1, 0, 1)$;
3) rotazione di ampiezza $\frac{3\pi}{2}$ radianti attorno all'asse $\begin{cases} y=-2 \\ z=1 \end{cases}$.

Esercizio 4.xi *Determinare la trasformazione affine T, nello spazio, ottenuta mediante la composizione, nell'ordine, delle seguenti trasformazioni:*

1) omotetia di ragione 3 e centro O;
2) rotazione di ampiezza $\frac{\pi}{3}$ radianti attorno all'asse $\begin{cases} y=3 \\ z=-2 \end{cases}$;

e calcolare il trasformato del punto $P(3, 1, 1)$.

Esercizio 4.xii *Determinare la trasformazione affine T, nello spazio, ottenuta mediante la composizione, nell'ordine, delle seguenti trasformazioni:*

1) rotazione di ampiezza $\frac{\pi}{6}$ *radianti attorno all'asse* $\left\{ \begin{smallmatrix} x=-1 \\ z=2 \end{smallmatrix} \right.$ *;*
2) traslazione di vettore $\underline{u} = \langle 2, 0, 1 \rangle$*;*

e calcolare il trasformato del punto $P(1, 0, 1)$.

Esercizio 4.xiii *Si consideri, nel piano* zx*, l'arco di circonferenza* BC *della figura:*

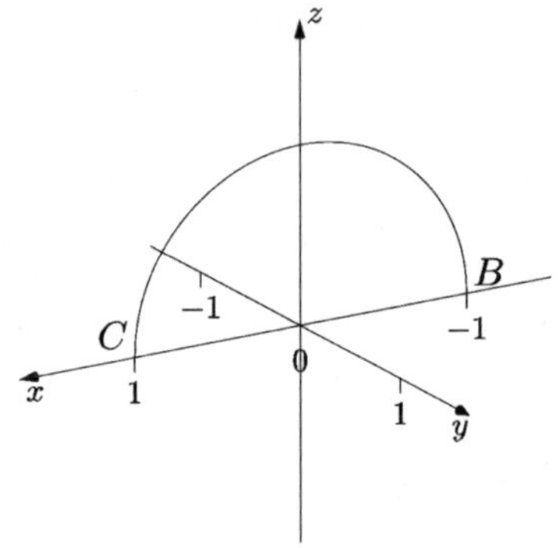

1. *scrivere le equazioni parametriche di* BC *ottenute prendendo* $(0, 0, 1)$ *come punto origine e come parametro l'angolo di rotazione attorno all'asse* y*;*
2. *determinare la matrice di rotazione di asse* z *e* α *radianti. Deve essere* $|\alpha| = \frac{\pi}{2}$*, il segno di* α *deve essere tale da portare* B *in* $B'(0, 1, 0)$*;*
3. *determinare le equazioni parametriche dell'arco trasformato* $B'C'$ *e riportare l'arco ruotato sulla figura;*
4. *applicare a* BC *una rotazione come la precedente ma con angolo variabile con continuità fra 0 e il valore di* α *determinato al punto 2., si genera una superficie. Scrivere le equazioni parametriche di tale superficie. Riportare uno schizzo della superficie evidenziando la sua intersezione col piano* xy.

Esercizio 4.xiv *Applicare alla curva* $\underline{c} = \langle t-1, t^2-1, t \rangle$ *in successione:*

1) una rotazione di asse x*, angolo* $\frac{3}{2}\pi$*;*
2) un'omotetia di ragione $-\frac{1}{2}$.

Capitolo 5

Funzioni elementari e loro varianti

La parametrizzazione di alcune curve in $2D$ prevede il trattamento semplice, modificato o combinato di curve cosiddette elementari cioè matematicamente note e ricorrenti.

L'obiettivo di questo capitolo, pertanto, è quello di analizzare sommariamente i grafici di alcune di queste funzioni elementari, la cui equazione cartesiana si presenta esplicitamente come $y = f(x)$. Parametricamente $\begin{cases} x = t \\ y = f(t) \end{cases}$.

5.1 Funzioni elementari

5.1.1 Funzione costante

$$\begin{cases} x = t \\ y = k \end{cases}, \qquad k \text{ costante}$$

Osservando il grafico in Figura 5.1, notiamo che la funzione può essere calcolata per qualunque valore del parametro t e assume valore costante k (nell'esempio $k = 2$). Il grafico è una retta parallela all'asse delle x.

5.1.2 Funzione lineare

$$\begin{cases} x = t \\ y = mt + q \end{cases}, \qquad (m \neq 0)$$

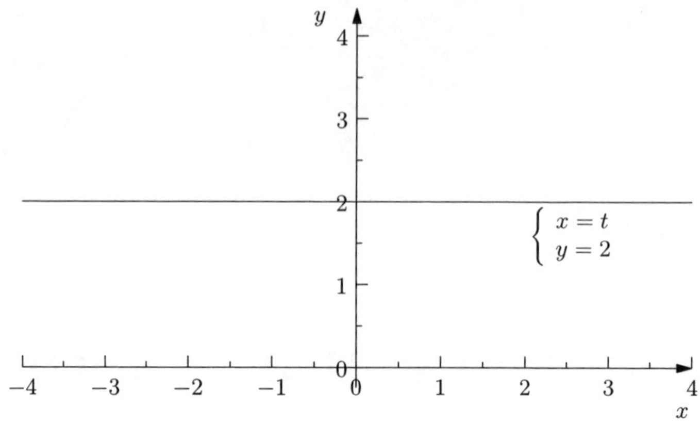

Figura 5.1: Funzione costante, $k = 2$.

Osservando il grafico in Figura 5.2 notiamo che la funzione può essere calcolata per qualunque valore del parametro t, che può quindi assumere tutti i valori appartenenti al campo reale. Il grafico è una retta di coefficiente angolare m, l'intercetta all'origine è q.

5.1.3 Funzioni potenza con esponente $\alpha > 0$ intero dispari

In generale

$$\begin{cases} x = t \\ y = t^\alpha \end{cases}, \qquad \alpha \in \{1, 3, \ldots, 2n+1, \ldots\} .$$

Osservando il grafico in Figura 5.3, notiamo che la funzione può essere calcolata per qualunque valore del parametro t, assume tutti i valori appartenenti al campo reale e il ramo della curva appartenente al primo quadrante è simmetrico rispetto all'origine. Casi particolari:

$$\begin{cases} x = t \\ y = t \end{cases}; \qquad \begin{cases} x = t \\ y = t^3 \end{cases}; \qquad \begin{cases} x = t \\ y = t^5 \end{cases}; \qquad \ldots\text{etc.}$$

5.1.4 Funzioni potenza con esponente $\alpha > 0$ intero pari

$$\begin{cases} x = t \\ y = t^\alpha \end{cases}, \qquad \alpha \in \{2, 4, \ldots, 2n, \ldots\} .$$

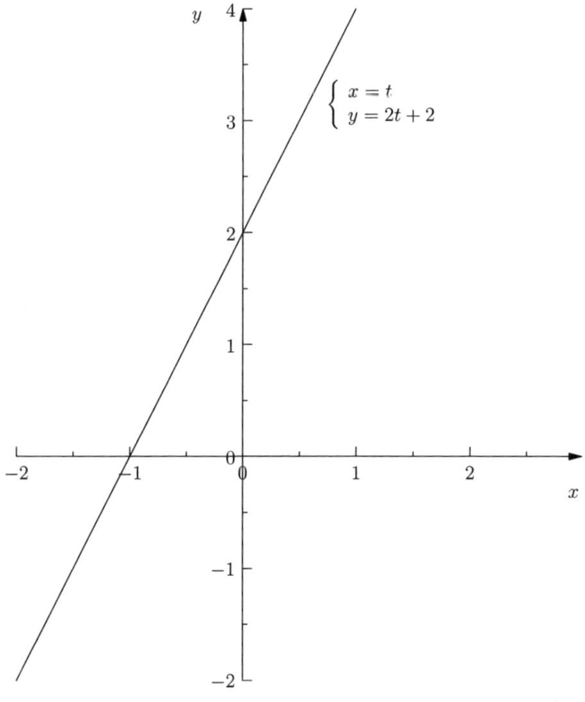

Figura 5.2: Funzione lineare, $m = 2, q = 2$.

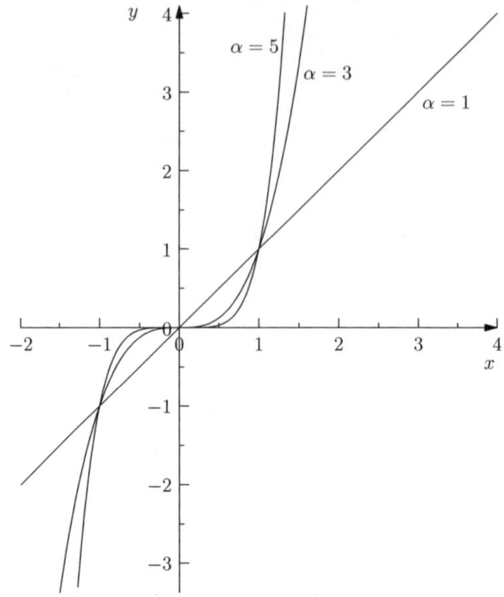

Figura 5.3: Funzioni potenza con esponente $\alpha > 0$ intero dispari.

Osservando il grafico in Figura 5.4, notiamo che la funzione può essere calcolata per qualunque valore del parametro t, assume solo valori positivi e il ramo della curva appartenente al primo quadrante è simmetrico rispetto all'asse delle y. Casi particolari:

$$\begin{cases} x = t \\ y = t^2 \end{cases}; \qquad \begin{cases} x = t \\ y = t^4 \end{cases}; \qquad \begin{cases} x = t \\ y = t^6 \end{cases}; \qquad \ldots\text{etc.}$$

5.1.5 Funzioni potenza con esponente $\alpha = \frac{1}{2n} > 0$ (n intero positivo)

$$\begin{cases} x = t \\ y = t^{\alpha} \end{cases}, \qquad \alpha \in \left\{ \frac{1}{2}, \frac{1}{4}, \ldots, \frac{1}{2n}, \ldots \right\}.$$

Osservando il grafico in Figura 5.5, notiamo che la funzione può essere calcolata solo per valori positivi del parametro t e assume solo valori positivi. Casi particolari:

$$\begin{cases} x = t \\ y = t^{\frac{1}{2}} = \sqrt{t} \end{cases}; \qquad \begin{cases} x = t \\ y = t^{\frac{1}{4}} = \sqrt[4]{t} \end{cases}; \qquad \ldots\text{etc.}$$

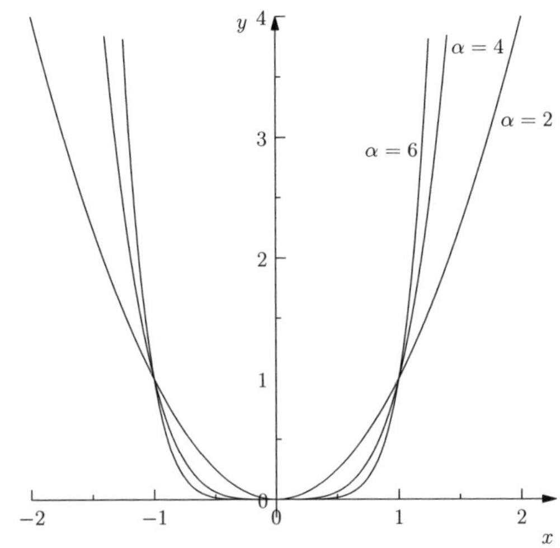

Figura 5.4: Funzioni potenza con esponente $\alpha > 0$ intero pari.

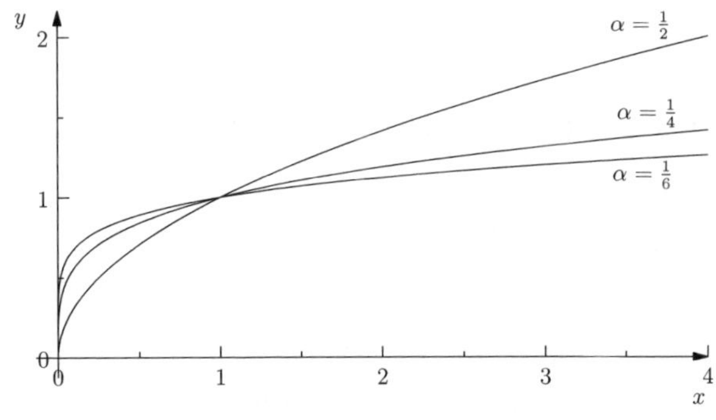

Figura 5.5: Funzioni potenza con esponente $\alpha = \frac{1}{2n} > 0$ (n intero positivo).

5.1.6 Funzioni potenza con esponente $\alpha = \frac{1}{2n+1} > 0$ (n intero positivo)

$$\begin{cases} x = t \\ y = t^\alpha \end{cases}, \qquad \alpha \in \left\{\frac{1}{3}, \frac{1}{5}, \dots, \frac{1}{2n+1}, \dots\right\}$$

Osservando il grafico in Figura 5.6, notiamo che la funzione può essere calcolata per qualunque valore del parametro t, assume tutti i valori appartenenti al campo reale e il ramo della curva appartenente al primo quadrante è simmetrico rispetto all'origine. Casi particolari:

$$\begin{cases} x = t \\ y = t^{\frac{1}{3}} = \sqrt[3]{t} \end{cases}; \qquad \begin{cases} x = t \\ y = t^{\frac{1}{5}} = \sqrt[5]{t} \end{cases}; \qquad \dots\text{etc.}$$

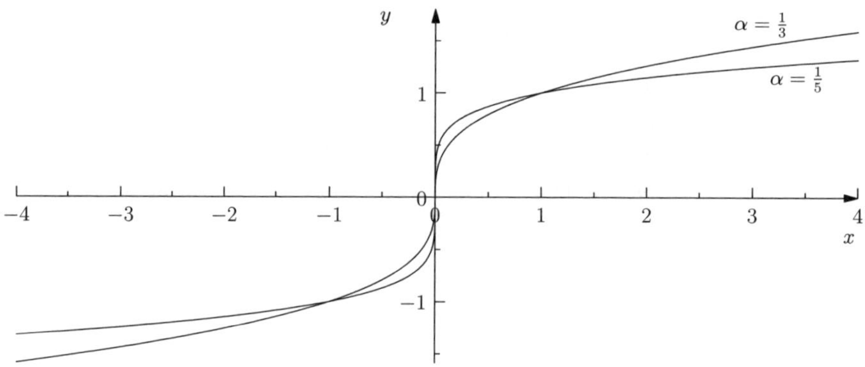

Figura 5.6: Funzioni potenza con esponente $\alpha = \frac{1}{2n+1} > 0$ (n intero positivo).

5.1.7 Funzioni potenza con esponente $\alpha < 0$ intero dispari

$$\begin{cases} x = t \\ y = t^\alpha \end{cases}, \qquad \alpha \in \{-1, -3, \dots, -(2n+1), \dots\}.$$

Osservando il grafico in Figura 5.7, notiamo che la funzione può essere calcolata per qualunque valore del parametro t, escluso $t = 0$, assume tutti i valori appartenenti al campo reale, tranne lo zero, e il ramo della curva appartenente al primo quadrante è simmetrico rispetto all'origine. Casi particolari:

$$\begin{cases} x = t \\ y = t^{-1} = \frac{1}{t} \end{cases}; \qquad \begin{cases} x = t \\ y = t^{-3} = \frac{1}{t^3} \end{cases}; \qquad \dots\text{etc.}$$

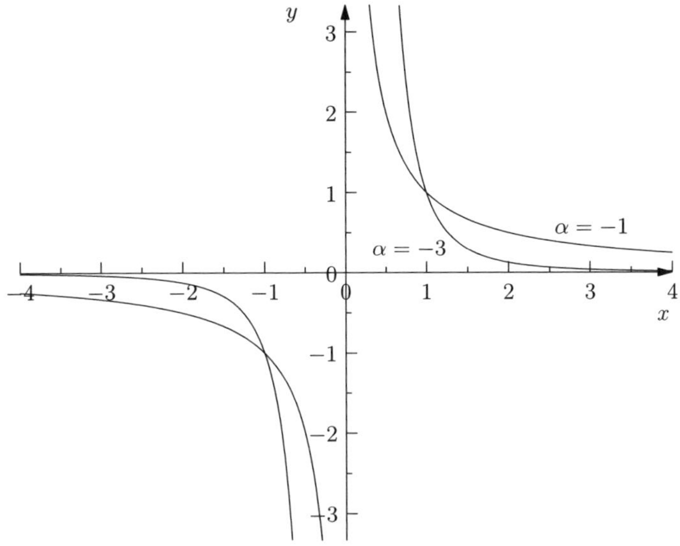

Figura 5.7: Funzioni potenza con esponente $\alpha < 0$ intero dispari.

5.1.8 Funzioni potenza con esponente $\alpha < 0$ intero pari

$$\begin{cases} x = t \\ y = t^{\alpha} \end{cases}, \qquad \alpha \in \{-2, -4, \ldots, -2n, \ldots\} \, .$$

Osservando il grafico in Figura 5.8, notiamo che la funzione può essere calcolata per qualunque valore del parametro t, escluso $t = 0$, assume solo valori positivi e il ramo della curva appartenente al primo quadrante è simmetrico rispetto all'asse delle y. Casi particolari:

$$\begin{cases} x = t \\ y = t^{-2} = \frac{1}{t^2} \end{cases}; \qquad \begin{cases} x = t \\ y = t^{-4} = \frac{1}{t^4} \end{cases}; \qquad \ldots\text{etc.}$$

5.1.9 Funzione esponenziale con base $0 < a < 1$

$$\begin{cases} x = t \\ y = a^t \end{cases}, \qquad 0 < a < 1 \, .$$

Osservando il grafico in Figura 5.9, notiamo che la funzione può essere calcolata per qualunque valore del parametro t e assume solo valori positivi. Casi particolari:

$$\begin{cases} x = t \\ y = \frac{1}{2}^t \end{cases}; \qquad \begin{cases} x = t \\ y = \frac{1}{e}^t \end{cases}; \qquad \begin{cases} x = t \\ y = \frac{1}{4}^t \end{cases}; \qquad \ldots\text{etc.}$$

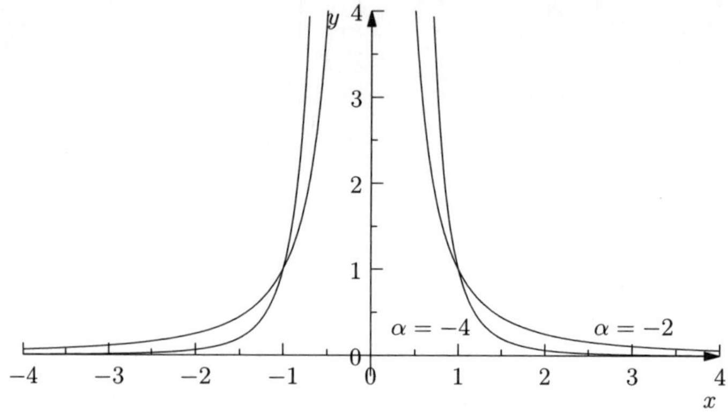

Figura 5.8: Funzioni potenza con esponente $\alpha < 0$ intero pari.

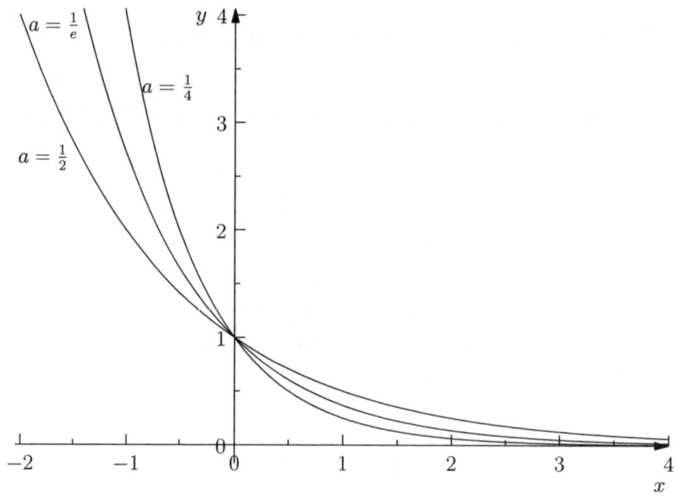

Figura 5.9: Funzione esponenziale con base $0 < a < 1$.

5.1.10 Funzione esponenziale con base $a > 1$

$$\begin{cases} x = t \\ y = a^t \end{cases}, \qquad a > 1 \; .$$

Osservando il grafico in Figura 5.10, notiamo che la funzione può essere calcolata per qualunque valore del parametro t e assume solo valori positivi.

Casi particolari:

$$\begin{cases} x = t \\ y = 2^t \end{cases} ; \qquad \begin{cases} x = t \\ y = e^t \end{cases} ; \qquad \begin{cases} x = t \\ y = 4^t \end{cases} ; \qquad \ldots\text{etc.}$$

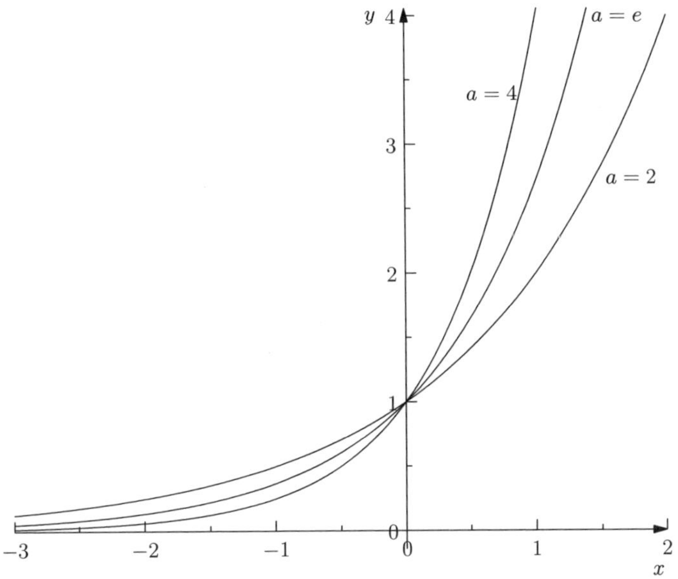

Figura 5.10: Funzione esponenziale con base $a > 1$.

5.1.11 Funzione logaritmo con base $0 < a < 1$

$$\begin{cases} x = t \\ y = \log_a t \end{cases} , \qquad 0 < a < 1 \, .$$

Osservando il grafico in Figura 5.11, notiamo che la funzione può essere calcolata solo per valori positivi del parametro t e assume tutti i valori appartenenti al campo reale. Casi particolari:

$$\begin{cases} x = t \\ y = \log_{\frac{1}{2}} t \end{cases} ; \qquad \begin{cases} x = t \\ y = \log_{\frac{1}{e}} t \end{cases} ; \qquad \begin{cases} x = t \\ y = \log_{\frac{1}{4}} t \end{cases} ; \qquad \ldots\text{etc.}$$

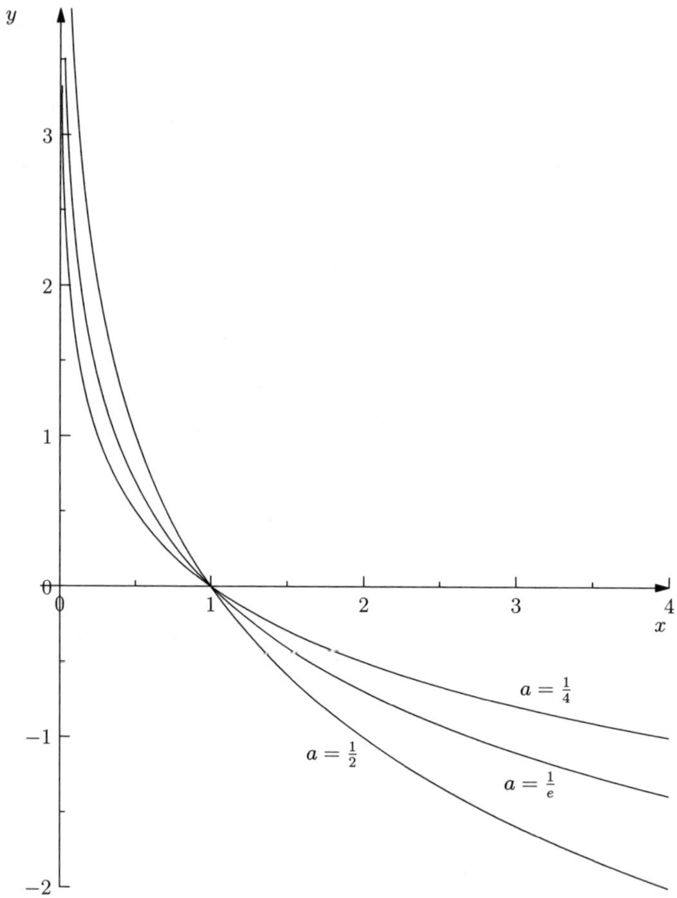

Figura 5.11: Funzione logaritmo con base $0 < a < 1$.

5.1.12 Funzione logaritmo con base $a > 1$

$$\begin{cases} x = t \\ y = \log_a t \end{cases}, \qquad a > 1 \,.$$

Osservando il grafico in Figura 5.12, notiamo che la funzione può essere calcolata solo per valori positivi del parametro t e assume tutti i valori appartenenti al campo reale. Casi particolari:

$$\begin{cases} x = t \\ y = \log_2 t = \log t \end{cases}; \quad \begin{cases} x = t \\ y = \log_e t = \ln t \end{cases}; \quad \begin{cases} x = t \\ y = \log_4 t \end{cases}; \quad \ldots\text{etc.}$$

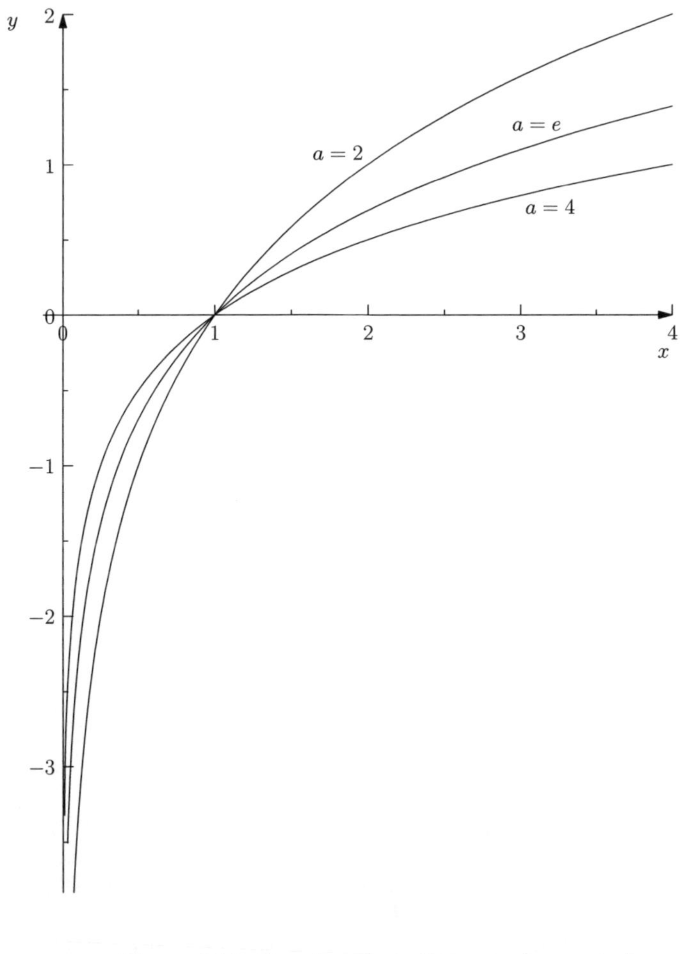

Figura 5.12: Funzione logaritmo con base $a > 1$.

In Figura 5.13 sono riportati i grafici delle tre funzioni $\begin{cases} x = t \\ y = t \end{cases}$ (retta), $\begin{cases} x = t \\ y = e^t \end{cases}$ (esponenziale) e $\begin{cases} x = t \\ y = \ln t \end{cases}$ (logaritmo).

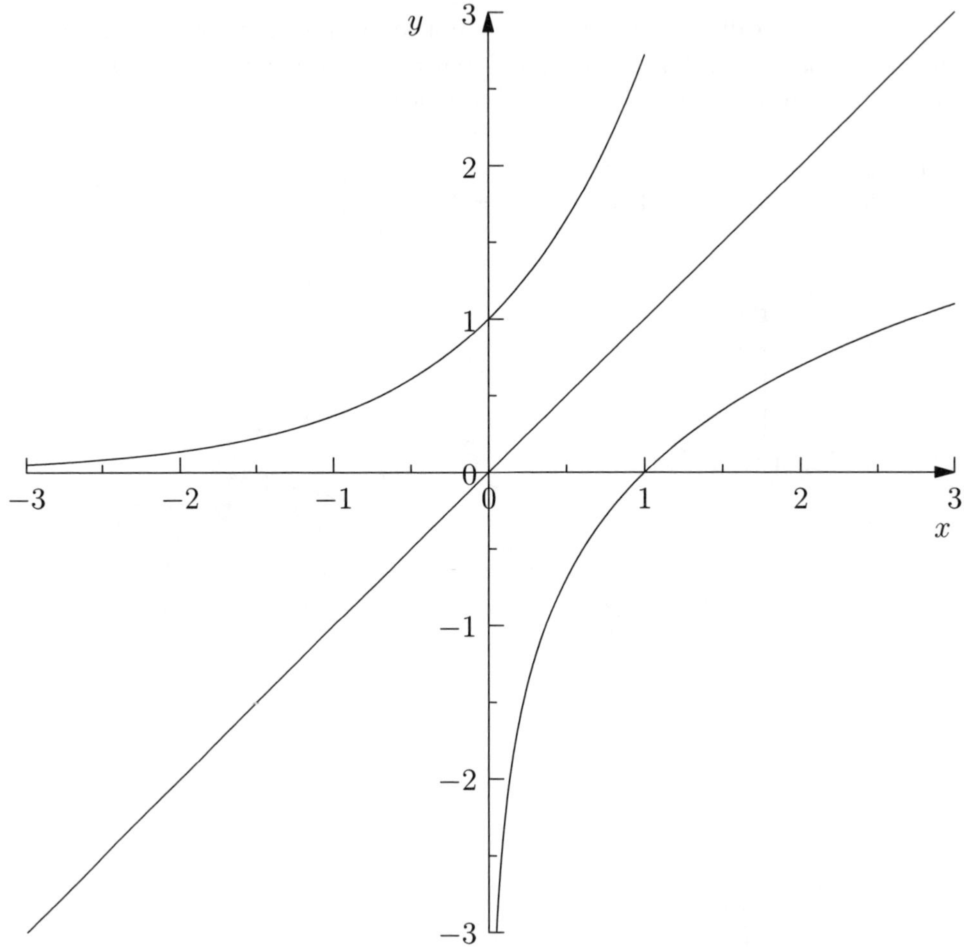

Figura 5.13

5.1.13 Funzione valore assoluto

$$\begin{cases} x = t \\ y = |t| \end{cases}, \quad \Rightarrow \quad \begin{cases} x = t \\ y = \begin{cases} t, & t \in [0, +\infty) \\ -t, & t \in (-\infty, 0) \end{cases} \end{cases}$$

Osservando il grafico in Figura 5.14, notiamo che la funzione può essere calcolata per qualunque valore del parametro t, assume solo valori positivi e il ramo della curva appartenente al primo quadrante è simmetrico rispetto all'asse delle y.

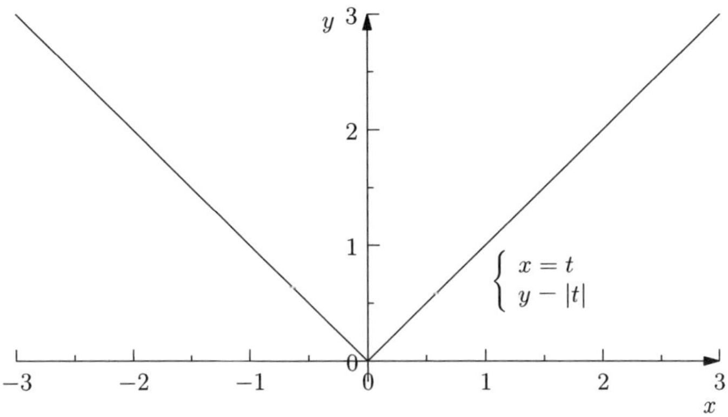

Figura 5.14: Funzione valore assoluto.

5.1.14 Funzione segno

$$\begin{cases} x = t \\ y = \frac{|t|}{t} \end{cases}, \quad \Rightarrow \quad \begin{cases} x = t \\ y = \begin{cases} 1, & t \in (0, +\infty) \\ -1, & t \in (-\infty, 0) \end{cases} \end{cases}$$

Osservando il grafico in Figura 5.15, notiamo che la funzione può essere calcolata per qualunque valore del parametro t, escluso $t = 0$, assume i valori $\{-1, +1\}$ e il ramo della curva appartenente al primo quadrante è simmetrico rispetto all'origine.

5.1.15 Funzione sinusoide

$$\begin{cases} x = t \\ y = \sin t \end{cases}.$$

Osservando il grafico in Figura 5.16, notiamo che la funzione può essere calcolata per qualunque valore del parametro t, assume solo i valori nell'intervallo $[-1, 1]$ ed è una funzione periodica di periodo 2π.

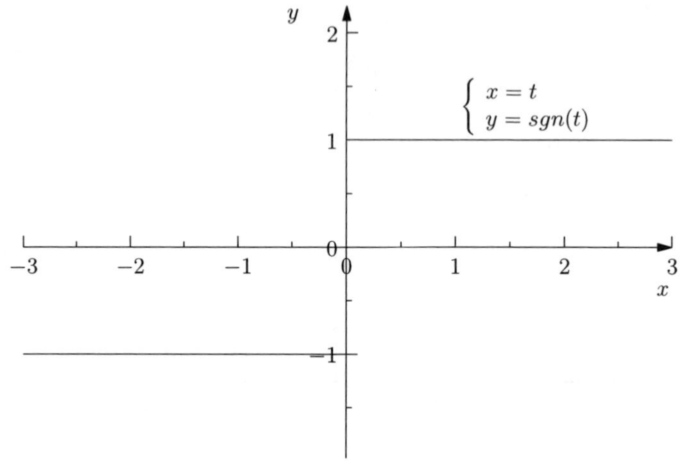

Figura 5.15: Funzione segno.

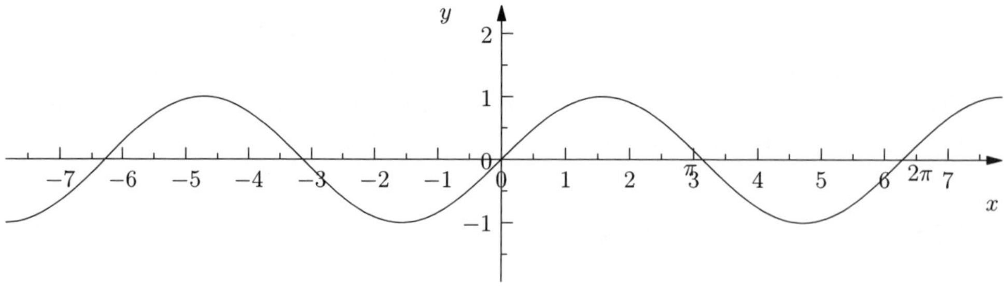

Figura 5.16: Funzione sinusoide.

5.1.16 Funzione cosinusoide

$$\begin{cases} x = t \\ y = \cos t \end{cases} .$$

Osservando il grafico in Figura 5.17, notiamo che la funzione può essere calcolata per qualunque valore del parametro t, assume solo i valori nell'intervallo $[-1, 1]$ ed è una funzione periodica di periodo 2π.

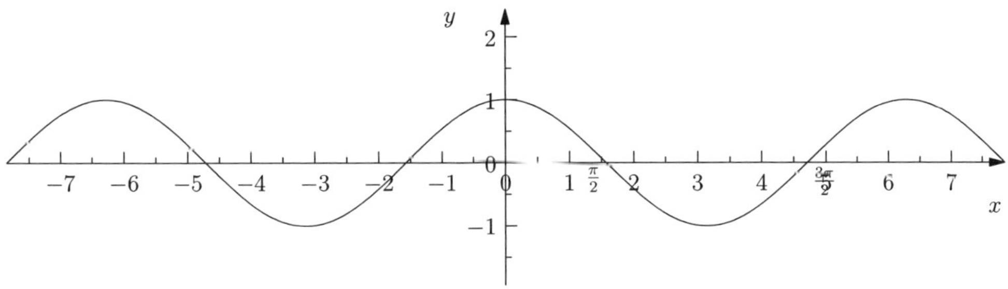

Figura 5.17: Funzione cosinusoide.

5.1.17 Funzione tangentoide

$$\begin{cases} x = t \\ y = \tan t \end{cases} .$$

Osservando il grafico in Figura 5.18, notiamo che la funzione può essere calcolata per qualunque valore del parametro t, ad esclusione dei valori $t = \frac{\pi}{2} + k\pi$ con $k \in \mathbb{R}$, assume tutti i valori appartenenti al campo reale ed è una funzione periodica di periodo 2π.

5.2 Varianti di funzioni elementari

Una interessante applicazione delle trasformazioni viste nel capitolo 4 è la modificazione dei grafici delle funzioni elementari, secondo regole ben precise, ma nel rispetto di esigenze di tipo grafico.

5.2.1 Traslazioni

La traslazione è una trasformazione che sposta il grafico di una curva nel piano senza modificarlo. Vediamo le due principali traslazioni: la traslazione lungo l'asse x e la traslazione lungo l'asse y.

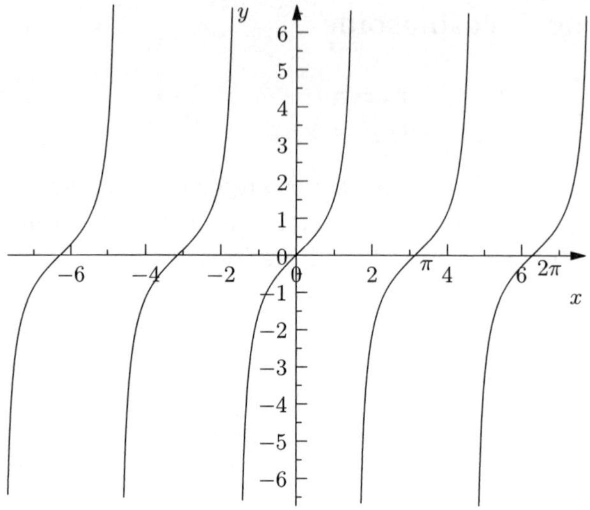

Figura 5.18: Funzione tangentoide.

Traslazione lungo l'asse x. Si ottiene applicando alla funzione parametrica $\begin{cases} x = t \\ y = f(t) \end{cases}$ la seguente trasformazione:

$$\begin{bmatrix} 1 & 0 & a \\ 0 & 1 & 0 \\ 0 & 0 & 1 \end{bmatrix} \begin{bmatrix} t \\ f(t) \\ 1 \end{bmatrix} = \begin{bmatrix} t+a \\ f(t) \\ 1 \end{bmatrix} ;$$

se il parametro a è positivo il grafico viene spostato lungo il semiasse positivo delle x (a destra) di una quantità a;

se il parametro a è negativo il grafico viene spostato lungo il semiasse negativo delle x (a sinistra) di una quantità $|a|$.

Esempio. Consideriamo la funzione parametrica $\begin{cases} x = t \\ y = \ln t \end{cases}$ e applichiamo una traslazione lungo l'asse x con parametro $a = 2$ e poi con parametro $a = -3$:

$$\begin{bmatrix} 1 & 0 & 2 \\ 0 & 1 & 0 \\ 0 & 0 & 1 \end{bmatrix} \begin{bmatrix} t \\ \ln t \\ 1 \end{bmatrix} = \begin{bmatrix} t+2 \\ \ln t \\ 1 \end{bmatrix}$$

$$\begin{bmatrix} 1 & 0 & -3 \\ 0 & 1 & 0 \\ 0 & 0 & 1 \end{bmatrix} \begin{bmatrix} t \\ \ln t \\ 1 \end{bmatrix} = \begin{bmatrix} t-3 \\ \ln t \\ 1 \end{bmatrix}$$

i grafici delle tre funzioni sono riportati in Figura 5.19.

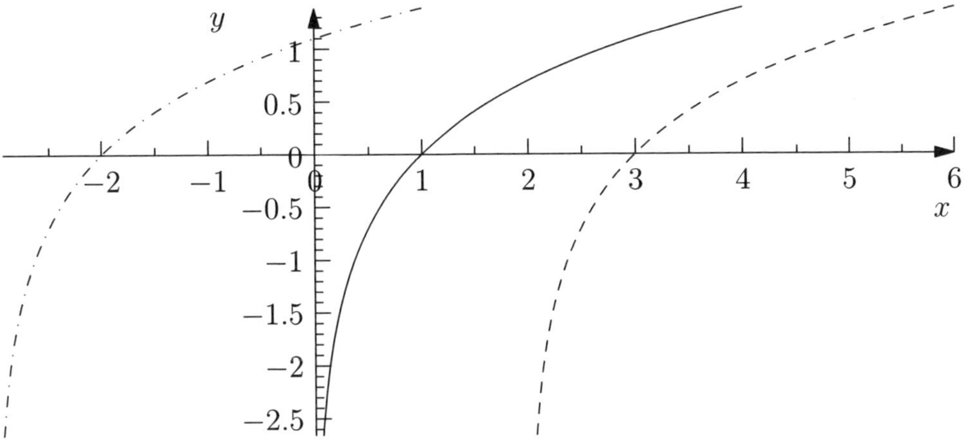

Figura 5.19: Grafico delle tre funzioni: $\begin{cases} x = t \\ y = \ln t \end{cases}$ (—), $\begin{cases} x = t + 2 \\ y = \ln t \end{cases}$ (− −) e $\begin{cases} x = t - 3 \\ y = \ln t \end{cases}$ (− · −).

Traslazione lungo l'asse y. Si ottiene applicando alla funzione parametrica $\begin{cases} x = t \\ y = f(t) \end{cases}$ la seguente trasformazione:

$$\begin{bmatrix} 1 & 0 & 0 \\ 0 & 1 & a \\ 0 & 0 & 1 \end{bmatrix} \begin{bmatrix} t \\ f(t) \\ 1 \end{bmatrix} = \begin{bmatrix} t \\ f(t) + a \\ 1 \end{bmatrix}$$

se il parametro a è positivo il grafico viene spostato lungo il semiasse positivo delle y (in alto) di una quantità a;

se il parametro a è negativo il grafico viene spostato lungo il semiasse negativo delle y (in basso) di una quantità $|a|$.

Esempio. Consideriamo la funzione parametrica $\begin{cases} x = t \\ y = \sqrt{t} \end{cases}$ e applichiamo una traslazione lungo l'asse y con parametro $a = 2$ e poi con parametro

$a = -3$:

$$\begin{bmatrix} 1 & 0 & 0 \\ 0 & 1 & 2 \\ 0 & 0 & 1 \end{bmatrix} \begin{bmatrix} t \\ \sqrt{t} \\ 1 \end{bmatrix} = \begin{bmatrix} t \\ \sqrt{t}+2 \\ 1 \end{bmatrix}$$
$$\begin{bmatrix} 1 & 0 & 0 \\ 0 & 1 & -3 \\ 0 & 0 & 1 \end{bmatrix} \begin{bmatrix} t \\ \sqrt{t} \\ 1 \end{bmatrix} = \begin{bmatrix} t \\ \sqrt{t}-3 \\ 1 \end{bmatrix}$$

i grafici delle tre funzioni sono riportati in Figura 5.20.

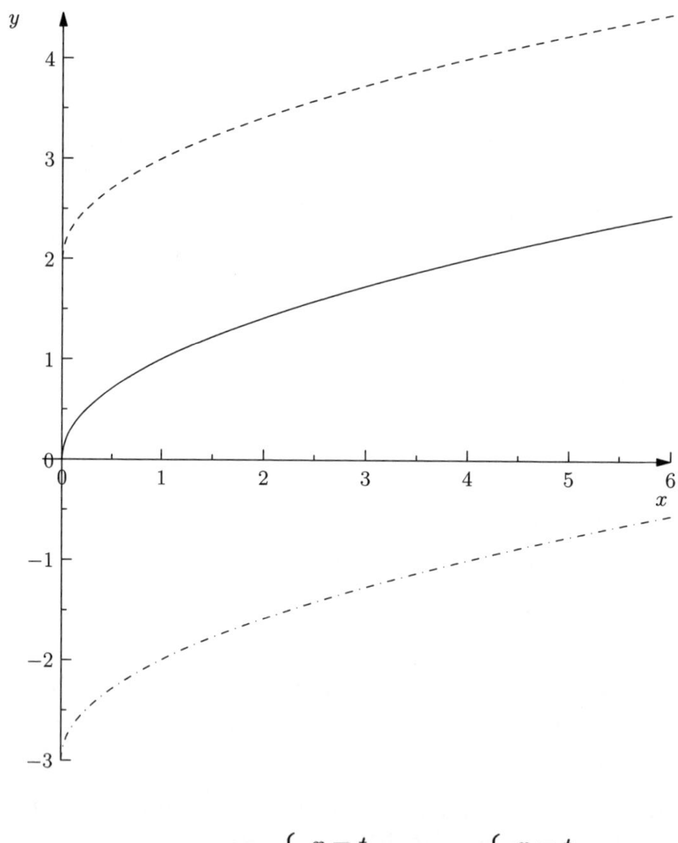

Figura 5.20: Grafico delle tre funzioni $\begin{cases} x = t \\ y = \sqrt{t} \end{cases}$ (—), $\begin{cases} x = t \\ y = \sqrt{t}+2 \end{cases}$ (− −) e $\begin{cases} x = t \\ y = \sqrt{t}-3 \end{cases}$ (− · −).

5.2.2 Scaling

Lo Scaling è una trasformazione che comprime o dilata il grafico di una curva nel piano. Vediamo i due tipi principali di Scaling: lo Scaling lungo l'asse x e lo Scaling lungo l'asse y.

Scaling lungo l'asse x. Si ottiene applicando alla funzione parametrica $\begin{cases} x = t \\ y = f(t) \end{cases}$ la seguente trasformazione:

$$\begin{bmatrix} k & 0 & 0 \\ 0 & 1 & 0 \\ 0 & 0 & 1 \end{bmatrix} \begin{bmatrix} t \\ f(t) \\ 1 \end{bmatrix} = \begin{bmatrix} kt \\ f(t) \\ 1 \end{bmatrix} \qquad k > 0$$

se $0 < k < 1$ il grafico viene «contratto»lungo l'asse x (orizzontalmente) di un fattore k;

se $k > 1$ il grafico viene «dilatato»lungo l'asse x (orizzontalmente) di un fattore k.

Esempio. Consideriamo la funzione parametrica $\begin{cases} x = t \\ y = \sin t \end{cases}$ e applichiamo uno Scaling lungo l'asse x con parametro $k = 2$ e poi con parametro $k = \frac{1}{3}$:

$$\begin{bmatrix} 2 & 0 & 0 \\ 0 & 1 & 0 \\ 0 & 0 & 1 \end{bmatrix} \begin{bmatrix} t \\ \sin t \\ 1 \end{bmatrix} = \begin{bmatrix} 2t \\ \sin t \\ 1 \end{bmatrix}$$

$$\begin{bmatrix} \frac{1}{3} & 0 & 0 \\ 0 & 1 & 0 \\ 0 & 0 & 1 \end{bmatrix} \begin{bmatrix} t \\ \sin t \\ 1 \end{bmatrix} = \begin{bmatrix} \frac{1}{3}t \\ \sin t \\ 1 \end{bmatrix}$$

i grafici delle tre funzioni sono riportati in Figura 5.21.

Scaling lungo l'asse y. Si ottiene applicando alla funzione parametrica $\begin{cases} x = t \\ y = f(t) \end{cases}$ la seguente trasformazione:

$$\begin{bmatrix} 1 & 0 & 0 \\ 0 & k & 0 \\ 0 & 0 & 1 \end{bmatrix} \begin{bmatrix} t \\ f(t) \\ 1 \end{bmatrix} = \begin{bmatrix} t \\ kf(t) \\ 1 \end{bmatrix} \qquad k > 0$$

se $0 < k < 1$ il grafico viene «contratto»lungo l'asse y (verticalmente) di un fattore k;

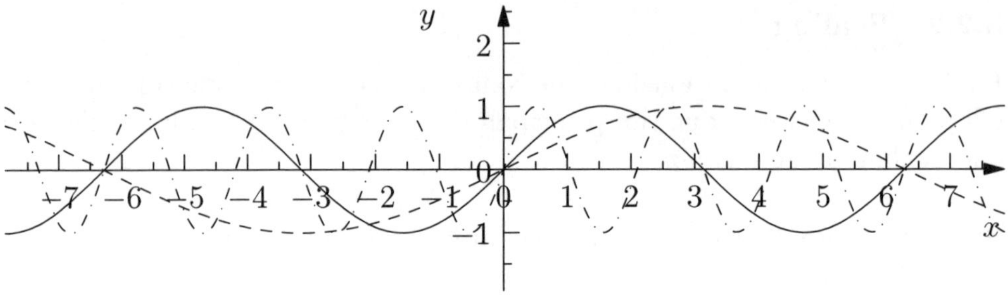

Figura 5.21: Grafico delle tre funzioni $\begin{cases} x = t \\ y = \sin t \end{cases}$ (—), $\begin{cases} x = 2t \\ y = \sin t \end{cases}$ (− −) e $\begin{cases} x = \frac{1}{3}t \\ y = \sin t \end{cases}$ (− · −).

se $k > 1$ il grafico viene «dilatato»lungo l'asse y (verticalmente) di un fattore k.

Esempio. Consideriamo la funzione parametrica $\begin{cases} x = t \\ y = \cos t \end{cases}$ e applichiamo uno Scaling lungo l'asse y con parametro $k = 2$ e poi con parametro $k = \frac{1}{3}$:

$$\begin{bmatrix} 1 & 0 & 0 \\ 0 & 2 & 0 \\ 0 & 0 & 1 \end{bmatrix} \begin{bmatrix} t \\ \cos t \\ 1 \end{bmatrix} = \begin{bmatrix} t \\ 2\cos t \\ 1 \end{bmatrix}$$

$$\begin{bmatrix} 1 & 0 & 0 \\ 0 & \frac{1}{3} & 0 \\ 0 & 0 & 1 \end{bmatrix} \begin{bmatrix} t \\ \cos t \\ 1 \end{bmatrix} = \begin{bmatrix} t \\ \frac{1}{3}\cos t \\ 1 \end{bmatrix}$$

i grafici delle tre funzioni sono riportati in Figura 5.22.

5.2.3 Riflessioni

La riflessione rispetto a un asse è una trasformazione che riflette il grafico di una curva piana rispetto all'asse dato. Vediamo i due tipi principali di riflessioni: riflessione rispetto all'asse x e riflessione rispetto all'asse y.

Riflessione rispetto all'asse x. Si ottiene applicando alla funzione parametrica $\begin{cases} x = t \\ y = f(t) \end{cases}$ la seguente trasformazione:

$$\begin{bmatrix} 1 & 0 & 0 \\ 0 & -1 & 0 \\ 0 & 0 & 1 \end{bmatrix} \begin{bmatrix} t \\ f(t) \\ 1 \end{bmatrix} = \begin{bmatrix} t \\ -f(t) \\ 1 \end{bmatrix}.$$

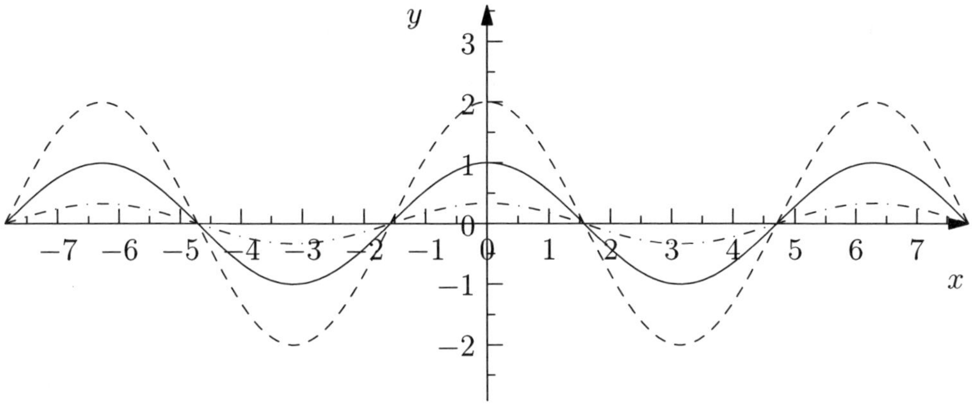

Figura 5.22: Grafico delle tre funzioni $\begin{cases} x = t \\ y = \cos t \end{cases}$ (—), $\begin{cases} x = t \\ y = 2\cos t \end{cases}$ (− −) e $\begin{cases} x = t \\ y = \frac{1}{3}\cos t \end{cases}$ (− · −).

Esempio. Consideriamo la funzione parametrica $\begin{cases} x = t \\ y = \sin t \end{cases}$ e applichiamo una riflessione rispetto all'asse x:

$$\begin{bmatrix} 1 & 0 & 0 \\ 0 & -1 & 0 \\ 0 & 0 & 1 \end{bmatrix} \begin{bmatrix} t \\ \sin t \\ 1 \end{bmatrix} = \begin{bmatrix} t \\ -\sin t \\ 1 \end{bmatrix}$$

i grafici delle due funzioni sono riportati in Figura 5.23.

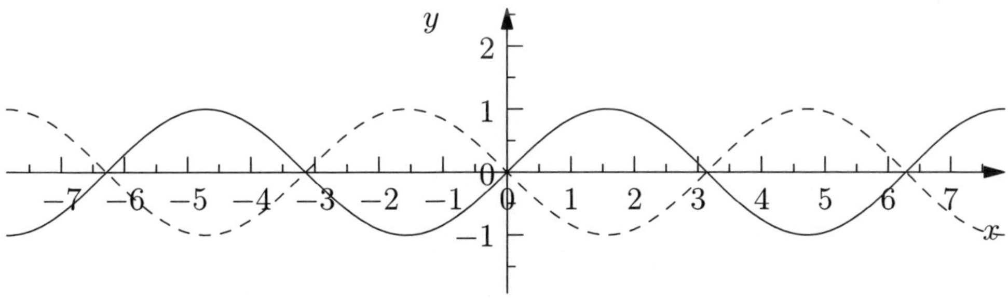

Figura 5.23: Grafico delle tre funzioni $\begin{cases} x = t \\ y = \sin t \end{cases}$ (—) e $\begin{cases} x = t \\ y = -\sin t \end{cases}$ (− −).

Riflessione rispetto all'asse y. Si ottiene applicando alla funzione parametrica $\begin{cases} x = t \\ y = f(t) \end{cases}$ la seguente trasformazione:

$$\begin{bmatrix} -1 & 0 & 0 \\ 0 & 1 & 0 \\ 0 & 0 & 1 \end{bmatrix} \begin{bmatrix} t \\ f(t) \\ 1 \end{bmatrix} = \begin{bmatrix} -t \\ f(t) \\ 1 \end{bmatrix}$$

Esempio. Consideriamo la funzione parametrica $\begin{cases} x = t \\ y = e^t \end{cases}$ e applichiamo una riflessione rispetto all'asse x:

$$\begin{bmatrix} -1 & 0 & 0 \\ 0 & 1 & 0 \\ 0 & 0 & 1 \end{bmatrix} \begin{bmatrix} t \\ e^t \\ 1 \end{bmatrix} = \begin{bmatrix} -t \\ e^t \\ 1 \end{bmatrix}$$

i grafici delle due funzioni sono riportati in Figura 5.24.

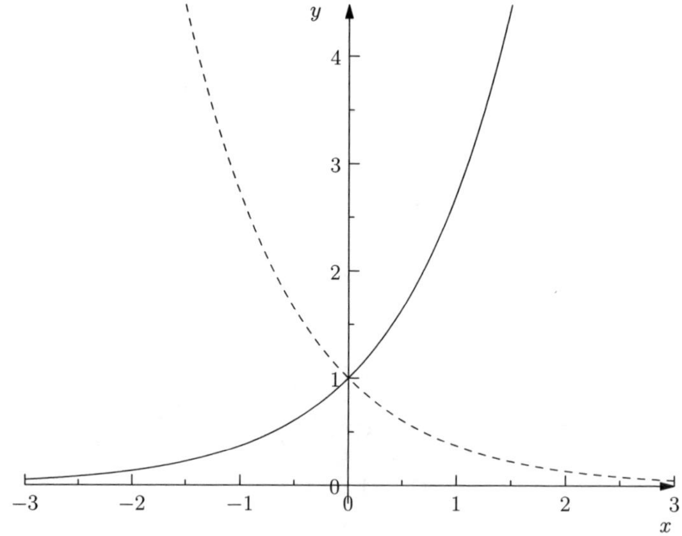

Figura 5.24: Grafico delle due funzioni $\begin{cases} x = t \\ y = e^t \end{cases}$ (—) e $\begin{cases} x = -t \\ y = e^t \end{cases}$ (– –).

5.2.4 Valore assoluto

Una particolare applicazione della riflessione rispetto all'asse x è la funzione valore assoluto.

se $f(t) > 0$: se $f(t) < 0$:

$$\begin{bmatrix} 1 & 0 & 0 \\ 0 & 1 & 0 \\ 0 & 0 & 1 \end{bmatrix} \begin{bmatrix} t \\ f(t) \\ 1 \end{bmatrix} = \begin{bmatrix} t \\ f(t) \\ 1 \end{bmatrix} \quad \begin{bmatrix} 1 & 0 & 0 \\ 0 & -1 & 0 \\ 0 & 0 & 1 \end{bmatrix} \begin{bmatrix} t \\ f(t) \\ 1 \end{bmatrix} = \begin{bmatrix} t \\ -f(t) \\ 1 \end{bmatrix}$$

in corrispondenza ai valori di t per cui $f(t)$ assume valori non negativi, il grafico coincide con quello di $\begin{cases} x = t \\ y = f(t) \end{cases}$; invece per i valori di t per cui $f(t)$ assume valori negativi, il grafico è ottenuto da quello di $\begin{cases} x = t \\ y = f(t) \end{cases}$ mediante una riflessione rispetto all'asse delle x.

Esempio. Consideriamo la funzione parametrica $\begin{cases} x = t \\ y = \sin t \end{cases}$ e applichiamo la funzione valore assoluto:

$$\begin{bmatrix} 1 & 0 & 0 \\ 0 & 1 & 0 \\ 0 & 0 & 1 \end{bmatrix} \begin{bmatrix} t \\ \sin t \\ 1 \end{bmatrix} = \begin{bmatrix} t \\ \sin t \\ 1 \end{bmatrix} \qquad \text{se } \sin t > 0$$

$$\begin{bmatrix} 1 & 0 & 0 \\ 0 & -1 & 0 \\ 0 & 0 & 1 \end{bmatrix} \begin{bmatrix} t \\ \sin t \\ 1 \end{bmatrix} = \begin{bmatrix} t \\ -\sin t \\ 1 \end{bmatrix} \qquad \text{se } \sin t < 0$$

i grafici delle due funzioni sono riportati in Figura 5.25.

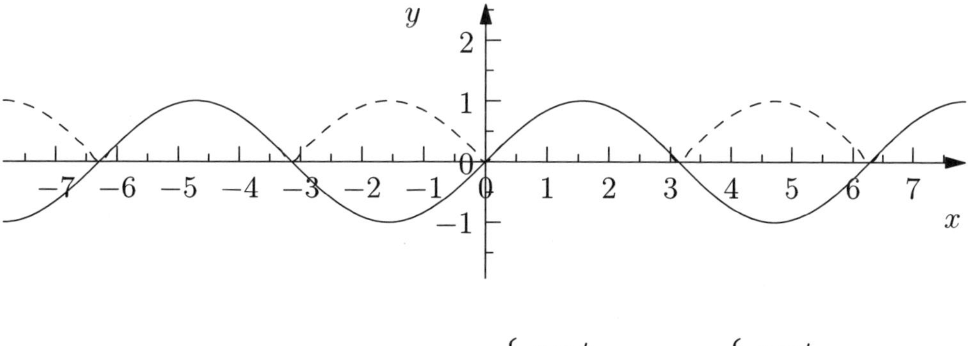

Figura 5.25: Grafico delle due funzioni $\begin{cases} x = t \\ y = \sin t \end{cases}$ (—) e $\begin{cases} x = t \\ y = \sin t \end{cases}$ se $\sin t > 0$, $\begin{cases} x = t \\ y = -\sin t \end{cases}$ se $\sin t < 0$ (– –).

se $t > 0$: se $t < 0$:

$$\begin{bmatrix} 1 & 0 & 0 \\ 0 & 1 & 0 \\ 0 & 0 & 1 \end{bmatrix} \begin{bmatrix} t \\ f(t) \\ 1 \end{bmatrix} = \begin{bmatrix} t \\ f(t) \\ 1 \end{bmatrix} \qquad \begin{bmatrix} -1 & 0 & 0 \\ 0 & 1 & 0 \\ 0 & 0 & 1 \end{bmatrix} \begin{bmatrix} t \\ f(t) \\ 1 \end{bmatrix} = \begin{bmatrix} -t \\ f(t) \\ 1 \end{bmatrix}$$

per i valori di t non negativi, il grafico coincide con quello di $\begin{cases} x = t \\ y = f(t) \end{cases}$; invece per i valori di $t < 0$, il grafico è ottenuto mediante una riflessione rispetto all'asse y del grafico percedente.

Esempio. Consideriamo la funzione parametrica $\begin{cases} x = t \\ y = t^3 \end{cases}$ e applichiamo la funzione valore assoluto:

$$\begin{bmatrix} 1 & 0 & 0 \\ 0 & 1 & 0 \\ 0 & 0 & 1 \end{bmatrix} \begin{bmatrix} t \\ t^3 \\ 1 \end{bmatrix} = \begin{bmatrix} t \\ t^3 \\ 1 \end{bmatrix} \qquad \text{se } t > 0$$

$$\begin{bmatrix} -1 & 0 & 0 \\ 0 & 1 & 0 \\ 0 & 0 & 1 \end{bmatrix} \begin{bmatrix} t \\ t^3 \\ 1 \end{bmatrix} = \begin{bmatrix} -t \\ t^3 \\ 1 \end{bmatrix} \qquad \text{se } t < 0$$

i grafici delle due funzioni sono riportati in Figura 5.26.

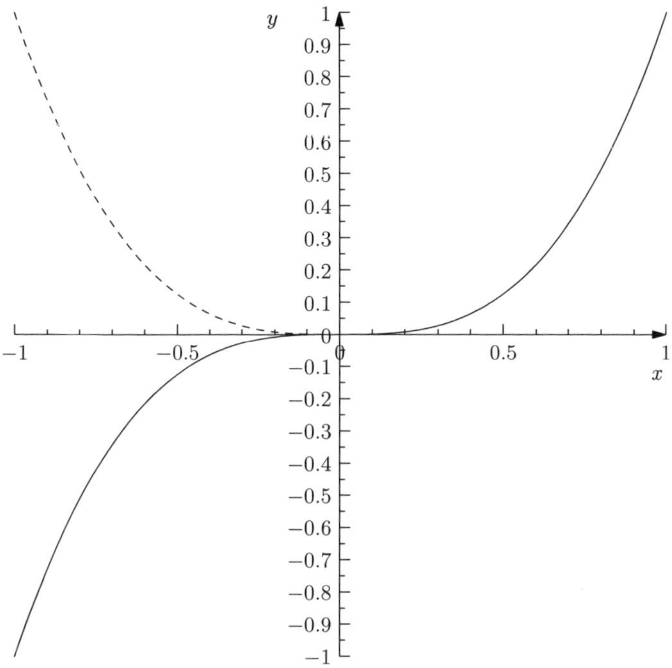

Figura 5.26: Grafico delle due funzioni $\begin{cases} x = t \\ y = t^3 \end{cases}$ (—) e $\begin{cases} x = t \\ y = t^3 \end{cases}$ se $t > 0$, $\begin{cases} x = -t \\ y = t^3 \end{cases}$ se $t < 0$ (− −).

Capitolo 6

Curve e Superfici ottenute per Generazione

Ora che abbiamo appreso alcuni strumenti di base del calcolo vettoriale e matriciale e interpretato attraverso di essi la matematizzazione di forme e delle loro trasformazioni, nel presente capitolo useremo questo formalismo per costruire alcune parametrizzazioni di curve e superfici cercando di realizzare forme interessanti e definite attraverso una loro genesi geometrica. In particolare trattiamo curve e superfici che vengono chiamate *dinamiche.*

6.1 Curve dinamiche

Le curve dinamiche sono particolari forme dello spazio determinate dalla traiettoria di un punto in movimento: punto che ruota, trasla, rototrasla e così via. Sappiamo che un punto si può descrivere attraverso un vettore 3D e che un movimento è interpretabile attraverso un'espressione matriciale. In questo modo possiamo costruire la parametrizzazione di una traiettoria. Più precisamente:

- considerata la forma si individua il modo in cui viene generata (tipo di movimento del punto che determina la traiettoria);

- si esprime il movimento attraverso un'opportuna matrice di trasformazione, in cui si introduce un parametro a rappresentare il movimento con continuità;

- si determinano gli infiniti punti trasformati che definiscono la traiettoria.

6.1.1 Circonferenza

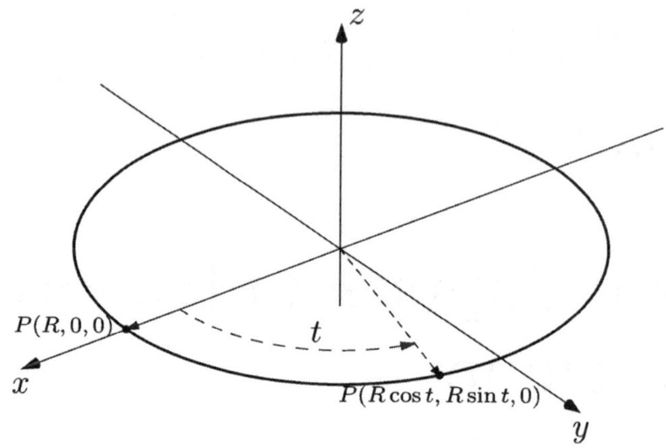

Figura 6.1: Circonferenza nel piano xy, centro O, raggio R.

Una circonferenza è interpretabile come traiettoria di un punto vettore che ruota, con angolo t variabile, intorno a un asse in modo da compiere un giro completo. In particolare, vediamo come generare una circonferenza di centro O e raggio R nel piano xy. Consideriamo come punto vettore di partenza $P(R, 0, 0)$, ovvero il punto di intersezione della circonferenza con il semiasse x positivo. L'asse di rotazione, in questo caso, è l'asse delle quote z, e, di conseguenza, la matrice di rotazione è data da (vedi sezione 4.5.1)

$$\begin{bmatrix} \cos t & -\sin t & 0 & 0 \\ \sin t & \cos t & 0 & 0 \\ 0 & 0 & 1 & 0 \\ 0 & 0 & 0 & 1 \end{bmatrix} \qquad t \in [0, 2\pi],$$

dove il vettore di traslazione è nullo. In questo caso, t è un angolo variabile: ad ogni valore di $t \in [0, 2\pi]$ corrisponde una diversa matrice di rotazione; tutte queste matrici di rotazione, applicate allo stesso punto vettore di partenza, danno origine ad altrettanti punti trasformati che definiscono la traiettoria della curva. Osserviamo che il parametro t è limitato nell'intervallo $[0, 2\pi]$, per cui la curva è percorsa una sola volta in senso antiorario.

L'equazione vettoriale della circonferenza diventa quindi

$$\begin{bmatrix} \cos t & -\sin t & 0 & 0 \\ \sin t & \cos t & 0 & 0 \\ 0 & 0 & 1 & 0 \\ 0 & 0 & 0 & 1 \end{bmatrix} \begin{bmatrix} R \\ 0 \\ 0 \\ 1 \end{bmatrix} = \begin{bmatrix} R\cos t \\ R\sin t \\ 0 \\ 1 \end{bmatrix} \qquad t \in [0, 2\pi],$$

che è la stessa vista in (2.15).

6.1.2 Spirali

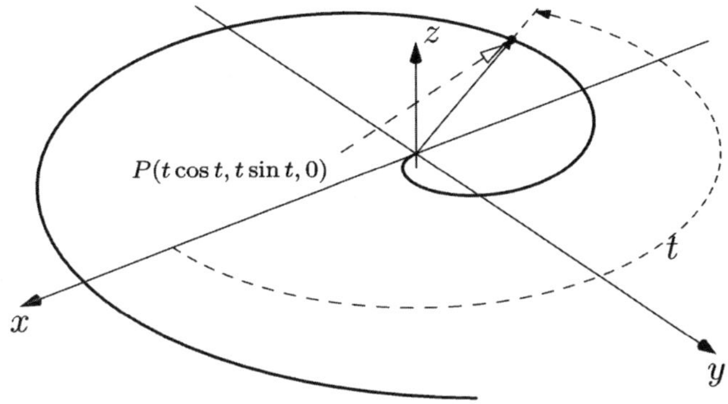

Figura 6.2: Spirale archimedea nel piano xy.

La spirale è una curva piana che può essere generata attraverso il movimento di un punto vettore che ruota con angolo t variabile intorno a un asse e, contemporaneamente, si allontana dall'asse stesso. La distanza da quest'ultimo è descritta da una funzione dell'angolo di rotazione.

Vediamo come generare una spirale nel piano xy e, come nel caso della circonferenza, prendiamo come punto vettore di partenza $P(R, 0, 0)$, $R > 0$. La trasformazione descritta si realizza componendo una matrice di rotazione attorno all'asse z (come per la circonferenza) e una di omotetia a elementi variabili:

$$\begin{bmatrix} f(t) & 0 & 0 & 0 \\ 0 & f(t) & 0 & 0 \\ 0 & 0 & f(t) & 0 \\ 0 & 0 & 0 & 1 \end{bmatrix} \begin{bmatrix} \cos t & -\sin t & 0 & 0 \\ \sin t & \cos t & 0 & 0 \\ 0 & 0 & 1 & 0 \\ 0 & 0 & 0 & 1 \end{bmatrix}$$

dove, generalmente, $f(t)$ è una funzione crescente di t ed, essendo la spirale una curva illimitata, $t \in [0, +\infty)$. Entrambe le trasformazioni componenti hanno vettore di traslazione nullo.

Se $f(t) = kt$ ($k > 0$ valore prefissato) abbiamo una spirale di Archimede nella quale la distanza di un punto sulla spirale dall'asse di rotazione è proporzionale all'ampiezza dell'angolo di rotazione. L'equazione vettoriale della spirale è data da:

$$\begin{bmatrix} kt & 0 & 0 & 0 \\ 0 & kt & 0 & 0 \\ 0 & 0 & kt & 0 \\ 0 & 0 & 0 & 1 \end{bmatrix} \begin{bmatrix} \cos t & -\sin t & 0 & 0 \\ \sin t & \cos t & 0 & 0 \\ 0 & 0 & 1 & 0 \\ 0 & 0 & 0 & 1 \end{bmatrix} \begin{bmatrix} R \\ 0 \\ 0 \\ 1 \end{bmatrix} = \begin{bmatrix} ktR\cos t \\ ktR\sin t \\ 0 \\ 1 \end{bmatrix}$$

$t \in [0, +\infty)$.

Osserviamo che, in corrispondenza del valore $t = 0$, la ragione di omotetia è uguale a zero, di conseguenza il punto vettore iniziale si annulla e la curva passa per l'origine.

Se $f(t) = e^{kt}$ ($k \geq 0$ valore prefissato) abbiamo una spirale logaritmica nella quale la distanza di un punto sulla spirale dall'asse di rotazione è proporzionale alla funzione esponenziale dipendente dall'ampiezza dell'angolo di rotazione. L'equazione vettoriale della spirale è data da:

$$\begin{bmatrix} e^{kt} & 0 & 0 & 0 \\ 0 & e^{kt} & 0 & 0 \\ 0 & 0 & e^{kt} & 0 \\ 0 & 0 & 0 & 1 \end{bmatrix} \begin{bmatrix} \cos t & -\sin t & 0 & 0 \\ \sin t & \cos t & 0 & 0 \\ 0 & 0 & 1 & 0 \\ 0 & 0 & 0 & 1 \end{bmatrix} \begin{bmatrix} R \\ 0 \\ 0 \\ 1 \end{bmatrix} = \begin{bmatrix} e^{kt} R \cos t \\ e^{kt} R \sin t \\ 0 \\ 1 \end{bmatrix}$$

$t \in [0, +\infty)$.

Osserviamo che, per $k = 0$, la matrice di omotetia diventa la matrice identica e la curva si riduce ad una circonferenza di raggio R percorsa infinite volte.

La curva spirale ha molto affascinato la fantasia di architetti, designer e artisti: Escher e Gaudì ne sono due esempi.

6.1.3 Cicloide

Una delle curve più classiche la cui natura è evidentemente meccanica è la *cicloide.*

La cicloide è una curva piana, la cui traiettoria è descritta da un punto appartenente al bordo di una ruota che rotola senza strisciare. Durante il movimento si ha un continuo ricambio dei punti di contatto della ruota con il suolo dovuto al fatto che non si deve avere strisciamento. Di conseguenza, lo spostamento orizzontale risulta uguale a un arco di circonferenza (vedi Figura 6.3) di lunghezza proporzionale alla rotazione compiuta, ossia uguale a Rt, dove R è il raggio di rotolamento (raggio della ruota) e t l'angolo di rotazione.

Il movimento descritto è una *rototraslazione*: a una rotazione di angolo positivo (antioraria) attorno ad un asse corrisponde una traslazione negativa (verso sinistra) e viceversa.

Partendo da una circonferenza (ruota) di raggio R e centro $C(0, R, 0)$, considerando il punto vettore situato nell'origine e assumendo l'asse delle x come direzione di traslazione, il punto ruota attorno ad un asse parallelo a z a distanza R da z e contemporaneamente trasla con vettore di traslazione $\langle Rt, 0, 0 \rangle$.

La prima trasformazione è una rotazione con asse $\langle 0, R, t\rangle$ e angolo $-t$ (rotazione oraria), ed è data dalla seguente composizione di matrici:

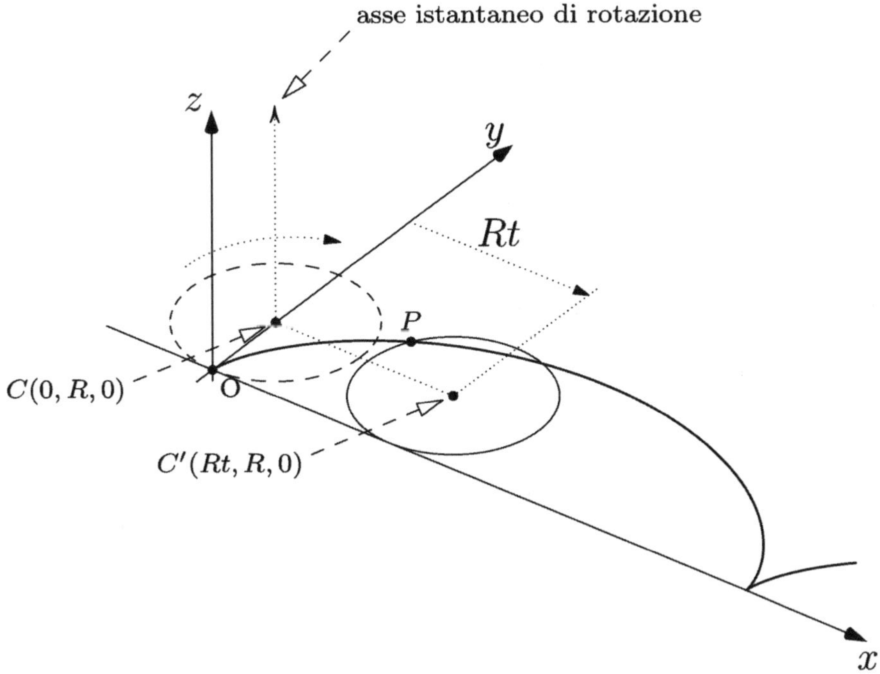

Figura 6.3: Cicloide giacente nel piano xy.

$$\begin{bmatrix} 1 & 0 & 0 & 0 \\ 0 & 1 & 0 & R \\ 0 & 0 & 1 & 0 \\ 0 & 0 & 0 & 1 \end{bmatrix} \begin{bmatrix} \cos(-t) & -\sin(-t) & 0 & 0 \\ \sin(-t) & \cos(-t) & 0 & 0 \\ 0 & 0 & 1 & 0 \\ 0 & 0 & 0 & 1 \end{bmatrix} \begin{bmatrix} 1 & 0 & 0 & 0 \\ 0 & 1 & 0 & -R \\ 0 & 0 & 1 & 0 \\ 0 & 0 & 0 & 1 \end{bmatrix} =$$

$$= \begin{bmatrix} \cos(-t) & -\sin(-t) & 0 & -R\sin t \\ \sin(-t) & \cos(-t) & 0 & R(1-\cos t) \\ 0 & 0 & 1 & 0 \\ 0 & 0 & 0 & 1 \end{bmatrix}$$

La seconda trasformazione è una traslazione di vettore $\langle Rt, 0, 0\rangle$:

$$\begin{bmatrix} 1 & 0 & 0 & Rt \\ 0 & 1 & 0 & 0 \\ 0 & 0 & 1 & 0 \\ 0 & 0 & 0 & 1 \end{bmatrix}$$

La trasformazione composta, applicata al punto vettore $O(0,0,0)$, dà origine all'equazione vettoriale della cicloide

$$\begin{bmatrix} 1 & 0 & 0 & Rt \\ 0 & 1 & 0 & 0 \\ 0 & 0 & 1 & 0 \\ 0 & 0 & 0 & 1 \end{bmatrix} \begin{bmatrix} \cos(-t) & -\sin(-t) & 0 & -R\sin t \\ \sin(-t) & \cos(-t) & 0 & R(1-\cos t) \\ 0 & 0 & 1 & 0 \\ 0 & 0 & 0 & 1 \end{bmatrix} \begin{bmatrix} 0 \\ 0 \\ 0 \\ 1 \end{bmatrix} =$$

$$\begin{bmatrix} R(t-\sin t) \\ R(1-\cos t) \\ 0 \\ 1 \end{bmatrix} \qquad t \in [0,+\infty).$$

La cicloide è una curva periodica, il periodo corrisponde ad un giro completo della ruota e a un arco di curva che viene ripetuto indefinitamente. Ogni arco è raccordato al successivo con un punto in cui la curva presenta una discontinuità di tangenza (punto di cuspide).

La cicloide di base fin qui vista, può essere generalizzata considerando la traiettoria di un punto solidale con la ruota ma situato a una distanza generica R_2 dal centro della stessa. L'equazione vettoriale si ottiene come per la cicloide di base, ma usando come punto vettore iniziale quello appropriato, di coordinate $(0, R-R_2, 0)$. Se il punto è interno alla ruota (ossia se $R_2 < R$) la curva descritta è detta *cicloide accorciata* ed è tanto più appiattita quanto più è piccolo R_2. Nel caso limite in cui $R_2 = 0$ la curva diventa la retta $y = R$, parallela all'asse x.

Se il punto è esterno alla ruota ($R_2 > R$) la curva descritta è detta *cicloide allungata* e ad ogni giro presenta, invece di una cuspide, un nodo.

6.1.4 Elica cilindrica

Come esempio di curva sghemba vediamo l'elica cilindrica (già trattata nel secondo capitolo) come traiettoria di un punto mobile.

Precisamente *un'elica cilindrica è interpretabile come traiettoria di un punto che ruota con angolo t variabile intorno ad un asse e, contemporaneamente, trasla uniformemente lungo lo stesso asse.* Il movimento descritto è una *rototraslazione*. Vediamo come generare un'elica cilindrica di raggio R e asse z. Assumiamo come punto vettore iniziale $P(R,0,0)$, come asse di rotazione l'asse delle quote z e come vettore di traslazione $\langle 0,0,kt\rangle$, $k > 0$; la matrice di trasformazione è data da:

$$\begin{bmatrix} 1 & 0 & 0 & 0 \\ 0 & 1 & 0 & 0 \\ 0 & 0 & 1 & kt \\ 0 & 0 & 0 & 1 \end{bmatrix} \begin{bmatrix} \cos t & -\sin t & 0 & 0 \\ \sin t & \cos t & 0 & 0 \\ 0 & 0 & 1 & 0 \\ 0 & 0 & 0 & 1 \end{bmatrix} \qquad t \in \mathbb{R},$$

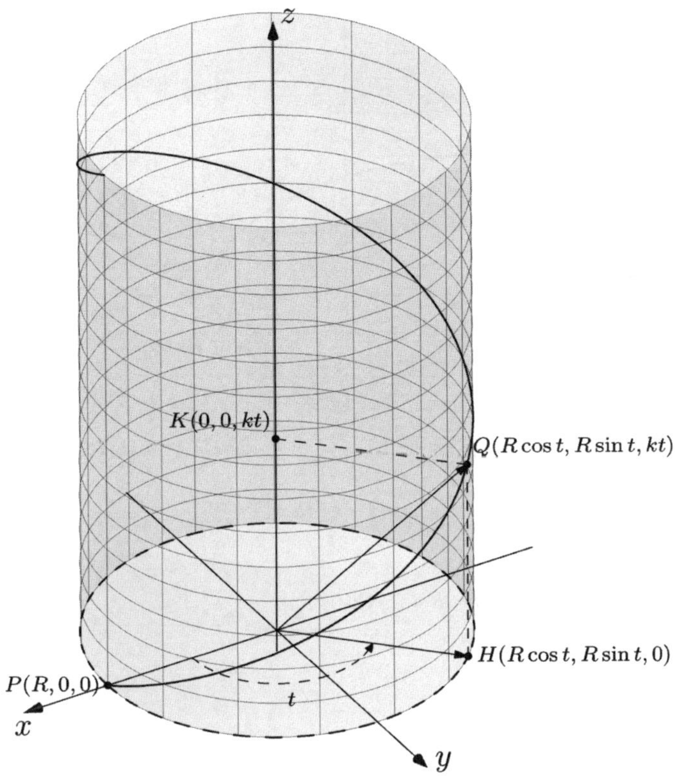

Figura 6.4: Elica cilindrica di raggio R e asse z.

dove il valore k fissato determina l'intensità della traslazione, come vedremo in seguito. L'equazione vettoriale dell'elica cilindrica è quindi data da

$$\begin{bmatrix} 1 & 0 & 0 & 0 \\ 0 & 1 & 0 & 0 \\ 0 & 0 & 1 & kt \\ 0 & 0 & 0 & 1 \end{bmatrix} \begin{bmatrix} \cos t & -\sin t & 0 & 0 \\ \sin t & \cos t & 0 & 0 \\ 0 & 0 & 1 & 0 \\ 0 & 0 & 0 & 1 \end{bmatrix} \begin{bmatrix} R \\ 0 \\ 0 \\ 1 \end{bmatrix} = \begin{bmatrix} R\cos t \\ R\sin t \\ kt \\ 1 \end{bmatrix} \tag{6.1}$$

$t \in \mathbb{R}$.

Confrontando l'equazione (6.1) con la (2.16) osserviamo che $k = \frac{p}{2\pi}$ dove p è il passo dell'elica (distanza tra due spire consecutive). Se $k = 0$ la curva si riduce ad una circonferenza percorsa infinite volte, mentre al crescere di $k > 0$, e quindi di p, l'elica diventa più «stirata» ovvero con spire più ampie.

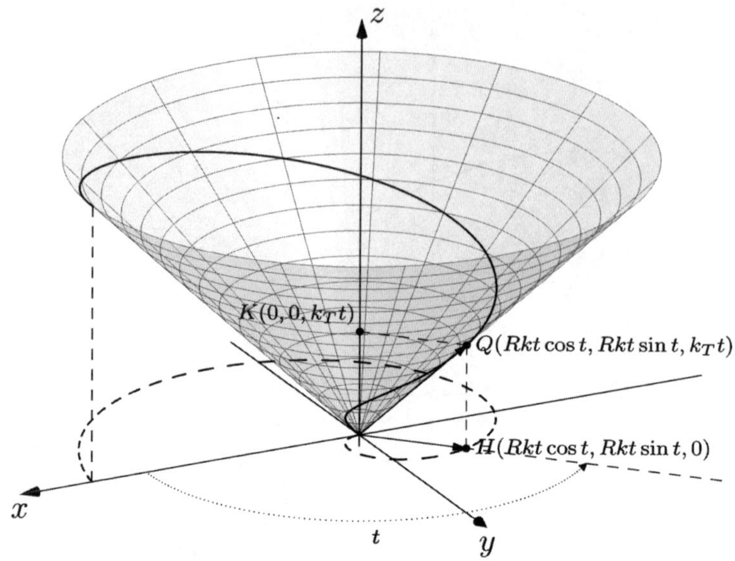

Figura 6.5: Elica conica.

6.1.5 Elica conica

Una curva simile all'elica cilindrica, ma con avvolgimento su una superficie conica circolare retta, è l'*elica conica*.

Un'elica conica è una curva sghemba (non piana) interpretabile come traiettoria di un punto mobile che rototrasla intorno a un asse con un angolo variabile t e un'intensità di traslazione uguale a t e, contemporaneamente, è soggetto a un'omotetia agente nel piano xy con coefficiente proporzionale al parametro t. La costruzione di un'elica conica è molto simile alla costruzione della spirale di Archimede: si assume lo stesso punto vettore iniziale $P(R, 0, 0)$, l'asse di rotazione è sempre l'asse delle quote z, l'omotetia (nel piano xy, in modo che l'effetto di allontanamento dal piano iniziale xy sia dovuto solo alla traslazione) ha ragione kt e la traslazione, in direzione di z, è di vettore $\langle 0, 0, k_T t\rangle$. La matrice di trasformazione è dunque data da

$$\begin{bmatrix} 1 & 0 & 0 & 0 \\ 0 & 1 & 0 & 0 \\ 0 & 0 & 1 & k_T t \\ 0 & 0 & 0 & 1 \end{bmatrix} \begin{bmatrix} kt & 0 & 0 & 0 \\ 0 & kt & 0 & 0 \\ 0 & 0 & 1 & 0 \\ 0 & 0 & 0 & 1 \end{bmatrix} \begin{bmatrix} \cos t & -\sin t & 0 & 0 \\ \sin t & \cos t & 0 & 0 \\ 0 & 0 & 1 & 0 \\ 0 & 0 & 0 & 1 \end{bmatrix} \qquad t \in \mathbb{R},$$

e l'equazione vettoriale dell'elica conica risulta:

$$\begin{bmatrix} 1 & 0 & 0 & 0 \\ 0 & 1 & 0 & 0 \\ 0 & 0 & 1 & k_T t \\ 0 & 0 & 0 & 1 \end{bmatrix} \begin{bmatrix} kt & 0 & 0 & 0 \\ 0 & kt & 0 & 0 \\ 0 & 0 & 1 & 0 \\ 0 & 0 & 0 & 1 \end{bmatrix} \begin{bmatrix} \cos t & -\sin t & 0 & 0 \\ \sin t & \cos t & 0 & 0 \\ 0 & 0 & 1 & 0 \\ 0 & 0 & 0 & 1 \end{bmatrix} \begin{bmatrix} R \\ 0 \\ 0 \\ 1 \end{bmatrix} =$$

$$= \begin{bmatrix} Rkt\cos t \\ Rkt\sin t \\ k_T t \\ 1 \end{bmatrix} \qquad t \in \mathbb{R};$$

le due costanti k e k_T determinano l'apertura del cono e il passo dell'elica.

6.2 Superfici dinamiche

Le superfici dinamiche sono particolari forme dello spazio determinate dallo spostamento o deformazione di una famiglia di curve «in movimento»: curve che ruotano, traslano, rototraslano, omotetizzano in modo continuo, ecc. La curva di base si dice generatrice. In questo caso teniamo presente che una curva può essere descritta da un vettore parametrico a un parametro e che ciascuno dei movimenti precedenti può essere descritto da un'opportuna matrice di trasformazione.

Grazie a questi strumenti possiamo costruire la parametrizzazione di «superfici dinamiche». Più precisamente:

- considerata la forma se ne deduce l'origine (tipo di curva generatrice e tipo di movimento della curva che crea la superficie);

- si esprime il movimento attraverso l'adeguata matrice di trasformazione, in cui si introduce un parametro (diverso e con variabilità indipendente da quello utilizzato nel vettore parametrico che definisce la curva generatrice) a rappresentare il movimento con continuità;

- si determinano le infinite curve trasformate che definiscono la superficie dinamica.

6.2.1 Sfera

A titolo di esempio riconsideriamo una superficie già analizzata in precedenza: una *superficie sferica*.

Una superficie sferica può intendersi come generabile per rotazione completa attorno ad un asse, ad angolo t variabile, di una semicirconferenza con

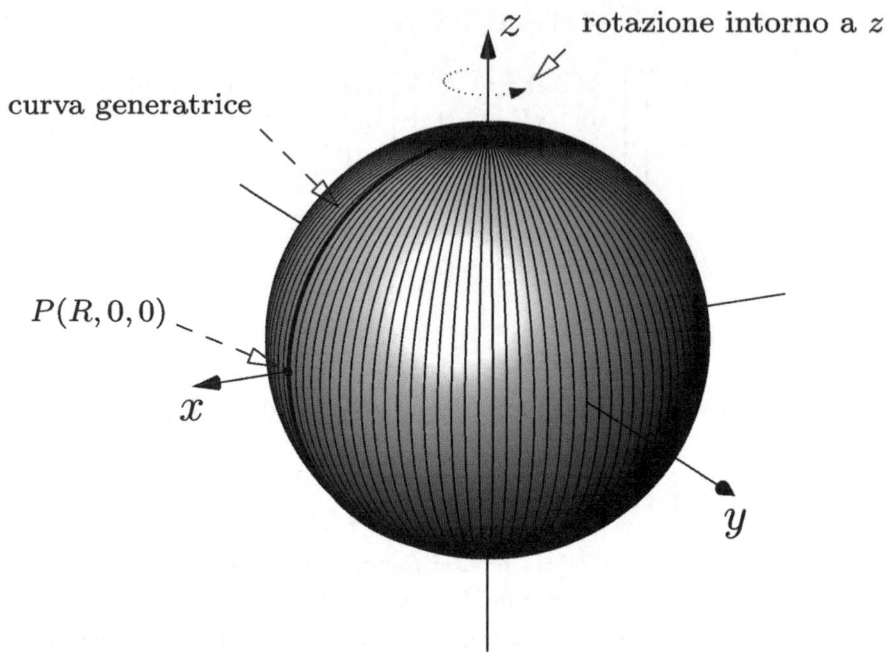

Figura 6.6: Superficie sferica.

diametro sull'asse. Vediamo come generare la sfera di raggio R e centro O. Consideriamo come curva generatrice la semicirconferenza di raggio R e centro O nel piano zx nel semiasse x positivo: $\langle R\sin u, 0, R\cos u\rangle$, $u \in [0, \pi]$, e prendiamo come asse di rotazione l'asse z. La matrice di rotazione è data da (vedi sezione 4.5.1)

$$\begin{bmatrix} \cos t & -\sin t & 0 & 0 \\ \sin t & \cos t & 0 & 0 \\ 0 & 0 & 1 & 0 \\ 0 & 0 & 0 & 1 \end{bmatrix} \qquad t \in [0, 2\pi],$$

dove il vettore di traslazione è nullo.

L'equazione vettoriale della sfera diventa quindi

$$\begin{bmatrix} \cos t & -\sin t & 0 & 0 \\ \sin t & \cos t & 0 & 0 \\ 0 & 0 & 1 & 0 \\ 0 & 0 & 0 & 1 \end{bmatrix} \begin{bmatrix} R\sin u \\ 0 \\ R\cos u \\ 1 \end{bmatrix} = \begin{bmatrix} R\sin u\cos t \\ R\sin u\sin t \\ R\cos u \\ 1 \end{bmatrix}$$

$t \in [0, 2\pi]$, $u \in [0, \pi]$, che è la stessa vista in (2.19).

6.2.2 Superficie cilindrica circolare retta

Vediamo ora da differenti punti di vista la generazione di una *superficie cilindrica circolare retta.*

Una superficie cilindrica può intendersi generabile per rotazione completa, ad angolo t variabile, attorno ad un asse, di una retta parallela all'asse di rotazione. Vediamo come generare una superficie cilindrica di raggio R e asse z. Consideriamo come curva generatrice la retta parallela all'asse z passante per il punto $P(R, 0, 0)$ di equazione $\langle R, 0, u\rangle$ e prendiamo come asse di rotazione l'asse z. La matrice di rotazione è data da (vedi sezione 4.5.1)

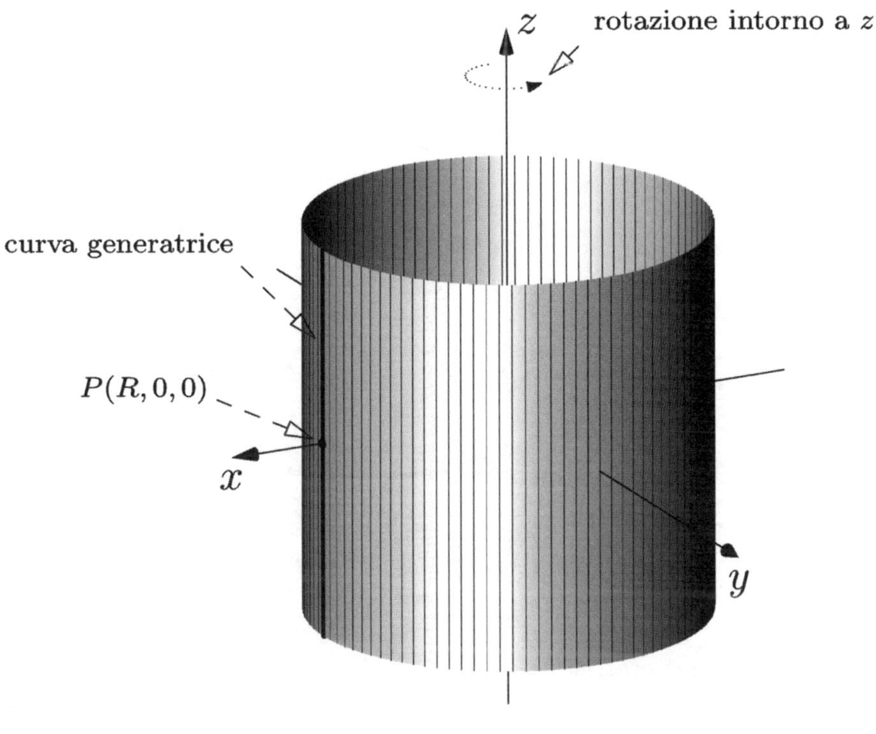

Figura 6.7: Superficie cilindrica circolare retta.

$$\begin{bmatrix} \cos t & -\sin t & 0 & 0 \\ \sin t & \cos t & 0 & 0 \\ 0 & 0 & 1 & 0 \\ 0 & 0 & 0 & 1 \end{bmatrix} \qquad t \in [0, 2\pi],$$

dove il vettore di traslazione è nullo.

L'equazione vettoriale della superficie cilindrica diventa quindi

$$\begin{bmatrix} \cos t & -\sin t & 0 & 0 \\ \sin t & \cos t & 0 & 0 \\ 0 & 0 & 1 & 0 \\ 0 & 0 & 0 & 1 \end{bmatrix} \begin{bmatrix} R \\ 0 \\ u \\ 1 \end{bmatrix} = \begin{bmatrix} R\cos t \\ R\sin t \\ u \\ 1 \end{bmatrix} \qquad t \in [0, 2\pi],\ u \in \mathbb{R}. \quad (6.2)$$

Tuttavia *la superficie cilindrica può essere anche vista come traslazione di una circonferenza in direzione ortogonale al piano nel quale è contenuta la circonferenza.*

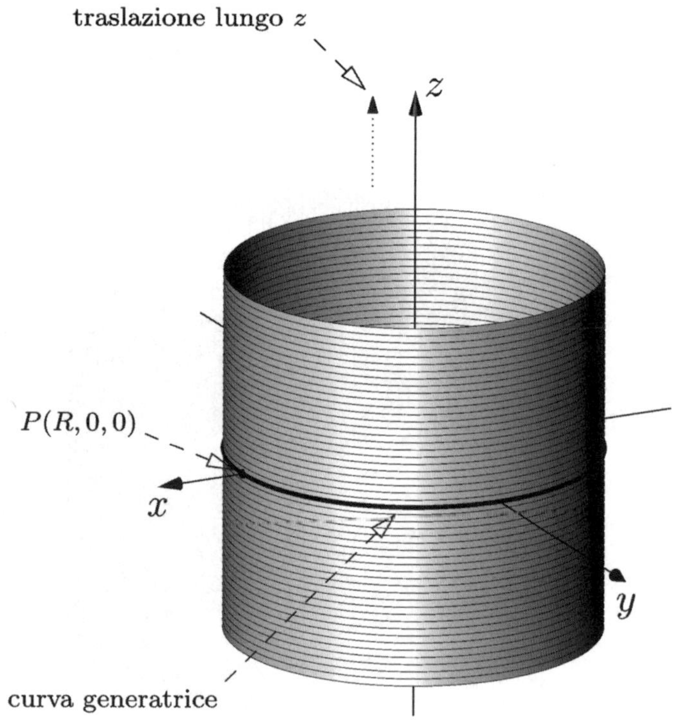

Figura 6.8: Superficie cilindrica circolare retta.

Consideriamo come curva generatrice la circonferenza di centro O e raggio R nel piano xy di equazione $\langle R\cos u, R\sin u, 0\rangle$, $u \in [0, 2\pi]$, e prendiamo come vettore di traslazione $\langle 0, 0, t\rangle$ (è un vettore di direzione ortogonale al piano xy). La matrice di traslazione è data da (vedi sezione 4.5.1)

$$\begin{bmatrix} 1 & 0 & 0 & 0 \\ 0 & 1 & 0 & 0 \\ 0 & 0 & 1 & t \\ 0 & 0 & 0 & 1 \end{bmatrix} \qquad t \in \mathbb{R}.$$

L'equazione vettoriale della superficie cilindrica diventa quindi

$$\begin{bmatrix} 1 & 0 & 0 & 0 \\ 0 & 1 & 0 & 0 \\ 0 & 0 & 1 & t \\ 0 & 0 & 0 & 1 \end{bmatrix} \begin{bmatrix} R\cos u \\ R\sin u \\ 0 \\ 1 \end{bmatrix} = \begin{bmatrix} R\cos u \\ R\sin u \\ t \\ 1 \end{bmatrix} \qquad u \in [0, 2\pi],\ t \in \mathbb{R}. \tag{6.3}$$

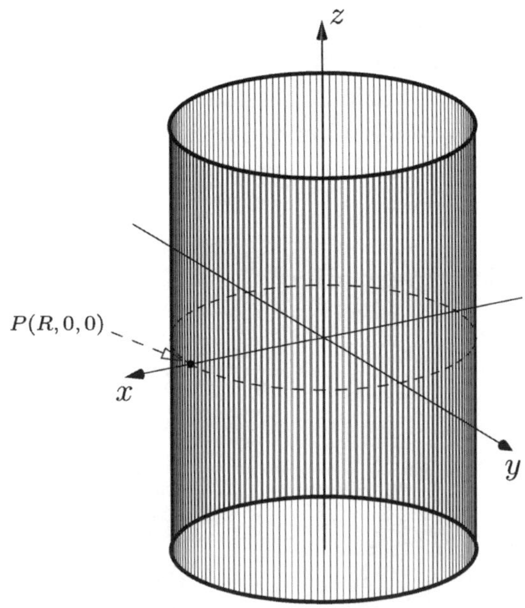

Figura 6.9: Superficie cilindrica vista come rigata.

Osserviamo che l'equazione ottenuta (6.3) è la stessa di (6.2) con ruolo dei parametri u e t (dove il primo si riferisce alla trasformazione e il secondo alla curva generatrice) scambiato.

Osservando *la superficie cilindrica circolare retta* di cui stiamo determinando una parametrizzazione notiamo che *può essere considerata in modo «statico» come un insieme di rette che si appoggiano a due circonferenze parallele e, come si vede in Figura (6.9), su piani ortogonali all'asse della superficie cilindrica.*

Proviamo a scrivere le equazioni parametriche di tali rette, ovvero di quelle rette passanti ciascuna per un punto della circonferenza di equazioni $\langle R\cos u, R\sin u, 0\rangle$, $u \in [0, 2\pi]$, sulla quale si appoggiano, e di direzione ortogonale al piano nel quale è contenuta la circonferenza: $\langle 0, 0, 1\rangle$:

$$\begin{aligned} r_u &= (R\cos u, R\sin u, 0) + \langle 0,0,1\rangle\, t \\ &= \langle R\cos u, R\sin u, t\rangle \qquad t \in \mathbb{R}, \end{aligned} \tag{6.4}$$

al variare di $u \in [0, 2\pi]$ si ottiene un fascio di rette che «ricoprono» tutta la superficie cilindrica e perveniamo, in tal modo, ad una parametrizzazione della superficie cilindrica in questione. Osserviamo che, per $u \in [0, 2\pi]$ e $t \in \mathbb{R}$ l'equazione (6.4) è la stessa di (6.3) e (6.2), l'unica differenza sta nel modo in cui è stata costruita la parametrizzazione: nella (6.2) abbiamo una retta che ruota, nella (6.3) una circonferenza che trasla e nella (6.4) un fascio di rette che si appoggia ad una circonferenza.

Da questa ultima osservazione possiamo concludere che la superficie cilindrica è una superficie determinata da un insieme di rette: per ogni suo punto passa una retta interamente appartenente alla superficie. *Superfici di questo tipo si dicono rigate.*

6.2.3 Paraboloide iperbolico

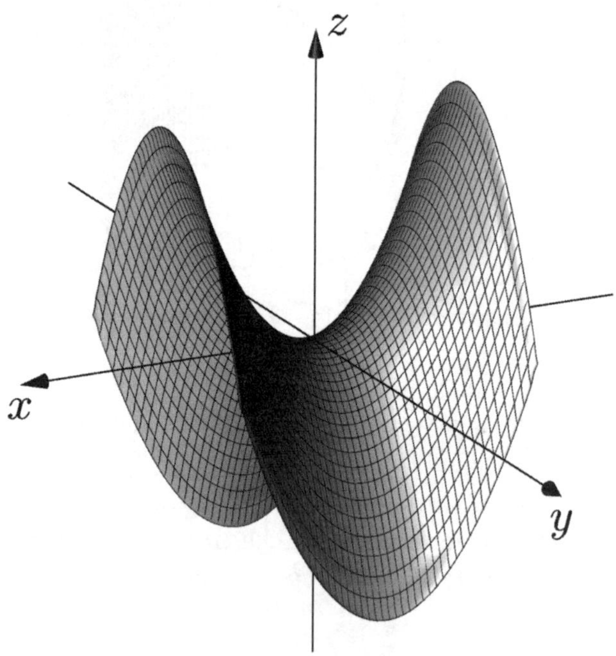

Figura 6.10: Paraboloide iperbolico.

Un esempio di particolare rigata è il *paraboloide iperbolico* che nel seguito parametrizzeremo come superficie dinamica. Precisamente *il paraboloide iperbolico è generabile dalla traslazione di una parabola, giacente su un piano, su un'altra parabola giacente su un piano ortogonale al primo, con vertice in comune alla parabola generatrice e concavità opposta.* Consideriamo la parabola generatrice contenuta nel piano zx con vertice in O e concavità verso l'alto di equazione $\langle u, 0, u^2 \rangle$, $u \in \mathbb{R}$, e come direzione di traslazione la parabola contenuta nel piano yz con vertice in O e concavità verso il basso di equazione $\langle 0, t, -t^2 \rangle$, $t \in \mathbb{R}$. La matrice di trasformazione è

$$\begin{bmatrix} 1 & 0 & 0 & 0 \\ 0 & 1 & 0 & t \\ 0 & 0 & 1 & -t^2 \\ 0 & 0 & 0 & 1 \end{bmatrix} \qquad t \in \mathbb{R},$$

e l'equazione vettoriale del paraboloide è data da

$$\begin{bmatrix} 1 & 0 & 0 & 0 \\ 0 & 1 & 0 & t \\ 0 & 0 & 1 & -t^2 \\ 0 & 0 & 0 & 1 \end{bmatrix} \begin{bmatrix} u \\ 0 \\ u^2 \\ 1 \end{bmatrix} = \begin{bmatrix} u \\ t \\ u^2 - t^2 \\ 1 \end{bmatrix} \qquad u, t \in \mathbb{R}.$$

Si può dimostrare che tale superficie è in realtà una rigata.

Esercizi

Esercizio 6.1 *Data la curva* $\underline{c} = \langle u+1, u^2-1, 0 \rangle$, $-1 \leq u \leq 1$:

1. *tracciare il grafico della curva;*
2. *trovare l'equazione della curva ottenuta applicado alla curva data una rotazione di angolo* $\alpha = \frac{\pi}{2}$ *attorno all'asse* x;
3. *determinare le equazioni parametriche della superficie ottenuta applicando alla curva data una rotazione attorno all'asse* x *variabile con continuità fra* 0 *e* $\frac{\pi}{2}$. *Riportare uno schizzo della superficie.*

1. Il grafico della curva è rappresentato nella figura seguente

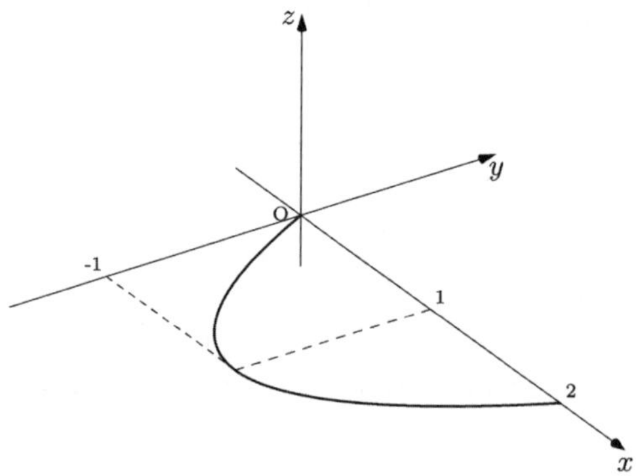

Figura 6.11: Curva di equazione $\underline{c}(u) = \langle u+1, u^2-1, 0 \rangle$, $u \in [-1, 1]$.

2. La trasformazione è data da

$$\begin{bmatrix} 1 & 0 & 0 & 0 \\ 0 & 0 & -1 & 0 \\ 0 & 1 & 0 & 0 \\ 0 & 0 & 0 & 1 \end{bmatrix};$$

applicando la trasformazione

$$\begin{bmatrix} 1 & 0 & 0 & 0 \\ 0 & 0 & -1 & 0 \\ 0 & 1 & 0 & 0 \\ 0 & 0 & 0 & 1 \end{bmatrix} \begin{bmatrix} u+1 \\ u^2-1 \\ 0 \\ 1 \end{bmatrix} = \begin{bmatrix} u+1 \\ 0 \\ u^2-1 \\ 1 \end{bmatrix},$$

la curva trasformata ha equazione $\underline{c}_t = \langle u+1, 0, u^2-1 \rangle$, $u \in [-1, 1]$.

3. Le equazioni richieste si ottengono moltiplicando la matrice di trasformazione dipendente da un parametro, scelto in un opportuno insieme di variabilità, per il vettore posizione del generico punto P della curva (espresso in coordinate omogenee), cioè:

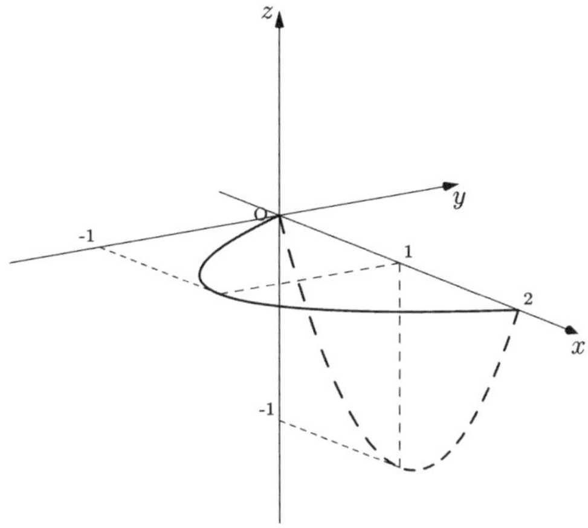

Figura 6.12: Curva di equazione $\underline{c}(u) = \langle u+1, u^2-1, 0\rangle$, $u \in [-1,1]$ e sua trasformata attraverso la rotazione di $\alpha = \frac{\pi}{2}$ intorno all'asse x.

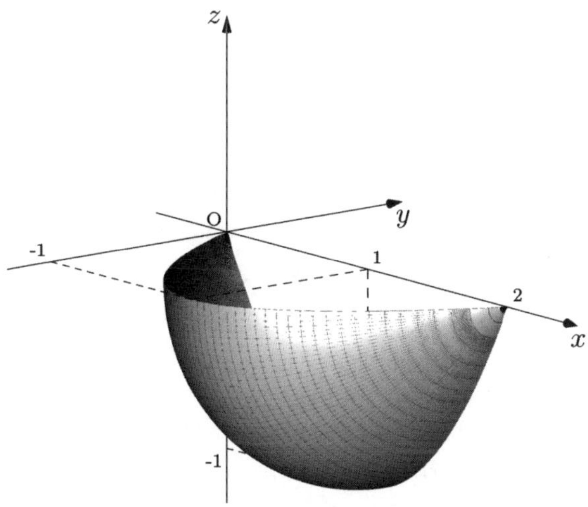

Figura 6.13: Superficie di equazione $\underline{c}(u,v) = \langle u+1, (u^2-1)\cos v, (u^2-1)\sin v\rangle$, $u \in [-1,1], v \in \left[0, \frac{\pi}{2}\right]$.

$$\begin{bmatrix} 1 & 0 & 0 & 0 \\ 0 & \cos v & -\sin v & 0 \\ 0 & \sin v & \cos v & 0 \\ 0 & 0 & 0 & 1 \end{bmatrix} \begin{bmatrix} u+1 \\ u^2-1 \\ 0 \\ 1 \end{bmatrix} = \begin{bmatrix} u+1 \\ (u^2-1)\cos v \\ (u^2-1)\sin v \\ 1 \end{bmatrix},$$

$-1 \leq u \leq 1,\ 0 \leq v \leq \frac{\pi}{2}$; da cui risulta:

$$\begin{cases} x = u+1 \\ y = (u^2-1)\cos v \\ z = (u^2-1)\sin v \end{cases}, \qquad -1 \leq u \leq 1,\ 0 \leq v \leq \frac{\pi}{2}.$$

Esercizio 6.2 *Si consideri, nel piano zx, l'arco di circonferenza BC della Figura 6.14:*

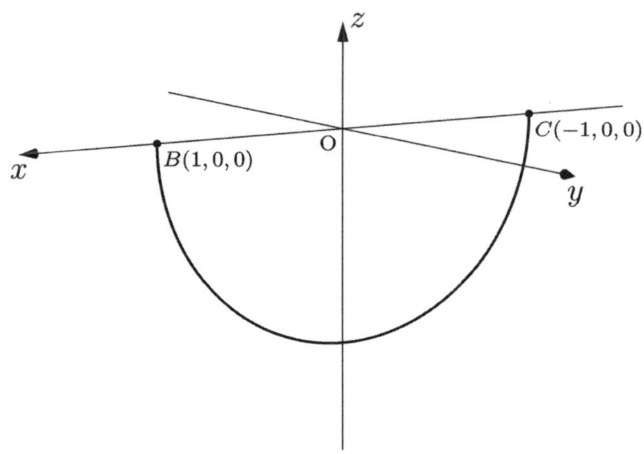

Figura 6.14: Arco di circonferenza BC con $B(1,0,0)$ e $C(-1,0,0)$.

1. *scrivere le equazioni parametriche di BC ottenute prendendo $(0,0,1)$ come punto origine e come parametro l'angolo di rotazione attorno all'asse y;*
2. *determinare la matrice di rotazione di asse z e α radianti. Deve essere $|\alpha| = \frac{\pi}{2}$, il segno di α deve essere tale da portare B in $B'(0,1,0)$;*
3. *determinare le equazioni parametriche dell'arco trasformato $B'C'$ e riportare l'arco ruotato sulla figura;*
4. *applicando a BC una rotazione come la precedente, ma con angolo variabile con continuità fra 0 e il valore di α determinato al punto 2., si genera una superficie. Scrivere le equazioni parametriche di tale superficie. Riportare uno schizzo della superficie evidenziando la sua intersezione col piano xy.*

1. Il punto origine non appartiene all'arco, di conseguenza a B, punto iniziale dell'arco, corrisponde un valore di parametro diverso da zero. Le equazioni parametriche risultano le seguenti:

$$\begin{cases} x = \sin t \\ y = 0 \\ z = \cos t \end{cases}, \quad \frac{\pi}{2} \le t \le \frac{3\pi}{2}.$$

2. Dall'esame della figura si vede che la rotazione richiesta, di ampiezza un angolo retto, deve avvenire in verso positivo. Quindi $\alpha = \frac{\pi}{2}$ e la matrice

risulta la seguente:

$$A = \begin{bmatrix} \cos\left(\frac{\pi}{2}\right) & -\sin\left(\frac{\pi}{2}\right) & 0 & 0 \\ \sin\left(\frac{\pi}{2}\right) & \cos\left(\frac{\pi}{2}\right) & 0 & 0 \\ 0 & 0 & 1 & 0 \\ 0 & 0 & 0 & 1 \end{bmatrix} = \begin{bmatrix} 0 & -1 & 0 & 0 \\ 1 & 0 & 0 & 0 \\ 0 & 0 & 1 & 0 \\ 0 & 0 & 0 & 1 \end{bmatrix}.$$

3. Le equazioni richieste si ottengono moltiplicando la matrice di trasformazione per il vettore posizione del generico punto P dell'arco BC, cioè

$$\begin{bmatrix} 0 & -1 & 0 & 0 \\ 1 & 0 & 0 & 0 \\ 0 & 0 & 1 & 0 \\ 0 & 0 & 0 & 1 \end{bmatrix} \begin{bmatrix} \sin t \\ 0 \\ \cos t \\ 1 \end{bmatrix} = \begin{bmatrix} 0 \\ \sin t \\ \cos t \\ 1 \end{bmatrix},$$

da cui risultano le equazioni

$$\begin{cases} x = 0 \\ y = \sin t \\ z = \cos t \end{cases}, \quad \frac{\pi}{2} \leq t \leq \frac{3\pi}{2}.$$

L'arco ruotato $B'C'$ è riportato tratteggiato sulla Figura 6.15.

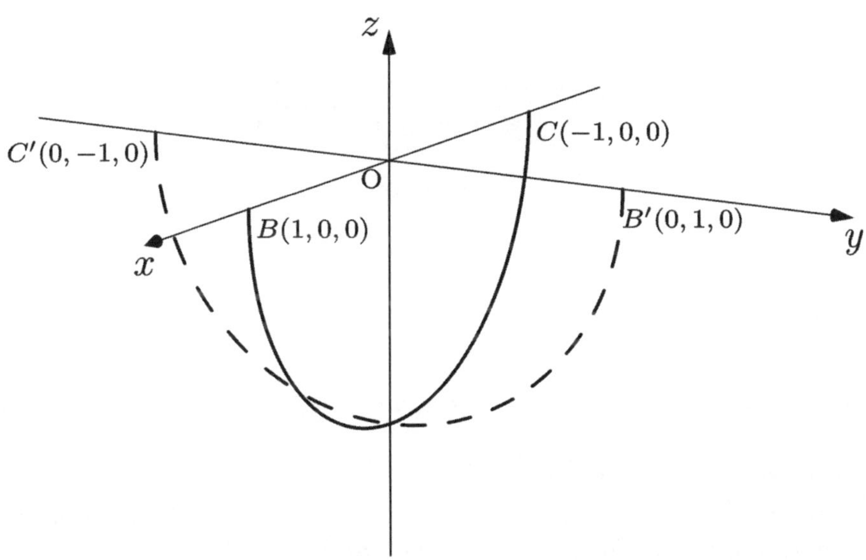

Figura 6.15: Archi BC e $B'C'$.

4. La matrice di rotazione si ottiene dalla matrice determinata al punto 2. sostituendo al valore fisso α un parametro v variabile fra 0 e $\frac{\pi}{2}$. Applicando tale

matrice al vettore posizione del punto P dell'arco BC (in cui il parametro è chiamato u invece che t) si ha:

$$\begin{bmatrix} \cos v & -\sin v & 0 & 0 \\ \sin v & \cos v & 0 & 0 \\ 0 & 0 & 1 & 0 \\ 0 & 0 & 0 & 1 \end{bmatrix} \begin{bmatrix} \sin u \\ 0 \\ \cos u \\ 1 \end{bmatrix} = \begin{bmatrix} \sin u \cos v \\ \sin u \sin v \\ \cos u \\ 1 \end{bmatrix},$$

da cui risultano le equazioni parametriche della superficie generata:

$$\begin{cases} x = \sin u \cos v \\ y = \sin u \sin v \\ z = \cos u \end{cases}, \quad \frac{\pi}{2} \le u \le \frac{3\pi}{2}, \, 0 \le v \le \frac{\pi}{2}.$$

.

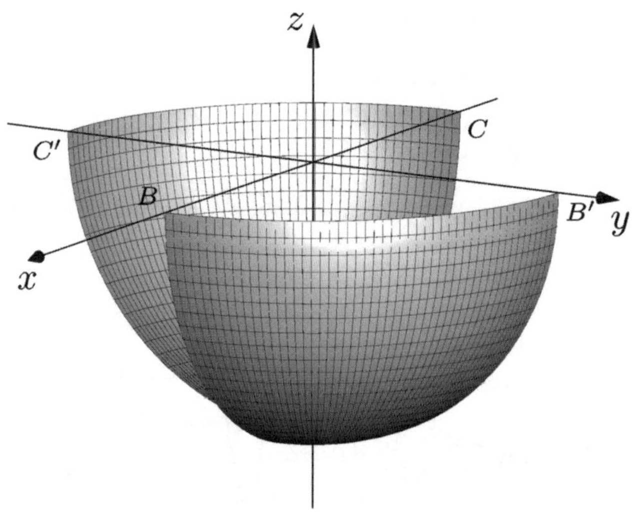

Figura 6.16: Superficie di equazione $\underline{c}(u.v) = \langle \sin u \cos v, \sin u \sin v, \cos u \rangle$ $u \in \left[\frac{\pi}{2}, \frac{3}{2}\pi\right], v \in \left[0, \frac{\pi}{2}\right]$.

Esercizio 6.3 *Data la curva di equazione* $\underline{c} = \langle 2\cos t, 2\sin t, 0 \rangle$, $0 \le t \le \frac{\pi}{2}$*:*

1. *tracciare il grafico della curva;*
2. *trovare l'equazione della curva ottenuta applicado alla curva data una rotazione di angolo* $\alpha = -\frac{\pi}{2}$ *attorno all'asse* $\langle 1, t, 0 \rangle$*;*
3. *determinare le equazioni parametriche della superficie ottenuta applicando alla curva la rotazione indicata al punto 2. con angolo variabile con continuità fra* $-\frac{\pi}{2}$ *e* 0*. Riportare uno schizzo della superficie.*

1. La curva e la sua trasformata sono rappresentate nella figura (6.17) .

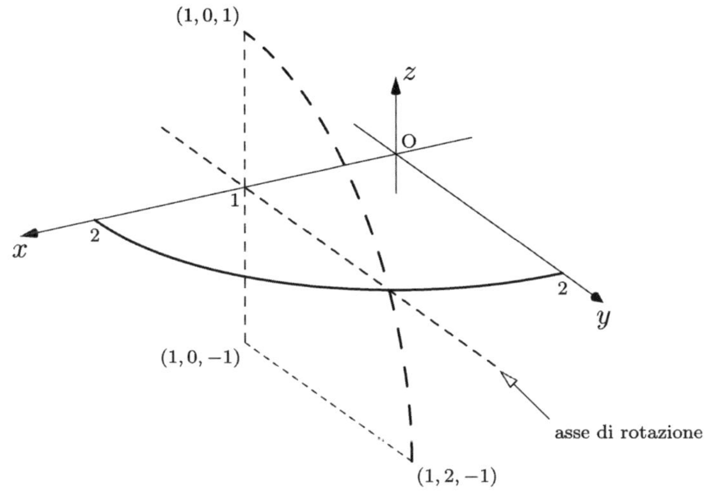

Figura 6.17: Curva $\underline{c} = \langle 2\cos t, 2\sin t, 0\rangle$ e sua trasformata attraverso la rotazione di $\alpha = -\frac{\pi}{2}$ intorno all'asse $\underline{r} = \langle 1, t, 0\rangle$.

2. La trasformazione è data da

$$\begin{bmatrix} 1 & 0 & 0 & 1 \\ 0 & 1 & 0 & 0 \\ 0 & 0 & 1 & 0 \\ 0 & 0 & 0 & 1 \end{bmatrix} \begin{bmatrix} 0 & 0 & -1 & 0 \\ 0 & 1 & 0 & 0 \\ 1 & 0 & 0 & 0 \\ 0 & 0 & 0 & 1 \end{bmatrix} \begin{bmatrix} 1 & 0 & 0 & -1 \\ 0 & 1 & 0 & 0 \\ 0 & 0 & 1 & 0 \\ 0 & 0 & 0 & 1 \end{bmatrix} =$$

$$= \begin{bmatrix} 0 & 0 & -1 & 1 \\ 0 & 1 & 0 & 0 \\ 1 & 0 & 0 & 0 \\ 0 & 0 & 0 & 1 \end{bmatrix} \begin{bmatrix} 1 & 0 & 0 & -1 \\ 0 & 1 & 0 & 0 \\ 0 & 0 & 1 & 0 \\ 0 & 0 & 0 & 1 \end{bmatrix} = \begin{bmatrix} 0 & 0 & -1 & 1 \\ 0 & 1 & 0 & 0 \\ 1 & 0 & 0 & -1 \\ 0 & 0 & 0 & 1 \end{bmatrix};$$

applicando la trasformazione alla curva si ottiene:

$$\begin{bmatrix} 0 & 0 & -1 & 1 \\ 0 & 1 & 0 & 0 \\ 1 & 0 & 0 & -1 \\ 0 & 0 & 0 & 1 \end{bmatrix} \begin{bmatrix} 2\cos t \\ 2\sin t \\ 0 \\ 1 \end{bmatrix} = \begin{bmatrix} 1 \\ 2\sin t \\ 2\cos t - 1 \\ 1 \end{bmatrix};$$

la curva trasformata ha equazione $\underline{c}_t = \langle 1, 2\sin t, 2\cos t - 1\rangle$.

3. La trasformazione è data da

$$\begin{bmatrix} 1 & 0 & 0 & 1 \\ 0 & 1 & 0 & 0 \\ 0 & 0 & 1 & 0 \\ 0 & 0 & 0 & 1 \end{bmatrix} \begin{bmatrix} \cos v & 0 & \sin v & 0 \\ 0 & 1 & 0 & 0 \\ -\sin v & 0 & \cos v & 0 \\ 0 & 0 & 0 & 1 \end{bmatrix} \begin{bmatrix} 1 & 0 & 0 & -1 \\ 0 & 1 & 0 & 0 \\ 0 & 0 & 1 & 0 \\ 0 & 0 & 0 & 1 \end{bmatrix} =$$

$$= \begin{bmatrix} \cos v & 0 & \sin v & 1 \\ 0 & 1 & 0 & 0 \\ -\sin v & 0 & \cos v & 0 \\ 0 & 0 & 0 & 1 \end{bmatrix} \begin{bmatrix} 1 & 0 & 0 & -1 \\ 0 & 1 & 0 & 0 \\ 0 & 0 & 1 & 0 \\ 0 & 0 & 0 & 1 \end{bmatrix} =$$

$$= \begin{bmatrix} \cos v & 0 & \sin v & -\cos v + 1 \\ 0 & 1 & 0 & 0 \\ -\sin v & 0 & \cos v & \sin v \\ 0 & 0 & 0 & 1 \end{bmatrix}, \qquad -\frac{\pi}{2} \leq v \leq 0,$$

$$= \begin{bmatrix} \cos v & 0 & -\sin v & -\cos v + 1 \\ 0 & 1 & 0 & 0 \\ \sin v & 0 & \cos v & -\sin v \\ 0 & 0 & 0 & 1 \end{bmatrix}, \qquad 0 \leq v \leq \frac{\pi}{2};$$

applicando la trasformazione alla curva si ottiene:

$$\begin{bmatrix} \cos v & 0 & -\sin v & -\cos v + 1 \\ 0 & 1 & 0 & 0 \\ \sin v & 0 & \cos v & -\sin v \\ 0 & 0 & 0 & 1 \end{bmatrix} \begin{bmatrix} 2\cos t \\ 2\sin t \\ 0 \\ 1 \end{bmatrix} =$$

$$= \begin{bmatrix} 2\cos v\cos t - \cos v + 1 \\ 2\sin l \\ 2\sin v\cos t - \sin v \\ 1 \end{bmatrix}, \qquad 0 \leq t \leq \frac{\pi}{2}, 0 \leq v \leq \frac{\pi}{2};$$

la superficie ha equazione $\underline{s} = \langle 2\cos v\cos t - \cos v + 1, 2\sin t, 2\sin v\cos t - \sin v\rangle$, $0 \leq t \leq \frac{\pi}{2}$, $0 \leq v \leq \frac{\pi}{2}$ ed è rappresentata nella Figura 6.18 .

Esercizio 6.4 *Dati i punti* $B(1,1,0)$, $C(3,1,0)$*:*

1. scrivere un'equazione parametrico-vettoriale del segmento BC *e riportare il segmento sulla figura;*

al segmento BC *è applicata una rotazione attorno all'asse* x*, variabile con continuità fra* 0 *e* $\frac{\pi}{2}$*, e contemporaneamente una traslazione di direzione* z*, variabile con continuità e tale che il punto* B'*, trasformato finale di* B*, abbia coordinate* $(1,0,2)$*:*

2. scrivere l'espressione matriciale della superficie generata da tale trasformazione;

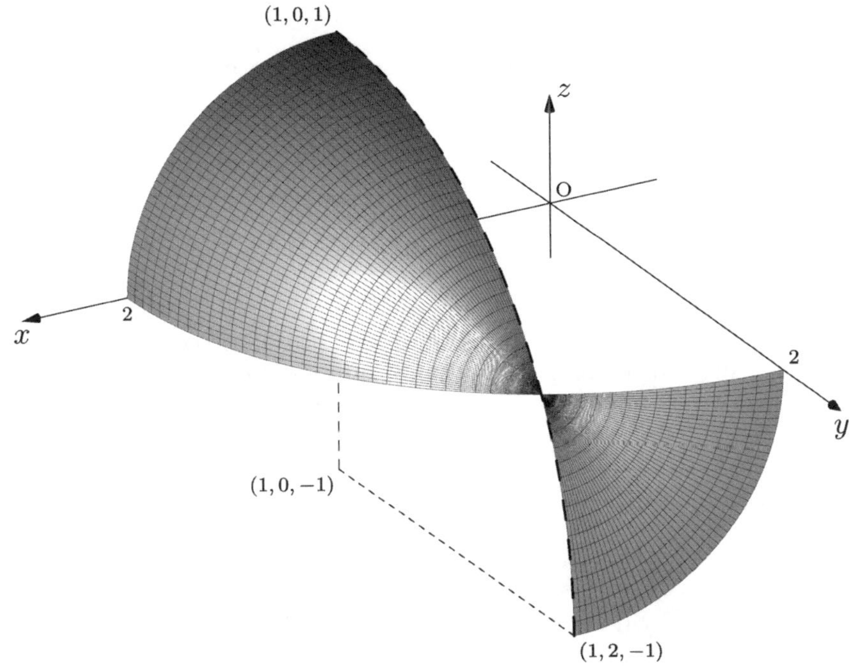

Figura 6.18: Superficie di equazione $\underline{s} = \langle 2\cos t\cos v - 2\cos v + 1, 2\sin t, -\sin v + 2\cos t\sin v\rangle$, $t \in \left[0, \frac{\pi}{2}\right], v \in \left[0, \frac{\pi}{2}\right]$.

3. determinare le equazioni parametriche della superficie generata. Riportare la superficie sul grafico identificando chiaramente i punti trasformati B' e C'.

1. Utilizzando B come punto origine e $C-B$ come vettore di direzione otteniamo

$$\underline{c} = \langle 1+2u, 1, 0\rangle, \quad 0 \le u \le 1 \quad \Rightarrow \quad \underline{c} = \langle u, 1, 0\rangle, \quad 1 \le u \le 3.$$

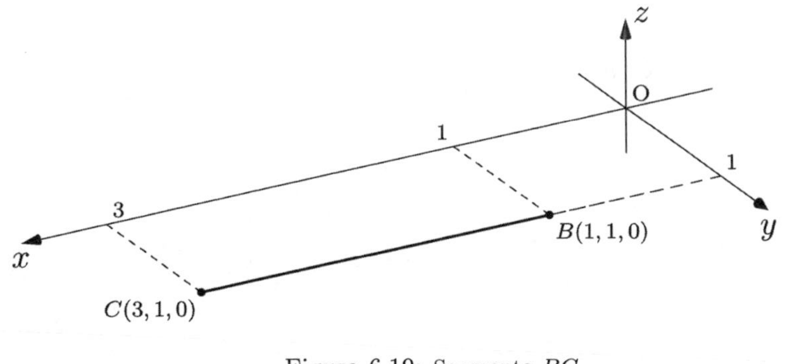

Figura 6.19: Segmento BC.

.

2. L'espressione matriciale della superficie si ottiene moltiplicando la matrice di trasformazione per il vettore posizione del generico punto P del segmento (espresso in coordinate omogenee), cioè:

$$\begin{bmatrix} 1 & 0 & 0 & 0 \\ 0 & \cos v & -\sin v & 0 \\ 0 & \sin v & \cos v & kv \\ 0 & 0 & 0 & 1 \end{bmatrix} \begin{bmatrix} u \\ 1 \\ 0 \\ 1 \end{bmatrix}, \quad 1 \leq u \leq 3,\, 0 \leq v \leq \frac{\pi}{2}.$$

Per determinare il valore di k imponiamo che il trasformato di $B(1,1,0)$ sia $B'(1,0,2)$: osserviamo che il punto iniziale B del segmento lo si ottiene sostituendo nell'equazione della superficie i valori $u = 1$ e $v = 0$; se B' è il punto finale della trasformazione lo si otterrà sostituendo nell'equazione della superficie lo stesso valore del parametro u relativo al punto B, ovvero $u = 1$, e il valore finale di v della trasformazione, ovvero $v = \frac{\pi}{2}$, quindi

$$\begin{bmatrix} 1 & 0 & 0 & 0 \\ 0 & \cos\left(\frac{\pi}{2}\right) & -\sin\left(\frac{\pi}{2}\right) & 0 \\ 0 & \sin\left(\frac{\pi}{2}\right) & \cos\left(\frac{\pi}{2}\right) & k\frac{\pi}{2} \\ 0 & 0 & 0 & 1 \end{bmatrix} \begin{bmatrix} 1 \\ 1 \\ 0 \\ 1 \end{bmatrix} = \begin{bmatrix} 1 \\ 0 \\ 2 \\ 1 \end{bmatrix}$$

$$\Rightarrow \quad \begin{bmatrix} 1 \\ 0 \\ 1 + k\frac{\pi}{2} \\ 1 \end{bmatrix} = \begin{bmatrix} 1 \\ 0 \\ 2 \\ 1 \end{bmatrix} \quad \Rightarrow \quad k = \frac{2}{\pi},$$

quindi l'equazione matriciale della superficie è

$$\begin{bmatrix} 1 & 0 & 0 & 0 \\ 0 & \cos v & -\sin v & 0 \\ 0 & \sin v & \cos v & \frac{2}{\pi}v \\ 0 & 0 & 0 & 1 \end{bmatrix} \begin{bmatrix} u \\ 1 \\ 0 \\ 1 \end{bmatrix}, \quad 1 \leq u \leq 3,\, 0 \leq v \leq \frac{\pi}{2}.$$

3. Le equazioni parametriche della superficie sono date da:

$$\begin{cases} x = u \\ y = \cos v \\ z = \sin v + \frac{2}{\pi}v \end{cases}, \quad 1 \leq u \leq 3,\, 0 \leq v \leq \frac{\pi}{2}.$$

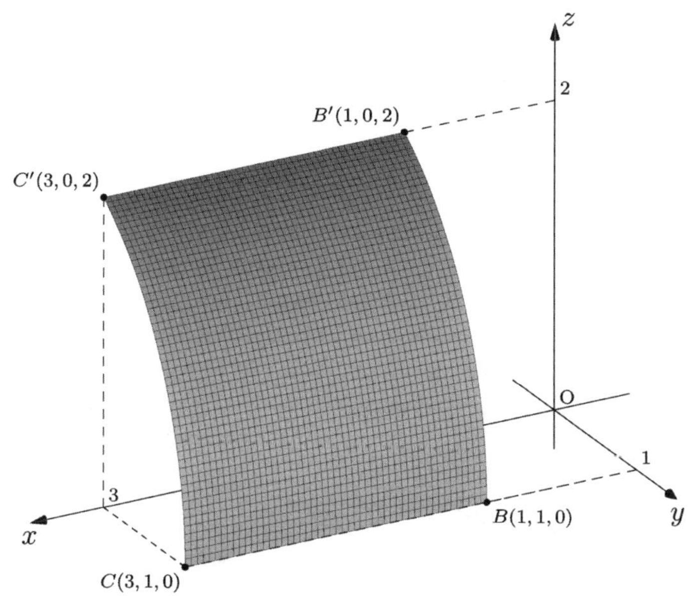

Figura 6.20: Superficie di equazione $\underline{s} = \langle u, \cos v, \sin v + \frac{2}{\pi} v \rangle$ $u \in [1, 3], v \in [0, \frac{\pi}{2}]$.

Esercizio 6.5 *Data la rosa a tre petali di equazione*

$$\underline{c}(u) = \langle 2 \sin 3u \cos u, 2 \sin 3u \sin u, 0 \rangle, \quad u \in [0, \pi], \tag{6.5}$$

scrivere una parametrizzazione della superficie che si ottiene applicando a $\underline{c}$ *le seguenti trasformazioni: a) Scaling centrato nell'origine e di rapporti* $k_x(v) = k_y(v) = \frac{v^2}{4}$ *e* $k_z(v) = 1$ *con* $v \in \mathbb{R}^+$*, b) Traslazione di vettore* $\underline{b}(v) = v\underline{k}$ *con* $v \in \mathbb{R}^+$.

L'equazione matriciale della trasformazione è

$$\begin{bmatrix} 1 & 0 & 0 & 0 \\ 0 & 1 & 0 & 0 \\ 0 & 0 & 1 & v \\ 0 & 0 & 0 & 1 \end{bmatrix} \cdot \begin{bmatrix} \frac{v^2}{4} & 0 & 0 & 0 \\ 0 & \frac{v^2}{4} & 0 & 0 \\ 0 & 0 & 1 & 0 \\ 0 & 0 & 0 & 1 \end{bmatrix} = \begin{bmatrix} \frac{v^2}{4} & 0 & 0 & 0 \\ 0 & \frac{v^2}{4} & 0 & 0 \\ 0 & 0 & 1 & v \\ 0 & 0 & 0 & 1 \end{bmatrix}. \tag{6.6}$$

Applicando alla parametrizzazione della curva la trasformazione precedente si ottiene

$$\begin{bmatrix} \frac{v^2}{4} & 0 & 0 & 0 \\ 0 & \frac{v^2}{4} & 0 & 0 \\ 0 & 0 & 1 & v \\ 0 & 0 & 0 & 1 \end{bmatrix} \begin{bmatrix} 2 \sin 3u \cos u \\ 2 \sin 3u \sin u \\ 0 \\ 1 \end{bmatrix} = \begin{bmatrix} \frac{v^2}{2} \sin 3u \cos u \\ \frac{v^2}{2} \sin 3u \sin u \\ v \\ 1 \end{bmatrix} \tag{6.7}$$

per cui l'equazione parametrico-vettoriale della superficie è

$$\underline{s}(u, v) = \left\langle \frac{v^2}{2} \sin 3u \cos u, \frac{v^2}{2} \sin 3u \sin u, v \right\rangle, \quad u \in [0, \pi], v \in \mathbb{R}^+. \tag{6.8}$$

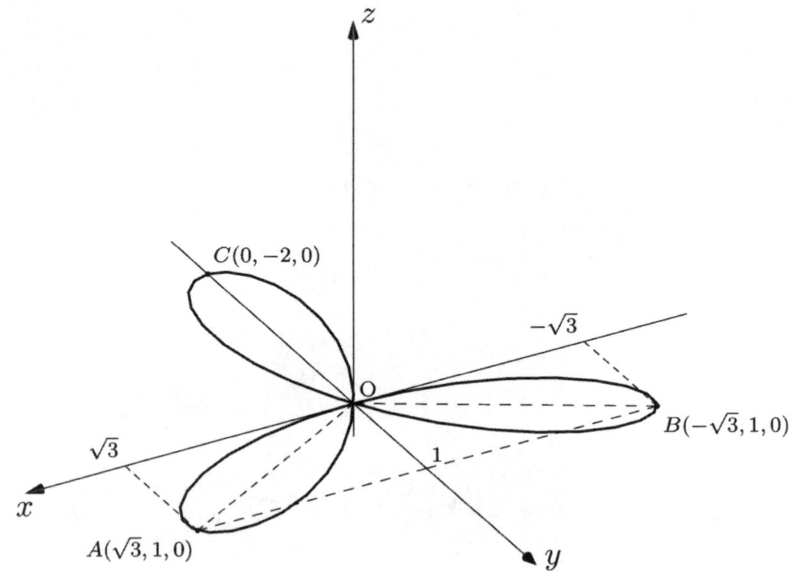

Figura 6.21: Rosa a tre petali.

La superficie $\underline{s}$ è rappresentata nella figura seguente

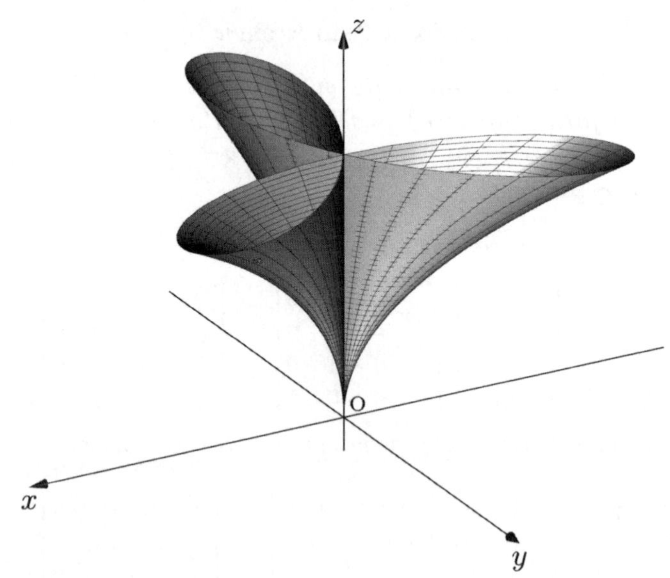

Figura 6.22: superficie $\underline{s} = \left\langle \frac{v^2}{2} \sin 3u \cos u, \frac{v^2}{2} \sin 3u \sin u, v \right\rangle$ $u \in [0, \pi], v \in \mathbb{R}^+$.

Esercizio 6.6 *Data la circonferenza di equazione* $\underline{c}(u) = \langle 1+\sin u, 0, \cos u\rangle$, $u \in [0, 2\pi]$, *scrivere una parametrizzazione della superficie che si ottiene applicando a* $\underline{c}$ *le seguenti trasformazioni: a) Rotazione intorno a* z *di ampiezza* $\alpha(v) = v$ *con* $v \in [0, 2\pi]$; *b) Omotetia centrata nell'origine e di rapporto* $k(v) = v$ *con* $v \in [0, 2\pi]$.

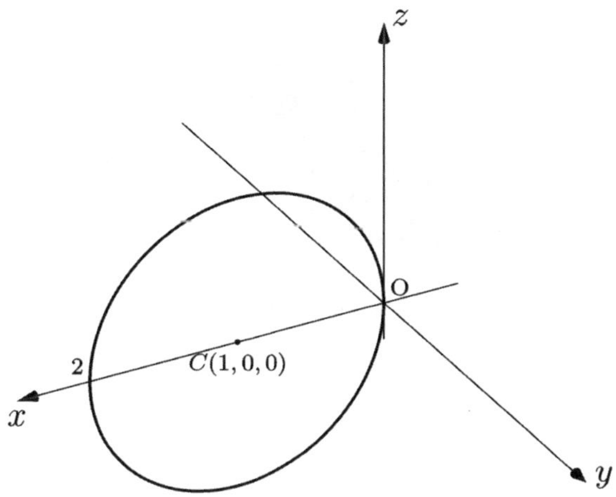

Figura 6.23: Circonferenza di equazione $\underline{c}(u) = \langle 1 + \sin u, 0, \cos u\rangle$ $u \in [0, 2\pi]$.

La trasformazione composta è rappresentata dalla seguente matrice

$$\begin{bmatrix} v & 0 & 0 & 0 \\ 0 & v & 0 & 0 \\ 0 & 0 & v & 0 \\ 0 & 0 & 0 & 1 \end{bmatrix} \begin{bmatrix} \cos v & -\sin v & 0 & 0 \\ \sin v & \cos v & 0 & 0 \\ 0 & 0 & 1 & 0 \\ 0 & 0 & 0 & 1 \end{bmatrix} = \begin{bmatrix} v\cos v & -v\sin v & 0 & 0 \\ v\sin v & v\cos v & 0 & 0 \\ 0 & 0 & v & 0 \\ 0 & 0 & 0 & 1 \end{bmatrix}. \tag{6.9}$$

Applicando la trasformazione precedente alla circonferenza si ottiene

$$\begin{bmatrix} v\cos v & -v\sin v & 0 & 0 \\ v\sin v & v\cos v & 0 & 0 \\ 0 & 0 & v & 0 \\ 0 & 0 & 0 & 1 \end{bmatrix} \begin{bmatrix} 1+\sin u \\ 0 \\ \cos u \\ 1 \end{bmatrix} = \begin{bmatrix} v\cos v(1+\sin u) \\ v\sin v(1+\sin u) \\ v\cos u \\ 1 \end{bmatrix}. \tag{6.10}$$

Una parametrizzazione della superficie richiesta è

$$\underline{s}(u,v) = \langle v\cos v(1+\sin u), v\sin v(1+\sin u), v\cos u\rangle,\ u \in [0, 2\pi], v \in [0, 2\pi]. \tag{6.11}$$

La superficie $\underline{s}$ è rappresentata nella Figura 6.24.

Esercizio 6.7 *Scrivere una parametrizzazione delle superfici* $\underline{s}_1$ *e* $\underline{s}_2$ *che si ottengono applicando alla spirale di Archimede di equazione* $\underline{c}(u) = \langle u\cos u, u\sin u, 0\rangle$, $u \in [0, 2\pi]$ *(cfr. Figura 6.25), rispettivamente, una traslazione di vettore*

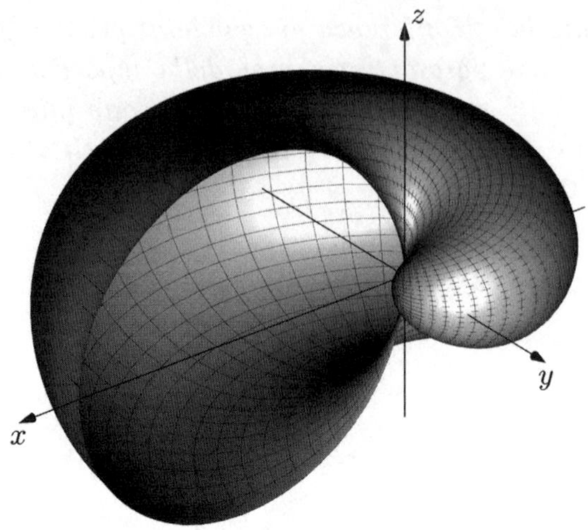

Figura 6.24: Superficie $\underline{s}(u,v) = \langle v\cos v(1+\sin u), v\sin v(1+\sin u), v\cos u\rangle$, $u \in [0,2\pi], v \in [0,2\pi]$.

$\underline{b}(v) = v\underline{k}$, $v \in \mathbb{R}$ e una rotazione intorno all'asse x di ampiezza $\alpha(v) = v$, $0 \le v \le \pi$.

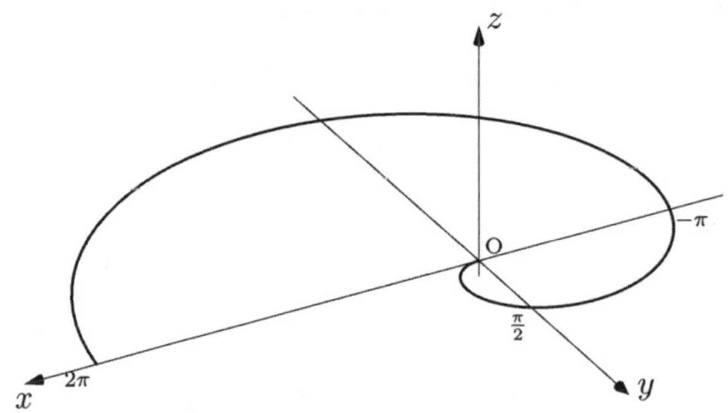

Figura 6.25: Spirale di equazione $\underline{c}(u) = \langle u\cos u, u\sin u, 0\rangle$ $u \in [0,2\pi]$.

La superficie $\underline{s}_1$ si ottiene applicando la traslazione alla spirale

$$\begin{bmatrix}1&0&0&0\\0&1&0&0\\0&0&1&v\\0&0&0&1\end{bmatrix}\begin{bmatrix}u\cos u\\u\sin u\\0\\1\end{bmatrix} = \begin{bmatrix}u\cos u\\u\sin u\\v\\1\end{bmatrix} \tag{6.12}$$

per cui

$$\underline{s}_1(u,v) = \langle u\cos u, u\sin u, v\rangle,\ u \in [0,2\pi], v \in \mathbb{R}. \tag{6.13}$$

La superficie $\underline{s}_2$ si ottiene applicando la rotazione alla spirale

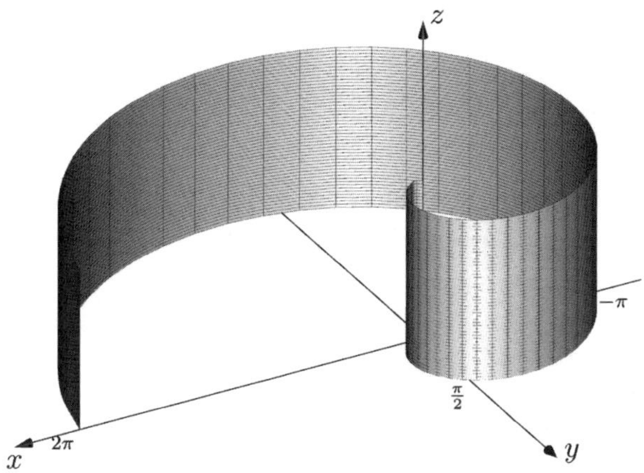

Figura 6.26: Superficie $\underline{s}_1(u,v) = \langle u\cos u, u\sin u, v\rangle,\ u \in [0,2\pi], v \in \mathbb{R}$.

$$\begin{bmatrix} 1 & 0 & 0 & 0 \\ 0 & \cos v & -\sin v & 0 \\ 0 & \sin v & \cos v & 0 \\ 0 & 0 & 0 & 1 \end{bmatrix} \begin{bmatrix} u\cos u \\ u\sin u \\ 0 \\ 1 \end{bmatrix} = \begin{bmatrix} u\cos u \\ u\sin u\cos v \\ u\sin u\sin v \\ 1 \end{bmatrix} \tag{6.14}$$

per cui

$$\underline{s}_2(u,v) = \langle u\cos u, u\sin u\cos v, u\sin u\sin v\rangle,\ u \in [0,2\pi], v \in [0,\pi]. \tag{6.15}$$

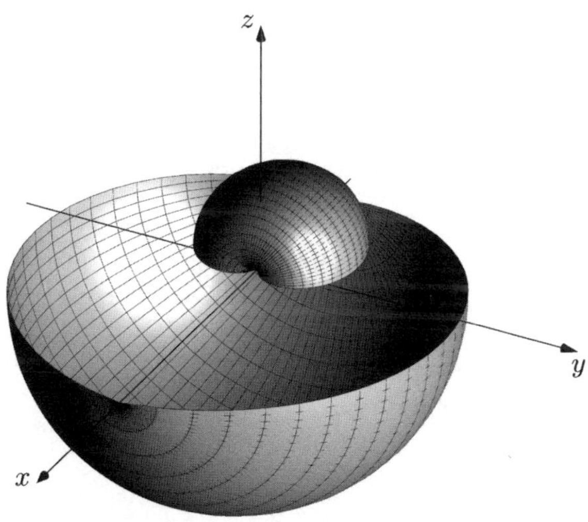

Figura 6.27: Superficie $\underline{s}_2(u,v) = \langle u\cos u, u\sin u\cos v, u\sin u\sin v\rangle,\ u \in [0,2\pi], v \in [0,\pi]$.

Esercizio 6.8 *Si consideri la circonferenza centrata nel punto $C(0,3,0)$, raggio $R=2$ e giacente nel piano yz. Scrivere una parametrizzazione della* *superficie che si ottiene applicando alla circonferenza le seguenti trasformazioni:*

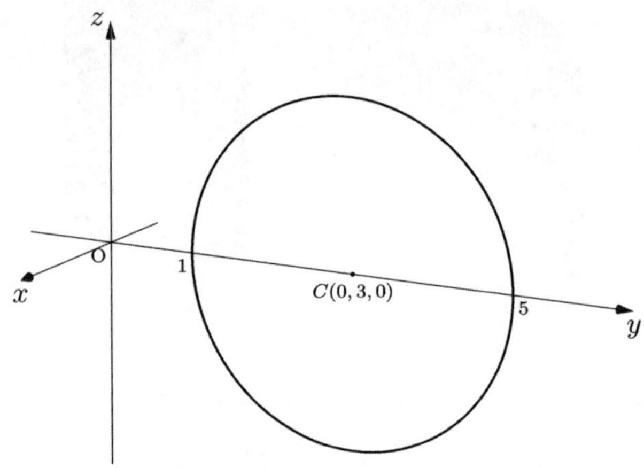

Figura 6.28: Circonferenza centrata in $C(0,3,0)$,c avente raggio $R = 2$ e giacente nel piano yz.

1. *Rotazione intorno all'asse delle quote di ampiezza* $\alpha(v) = v$, $v \in [0, 3\pi]$;

2. *Traslazione di vettore* $\underline{b}(v) = \frac{2}{3}v\underline{k}$, $v \in [0, 3\pi]$;

3. *Omotetia di centro* O *e rapporto* $k(v) = v$, $v \subset [0, 3\pi]$.

La trasformazione composta che genera la superficie è rappresentata dal seguente prodotto di matrici

$$\begin{bmatrix} v & 0 & 0 & 0 \\ 0 & v & 0 & 0 \\ 0 & 0 & v & 0 \\ 0 & 0 & 0 & 1 \end{bmatrix} \begin{bmatrix} 1 & 0 & 0 & 0 \\ 0 & 1 & 0 & 0 \\ 0 & 0 & 1 & \frac{2}{3}v \\ 0 & 0 & 0 & 1 \end{bmatrix} \begin{bmatrix} \cos v & -\sin v & 0 & 0 \\ \sin v & \cos v & 0 & 0 \\ 0 & 0 & 1 & 0 \\ 0 & 0 & 0 & 1 \end{bmatrix} =$$

$$= \begin{bmatrix} v\cos v & -v\sin v & 0 & 0 \\ v\sin v & v\cos v & 0 & 0 \\ 0 & 0 & v & \frac{2}{3}v^2 \\ 0 & 0 & 0 & 1 \end{bmatrix}. \tag{6.16}$$

Applicando la trasformazione alla circonferenza si ottiene

$$\begin{bmatrix} v\cos v & -v\sin v & 0 & 0 \\ v\sin v & v\cos v & 0 & 0 \\ 0 & 0 & v & \frac{2}{3}v^2 \\ 0 & 0 & 0 & 1 \end{bmatrix} \begin{bmatrix} 0 \\ 3+2\cos u \\ 2\sin u \\ 1 \end{bmatrix} = \begin{bmatrix} -v\sin v(3+2\cos u) \\ v\cos v(3+2\cos u) \\ 2v\sin u + \frac{2}{3}v^2 \\ 1 \end{bmatrix}. \tag{6.17}$$

La superficie generata quindi è

$$\underline{s}(u,v) = \left\langle -v\sin v(3+2\cos u), v\cos v(3+2\cos u), 2v\sin u + \frac{2}{3}v^2 \right\rangle, \tag{6.18}$$

$u \in [0, 2\pi]$, $v \in [0, 3\pi]$, ed è rappresentata nella Figura 6.29.

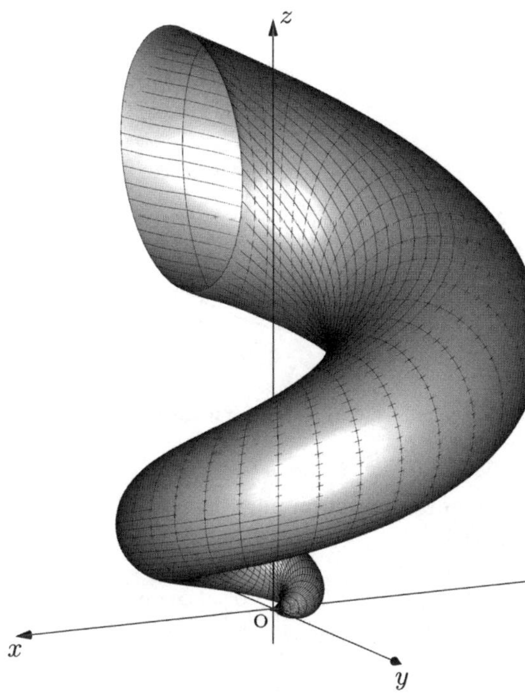

Figura 6.29: Superficie $\underline{s}(u,v) = \langle -v\sin v(3+2\cos u), v\cos v(3+2\cos u), 2v\sin u + \frac{2}{3}v^2 \rangle$, $u \in [0, 2\pi], v \in [0, 3\pi]$.

Esercizio 6.9 È *data la circonferenza di centro O, raggio $R = 3$ e giacente nel piano zx. Scrivere una parametrizzazione della superficie che si ottiene applicando alla curva le seguenti trasformazioni:*

1. *Rotazione di ampiezza $\alpha(v) = v$, $v \in [0, 4\pi]$ intorno all'asse delle quote.*

2. *Scaling di centro O e rapporti $k_x(v) = k_y(v) = \frac{v}{3}$ e $k_z = 1$ con $v \in [0, 4\pi]$.*

3. *Traslazione di vettore $\underline{b}(v) = v\underline{k}$, $v \in [0, 4\pi]$.*

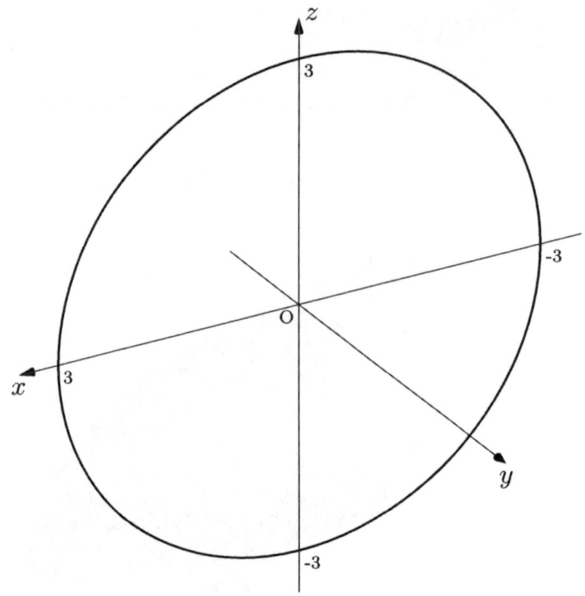

Figura 6.30: Circonferenza centrata nell'origine, di raggio $R = 3$ e giacente nel piano xy.

La trasformazione composta che genera la superficie è rappresentata dal seguente prodotto di matrici

$$\begin{bmatrix} 1 & 0 & 0 & 0 \\ 0 & 1 & 0 & 0 \\ 0 & 0 & 1 & v \\ 0 & 0 & 0 & 1 \end{bmatrix} \begin{bmatrix} \frac{v}{3} & 0 & 0 & 0 \\ 0 & \frac{v}{3} & 0 & 0 \\ 0 & 0 & 1 & 0 \\ 0 & 0 & 0 & 1 \end{bmatrix} \begin{bmatrix} \cos v & -\sin v & 0 & 0 \\ \sin v & \cos v & 0 & 0 \\ 0 & 0 & 1 & 0 \\ 0 & 0 & 0 & 1 \end{bmatrix} =$$

$$= \begin{bmatrix} \frac{v}{3}\cos v & -\frac{v}{3}\sin v & 0 & 0 \\ \frac{v}{3}\sin v & \frac{v}{3}\cos v & 0 & 0 \\ 0 & 0 & 1 & v \\ 0 & 0 & 0 & 1 \end{bmatrix}. \tag{6.19}$$

Applicando la trasformazione alla circonferenza si ottiene

$$\begin{bmatrix} \frac{v}{3}\cos v & -\frac{v}{3}\sin v & 0 & 0 \\ \frac{v}{3}\sin v & \frac{v}{3}\cos v & 0 & 0 \\ 0 & 0 & 1 & v \\ 0 & 0 & 0 & 1 \end{bmatrix} \begin{bmatrix} 3\sin u \\ 0 \\ 3\cos u \\ 1 \end{bmatrix} = \begin{bmatrix} v\cos v \sin u \\ v \sin v \sin u \\ 3\cos u + v \\ 1 \end{bmatrix}. \tag{6.20}$$

La superficie generata quindi è

$$\underline{s}(u, v) = \langle v\cos v \sin u, v\sin v \sin u, 3\cos u + v \rangle\,, \;\; u \in [0, 2\pi], v \in [0, 4\pi], \tag{6.21}$$

ed è rappresentata nella Figura 6.31.

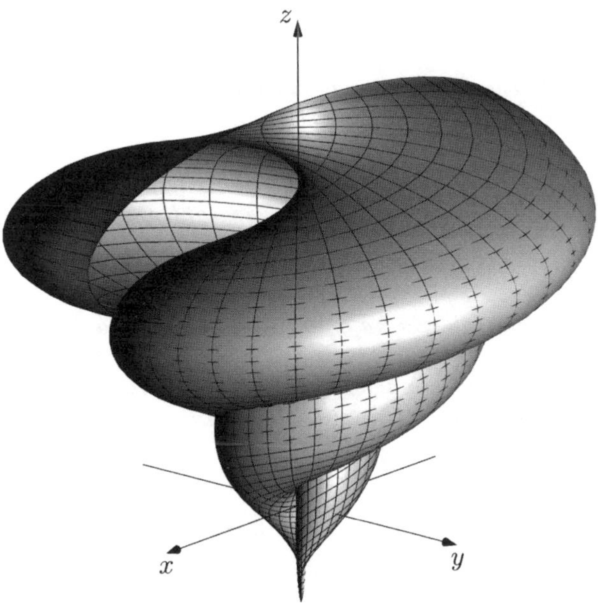

Figura 6.31: Superficie $\underline{s}(u, v) = \langle v \cos v \sin u, v \sin v \sin u, 3 \cos u + v \rangle$, $u \in [0, 2\pi], v \in [0, 4\pi]$.

Esercizi proposti

Esercizio 6.i *Data la curva di equazione* $\underline{c} = \left\langle 0, \frac{u}{2}, u^2 \right\rangle$, $0 \leq u \leq 2$*:*

1. *tracciare il grafico della curva;*
2. *trovare l'equazione della curva ottenuta applicado alla curva data una rotazione di angolo* $\alpha = \frac{\pi}{2}$ *attorno all'asse* z*;*
3. *determinare le equazioni parametriche della superficie ottenuta applicando alla curva una rotazione attorno all'asse* z *variabile con continuità fra* 0 *e* π*. Riportare uno schizzo della superficie.*

Esercizio 6.ii *Determinare le equazioni parametriche della superficie ottenuta applicando alla curva* $\underline{c} = \langle 4 \cos u, 0, 3 \sin u \rangle$, $0 \leq u \leq \frac{\pi}{2}$*, una rotazione attorno all'asse* x *variabile con continuità fra* 0 *e* $-\frac{\pi}{2}$*. Riportare uno schizzo della superficie.*

Esercizio 6.iii *La curva di equazioni parametriche*

$$\begin{cases} x = 0 \\ y = t^2 \\ z = t \end{cases}, \qquad t \in [0, 1],$$

viene fatta ruotare con continuità attorno all'asse z *di un angolo variabile da 0 a* $-\pi$*. Come effetto di questa trasformazione la curva genera una superficie.*

1. *Determinare l'espressione vettoriale che rappresenta la trasformazione applicata alla curva.*
2. *Determinare le equazioni parametriche della superficie generata.*
3. *Rappresentare sul grafico le intersezioni della superficie con i piani xy e yz.*

Esercizio 6.iv *La curva di equazione vettoriale* $\underline{c} = \langle 0, t^2, t \rangle$ *(arco di curva piana giacente nel piano yz) viene fatta ruotare con continuità attorno all'asse z di un angolo variabile da 0 a 2π. Come effetto di questa trasformazione la curva genera una superficie. Determinare:*

1. *l'espressione vettoriale che rappresenta la trasformazione applicata alla curva;*
2. *le equazioni parametriche della superficie generata;*
3. *rappresentare sul grafico le intersezioni della superficie col piano* $z - 1 = 0$.

Esercizio 6.v *Dati i punti* $B(1, 1, 0)$, $C(3, 1, 0)$*:*

1. *scrivere un'equazione parametrico-vettoriale del segmento BC e riportare il segmento sulla figura;*
   al segmento BC è applicata una rotazione attorno all'asse x, variabile con continuità fra 0 *e* π*, e contemporaneamente una traslazione di direzione x, variabile con continuità e tale che il punto B', trasformato finale di B, abbia coordinate* $(0, -1, 0)$*:*

   a. *scrivere l'espressione matriciale della superficie generata da tale trasformazione;*
   b. *determinare le equazioni parametriche della superficie generata. Riportare la superficie sul grafico identificando chiaramente i punti trasformati B' e C'.*

Esercizio 6.vi *Alla semicirconferenza di raggio 1, centro* $K(2, 0, 0)$*, appartenente al piano xz (chiamiamo B il punto iniziale della semicirconferenza e C il punto finale, la semicirconferenza ha $z \geq 0$) applichiamo una rotazione attorno all'asse z, variabile con continuità fra* 0 *e* $\frac{\pi}{2}$*, e contemporaneamente una traslazione lungo l'asse z, variabile con continuità e in modo tale che il punto B sulla circonferenza abbia come trasformato finale* $B'(0, 3, 1)$*.*

Capitolo 7

Proprietà differenziali di Curve e Superfici

7.1 Il vettore derivato

Fino a questo punto abbiamo usato gli strumenti del calcolo vettoriale per disegnare «puntualmente» una forma geometrica, sia essa una curva o una superficie. In questo capitolo affronteremo, in modo peraltro informale, il problema dell'analisi qualitativa delle forme stesse. In altre parole, vogliamo capire non solo dove andare a localizzare nello spazio un punto appartenente a una curva o una superficie, ma anche quale sia il comportamento della forma in prossimità di tale punto. Di una curva, per esempio, vorremmo capire quanto, punto per punto, sia diversa da una linea retta o quanto sia diversa da una curva piana e di una superficie quanto si discosti da un piano. Per fare ciò occorrono nuovi strumenti di calcolo, primo fra tutti il *vettore derivato*.

Il concetto di vettore derivato emerge in modo naturale quando ci si pone il problema della definizione della *tangente* a una curva e, benché questa idea appaia piuttosto semplice, una riflessione più attenta rivela che una buona definizione di «retta tangente» non è così ovvia.
Per le coniche (circonferenza, ellisse, parabola e iperbole) la tangente in un punto P è la retta che interseca la curva solo in P e rispetto alla quale la curva si trova «tutta dalla stessa parte». È tuttavia facile convincersi che questa definizione non ha portata generale: in altri casi, come per esempio quello di una curva a spirale, la tangente in un dato punto P può intersecare la curva diverse volte e, inoltre, non è ben definito il concetto di «stare dalla stessa parte» (Figura 7.1).

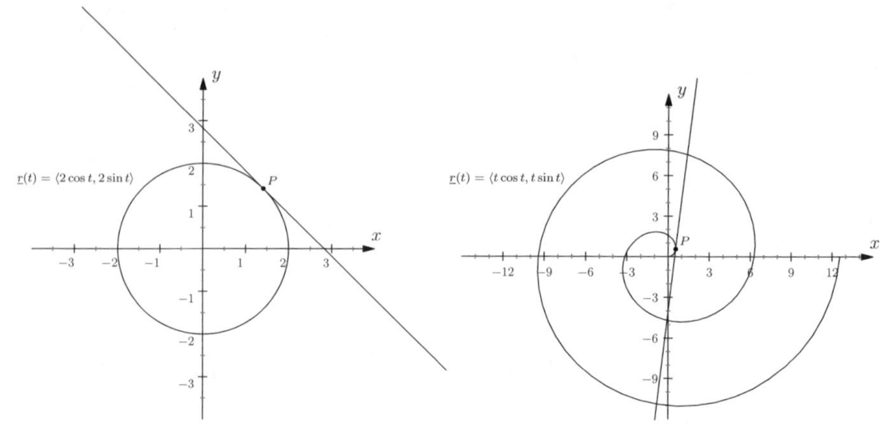

Figura 7.1: La tangente a una circonferenza (sinistra) è definita come la retta che ha un solo punto in comune con la curva e rispetto alla quale quest'ultima si trova dalla stessa parte. Questa definizione non si estende ad altri casi come quello di una spirale (destra).

Occorre pertanto un'idea che generalizzi la nozione di tangente a una conica.

Consideriamo una curva $\mathcal{C}$ grafico di una funzione vettoriale $\underline{f}$ e siano P_0 e P due suoi punti tali per cui $P_0 - O = \underline{f}(t_0)$ e $P - O = \underline{f}(t)$. Costruiamo ora la retta per P_0 e P: in questo modo viene individuata la *retta secante* alla curva $\mathcal{C}$ per P_0 e P. Supponiamo ora di spostare il punto P lungo il profilo della curva avvicinandolo progressivamente a P_0 mantenendo fissa la posizione di quest'ultimo: dal punto di vista del parametro t questo movimento equivale a far tendere il valore di t a quello di t_0.

Man mano che t si avvicina a t_0 — e quindi P a P_0 — la retta secante assume diverse posizioni rappresentate nella Figura 7.2. Possiamo quindi dire che *la tangente alla curva è la posizione limite cui tende la secante passante per P_0 e P quando $t \to t_0$*.

A questo punto ci poniamo il problema di determinare il vettore direzione della tangente. In linea con il ragionamento precedente potremmo pensare che il vettore direzione $\underline{\delta}(t)$ della retta tangente sia la posizione limite cui tende, per $t \to t_0$, il vettore $\underline{d}(t) = P(t) - P_0 = \underline{f}(t) - \underline{f}(t_0)$ che indica la direzione della secante per P_0 e P. Questo concetto si traduce in formule scrivendo

$$\underline{\delta}(t) = \lim_{t \to t_0} \underline{d}(t).$$

È peraltro evidente che $d(t) \to \underline{0}$ per $t \to t_0$ (Figura 7.3), e quindi $\underline{\delta}(t) = \underline{0}$. Questo significa che la definizione precedente, per quanto supportata dall'intuizione, non conduce al risultato corretto (la tangente non può avere vettore direzione nullo!).

Costruiamo ora il vettore

$$\underline{D}(t) = \frac{\underline{f}(t) - \underline{f}(t_0)}{t - t_0},$$

detto *rapporto incrementale* della funzione vettoriale $\underline{f}(t)$. Il vettore $\underline{D}(t)$ è proporzionale a $\underline{d}(t)$, infatti

$$\underline{D}(t) = \left(\frac{1}{t - t_0}\right) \underline{d}(t),$$

e quindi ha, esattamente come $\underline{d}(t)$, la direzione della retta secante alla

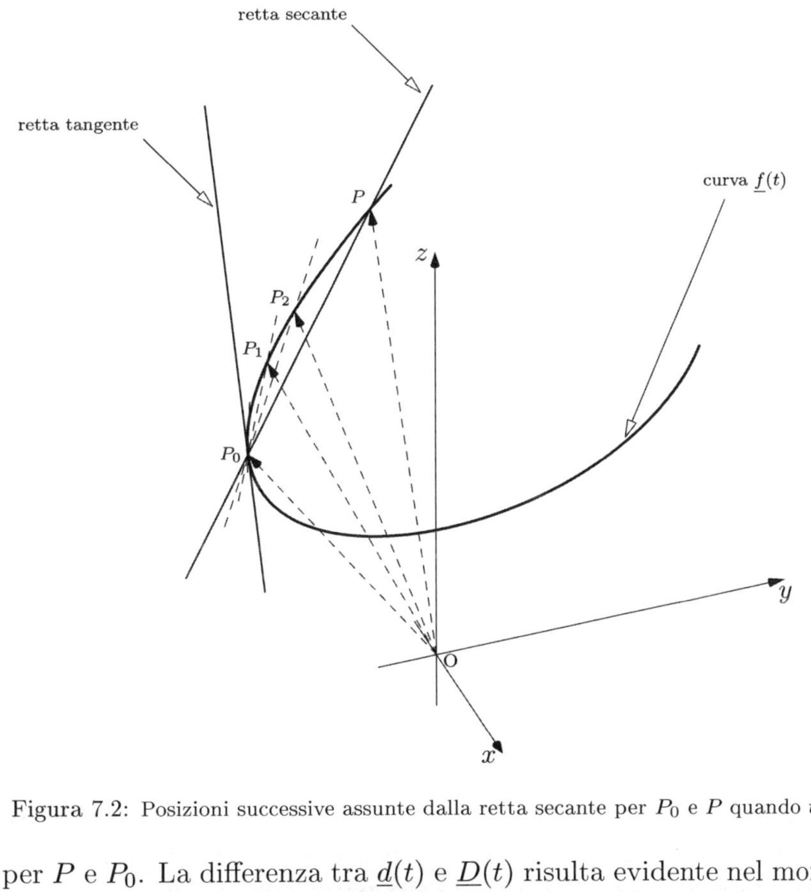

Figura 7.2: Posizioni successive assunte dalla retta secante per P_0 e P quando $t \to t_0$.

curva per P e P_0. La differenza tra $\underline{d}(t)$ e $\underline{D}(t)$ risulta evidente nel momento in cui $t \to t_0$. Infatti, mentre $\underline{d}(t) \to \underline{0}$, il vettore $\underline{D}(t)$ può presentare un comportamento diverso. Il vettore $\underline{D}(t)$ è il prodotto tra lo scalare $\frac{1}{t-t_0}$ e il vettore $\underline{d}(t) = \underline{f}(t) - \underline{f}(t_0)$ e per $t \to t_0$ lo scalare tende ad assumere valori sempre «più grandi» (perché il denominatore $t - t_0 \to 0$) mentre il vettore $\underline{d}(t)$ tende a diventare sempre «più piccolo». Il prodotto tra i due, tuttavia, può tendere a un vettore ben definito che viene detto *vettore derivato* e si indica formalmente come segue

$$\lim_{t \to t_0} \frac{\underline{f}(t) - \underline{f}(t_0)}{t - t_0} = \underline{f}'(t_0). \tag{7.1}$$

In conclusione, possiamo dire che $\underline{f}'(t_0)$ rappresenta correttamente il vettore direzione della retta tangente alla curva $\mathcal{C}$ nel punto P_0.

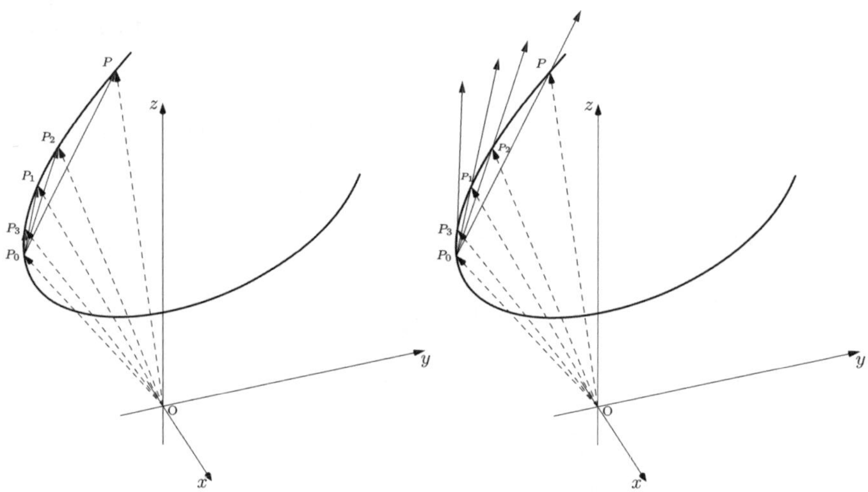

Figura 7.3: Andamento dei vettori $\underline{d}(t) = P - P_0$ (sinistra) e $\underline{D}(t) = \frac{P-P_0}{t-t_0}$ (destra) per $t \to t_0$: mentre $\underline{d}(t) \to \underline{0}$, il vettore $\underline{D}(t)$ può tendere alla direzione della retta tangente in P_0.

È facile dimostrare che se il vettore posizione $\underline{f}(t)$ è rappresentato dal vettore algebrico

$$\underline{f}(t) = \langle x(t), y(t), z(t) \rangle, \ t \in D, \tag{7.2}$$

allora il *vettore derivato* è

$$\underline{f}'(t_0) = \langle x'(t_0), y'(t_0), z'(t_0) \rangle, \tag{7.3}$$

cioè $\underline{f}'(t_0)$ ha per componenti le derivate (calcolate in t_0) delle tre funzioni scalari $x(t), y(t)$ e $z(t)$. La tangente alla curva in P_0 è quindi la retta per P_0 e avente la direzione di $\underline{f}'(t_0)$ e una sua parametrizzazione è

$$\underline{r}(s) = \underline{f}(t_0) + \underline{f}'(t_0)s = \langle x(t_0) + x'(t_0)s, y(t_0) + y'(t_0)s, z(t_0) + z'(t_0)s \rangle, \ s \in \mathbb{R}. \tag{7.4}$$

7.2 Proprietà differenziali delle Curve

7.2.1 La terna di Frénet

Lo studio delle proprietà locali di una curva $\mathcal{C}$, cui facevamo riferimento all'inizio del capitolo, può essere sviluppato in modo efficace se, in corrispondenza di ogni punto P sulla curva $\mathcal{C}$, si costruisce un opportuno sistema di riferimento.Questo sistema di riferimento si chiama *terna di Frénet* ed è costituito da tre versori ortogonali fra loro, applicati in P e aventi lo stesso orientamento reciproco dei tre versori $\underline{i}, \underline{j}$ e $\underline{k}$ degli assi cartesiani. Il vantaggio rappresentato da questa costruzione è evidente: in ogni punto P quello di Frénet costituisce il miglior riferimento possibile per studiare le proprietà geometriche della curva in prossimità del punto stesso.

Cerchiamo ora di capire in che modo si costruiscono questi tre versori in

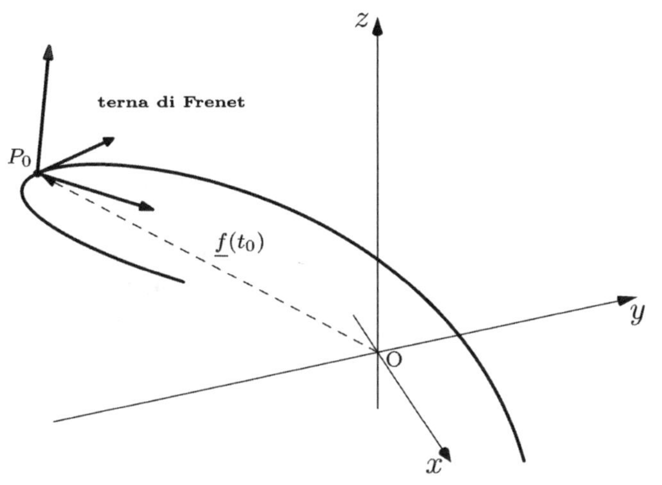

Figura 7.4: Sistema di riferimento formato dai vettori di Frénet in corrispondenza di un punto $P_0 \in \mathcal{C}$.

corrispondenza di un punto P_0 di $\mathcal{C}$ tale che $P_0 - O = \underline{f}(t_0)$. Il primo è il *versore tangente*, che si ottiene trasformando in versore il vettore tangente alla curva in P_0. Di conseguenza il versore tangente è

$$\underline{T}(t_0) = \frac{\underline{f}'(t_0)}{|\underline{f}'(t_0)|}. \tag{7.5}$$

È interessante notare come il versore tangente permetta di estendere a una curva la nozione di perpendicolarità rispetto a un piano. Nel caso retta-piano, infatti, questo concetto è perfettamente definito: dato un punto esterno al piano esiste una sola retta passante per quel punto e perpendicolare al piano e non ci sono dubbi su cosa si intenda per «retta perpendicolare». Nel caso di una curva e di un piano, invece, possiamo ancora parlare di perpendicolarità? E, in caso affermativo, qual è il piano rispetto al quale la curva è, in qualche senso, «perpendicolare»?

Una risposta a queste domande può essere data definendo il *piano normale* alla curva in P_0, cioè il piano passante per $P_0(x(t_0), y(t_0), z(t_0))$ e avente come direzione ortogonale $\underline{n}$ un vettore (o il versore) tangente a $\mathcal{C}$ in P_0, quindi $\underline{n} = \underline{f}'(t_0) = \langle x'(t_0), y'(t_0), z'(t_0)\rangle$. In conclusione, possiamo estendere anche alle curve la nozione di perpendicolarità rispetto a un piano dicendo che una curva è perpendicolare in ogni suo punto al piano normale in quel punto.

Dalla definizione segue che, detto $P(x, y, z)$ un generico punto del piano normale, l'equazione cartesiana di tale piano è

$$(P-P_0)\bullet\underline{f}'(t_0) = 0 \rightarrow (x-x(t_0))x'(t_0)+(y-y(t_0))y'(t_0)+(z-z(t_0))z'(t_0) = 0. \tag{7.6}$$

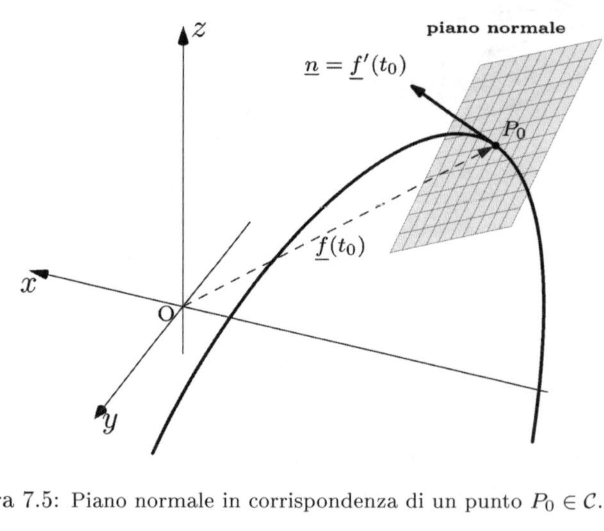

Figura 7.5: Piano normale in corrispondenza di un punto $P_0 \in \mathcal{C}$.

Una volta individuato il piano normale, possiamo considerare tutti i versori applicati in P_0 e giacenti nel piano stesso. È chiaro che ognuno di questi vettori risulta per costruzione ortogonale a $\underline{T}(t_0)$ e, tra essi, ne esiste uno in particolare, detto *versore normale principale*, definito come segue

$$\underline{N}(t_0) = \frac{\underline{T}'(t_0)}{|\underline{T}'(t_0)|}. \tag{7.7}$$

La normale principale si ottiene quindi trasformando in versore il vettore derivato del versore tangente in t_0, cioè $\underline{T}'(t_0)$. Questa scelta si giustifica osservando che è facile dimostrare che il derivato di un versore è sempre ortogonale al versore stesso.

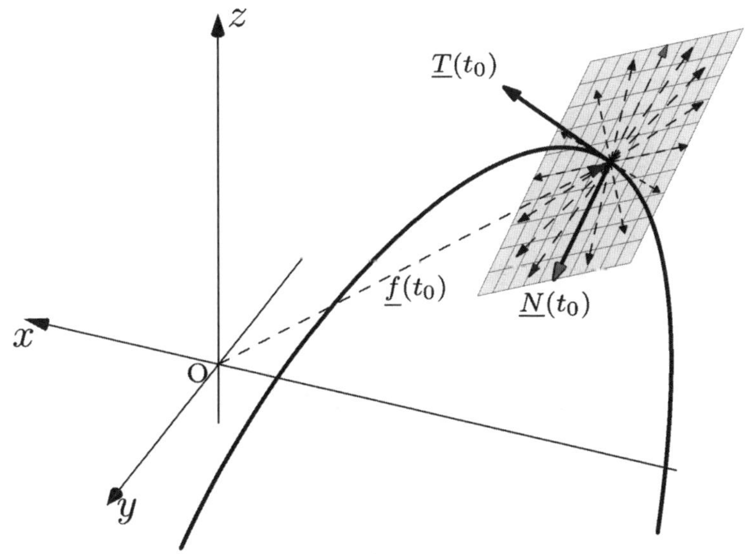

Figura 7.6: Il versore normale principale è uno dei versori applicati in P_0 e giacenti nel piano normale.

Il terzo versore, ortogonale ai primi due, che completa la terna di Frénet viene costruito attraverso il prodotto vettore della tangente e della normale principale e viene detto *versore binormale*. Si ha

$$\underline{B}(t_0) = \underline{T}(t_0) \times \underline{N}(t_0). \tag{7.8}$$

Come accennato all'inizio del paragrafo, i versori della terna di Frénet sono definiti in modo tale da avere una posizione reciproca analoga a quella dei tre versori degli assi cartesiani e, come questi ultimi formano, se considerati a due a due, i piani coordinati xy, yz e zx, così i versori tangente, normale principale e binormale formano tre piani «coordinati» che vengono detti

$$\begin{cases} (\underline{T}, \underline{N}) \longrightarrow \textbf{piano osculatore} \\ (\underline{N}, \underline{B}) \longrightarrow \textbf{piano normale} \\ (\underline{B}, \underline{T}) \longrightarrow \textbf{piano rettificante}. \end{cases} \tag{7.9}$$

Dal nostro punto di vista hanno interesse il piano normale, di cui abbiamo già discusso, e il piano osculatore che, tra tutti i piani passanti per P_0,

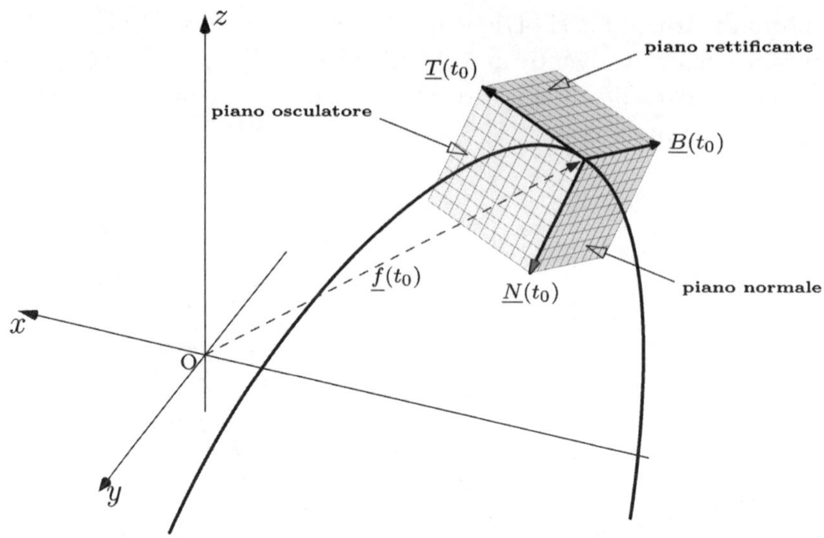

Figura 7.7: Il versore binormale coincide con il prodotto vettore tra il versore tangente e il versore normale principale.

è quello che meglio contiene la curva $\mathcal{C}$ in prossimità del punto stesso. In particolare, se una curva è piana il piano osculatore in ognuno dei suoi punti coincide con il piano di giacitura.

7.2.2 Curvatura

Abbiamo sottolineato nel paragrafo precedente che una questione importante della geometria differenziale consiste nel trovare un modo per descrivere quanto una certa curva dello spazio si distacchi localmente dall'andamento rettilineo. Lo sviluppo di questo problema ci porterà a definire una grandezza importante: la *curvatura*.

La prima cosa da precisare quindi è: qual è la retta rispetto alla quale si deve misurare questo allontanamento? L'intuizione geometrica ci suggerisce che, pur di considerare punti molto vicini a un certo $P_0 \in \mathcal{C}$, l'incurvamento di $\mathcal{C}$ non è percepibile e l'arco di curva può essere confuso con un segmento della retta tangente a $\mathcal{C}$ in P_0. Di conseguenza è abbastanza naturale definire qualitativamente la curvatura come una misura *del distacco della curva $\mathcal{C}$ dalla sua retta tangente in P_0*. Cerchiamo ora di rendere più precisa questa idea e di costruire un'espressione formale per la curvatura mettendo prima di tutto in evidenza alcune caratteristiche fondamentali che questa grandezza deve sicuramente avere:

- La curvatura dev'essere una proprietà intrinseca della curva e quindi non può dipendere in alcun modo dalla posizione di $\mathcal{C}$ rispetto al sistema di assi cartesiani né può essere modificata da un movimento rigido come, per esempio, una rotazione. Quest'ultima circostanza esclude che la curvatura possa essere un vettore (se così fosse non sarebbe invariante per rotazione) per cui deve essere *uno scalare* che chiameremo κ.

- Le linee rette sono prive di curvatura, per cui $\kappa_{retta} = 0$.

- La curvatura di una circonferenza, essendo una proprietà intrinseca della curva, può dipendere solo dal raggio e, inoltre, deve essere tale per cui circonferenze di grande raggio abbiano una curvatura minore di quelle di raggio piccolo. Consideriamo, infatti, due circonferenze tangenti internamente in un punto P_0 e la retta tangente ad entrambe in P_0 (vedi Figura 7.8). Se prendiamo due punti A e B sulla tangente (per esempio a destra di P_0) e tracciamo le rette per A e B parallele ai raggi CP_0 e $C'P_0$, troveremo dei punti d'intersezione tra queste rette e le circonferenze, punti che chiamiamo A', B', A'' e B''. Le lunghezze dei segmenti $\overline{AA'}$, $\overline{AA''}$, $\overline{BB'}$ e $\overline{BB''}$ possono essere considerate un'indicazione dell'allontanamento tra la retta tangente e le circonferenze ed è evidente che questo allontanamento è maggiore nel caso della circonferenza di raggio minore che, pertanto, ha una maggiore curvatura. Queste considerazioni ci portano a ipotizzare una dipendenza della curvatura di una circonferenza del tipo

$$\kappa_{circonferenza} = \frac{1}{R}.$$

Come possiamo generalizzare questi concetti e definire correttamente la curvatura per una generica curva dello spazio? Abbiamo visto in precedenza che è possibile costruire in corrispondenza di ogni punto P della curva il versore tangente che, in un'interpretazione cinematica della curva come traiettoria di una particella nello spazio, indica la *direzione della velocità istantanea* con cui la curva viene percorsa in P. Di conseguenza, possiamo dire che la traiettoria è tanto più «incurvata» quanto più rapidamente il versore tangente cambia direzione nel passaggio da P a un punto P' successivo, e quindi possiamo mettere in relazione la curvatura con la rapidità di variazione di direzione del versore tangente. D'altra parte, le grandezze che formalizzano in modo preciso la rapidità di variazione di una funzione — e il versore tangente, ricordiamolo, è descritto dalla funzione vettoriale

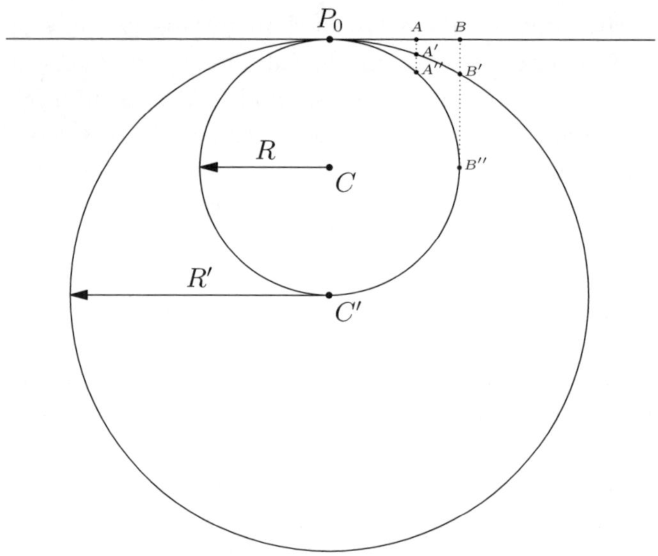

Figura 7.8: Maggiore è il raggio di una circonferenza, minore è la sua curvatura.

$\underline{T}(t)$ — sono le *derivate*. Alla luce di tutto questo è ragionevole esprimere la curvatura attraverso la seguente quantità scalare

$$\kappa(t) = \frac{|\underline{T}'(t)|}{|\underline{f}'(t)|}. \tag{7.10}$$

Possiamo verificare facilmente che la precedente espressione riproduce i risultati corretti nel caso di una retta e di una circonferenza.

Esempio 1.
Consideriamo la generica retta per $P_0(x_0, y_0, z_0)$ e avente la direzione di $\underline{d} = \langle a, b, c\rangle$. La parametrizzazione corrispondente è

$$\underline{f}(t) = \langle x_0 + at, y_0 + bt, z_0 + ct\rangle \quad t \in \mathbb{R},$$

da cui si ha

$$\underline{T}(t) = \frac{\underline{f}'(t)}{|\underline{f}'(t)|} = \frac{\langle a, b, c\rangle}{\sqrt{a^2 + b^2 + c^2}}.$$

Derivando ulteriormente otteniamo

$$\underline{T}'(t) = \langle 0, 0, 0\rangle \longrightarrow \kappa(t) = \frac{|\underline{T}'(t)|}{|\underline{f}'(t)|} = \frac{|\langle 0, 0, 0\rangle|}{\sqrt{a^2 + b^2 + c^2}} = 0.$$

Esempio 2.

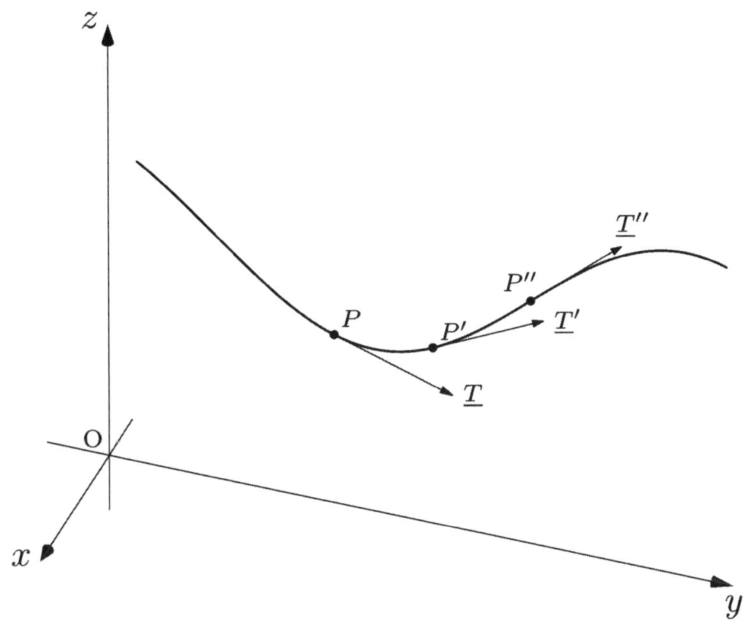

Figura 7.9: La curvatura è legata alla rapidità con cui varia la direzione del versore tangente. La curvatura nel passaggio da P a P' è maggiore che nel passaggio da P' a P'' perché il cambio di direzione tra $\underline{T}$ e $\underline{T}'$ è più rapido di quello tra $\underline{T}'$ e $\underline{T}''$.

Consideriamo la circonferenza centrata nell'origine, di raggio R e giacente nel piano xy. La parametrizzazione corrispondente è

$$\underline{f}(t) = \langle R\cos t, R\sin t, 0\rangle \quad t \in [0, 2\pi],$$

da cui si ha

$$\underline{T}(t) = \frac{\underline{f}'(t)}{|\underline{f}'(t)|} = \frac{\langle -R\sin t, R\cos t, 0\rangle}{R} = \langle -\sin t, \cos t, 0\rangle.$$

Derivando ulteriormente otteniamo

$$\underline{T}'(t) = \langle -\cos t, -\sin t, 0\rangle \longrightarrow \kappa(t) = \frac{|\underline{T}'(t)|}{|\underline{f}'(t)|} = \frac{|\langle -\cos t, -\sin t, 0\rangle|}{R} = \frac{1}{R}.$$

La curvatura e il versore normale principale permettono di definire la *circonferenza osculatrice*, ovvero la circonferenza che, nelle vicinanze di un punto $P \in \mathcal{C}$, approssima la curva meglio di quanto non faccia la retta tangente. Sappiamo che per individuare una circonferenza nello spazio occorre assegnarne il centro, il raggio e il piano di giacitura. Nel caso della circonferenza osculatrice il centro si trova sulla retta passante per P e avente la direzione della normale principale $\underline{N}$. Per definire il raggio R possiamo osservare che la circonferenza osculatrice, combaciando localmente con la curva, deve avere la stessa curvatura di $\mathcal{C}$ in P. Di conseguenza, dette, rispettivamente, κ e $\kappa_{osculatrice}$ le curvature di $\mathcal{C}$ in P e della circonferenza osculatrice, si ha

$$\kappa = \kappa_{osculatrice} \longrightarrow \kappa = \frac{1}{R} \longrightarrow R = \frac{1}{\kappa}. \tag{7.11}$$

La quantità $\frac{1}{\kappa}$ è detta *raggio di curvatura.* Infine, il piano di giacitura della circonferenza osculatrice deve essere quello che meglio contiene la curva in P, cioè il piano osculatore.

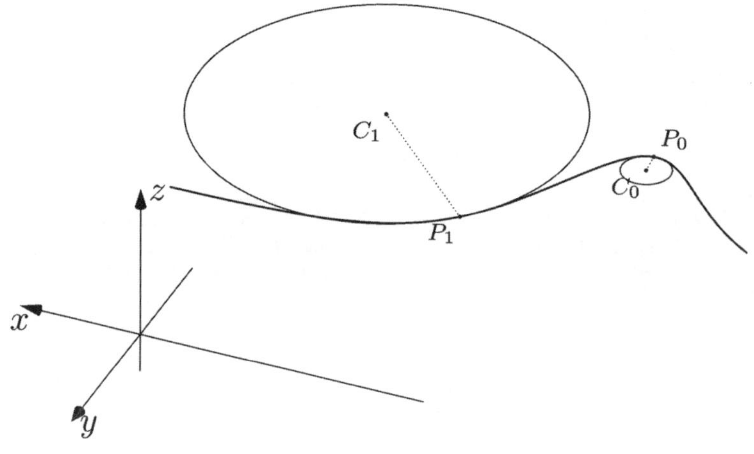

Figura 7.10: Circonferenza osculatrice in punti diversi di una curva. Il raggio della circonferenza osculatrice coincide con il reciproco della curvatura in un punto. I punti C_0 e C_1 sono i centri di curvatura in P_0 e P_1. .

La curvatura può infine essere visualizzata attraverso una costruzione che ha interessanti applicazioni a livello di grafica. In ogni punto P della curva si costruisce un vettore $\underline{K}$ che ha la stessa direzione della normale principale $\underline{N}$, verso opposto a quello di $\underline{N}$ e lunghezza coincidente con la curvatura κ in P. In questo modo la curva viene «ricoperta» di vettori di lunghezza variabile che raffigurano in modo efficace il valore della curvatura e il suo cambiamento: i vettori hanno lunghezza maggiore o minore a seconda che la curvatura abbia un valore grande o piccolo e i cambi di concavità della curva corrispondono a un cambio del loro verso.

Questa rappresentazione permette di visualizzare in modo molto efficace le condizioni di raccordo tra due archi di curva in un certo punto. In particolare possiamo distinguere tre casi:

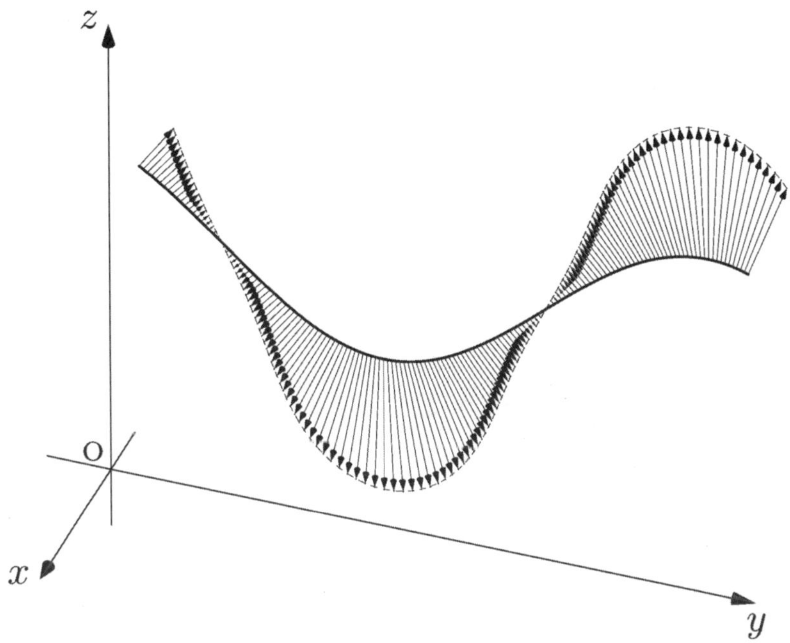

Figura 7.11: Vettori che rappresentano la variazione della curvatura lungo il profilo di una curva. In ogni punto il vettore ha la direzione della normale principale, verso opposto a quello della normale e lunghezza coincidente con il valore della curvatura.

- Le due curve si raccordano con *continuità di posizione.* Questa è la condizione più debole: le due curve hanno in comune il vettore posizione nel punto di raccordo ma le tangenti e le curvature sono diverse.

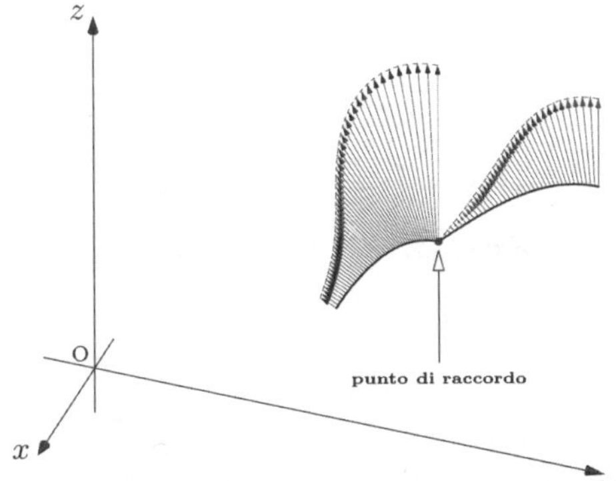

Figura 7.12: Curve che si raccordano solo attraverso il vettore posizione.

- Le due curve si raccordano con *continuità della tangente.* In questo caso le due curve hanno in comune sia il vettore posizione che la tangente ma la curvatura presenta una discontinuità.

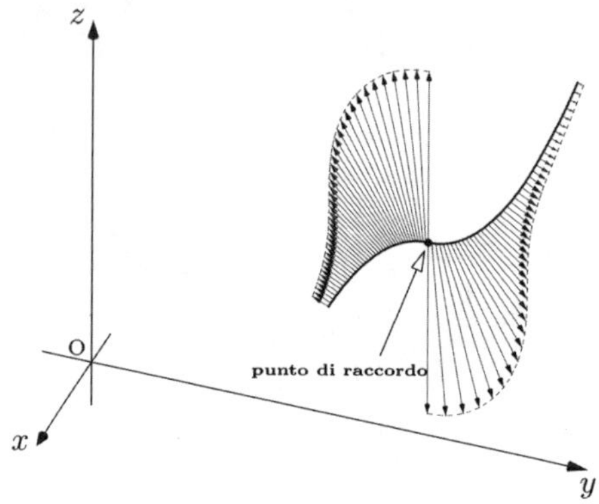

Figura 7.13: Curve che si raccordano attraverso il vettore posizione e la tangente. La curvatura è discontinua.

- Le due curve si raccordano con *continuità della curvatura.* È la situazione di «migliore saldatura» dal momento che anche la curvatura non presenta salti nel punto di raccordo.

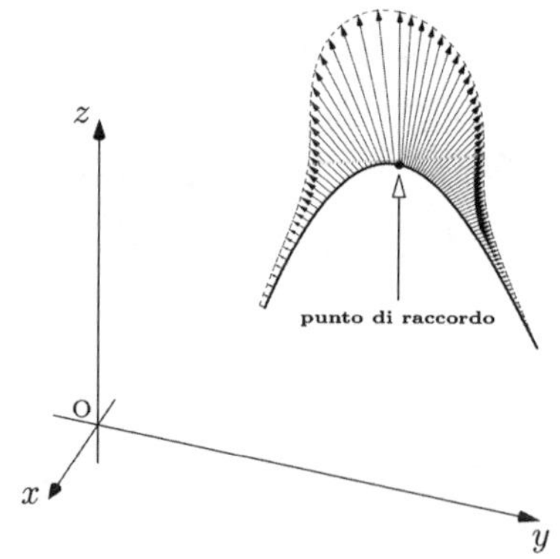

Figura 7.14: Curve che si raccordano attraverso il vettore posizione, la tangente e la curvatura.

7.2.3 Torsione

A questo punto resta da definire una quantità che descriva correttamente il grado di distacco della curva dall'andamento planare. Abbiamo detto in precedenza che, in corrispondenza di ogni punto P della curva è possibile costruire il piano osculatore, cioè il piano passante per P e individuato dai versori tangente e normale principale. Tra i piani per P, l'osculatore è quello che meglio di tutti gli altri contiene la curva. Di conseguenza, è ragionevole supporre che la rapidità di variazione del piano osculatore ci dia indicazioni su quanto la curva $\mathcal{C}$ si distacchi dall'essere piana: se, nel passaggio da un punto a un altro, l'orientamento del piano osculatore cambia di poco, allora ci troviamo di fronte a una curva «quasi piana», mentre una variazione pronunciata del piano osculatore è il segnale di una curva fortemente sghemba. D'altra parte l'orientamento di tale piano dipende dalla direzione del suo vettore ortogonale che, in questo caso, è il versore binormale. Possiamo pertanto mettere in relazione il grado di distacco dall'andamento planare con la rapidità di variazione del versore binormale (dunque attraverso le sue derivate) definendo una grandezza detta *torsione* nel seguente modo

$$\tau(t) = \frac{|\underline{B}'(t)|}{|\underline{f}'(t)|}. \tag{7.12}$$

Osserviamo che, come la curvatura, la torsione è uno scalare (anch'essa deve essere una proprietà intrinseca della curva, indipendente quindi dalla posizione e dall'orientamento di quest'ultima) e nel caso di una curva piana risulta identicamente nulla.

Esempio 3. Calcolare la torsione in un generico punto dell'elica cilindrica

$$\underline{f}(t) = \langle R\cos t, R\sin t, kt\rangle, \quad t \in \mathbb{R}.$$

Il vettore derivato è

$$\underline{f}'(t) = \langle -R\sin t, R\cos t, k\rangle,$$

da cui il versore tangente

$$\underline{T}(t) = \frac{\underline{f}'(t)}{|\underline{f}'(t)|} = \frac{\langle -R\sin t, R\cos t, k\rangle}{\sqrt{R^2+k^2}}.$$

Derivando il versore $\underline{T}(t)$ otteniamo

$$\underline{T}'(t) = \frac{\langle -R\cos t, -R\sin t, 0\rangle}{\sqrt{R^2+k^2}},$$

da cui la normale principale risulta essere

$$\underline{N}(t) = \frac{\underline{T}'(t)}{|\underline{T}'(t)|} = \langle -\cos t, -\sin t, 0\rangle.$$

Calcolando il prodotto vettore tra $\underline{T}(t)$ e $\underline{N}(t)$ si ottiene la binormale

$$\underline{B}(t) = \underline{T}(t) \times \underline{N}(t) = \frac{1}{\sqrt{R^2+k^2}}\langle k\sin t, -k\cos t, R\rangle.$$

Il vettore $\underline{B}'(t)$ è

$$\underline{B}'(t) = \frac{1}{\sqrt{R^2+k^2}}\langle k\cos t, k\sin t, 0\rangle,$$

per cui

$$\tau(t) = \frac{|\underline{B}'(t)|}{|\underline{f}'(t)|} = \frac{k}{R^2+k^2}.$$

7.3 Proprietà differenziali delle Superfici

7.3.1 Piano tangente

In conclusione del capitolo vogliamo accennare brevemente al modo in cui si descrive la curvatura di una superficie. In analogia con quanto detto sulla curvatura di una curva, potremmo immaginare, almeno in prima approssimazione, che la curvatura di una superficie sia una misura della velocità con cui la superficie stessa si allontana, nelle vicinanze di un suo punto, da una superficie piana. D'altra parte è facile convincersi del fatto che per una superficie la situazione è più complessa rispetto al caso di una curva. Osserviamo infatti che, in generale, una superficie non si incurva nello stesso modo in tutte le direzioni: se pensiamo, per esempio, a un cilindro è chiaro che la curvatura lungo una generatrice è nulla mentre quella lungo un parallelo è diversa da zero.

Per sviluppare questo problema è prima di tutto necessario costruire il piano che, nell'intorno di un punto, approssima la superficie e rispetto al quale misureremo, in qualche modo, il «grado di distacco». Sappiamo che, data una superficie S descritta dal vettore $\underline{f}(u,v)$, è possibile costruire su S un sistema di curve isoparametriche che ne schematizzano la forma. In particolare, fissato un punto $P_0 \in S$ tale per cui $P_0 - O = \underline{f}(u_0, v_0)$, per P_0 passano le isoparametriche $\underline{h}(u) = \underline{f}(u, v_0)$ e $\underline{g}(v) = \underline{f}(u_0, v)$. I vettori tangenti a queste due curve in P_0 sono, rispettivamente, $\underline{h}'(u_0)$ e $\underline{g}'(v_0)$ che, insieme al punto P_0, individuano il *piano tangente* alla superficie S in P_0.

Una parametrizzazione del piano tangente quindi è

$$\underline{\pi}(u,v) = \underline{f}(u_0, v_0) + \underline{h}'(u_0)u + \underline{g}'(v_0)v, \quad u, v \in \mathbb{R}. \tag{7.13}$$

7.3.2 Curvature principali e curvatura gaussiana

Il piano tangente alla superficie in un punto ammette un vettore normale che possiamo costruire calcolando il prodotto vettore tra i vettori di giacitura,

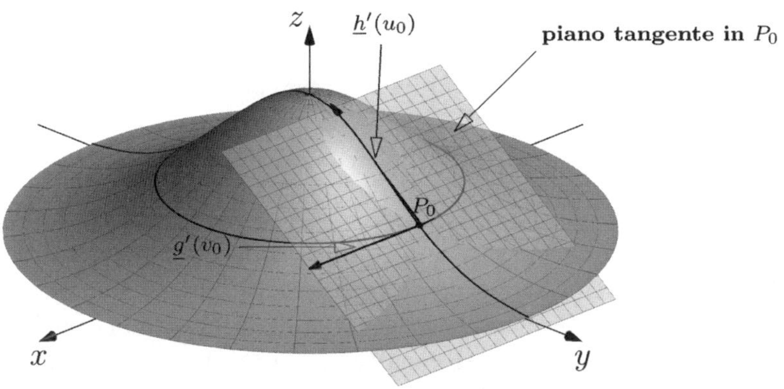

Figura 7.15: Piano tangente a una superficie S in un punto P_0. I vettori di giacitura del piano sono le tangenti in P_0 alle due curve isoparametriche passanti per il punto.

per cui

$$\underline{n} = \underline{h}'(u_0) \times \underline{g}'(v_0). \tag{7.14}$$

Consideriamo ora il fascio proprio di piani passanti per P_0 e contenenti il vettore $\underline{n}$: ciascuno di essi interseca S secondo una curva completamente contenuta nella superficie e che, in P_0, ha una certa curvatura. È chiaro che tra tutte le curvature così ottenute ce ne saranno due che hanno, rispettivamente, valore massimo e minimo. Queste curvature, che chiamiamo κ_1 e κ_2, sono dette *curvature principali* della superficie S in P_0. Un teorema fondamentale dovuto a Eulero (1760) stabilisce inoltre che i due piani del fascio che individuano le curvature principali sono tra loro ortogonali.

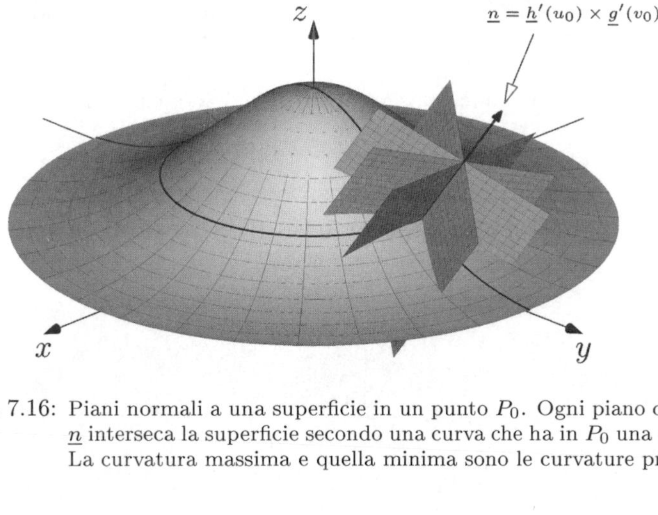

Figura 7.16: Piani normali a una superficie in un punto P_0. Ogni piano del fascio di asse $\underline{n}$ interseca la superficie secondo una curva che ha in P_0 una certa curvatura. La curvatura massima e quella minima sono le curvature principali.

A partire dalle curvature principali è possibile costruire la *curvatura media*

$$\kappa_{media} = \frac{\kappa_1 + \kappa_2}{2},$$

e la curvatura gaussiana

$$\kappa_{gaussiana} = \kappa_1 \kappa_2.$$

La curvatura di una curva è una quantità definita positiva per cui, in linea di principio, anche le curvature massima, minima in un punto di una superficie, essendo in ultima analisi le curvature di due opportune isoparametriche, dovrebbero essere definite positive a loro volta. È tuttavia possibile attribuire un segno alle curvature κ_1 e κ_2 con la convenzione che queste siano positive se la corrispondente circonferenza osculatrice si trova dalla stessa parte della normale e negative nel caso opposto. Può infine accadere che una delle due curvature sia nulla come, per esempio, nel caso di superfici sviluppabili su un piano come il cilindro circolare. La curvatura gaussiana nei tre casi in Figura 7.17 risulta essere *positiva*, *nulla* e *negativa*.

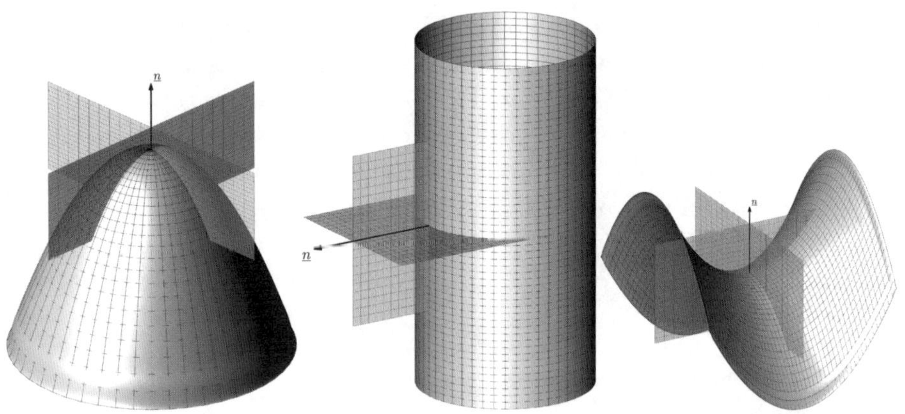

Figura 7.17: Superficie a curvatura gaussiana positiva (sinistra), nulla (centro) e negativa (destra).

I punti a curvatura gaussiana positiva si dicono *ellittici*, a curvatura gaussiana nulla *parabolici* e quelli a curvatura gaussiana negativa *iperbolici*.

Esercizi

Nel capitolo 7 è stato introdotto, in modo formale, il concetto di derivata di una funzione vettoriale. Abbiamo visto che la derivata di una funzione vettoriale si riduce al calcolo delle derivate delle sue funzioni scalari componenti, e dunque, per affrontare gli esercizi di questo capitolo è necessario saper calcolare la derivata di una funzione scalare.

L'obiettivo non è quello di spiegare dettagliatamente come interpretare e calcolare la derivata di una funzione (per questo si rimanda ad un qualsiasi testo di matematica delle scuole superiori), ma quello di fornire strumenti utili per il suo calcolo.

Per il calcolo di tali derivate, negli esercizi che proponiamo, è sufficiente conoscere alcune derivate fondamentali di funzioni semplici (vedi tabella sottostante) e le principali regole di derivazione.

Derivate delle funzioni di base

	Funzione $f(x)$	**Derivata** $f'(x)$
	k (costante)	0
	x	1
	x^2	$2x$
	$\sqrt{x}$	$1/(2\sqrt{x})$
	x^{-1}	$-x^{-2}$
In generale →	x^a, $a \in \mathbb{Q}$	ax^{a-1}
	$\sin x$	$\cos x$
	$\cos x$	$-\sin x$
	$\tan x$	$(\cos x)^{-2}$
	e^x	e^x
	a^x	$a^x \ln a$
	$\ln x$	$1/x$
	$\log_a x$	$1/(x \ln a)$

Regole di derivazione

$$(f(x) \pm g(x))' = f'(x) \pm g'(x)$$

$$(f(x)g(x))' = f'(x)g(x) + f(x)g'(x)$$

$$\left(\frac{f(x)}{g(x)}\right)' = \frac{f'(x)g(x) - f(x)g'(x)}{(g(x))^2}$$

$$(f(g(x)))' = f'(g(x))g'(x).$$

Esercizio 7.1 *Data la curva di equazione vettoriale*

$$\underline{c} = \left\langle 1 - t^2, \ln(1-t), \cos(2\pi t) \right\rangle,$$

1. determinare il dominio della funzione;

2. determinare il punto P_0 della curva corrispondente al valore $t_0 = 0$ del parametro;

3. determinare il vettore derivato di c;

4. scrivere l'equazione vettoriale della tangente in P_0 alla curva, usando P_0 come punto origine e $\underline{c}'(t_0)$ come vettore di direzione.

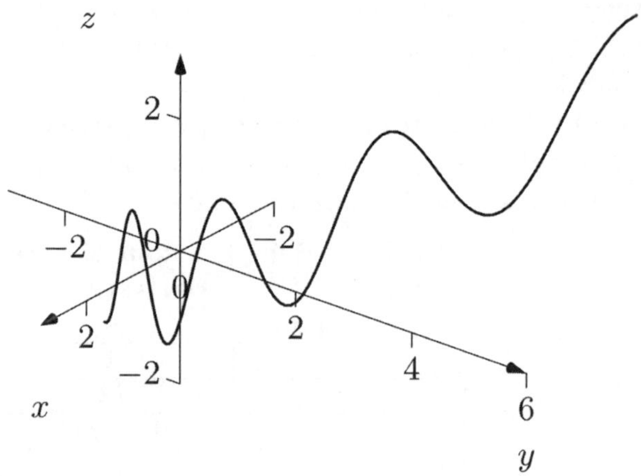

Figura 7.18: Curva di equazione $\underline{c}(t) = \langle 1 - t^2, \ln(1-t), \cos(2\pi t)\rangle$.

1. Il dominio, o insieme di definizione, di una funzione vettoriale è l'intersezione degli insiemi di definizione delle singole funzioni componenti. Calcoliamo, dunque, per ciascuna delle funzioni componenti di c l'insieme di definizione:

   - $1 - t^2$ nessuna limitazione: $D_1 = (-\infty, +\infty)$;
   - $\ln(1-t)$ il logaritmo è calcolabile solo per valori strettamente positivi, quindi l'insieme di definizione è $1 - t > 0 \quad \Rightarrow \quad D_2 = (-\infty, 1)$;
   - $\cos(2\pi t)$ nessuna limitazione: $D_3 = (-\infty, +\infty)$.

   L'intersezione dei tre insiemi di definizione D_1, D_2 e D_3 è l'insieme di definizione di c:

   $$D = D_1 \cap D_2 \cap D_3 = (-\infty, 1).$$

2. Per calcolare il punto P_0 è sufficiente sostituire il valore $t_0 = 0$ nell'equazione della curva c:

   $$t_0 = 0 \qquad \Rightarrow \qquad P_0 = (1, 0, 1).$$

3. Il vettore derivato di una curva c è il vettore delle derivate delle singole funzioni che compongono la curva c. Calcoliamo, dunque, per ciascuna delle funzioni componenti di c la derivata e indichiamo con $\underline{c}'(t)$ il vettore delle derivate:

$$\underline{c}'(t) = \left\langle -2t, -\frac{1}{1-t}, -2\pi \sin(2\pi t) \right\rangle.$$

4. L'equazione parametrico vettoriale della retta r tangente alla curva in P_0, quindi passante per P_0, e con vettore di direzione:

$$\underline{c}'(t_0) = \underline{c}'(0) = \langle 0, -1, 0 \rangle,$$

è data da:

$$\underline{r} = \langle 1, -s, 1 \rangle.$$

Esercizio 7.2 *Data la curva* $\underline{c} = \left\langle e^t, t+1, t^2 \right\rangle$*:*

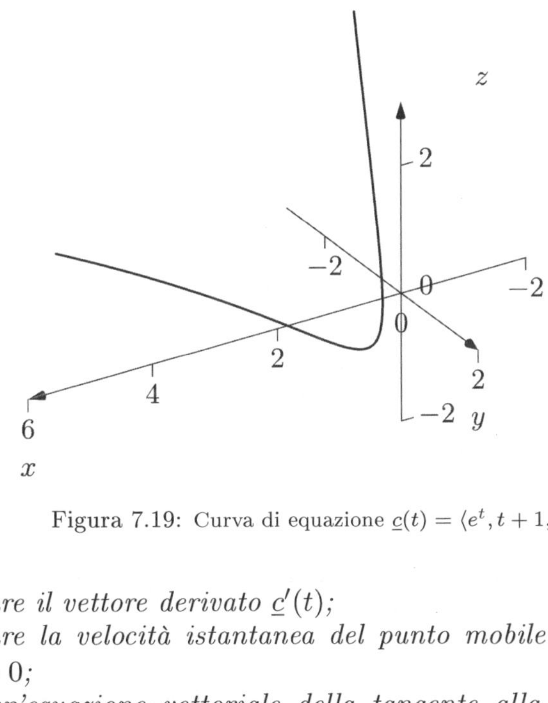

Figura 7.19: Curva di equazione $\underline{c}(t) = \langle e^t, t+1, t^2 \rangle$.

1. determinare il vettore derivato $\underline{c}'(t)$*;*

2. determinare la velocità istantanea del punto mobile sulla curva c *al tempo* $t = 0$*;*

3. scrivere un'equazione vettoriale della tangente alla curva nel punto corrispondente al valore $t = 0$*.*

1. Il vettore derivato di una curva c è il vettore delle derivate delle singole funzioni che compongono la curva c:

$$\underline{c}' = \left\langle e^t, 1, 2t \right\rangle.$$

2. La velocità istantanea del punto mobile sulla curva c al tempo $t = 0$ corrisponde al vettore derivato della curva c valutato in $t = 0$: $\underline{c}'(0) = \langle 1, 1, 0\rangle$.
3. Per prima cosa determiniamo il punto associato al valore del parametro $t = 0$: $(1, 1, 0)$; il vettore di direzione della retta tangente alla curva in $(1, 1, 0)$ è già stato calcolato al punto 2.: $\underline{c}'(0) = \langle 1, 1, 0\rangle$. L'equazione della tangente alla curva passante per $(1, 1, 0)$ e di direzione $\underline{c}'(0)$ è: $\underline{r} = \langle 1 + k, 1 + k, 0\rangle$.

Esercizio 7.3 *Data la curva di equazioni parametriche*

$$\begin{cases} x = t \\ y = 1 + t^2 \\ z = 1 + t^2 \end{cases},$$

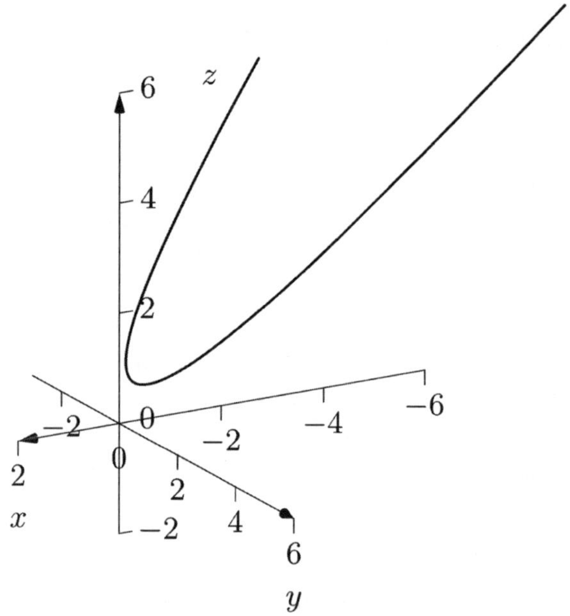

Figura 7.20: Curva di equazione $\underline{c}(t) = \langle t, 1 + t^2, 1 + t^2\rangle$.

determinare:

1. *il punto Q, intersezione della curva col piano $x = 1$;*
2. *la derivata del vettore $\underline{c}$;*
3. *un'equazione parametrico-vettoriale della retta tangente in Q alla curva;*
4. *le due tangenti condotte dal punto $R(1, 1, 1)$ alla curva;*
5. *il piano normale alla curva nel punto Q.*

1. Per calcolare l'intersezione con il piano $x = 1$ poniamo la componente x della curva uguale a 1: $t = 1$, $Q(1, 2, 2)$.

2. $\underline{c}' = \langle 1, 2t, 2t \rangle$.

3. Per prima cosa calcoliamo il vettore di direzione della retta tangente alla curva in Q valutando il vettore derivato del punto 2. in $t = 1$: $\underline{c}'(1) = \langle 1, 2, 2 \rangle$. Un'equazione della tangente alla curva passante per $Q(1, 2, 2)$ e di direzione $\underline{c}'(1)$ è: $\underline{r} = \langle 1 + u, 2 + 2u, 2 + 2u \rangle$.

4. Per trovare le due tangenti si individua innanzitutto il generico vettore passante per il punto $R(1, 1, 1)$ e per un punto qualunque della curva $P(t, 1 + t^2, 1 + t^2)$: $P - R = \langle t - 1, t^2, t^2 \rangle$, e quindi si impone a tale vettore di avere direzione tangente alla curva, cioè di essere proporzionale a $\underline{c}'(t)$:

$$\begin{cases} t - 1 = k \cdot 1 \\ t^2 = k \cdot 2t \\ t^2 = k \cdot 2t \end{cases} \Rightarrow \begin{cases} t = k + 1 \\ (k + 1)^2 = 2k(k + 1) \end{cases}$$

$$\Rightarrow \begin{cases} t = k + 1 \\ k^2 - 1 = 0 \end{cases} \Rightarrow \begin{cases} t_1 = 2,\ t_2 = 0 \\ k = \pm 1 \end{cases}$$

ne segue che, per $k = 1$ e per $t_1 = 2$: $\underline{c}'(t_1) = \langle 1, 4, 4 \rangle$, il punto di tangenza è $(2, 5, 5)$, e la retta tangente ha equazione $\underline{r}_1 = \langle 2 + k, 5 + 4k, 5 + 4k \rangle$;
per $k = -1$ e per $t_2 = 0$: $\underline{c}'(t_2) = \langle 1, 0, 0 \rangle$, il punto di tangenza è $(0, 1, 1)$, e la retta tangente ha equazione $\underline{r}_2 = \langle v, 1, 1 \rangle$.

5. Considerando il vettore tangente alla curva in Q: $\langle 1, 2, 2 \rangle$, l'equazione cartesiana del piano normale in $Q(1, 2, 2)$ alla curva è data da

$$(x - 1) \cdot 1 + (y - 2) \cdot 2 + (z - 2) \cdot 2 = 0 \quad \Rightarrow \quad x + 2y + 2z - 9 = 0.$$

Esercizio 7.4 *Data la curva di equazione* $\underline{c} = \langle \sin t, kt, 2\cos t \rangle$ *determinare:*

1. *un'equazione parametrico-vettoriale della retta tangente alla curva nel punto corrispondente al valore* $t = \frac{\pi}{2}$*;*
2. *il valore di* k *per cui la retta trovata al punto 1. interseca il piano* xy *nel punto* Q *di ordinata* $y_Q = 2\pi$*;*
3. *il valore di* k *per cui la retta trovata al punto 1. sia ortogonale all'asse delle* y*;*
4. *il valore di* k *per cui la retta trovata al punto 1. sia parallela al piano* xz*;*

1. i) Il punto associato al valore del parametro $t = \frac{\pi}{2}$ è $\left(1, \frac{\pi}{2}k, 0\right)$; ii) il vettore di direzione della retta tangente alla curva in $\left(1, \frac{\pi}{2}k, 0\right)$ è ottenuto calcolando il vettore derivato: $\underline{c}' = \langle \cos t, k, -2\sin t \rangle$ e valutandolo in $t = \frac{\pi}{2}$: $\underline{c}'\left(\frac{\pi}{2}\right) = \langle 0, k, -2 \rangle$. L'equazione della tangente alla curva passante per $\left(1, \frac{\pi}{2}k, 0\right)$ e di direzione $\underline{c}'\left(\frac{\pi}{2}\right)$ è: $\underline{r} = \left\langle 1, k\frac{\pi}{2} + ku, -2u \right\rangle$.

2. Troviamo il valore del parametro u, e di conseguenza il punto Q, tale per cui la retta tangente interseca il piano xy: il piano xy ha equazione $z = 0$, quindi poniamo la componente z della retta tangente r uguale a zero: $-2u = 0 \Rightarrow u = 0 \Rightarrow Q\left(1, k\frac{\pi}{2}, 0\right)$. Infine poniamo la componente y del punto Q uguale a 2π: $k\frac{\pi}{2} = 2\pi \Rightarrow k = 4$.

3. Il vettore di direzione della retta deve essere ortogonale al vettore di direzione dell'asse delle y, $\langle 0, 1, 0\rangle$: $\langle 0, k, -2\rangle \bullet \langle 0, 1, 0\rangle = 0 \Rightarrow k = 0$.

4. Una retta ortogonale all'asse delle y è anche parallela al piano xz, quindi la soluzione coincide con quella del punto 3.

Esercizio 7.5 *Data la curva* $\underline{r} = \left\langle 1 - \sin t, 1 + \sin t, \sqrt{2}\cos t\right\rangle$ *determinare:*

1. il suo versore tangente;
2. la sua curvatura.

1. $\underline{T}(t) = \frac{\underline{r}'(t)}{|\underline{r}'(t)|} = \frac{\langle -\cos t, \cos t, -\sqrt{2}\sin t\rangle}{\sqrt{2\cos^2 t + 2\sin^2 t}} = \left\langle -\frac{\cos t}{\sqrt{2}}, \frac{\cos t}{\sqrt{2}}, -\sin t\right\rangle$.

2. Calcoliamo prima la derivata del versore tangente $\underline{T}(t)$:

$$\underline{T}'(t) = \left\langle \frac{\sin t}{\sqrt{2}}, -\frac{\sin t}{\sqrt{2}}, -\cos t\right\rangle,$$

la curvatura della curva è data da

$$k = \frac{|T'(t)|}{|\underline{r}'(t)|} = \frac{\sqrt{\frac{\sin^2 t}{2} + \frac{\sin^2 t}{2} + \cos^2 t}}{\sqrt{2}} = \frac{1}{\sqrt{2}}.$$

Esercizio 7.6 *Data la curva di equazione vettoriale* $\underline{c} = e^t\langle \cos t, \sin t, 0\rangle$ *determinare:*

1. il vettore derivato $\underline{c}'(t)$*;*
2. $|\underline{c}'(t)|$*;*
3. il versore tangente $\underline{T}(t)$*;*
4. la derivata del versore tangente $\underline{T}'(t)$*;*
5. $|\underline{T}'(t)|$*;*
6. la curvatura della curva nel punto corrispondente al valore del parametro $t = 0$*;*
7. il versore tangente e il versore normale nel punto corrispondente al valore del parametro $t = 0$*;*
8. il raggio e il centro C *del cerchio osculatore nel punto corrispondente al valore del parametro* $t = 0$*;*
9. il piano osculatore.

1. $\underline{c}'(t) = \langle e^t(\cos t - \sin t), e^t(\sin t + \cos t), 0\rangle$.

2. $|\underline{c}'(t)| = e^t\sqrt{(\cos t - \sin t)^2 + (\sin t + \cos t)^2} = e^t\sqrt{2\cos^2 t + 2\sin^2 t} = \sqrt{2}e^t.$

3. $\underline{T}(t) = \frac{\underline{c}'(t)}{|\underline{c}'(t)|} = \left\langle \frac{\cos t - \sin t}{\sqrt{2}}, \frac{\sin t + \cos t}{\sqrt{2}}, 0 \right\rangle.$

4. $\underline{T}'(t) = \left\langle \frac{-\sin t - \cos t}{\sqrt{2}}, \frac{\cos t - \sin t}{\sqrt{2}}, 0 \right\rangle.$

5. $|\underline{T}'(t)| = \frac{1}{\sqrt{2}}\sqrt{(-\sin t - \cos t)^2 + (\cos t - \sin t)^2} = \frac{1}{\sqrt{2}}\sqrt{2(\cos^2 t + \sin^2 t)} = 1.$

6. La curvatura è data da $k = \frac{|\underline{T}'(t)|}{|\underline{c}'(t)|} = \frac{1}{\sqrt{2}e^t}$, in $t = 0$ si ottiene $k(0) = \frac{1}{\sqrt{2}}$.

7. Il versore tangente in corrispondenza del valore del parametro $t = 0$ è dato da $\underline{T}(0) = \left\langle \frac{1}{\sqrt{2}}, \frac{1}{\sqrt{2}}, 0 \right\rangle$.
   Il versore normale è $\underline{N}(t) = \frac{T'(t)}{|\underline{T}'(t)|} = \left\langle \frac{-\sin t - \cos t}{\sqrt{2}}, \frac{\cos t - \sin t}{\sqrt{2}}, 0 \right\rangle$, in $t = 0$ si ottiene $\underline{N}(0) = \left\langle \frac{-1}{\sqrt{2}}, \frac{1}{\sqrt{2}}, 0 \right\rangle$.

8. Il raggio del cerchio osculatore è $\rho = \frac{1}{k} = \sqrt{2}e^t$, in $t = 0$ si ottiene $\rho(0) = \sqrt{2}$. Il suo centro C sta sulla retta r passante per il punto corrente (per $t = 0$) $P(1, 0, 0)$ e di direzione $\underline{N}(0)$: $\underline{r} = \left\langle 1 - \frac{1}{\sqrt{2}}u, \frac{1}{\sqrt{2}}u, 0 \right\rangle$ e dista $\rho(0) = \sqrt{2}$ dal punto corrente P (origine della retta r). Quindi, essendo il vettore di direzione di r un versore, il valore assoluto del parametro u rappresenta la distanza di un punto qualunque di una retta dal punto origine P, dunque per $u = \sqrt{2}$ in r otteniamo $C(0, 1, 0)$.

9. Poichè la curva è piana, il piano osculatore è il piano nel quale giace la curva, ovvero $z = 0$.

Esercizio 7.7 *Dato il toro di equazione*

$$\underline{s} = \langle (\cos u + 3)\cos v, (\cos u + 3)\sin v, -\sin u \rangle,$$

determinare:

1. *il punto corrispondente ai valori di parametro $u = \frac{\pi}{2}$, $v = \frac{\pi}{2}$;*
2. *un'equazione vettoriale della isoparametrica a u costante passante per il punto dato;*
3. *un'equazione vettoriale della isoparametrica a v costante passante per il punto dato;*
4. *la derivata della isoparametrica a u costante nel punto dato;*
5. *la derivata della isoparametrica a v costante nel punto dato;*
6. *il piano tangente alla superficie nel punto dato.*

1. Sostituendo i valori dei parametri $u = \frac{\pi}{2}$ e $v = \frac{\pi}{2}$ nell'equazione di s otteniamo il punto $(0, 3, -1)$.

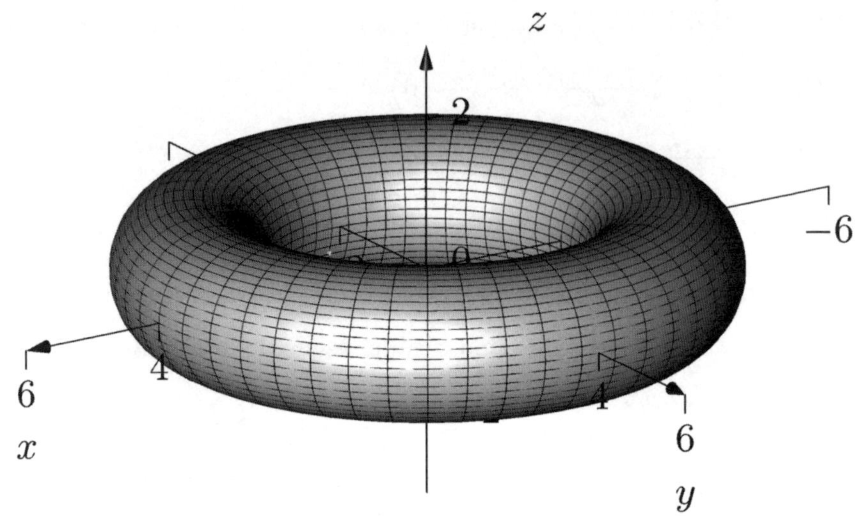

Figura 7.21: Toro circolare di equazione $\underline{c}(u,v) = \langle(\cos u + 3)\cos v, (\cos u + 3)\cos v, -\sin u\rangle$.

2. Un'equazione parametrico-vettoriale della curva isoparametrica (u =costante) passante per $(0,3,-1)$ si ottiene sostituendo il valore $u = \frac{\pi}{2}$, relativo al punto $(0,3,-1)$, all'interno dell'equazione della superficie:

$$\underline{s}_1 = \langle 3\cos v, 3\sin v, -1\rangle .$$

3. Un'equazione parametrico-vettoriale della curva isoparametrica (v =costante) passante per $(0,3,-1)$ si ottiene sostituendo il valore $v = \frac{\pi}{2}$, relativo al punto $(0,3,-1)$, all'interno dell'equazione della superficie:

$$\underline{s}_2 = \langle 0, \cos u + 3, -\sin u\rangle .$$

4. La derivata della curva isoparametrica trovata al punto 2. è

$$\underline{s}_1' = \langle -3\sin v, 3\cos v, 0\rangle \quad \Rightarrow \quad \underline{s}_1'\left(\frac{\pi}{2}\right) = \langle -3, 0, 0\rangle .$$

5. La derivata della curva isoparametrica trovata al punto 3. è

$$\underline{s}_2' = \langle 0, -\sin u, -\cos u\rangle \quad \Rightarrow \quad \underline{s}_2'\left(\frac{\pi}{2}\right) = \langle 0, -1, 0\rangle .$$

6. Per determinare l'equazione del piano tangente in $(0,3,-1)$ alla superficie calcoliamo un vettore normale alla superficie in $(0,3,-1)$ che è dato dal prodotto vettore fra i vettori $\underline{s}_1'\left(\frac{\pi}{2}\right)$ e $\underline{s}_2'\left(\frac{\pi}{2}\right)$ trovati ai punti 4. e 5.:

$$\underline{n} = \underline{s}_1'\left(\frac{\pi}{2}\right) \times \underline{s}_2'\left(\frac{\pi}{2}\right) = \langle 0, 0, 3\rangle .$$

Considerando il vettore normale alla superficie in $(0, 3, -1)$: $\langle 0, 0, 3 \rangle$, l'equazione cartesiana del piano tangente in $(0, 3, -1)$ alla superficie è data da

$$(x - 0) \cdot 0 + (y - 3) \cdot 0 + (z + 1) \cdot 3 = 0 \quad \Rightarrow \quad z + 1 = 0.$$

Esercizio 7.8 *Data la superficie di equazioni*

$$\begin{cases} x = 3\cos t - 2u\cos t \\ y = 2\sin t - u\sin t \\ z = 2u \end{cases}, \quad 0 \le t \le 2\pi,\ 0 \le u \le 1,$$

si consideri il punto della superficie $P_0(0, 1, 2)$, determinare:

1. a quali valori dei parametri t e u corrisponde il punto P_0;
2. le equazioni parametriche della curva isoparametrica (t=costante) passante per P_0;
3. un vettore tangente in P_0 a tale curva isoparametrica;
4. la curvatura in P_0 di tale curva isoparametrica;
5. le equazioni parametriche della curva isoparametrica (u=costante) passante per P_0;
6. un vettore tangente in P_0 a tale curva isoparametrica;
7. un vettore normale in P_0 alla superficie;
8. l'equazione cartesiana del piano tangente in P_0 alla superficie.

1. Il punto $P_0(0, 1, 2)$ corrisponde ai valori dei parametri $t = \frac{\pi}{2}$ e $u = 1$; infatti, dalla terza equazione ricaviamo

$$2u = 2 \quad \Rightarrow \quad u = 1;$$

sostituendo questo valore $u = 1$ nelle equazioni della superficie otteniamo

$$\begin{cases} x = 3\cos t - 2\cos t \\ y = 2\sin t - \sin t \\ z = 2 \end{cases} \Rightarrow \begin{cases} x = \cos t \\ y = \sin t \\ z = 2 \end{cases};$$

sostituendo ora le coordinate del punto P_0 ricaviamo

$$\begin{cases} 0 = \cos t \\ 1 = \sin t \\ 2 = 2 \end{cases} \Rightarrow \quad t = \frac{\pi}{2}.$$

2. Le equazioni parametriche della curva isoparametrica (t =costante) passante per P_0 si ottengono sostituendo il valore $t = \frac{\pi}{2}$, relativo al punto P_0, all'interno dell'equazione della superficie:

$$\underline{s}(u) = \begin{cases} x = 0 \\ y = 2 - u \\ z = 2u \end{cases}.$$

3. Per calcolare un vettore tangente in P_0 alla curva isoparametrica del punto 2., è sufficiente calcolare la derivata di tale curva isoparametrica e successivamente valutare tale derivata in $u = 1$ (valore relativo al punto P_0):

$$\underline{v} = \underline{s}'(1) = \langle 0, -1, 2\rangle.$$

4. La curvatura $k(u)$ è definita come il rapporto tra il modulo del vettore derivato del versore tangente e il modulo del vettore derivato della curva:

$$k(u) = \frac{|\underline{T}'(u)|}{|\underline{s}'(u)|};$$

nel nostro caso:

$$\begin{aligned} |\underline{s}'(u)| &= \sqrt{(0)^2 + (-1)^2 + (2)^2} = \sqrt{1+4} = \sqrt{5}, \\ \underline{T}(u) &= \frac{\underline{s}'(u)}{|\underline{s}'(u)|} = \frac{1}{\sqrt{5}}\langle 0, -1, 2\rangle, \\ \underline{T}'(u) &= \langle 0, 0, 0\rangle, \\ |\underline{T}'(u)| &= 0, \end{aligned}$$

quindi

$$k(u) = 0.$$

5. Le equazioni parametriche della curva isoparametrica (u =costante) passante per P_0 si ottengono sostituendo il valore $u = 1$, relativo al punto P_0, all'interno dell'equazione della superficie:

$$\underline{s}(t) = \begin{cases} x = \cos t \\ y = \sin t \\ z = 2 \end{cases}.$$

6. Per calcolare un vettore tangente in P_0 alla curva isoparametrica del punto 5., è sufficiente calcolare la derivata di tale curva isoparametrica e successivamente valutare tale derivata in $t = \frac{\pi}{2}$ (valore relativo al punto P_0):

$$\underline{s}'(t) = \langle -\sin t, \cos t, 0\rangle \quad \xrightarrow[(t=\frac{\pi}{2})]{} \quad \underline{w} = \langle -1, 0, 0\rangle.$$

7. Un vettore normale alla superficie in P_0 è dato dal prodotto vettore fra i vettori $\underline{v}$ e $\underline{w}$:

$$\underline{n} = \underline{v} \times \underline{w} = \langle 0, -1, 2\rangle \times \langle -1, 0, 0\rangle = \langle 0, -2, -1\rangle.$$

8. Considerando il vettore normale alla superficie in P_0: $\underline{n} = \langle 0, -2, -1\rangle$, l'equazione cartesiana del piano tangente in $P_0(0, 1, 2)$ alla superficie è data da

$$(x - 0) \cdot 0 + (y - 1) \cdot (-2) + (z - 2) \cdot (-1) = 0 \quad \Rightarrow \quad -2y - z + 4 = 0.$$

Esercizi proposti

Esercizio 7.i *Data la curva* $\underline{c} = \langle \sin t, t\cos t, 1\rangle$*:*

1. *determinare il vettore derivato* $\underline{c}'(t)$*;*
2. *determinare la velocità istantanea del punto mobile sulla curva c al tempo* $t = 0$*;*
3. *scrivere un'equazione vettoriale della tangente alla curva nel punto corrispondente al valore* $t = \pi$*.*

Esercizio 7.ii *Data la curva* $\underline{c} = \langle t(1+t^2), 1-t, \sin(t^2)\rangle$*:*

1. *determinare il vettore derivato* $\underline{c}'(t)$*;*
2. *scrivere un'equazione vettoriale della tangente alla curva nel punto* $(0,1,0)$*.*

Esercizio 7.iii *Data la curva di equazione vettoriale*

$$\underline{c} = \left\langle (1-t)^{\frac{3}{2}}, \ln t^2, \cos(2\pi t)\right\rangle :$$

1. *determinare il dominio della funzione;*
2. *determinare il punto* P_0 *della curva corrispondente al valore* $t_0 = 1$ *del parametro;*
3. *determinare il vettore derivato di c;*
4. *scrivere l'equazione vettoriale della tangente in* P_0 *alla curva, usando* P_0 *come punto origine e* $\underline{c}'(t_0)$ *come vettore di direzione.*

Esercizio 7.iv *Dato l'arco di curva* $\underline{c} = \langle t, \sin^2 t, \cos^2 t\rangle$ $(\frac{\pi}{4} \le t \le \frac{3\pi}{4})$ *determinare:*

1. *il vettore derivato* $\underline{c}'(t)$*;*
2. *il punto* P_0 *(corrispondente al valore* t_0*) nel quale la tangente all'arco è parallela all'asse* x*;*
3. *il versore tangente* $\underline{T}(t)$ *per* $t = t_0$*;*
4. *l'equazione vettoriale della tangente in* P_0 *alla curva ottenuta usando* P_0 *come punto origine e* $\underline{T}(t_0)$ *come vettore di direzione.*

Esercizio 7.v *Data la curva di equazione* $\underline{c} = \langle 2 + k\cos t, \sin t, 2t\rangle$ *determinare:*

1. *il punto* Q *di intersezione della curva con il piano* $z = \pi$*;*
2. *un'equazione parametrico-vettoriale della retta tangente alla curva nel punto* Q*;*
3. *il valore del parametro* k *per cui la tangente in* Q *interseca il piano* xy *in un punto di ascissa* 3*.*

Esercizio 7.vi *Data la curva di equazione*

$$\underline{c} = \left\langle \sqrt{2}(t - \cos t), \sqrt{2}(t + \cos t), 2\sin t\right\rangle ,$$

determinare:

1. *il punto Q, intersezione della curva col piano $x + y = \sqrt{2}\pi$;*
2. *un'equazione parametrico-vettoriale della tangente alla curva nel punto di parametro $t = \frac{\pi}{2}$;*
3. *un'equazione parametrico-vettoriale della tangente alla curva nel punto di parametro $t = 0$;*
4. *un'equazione cartesiana del piano normale alla curva per $t = 0$.*

Esercizio 7.vii *Date le equazioni parametriche dell'arco*

$$\begin{cases} x = t \\ y = t^2 + 1 \\ z = 0 \end{cases}, \quad -1 \leq t \leq 1,$$

determinare:

1. *un'equazione parametrico-vettoriale della retta tangente alla curva nel punto Q di intersezione della curva con il piano yz.*
2. *un'equazione parametrico-vettoriale della retta tangente alla curva nel punto P di parametro $t = \frac{1}{2}$;*
3. *il piano normale alla curva nel punto P.*

Esercizio 7.viii *Data la curva di equazione vettoriale*

$$\underline{c} = \left\langle \sqrt{3}t - \cos t, t + \sqrt{3}\cos t, 2\sin t \right\rangle,$$

determinare:

1. *il vettore derivato $\underline{c}'(t)$;*
2. $|\underline{c}'(t)|$;
3. *il versore tangente $\underline{T}(t)$;*
4. *la curvatura della curva.*

Esercizio 7.ix *Data la curva di equazione vettoriale*

$$\underline{c} = e^t \langle 0, \cos t - \sin t, \cos t + \sin t \rangle,$$

determinare:

1. *il vettore derivato $\underline{c}'(t)$;*
2. $|\underline{c}'(t)|$;
3. *il versore tangente $\underline{T}(t)$;*
4. *la derivata del versore tangente;*
5. *il versore normale principale $\underline{N}(t)$;*
6. *il piano osculatore per $t = 1$.*

Esercizio 7.x *Data la superficie di equazione*

$$\underline{s} = \left\langle u(v+2), u^2 + 2, u + v^2 \right\rangle,$$

determinare:

1. *il punto Q corrispondente ai valori di parametro $u = 1$ e $v = 1$;*
2. *un'equazione parametrico-vettoriale della isoparametrica a u costante passante per Q;*
3. *un'equazione parametrico-vettoriale della isoparametrica a v costante passante per Q;*
4. *l'equazione cartesiana del piano tangente in Q alla superficie.*

Esercizio 7.xi *Data la superficie di equazione $\underline{s} = \langle u + v, u^2, e^v + u \rangle$ determinare:*

1. *il punto Q corrispondente ai valori di parametro $u = 1$ e $v = 0$;*
2. *un'equazione parametrico-vettoriale della isoparametrica a u costante passante per Q;*
3. *un'equazione parametrico-vettoriale della isoparametrica a v costante passante per Q;*
4. *l'equazione cartesiana del piano tangente in Q alla superficie.*

Esercizio 7.xii *Data la superficie di equazioni*

$$\begin{cases} x = 2\cos t - u\cos t \\ y = 3\sin t - 2u\sin t \\ z = 3u \end{cases}, \quad 0 \le t \le 2\pi,\ 0 \le u \le 1,$$

si consideri il punto della superficie $P_0(1, 0, 3)$. Determinare:

1. *a quali valori dei parametri t e u corrisponde il punto P_0;*
2. *le equazioni parametriche della curva isoparametrica (t=costante) passante per P_0;*
3. *un vettore tangente in P_0 a tale curva isoparametrica;*
4. *le equazioni parametriche della curva isoparametrica (u=costante) passante per P_0;*
5. *un vettore tangente in P_0 a tale curva isoparametrica;*
6. *la curvatura in P_0 di tale curva isoparametrica;*
7. *un vettore normale in P_0 alla superficie;*
8. *l'equazione cartesiana del piano tangente in P_0 alla superficie.*

Capitolo 8

Curve e Superfici approssimanti

Continuando a perseguire l'obiettivo di matematizzare forme, proviamo ad affrontare un nuovo tipo di problema: si tratti di parametrizzare forme di cui non abbiamo informazioni qualitative geometriche né come luoghi di punti aventi particolari caratteristiche né come forme generate attraverso ben precise leggi di movimento e deformazione di punti e curve parametrizzabili.

Si tratti invece di forme di cui abbiamo conoscenza attraverso alcuni dei punti costituenti e di cui abbiamo informazioni riguardo al loro «posizionamento spaziale» e al loro «modo d'essere e di comportarsi».

Ovviamente saremo più precisi in seguito. Aggiungiamo solo che le informazioni che definiscono tali problemi sono portate da un insieme di punti (in genere formato da un numero finito e limitato di punti) detti *punti di controllo*, che la parametrizzazione della forma è, in genere, data da *funzioni vettoriali parametriche polinomiali* (cioè funzioni parametriche le cui componenti scalari sono dei polinomi, di cui quello di massimo grado è il grado della funzione vettoriale) e che le curve e superfici grafico di tali funzioni vettoriali si dicono *approssimanti.*

Seguendo un percorso storico inizieremo a parlare di curve approssimanti di Bézier per poi accennare ad una loro evoluzione che ci porterà ad accennare a curve approssimanti spline e Nurbs. Infine una loro generalizzazione ci permetterà di estendere le informazioni alle superfici approssimanti.

8.1 Curve approssimanti

Una curva approssimante è una curva che dipende da un numero finito (e in genere limitato, dell'ordine al massimo di qualche decina) di punti di controllo. La forma della curva è determinata dai punti di controllo, ma la curva non passa necessariamente per tali punti.

8.2 La curva di Bézier

Una curva di Bézier è una curva polinomiale parametrica definita da un insieme di punti di controllo P_0, $P_1 \cdots P_n$ e completamente determinata dai soli punti di controllo. Il grado della polinomiale è uguale a n, ossia al numero dei punti di controllo meno 1.

8.2.1 L'algoritmo di De Casteljau

Un modo geometricamente significativo di costruire una curva di Bézier è tramite l'algoritmo[1] di De Casteljau. Illustriamo tale algoritmo mediante l'esempio illustrato in Figura 8.1.

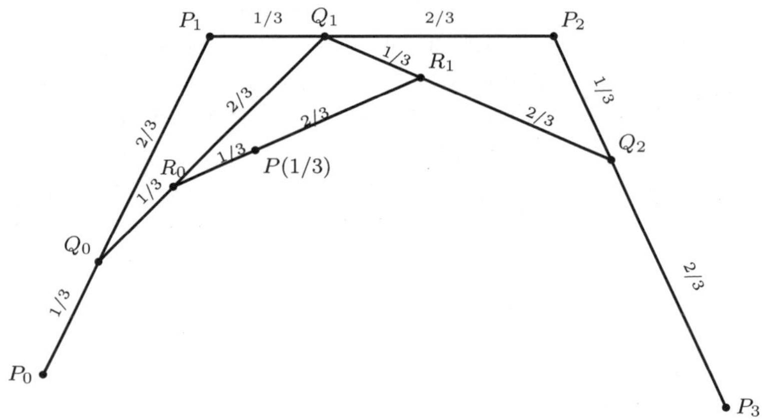

Figura 8.1: Algoritmo di De Casteljau per ottenere il punto $P\,(1/3)$ di una curva di Bézier.

L'esempio è relativo all'algoritmo di De Casteljau applicato alla curva cubica determinata dai quattro punti di controllo P_0 P_1 P_2 P_3. La spezzata

[1] Algoritmo: insieme di azioni chiaramente definite che, eseguite in una data sequenza, portano alla soluzione di un problema. Il termine algoritmo è usato prevalentemente in matematica e in informatica. Tuttavia, inteso in senso allargato, può essere applicato a svariati contesti. Ad esempio possiamo considerare un algoritmo una ricetta di cucina, le istruzioni per cambiare la lampadina di un faro d'automobile oppure quelle contenute nel libretto di istruzioni di un qualsiasi apparato elettronico. È un algoritmo la regola di Laplace per il calcolo del determinante di una matrice, già incontrata nel corso di questo testo (vedi sezione 3.4.3)

$P_0 - P_1 - P_2 - P_3$ è detta *poligono di controllo*. La curva di Bézier è una curva limitata, definita nell'intervallo $0 \leq t \leq 1$. L'esempio illustra la costruzione di $P(1/3)$, ossia del punto P della curva corrispondente al valore di parametro $t = 1/3$.

A partire dai quattro punti di controllo $P_0 \cdots P_3$ si ottengono, mediante passi successivi dell'algoritmo:

1. I tre punti Q_0 Q_1 Q_2;
2. I due punti R_0 R_1;
3. L'unico punto $P(1/3)$, che è il punto voluto.

Cioè a ogni passo otteniamo una sequenza di punti intermedi, il numero di tali punti è inferiore di 1 a quello dei punti ottenuti precedentemente. I punti ricavati in ognuna di queste sequenze sono combinazioni baricentriche dei punti della sequenza precedente. Precisamente: data la prima sequenza P_0 P_1 P_2 P_3, dalla prima coppia di punti di tale sequenza otteniamo il primo punto della sequenza successiva usando come pesi rispettivamente $2/3$ e $1/3$, ossia:

$$Q_0 = \frac{2}{3}P_0 + \frac{1}{3}P_1.$$

Fatto questo si incrementano di un'unità gli indici dei punti della sequenza iniziale (il primo punto della coppia diventa il secondo, il secondo punto della coppia diventa il terzo, pertanto si usano i punti P_1 e P_2) e, applicando i pesi rispettivamente $2/3$ e $1/3$, otteniamo il prossimo punto (ossia Q_1) della sequenza successiva.

Il passo si conclude quando si sono esauriti i punti della prima sequenza. L'algoritmo si arresta quando la sequenza ottenuta è costituita da un solo punto, che è il punto cercato $P(1/3)$. A ogni passo i vari punti intermedi ottenuti sono combinazioni baricentriche convesse dei punti di controllo iniziali, quindi anche *il punto finale è una combinazione baricentrica convessa dei punti di controllo*.

Riprendiamo ora l'applicazione dell'algoritmo di De Casteljau per costruire una curva di Bézier di terzo grado, utilizzando invece di $1/3$ un valore generico t $(0 \leq t \leq 1)$ e calcolando l'espressione algebrica delle varie combinazioni baricentriche intermedie, fino ad arrivare al punto finale $P(t)$.

Illustriamo tale algoritmo mediante l'esempio di Figura 8.2. Al primo passo determiniamo i tre punti Q_j $(j = 0, 1, 2)$:

$$\begin{aligned} Q_0 &= P_0(1-t) + P_1 t \\ Q_1 &= P_1(1-t) + P_2 t \\ Q_2 &= P_2(1-t) + P_3 t. \end{aligned} \tag{8.1}$$

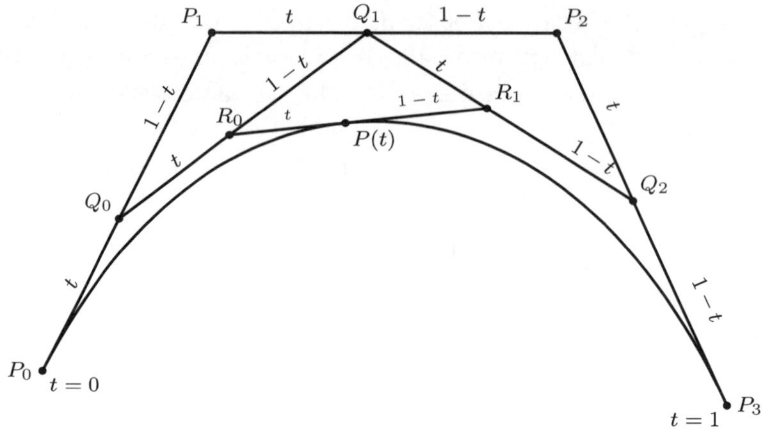

Figura 8.2: L'algoritmo di De Casteljau applicato a un valore generico del parametro t. Al variare di t nell'intervallo $[0,1]$ $P(t)$ descrive la curva di Bézier.

Al secondo passo determiniamo i due punti R_k $(k=0,1)$:

$$\begin{aligned} R_0 &= Q_0\,(1-t) + Q_1 t \\ R_1 &= Q_1\,(1-t) + Q_2 t. \end{aligned}$$

Tenendo conto delle (8.1) queste ultime diventano:

$$\begin{aligned} R_0 &= P_0\,(1-t)^2 + 2P_1\,(1-t)\,t + P_2 t^2 \\ R_1 &= P_1\,(1-t)^2 + 2P_2\,(1-t)\,t + P_3 t^2. \end{aligned} \tag{8.2}$$

I punti R_k risultano quindi combinazioni baricentriche dei soli punti P_i.

Al terzo passo determiniamo il punto voluto $P(t)$:

$$P(t) = R_0\,(1-t) + R_1 t.$$

Tenendo conto in quest'ultima equazione delle (8.2) si ha:

$$P(t) = P_0\,(1-t)^3 + 3P_1\,(1-t)^2\,t + 3P_2\,(1-t)\,t^2 + P_3 t^3 \tag{8.3}$$

che è l'equazione vettoriale della curva di Bézier di terzo grado.

Si verifica facilmente che $P(0) = P_0$ e $P(1) = P_3$, ossia *la curva passa per il primo e l'ultimo punto di controllo.* Si può anche intuire come un punto di parametro molto prossimo a 0 risulti quasi giacente sul lato P_0P_1 del poligono di controllo. Di conseguenza la retta congiungente tale punto con $P(0)$ (ossia la tangente in $P(0)$ alla curva di Bézier) viene a coincidere col primo lato del poligono di controllo. Analogamente la tangente in $P(1)$ alla curva di Bézier coincide con l'ultimo lato del poligono di controllo. Queste proprietà sono ricavate in modo rigoroso più avanti.

Notiamo infine che con questa costruzione ogni punto della curva è una combinazione baricentrica convessa dei punti di controllo, quindi *la curva appartiene al Convex hull dei punti di controllo.*

Svolgiamo ora qualche altra considerazione relativamente alla curva cubica vista prima.

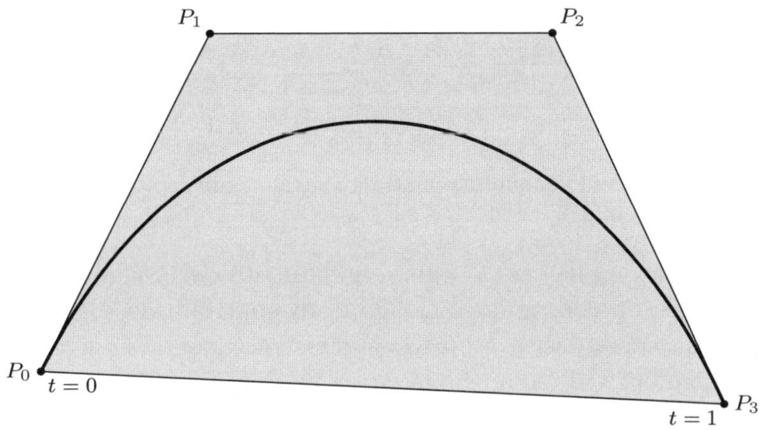

Figura 8.3: Se i punti di controllo giacciono in un piano anche la curva di Bézier appartiene a tale piano.

In Figura 8.3 è riportato (ombreggiato) il Convex hull dei punti di controllo, supposti complanari. La curva di Bézier è sempre contenuta in esso. Di conseguenza:

1. Se i punti di controllo stanno tutti su un piano la curva di Bézier giace in quel piano;
2. Se i punti di controllo stanno tutti su una retta la curva di Bézier è un segmento di quella retta.

Partendo dal caso precedente (Figura 8.3) spostiamo ora il punto P_2 verso l'interno del Convex hull (vedi Figura 8.4).

Il Convex hull ora diventa un triangolo e la curva viene modificata di conseguenza. Notiamo inoltre due importanti proprietà:

1. La modifica di un solo punto di controllo cambia la forma dell'intera curva (ciò si verifica sempre, anche se i punti di controllo fossero molto più numerosi);

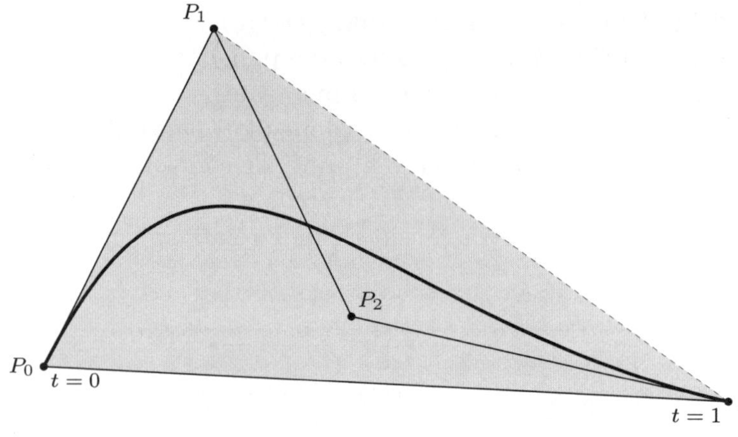

Figura 8.4: Il Convex hull dei quattro punti di controllo è diventato un triangolo.

2. L'andamento della curva segue l'andamento del poligono di controllo, vale a dire: percorrendo il poligono di controllo da P_0 a P_3 si curva dapprima verso destra e poi verso sinistra (quando si arriva in P_2), in corrispondenza di ciò anche la curva ha dapprima una curvatura verso destra e poi verso sinistra (si confronti col caso precedente, in cui sia il poligono di controllo che la curva piegano sempre verso destra). Anche questa proprietà (chiamata *variation diminishing*) è generale per qualunque curva di Bézier.

Riprendiamo nuovamente la collocazione dei punti di controllo di Figura 8.3, ma modifichiamo l'ordine degli stessi (vedi Figura 8.5). Il Convex hull non è cambiato, ma la forma della curva è molto diversa. In particolare notiamo che percorrendo il poligono di controllo da P_0 a P_3 si gira sempre verso destra, ciò fa sì che per la proprietà «variation diminishing» si ottenga una curva con un nodo. Se ne conclude che *è importante non solo la posizione ma anche l'ordine in cui si susseguono i punti di controllo.*

8.2.2 Generalizzazione e formulazione algebrica

Consideriamo l'equazione 8.3 della curva di Bézier di terzo grado e riscriviamola nel modo seguente:

$$P(t) = P_0 t^0 (1-t)^3 + P_1 3t^1 (1-t)^2 + P_2 3t^2 (1-t)^1 + P_3 t^3 (1-t)^0 .$$

Il generico punto $P(t)$ della curva è una combinazione lineare dei quattro punti di controllo e di quattro coefficienti che sono polinomi parametrici di

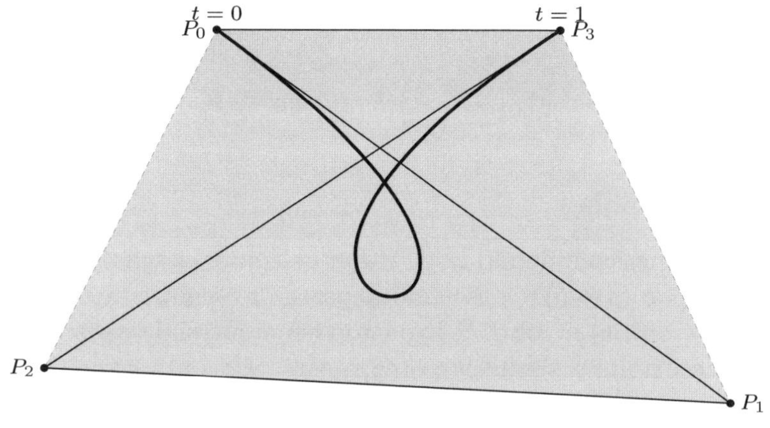

Figura 8.5: La curva di Bézier dipende anche dall'ordinamento dei punti di controllo.

grado 3. Dall'osservazione di questi polinomi si vede che ognuno di essi è il prodotto di tre fattori:

1. il monomio t^k;
2. il binomio $(1-t)^{3-k}$, dove k assume successivamente i valori $0, 1, 2, 3$;
3. un coefficiente numerico che assume i valori $1, 3, 3, 1$.

Questa formulazione può essere resa più generale. Precisamente, per una curva di Bézier di grado n il generico punto $P(t)$ è una combinazione lineare degli $n+1$ punti di controllo e di $n+1$ coefficienti che sono polinomi parametrici di grado n, detti *polinomi di base di Bernstein*. Vale quindi la relazione:

$$P(t) = \sum_{k=0}^{n} P_k B_{n,k} \tag{8.4}$$

dove $B_{n,k}$ è il k-esimo polinomio di Bernstein di grado n.

La struttura dei polinomi di Bernstein è analoga a quanto visto per il caso $n = 3$. Quindi il k-esimo polinomio di Bernstein è il prodotto di tre fattori:

1. il monomio t^k;
2. il binomio $(1-t)^{n-k}$;
3. un coefficiente numerico intero positivo chiamato *coefficiente binomiale* e indicato col simbolo $\binom{n}{k}$.

Possiamo quindi scrivere:

$$B_{n,k} = \binom{n}{k} t^k (1-t)^{n-k}. \tag{8.5}$$

Coefficienti binomiali

Si consideri il generico binomio $(a+b)$. Per calcolare la sua n-esima potenza, ossia l'espressione $(a+b)^n$, possiamo pensare di eseguire la moltiplicazione $(a+b)(a+b)\cdots(a+b)$ n volte. Sciogliendo le parentesi da questa espressione e raccogliendo i termini simili, la potenza cercata risulta essere la somma di $n+1$ termini, tutti di grado n. Precisamente si ha:

$$(a+b)^n = \binom{n}{0} a^{n-0} b^0 + \binom{n}{1} a^{n-1} b^1 + \binom{n}{2} a^{n-2} b^2 + \cdots = \sum_{k=0}^{n} \binom{n}{k} a^{n-k} b^k,$$

dove l'espressione $\binom{n}{k}$ (che si legge «enne su kappa») si chiama coefficiente binomiale, ed è quindi il coefficiente che si trova nel generico termine dell'espansione della potenza del binomio.

Il coefficiente binomiale è definito per $n \geq k$, dove n e k sono interi non negativi. Per un dato n esistono $n+1$ coefficienti binomiali. Ad esempio per $n = 2$ abbiamo la nota formula del quadrato del binomio:

$$(a+b)^2 = a^2 + 2ab + b^2$$

dalla quale si vede che i tre coefficienti binomiali in questo caso sono 1 2 1.

Il primo e l'ultimo coefficiente binomiale (corrispondenti rispettivamente a $k = 0$ e $k = n$) sono uguali a 1:

$$\binom{n}{0} = \binom{n}{n} = 1$$

. Per valori intermedi di k vale l'espressione seguente:

$$\binom{n}{k} = \frac{n!}{(n-k)!k!} = \frac{n(n-1)(n-2)\cdots(n-k+1)}{k!} \tag{8.6}$$

dove un simbolo come $p!$ (pronunciato «pi fattoriale») indica il prodotto di tutti i numeri naturali (interi positivi) minori o uguali a p, ad esempio $3! = 1 \cdot 2 \cdot 3 = 6$.

La (8.6) permette di calcolare direttamente un coefficiente binomiale. Un modo alternativo per determinare i coefficienti binomiali è basato sulla proprietà seguente:

$$\binom{n+1}{k} = \binom{n}{k-1} + \binom{n}{k} \tag{8.7}$$

che dà origine alla nota costruzione del *Triangolo di Tartaglia* (o di Pascal), di cui riportiamo qui le prime cinque righe, corrispondenti ai valori $n = 0, 1, 2, 3, 4$. La prima riga è relativa a $n = 0$ e contiene il solo valore 1 ($(a + b)^0 = 1$). La seconda riga fornisce i due coefficienti binomiali per $n = 1$, che sono evidentemente entrambi uguali a 1 ($(a + b)^1 = 1 \cdot a + 1 \cdot b$). Di qui in avanti un elemento di ogni riga (a parte il primo e l'ultimo che sono sempre 1) è ottenuto sommando i due elementi della riga precedente che gli stanno a sinistra e a destra. La prossima riga ci fornisce pertanto i tre coefficienti per $n = 2$, che abbiamo già visto, la successiva i quattro coefficienti per $n = 3$ e così via.

$$\begin{array}{ccccccccc}
 & & & & 1 & & & & \\
 & & & 1 & & 1 & & & \\
 & & 1 & & 2 & & 1 & & \\
 & 1 & & 3 & & 3 & & 1 & \\
1 & & 4 & & 6 & & 4 & & 1 \\
 & & & \cdots & & \cdots & & &
\end{array}$$

Notiamo poi che il triangolo è simmetrico rispetto al suo asse verticale: percorrendo una riga da sinistra a destra oppure da destra a sinistra si incontra sempre la stessa sequenza di valori che iniziano da 1, aumentano fino a un massimo e poi decrescono a 1. Con questa tecnica è facile espandere, in caso di bisogno, il triangolo aggiungendo ulteriori righe e procurarsi così i coefficienti necessari per determinare polinomiali di Bernstein di grado qualunque. In genere non servono gradi elevati, per motivi che appariranno chiari più avanti, per cui il triangolo qui rappresentato è sufficiente per i casi più comuni.

I polinomi di Bernstein determinano una curva

I polinomi di Bernstein sono i coefficienti (variabili con t) che, moltiplicati per i punti di controllo, forniscono il generico punto della curva. Occorre quindi che la loro somma sia 1 in modo da avere una combinazione baricentrica e quindi una curva geometricamente determinata. Per il modo con cui abbiamo ottenuto questi polinomi (partendo dall'algoritmo di De Casteljau) questo fatto è certo; qui vogliamo eseguire una verifica algebrica.

Essendo un polinomio di Bernstein una potenza di $(1 - t) + t$, binomio che vale sempre 1 qualunque sia il valore di t, il controllo è immediato. Nell'intervallo $[0, 1]$ entrambi i termini del binomio sono non negativi, segue che le combinazioni sono convesse e quindi i punti della curva appartengono al Convex hull dei punti di controllo. Ciò non è più vero per $t < 0$ oppure per $t > 1$: in tal caso la curva è sempre definita (le combinazioni sono sempre baricentriche) ma esce in modo incontrollato dal Convex hull (le combinazioni non sono più convesse, alcuni polinomi diventano maggiori di 1, altri diventano negativi).

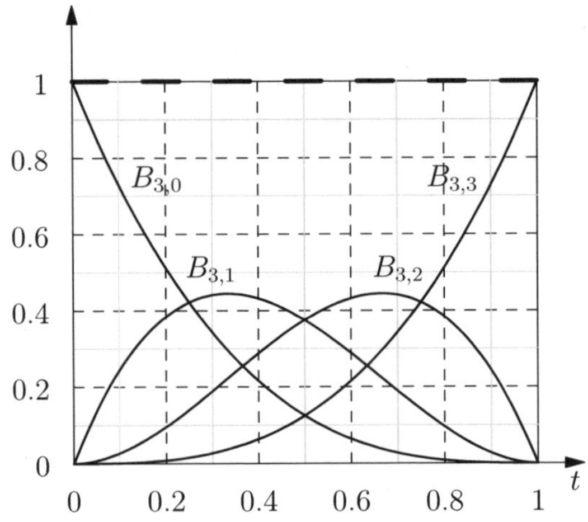

Figura 8.6: Grafici dei polinomi di Bernstein di grado 3 nell'intervallo $[0, 1]$.

In Figura 8.6 sono sovrapposti i grafici dei quattro polinomi di Bernstein di grado 3. Si può verificare come il primo polinomio $B_{3,0}$ assuma il valore 1 per $t = 0$, mentre l'ultimo polinomio $B_{3,3}$ assuma il valore 1 per $t = 1$. La somma dei quattro polinomi è sempre 1 per qualunque valore di t (linea nera orizzontale tratteggiata). Si nota infine come i grafici siano a due a due simmetrici rispetto alla verticale di equazione $t = 0,5$. (In altre parole, se si immagina di guardare la figura dall'altra parte del foglio, si vedrebbe la stessa forma).

In Figura 8.7 sono sovrapposti i grafici degli otto polinomi di Bernstein di grado 7. Si può verificare come il primo polinomio $B_{7,0}$ assuma il valore 1 per $t = 0$, mentre l'ultimo polinomio $B_{7,7}$ assuma il valore 1 per $t = 1$. La somma degli otto è sempre 1 per qualunque valore di t (linea nera tratteggiata). Rispetto alla figura precedente notiamo che i grafici intermedi (da $B_{7,1}$ a $B_{7,6}$ compresi) hanno valori minori dei corrispondenti grafici intermedi (da

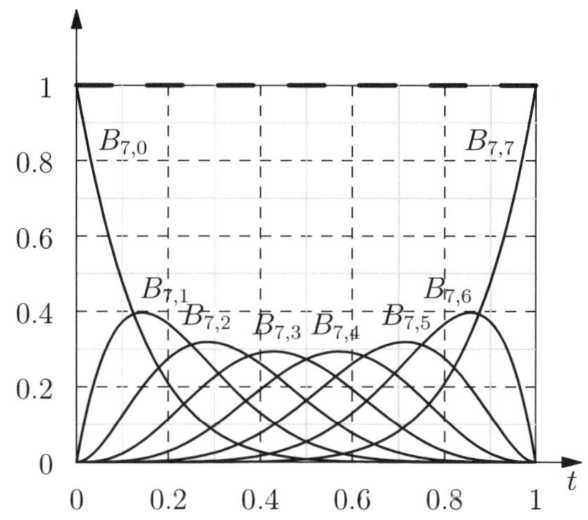

Figura 8.7: Grafici dei polinomi di Bernstein di grado 7 nell'intervallo $[0, 1]$.

$B_{3,1}$ a $B_{3,2}$ compresi) e di conseguenza ogni punto intermedio ha un minor effetto sulla forma della curva.

Tuttavia ognuno di tali grafici intermedi si annulla solo nei due estremi dell'intervallo $[0, 1]$: nei punti interni di questo intervallo tutti i polinomi sono non nulli; ciò rende conto del fatto che la modifica di un solo punto di controllo ha influenza sull'intera curva.

8.2.3 Derivata di una curva di Bézier

Ci proponiamo ora di esaminare il vettore derivato per una curva di Bézier. Detto $\underline{p}(t) = P(t) - O$ il vettore posizione di una curva di Bézier, calcoliamo la sua derivata. Sostituendo a $P(t)$ la sua espressione ricavata dalle (8.4) otteniamo:

$$\underline{p}(t) = \sum_{k=0}^{n} P_k B_{n,k} - O \tag{8.8}$$

in cui il vettore posizione della curva di Bézier è espresso come una combinazione lineare a somma 0 dei punti di controllo e dell'origine.

La derivata del secondo membro della (8.8), essendo i punti di controllo e l'origine fissi (cioè non dipendenti da t), fornisce:

$$\underline{p}'(t) = \sum_{k=0}^{n} P_k B'_{n,k}. \tag{8.9}$$

Occorre quindi calcolare le derivate $B'_{n,k}$ dei polinomi di Bernstein. Per le (8.5) e (8.6) si ha:

$$\begin{aligned}
B_{n,k}(t) &= \binom{n}{k} t^k (1-t)^{n-k} \\
&= \frac{n!}{(n-k)!k!} t^k (1-t)^{n-k} \\
&= \frac{n(n-1)!}{(n-k)!k!} t^k (1-t)^{n-k}
\end{aligned}$$

da cui:

$$\begin{aligned}
B'_{n,k}(t) &= \frac{n(n-1)!}{(n-k)!k!} \left(kt^{k-1}(1-t)^{n-k} - (n-k)t^k(1-t)^{n-k-1}\right) \\
&= \frac{n(n-1)!}{(n-k)!(k-1)!} t^{k-1}(1-t)^{(n-1)-(k-1)} + \\
&\quad - \frac{n(n-1)!}{(n-k-1)!k!} t^k(1-t)^{n-k-1} \\
&= n\left(\binom{n-1}{k-1} t^{k-1}(1-t)^{(n-1)-(k-1)} - \binom{n-1}{k} t^k(1-t)^{n-k-1}\right) \\
&= n\left(B_{n-1,k-1}(t) - B_{n-1,k}(t)\right)
\end{aligned}$$

ossia l*a derivata di una funzione di Bernstein di grado n è una combinazione lineare di due funzioni di Bernstein di grado $n-1$*[1].

La seguente tabella mostra la struttura delle derivate delle prime funzioni di Bernstein di grado generico n:

$$\begin{array}{lcll}
B'_{n,0} & = & & -nB_{n-1,0} \\
B'_{n,1} & = & nB_{n-1,0} & -nB_{n-1,1} \\
B'_{n,2} & = & nB_{n-1,1} & -nB_{n-1,2} \\
B'_{n,3} & = & nB_{n-1,2} & -nB_{n-1,3} \\
\cdots & & \cdots & \cdots
\end{array}$$

Si nota che ogni derivata (ossia l'espressione a destra del segno =) è la somma di due termini, il primo dei quali è uguale al secondo termine della riga precedente. Ciò non vale ovviamente per la prima riga, che contiene solo il secondo termine (quello col segno −).

Tenendo conto di questa struttura, riscriviamo la (8.9) come segue:

$$\begin{aligned}
\underline{p}'(t) &= P_0 B'_{n,0} + P_1 B'_{n,1} + \cdots + P_n B'_{n,n} \\
&= -P_0 n B_{n-1,0} + \\
&\quad + P_1 n B_{n-1,0} - P_1 n B_{n-1,1} + \\
&\quad + P_2 n B_{n-1,1} - P_2 n B_{n-1,2} + \\
&\quad + \cdots,
\end{aligned}$$

[1]Ciò concorda col fatto che, essendo le funzioni di Bernstein polinomi, la derivata di un polinomio di grado n è un polinomio di grado $n-1$.

raccogliendo i termini che hanno fattori $B_{n-1,k}$ comuni si ha infine:

$$\underline{p}'(t) = n\left((P_1 - P_0)B_{n-1,0} + (P_2 - P_1)B_{n-1,1} + \cdots + (P_n - P_{n-1})B_{n-1,n-1}\right). \tag{8.10}$$

L'espressione fra parentesi nel secondo membro della (8.10) rappresenta *una curva di Bézier di grado* $n - 1$ in cui ai punti di controllo vengano sostituiti i vettori $P_1 - P_0$, $P_2 - P_1, \cdots P_n - P_{n-1}$. Tali vettori, chiamati *differenze in avanti*, sono i lati orientati del poligono di controllo. Possiamo quindi dire che calcolando la derivata di una curva di Bézier di grado n si determina una curva di Bézier di grado $n - 1$, ma con un'avvertenza: tale curva ha una forma ben determinata ma *non è univocamente posizionata nello spazio* (essa è una combinazione lineare di vettori) ma la sua posizione dipende dal sistema di riferimento.

Infatti il vettore posizione di tale curva è il vettore derivato della curva di Bézier iniziale, dato dalla (8.10). Supponiamo ora di avere nello spazio una serie di punti di controllo che definiscono una curva di Bézier. Spostando il sistema di riferimento la curva di Bézier non cambia e non cambia nemmeno il suo vettore derivato. Non cambia quindi il vettore posizione della curva derivata ma, dato che l'origine del sistema di riferimento è cambiata, la curva derivata cambia (il suo vettore posizione è ora applicato a un'origine diversa). In definitiva la curva derivata si sposta nello spazio col sistema di riferimento[1].

Dalla (8.10) si ricava un'importante proprietà delle curve di Bézier. Precisamente ai due estremi del dominio del parametro (cioè per $t = 0$ e $t = 1$) risulta (confrontare anche l'andamento dei polinomi di Bernstein riportato nelle figure 8.6 e 8.7):

$$\begin{aligned}
\underline{p}'(0) &= n(P_1 - P_0)B_{n-1,0}(0) + n(P_2 - P_1)B_{n-1,1}(0) + \cdots \\
&\qquad \cdots + n(P_n - P_{n-1})B_{n-1,n-1}(0) \\
&= n(P_1 - P_0)\cdot 1 + n(P_2 - P_1)\cdot 0 + \cdots + n(P_n - P_{n-1})\cdot 0 \\
&= n(P_1 - P_0) \\
\underline{p}'(1) &= n(P_1 - P_0)B_{n-1,0}(1) + n(P_2 - P_1)B_{n-1,1}(1) + \cdots \\
&\qquad \cdots + n(P_n - P_{n-1})B_{n-1,n-1}(1) \\
&= n(P_1 - P_0)\cdot 0 + n(P_2 - P_1)\cdot 0 + \cdots + n(P_n - P_{n-1})\cdot 1 \\
&= n(P_n - P_{n-1}).
\end{aligned}$$

Queste uguaglianze corrispondono a una importante proprietà geometrica, che peraltro avevamo già anticipato in modo intuitivo (paragrafo 8.2.1):

[1] Questo fatto non è specifico delle curve di Bézier ma vale per qualsiasi curva espressa in forma parametrico-vettoriale.

per $t = 0$ e per $t = 1$, ossia ai due estremi, la curva di Bézier è tangente al poligono di controllo, essendo il suo vettore derivato orientato rispettivamente come il primo e l'ultimo lato del poligono stesso.

8.2.4 Compendio delle proprietà della curva di Bézier

In base a quanto visto finora riassumiamo le caratteristiche della curva di Bézier.

- La curva passa per P_0 e P_n;
- in P_0 e P_n la curva è tangente al poligono di controllo;
- la curva è contenuta nel Convex hull dei punti di controllo;
- di conseguenza, se i punti di controllo sono complanari la curva è piana;
- inoltre, se i punti di controllo sono allineati la curva è rettilinea;
- *variation diminishing*: Una retta interseca la curva un numero di volte non maggiore del numero di intersezioni che ha col poligono di controllo (in un piano);
- se si applica una trasformazione affine ai punti di controllo, la stessa trasformazione è applicata alla curva (vedi paragrafo 4.1.4.

8.3 Le curve spline

Col termine inglese «spline» si intendeva una barra elastica deformabile che, forzata a passare per alcuni punti, si disponga secondo una curva regolare. Questa parola deriva dal gergo in uso nei loft di disegno, in cui lunghe strisce di legno flessibile venivano fissate sul piano di lavoro per tracciare il profilo di un elemento costruttivo. Usato originariamente nelle costruzioni navali, questo modo di procedere venne poi adottato nei laboratori di progettazione degli aerei inglesi durante la seconda guerra mondiale.

Intorno agli anni 1950 si cominciarono a studiare le funzioni polinomiali a tratti che riproducevano curve aventi caratteristiche simili (ossia andamento regolare, vincolato al passaggio in prossimità di pochi punti fissi). Alle curve così determinate venne dato il nome di spline. Nate in ambiente di disegno di automobili trovano oggi larga applicazione in vari campi tecnici.

In definitiva, una tecnica usata dai disegnatori prima dell'avvento dei computer per ottenere profili continui e regolari ha ispirato e dato il nome alle *curve polinomiali a tratti*, che sono le attuali curve spline.

8.3.1 Limiti delle curve di Bézier

Le proprietà fin qui viste delle curve di Bézier le rendono particolarmente interessanti per le applicazioni grafiche e di progettazione. Molto utile ad esempio è il fatto che la curva è contenuta nel Convex hull dei punti di controllo: una rapida verifica di quest'ultimo ci dirà subito se escludere che il profilo in esame interferirà con altri elementi, oppure se servono ulteriori verifiche. Il poter poi influire in modo interattivo sulla forma della curva mediante il semplice spostamento di pochi punti di controllo costituisce una notevole risorsa al servizio della creatività del progettista.

A fronte di questi vantaggi stanno alcuni limiti che rendono la curva di Bézier inadatta a certe applicazioni, anche semplici e di uso comune. Tali limiti derivano essenzialmente dalla caratteristica che ogni punto della curva di Bézier (a parte i due punti estremi) dipende da *tutti* i punti di controllo, questo fatto si esprime dicendo che la curva di Bézier è soggetta a controllo globale. Si immagini ora di voler descrivere un profilo in cui un tratto rettilineo è raccordato con uno curvilineo. Otteniamo facilmente l'andamento rettilineo disponendo i punti di controllo allineati; quando però cerchiamo di aggiungere il tratto curvilineo, magari con l'aggiunta di ulteriori punti di controllo, ci accorgiamo che i nuovi punti non più allineati coi precedenti influiscono sul tratto precedente (il nuovo Convex hull non è più un segmento di retta) e tutta la curva assume un andamento curvilineo.

Per far fronte a queste esigenze, mantenendo al contempo i benefici delle curve di Bézier, sono state ideate delle curve spline, estensioni delle curve di Bézier, chiamate curve B-spline.

8.3.2 Le curve B-spline

Le B-spline costituiscono uno dei tipi più diffusi di curve spline parametriche. La loro struttura algebrica è analoga a quella della curve di Bézier: la curva è definita nell'intervallo $[0, 1]$ di variazione del parametro ed è determinata da un insieme di punti di controllo che vengono combinati mediante i coefficienti $N_{i,p}(u)$, che sono polinomi nel parametro u[1], tutti dello stesso grado p. Tali polinomi, che sono l'equivalente delle funzioni di Bernstein, sono detti *funzioni B-spline di base.*

L'intervallo $[0, 1]$ è suddiviso in sottointervalli mediante una serie di valori crescenti $u_0\ u_1\ u_2 \cdots u_m$ chiamati *nodi* e che nel loro insieme formano il *vettore dei nodi.* A differenza di una curva di Bézier, che è completamente

[1]Per differenziare al massimo la trattazione delle Bézier dalle B-spline useremo per queste ultime il simbolo u per indicare il parametro, invece del consueto t.

determinata dai punti di controllo, per determinare una curva B-spline occorre indicare: i punti di controllo, il vettore dei nodi, il grado. Nella curva di Bézier i nodi non esistono e il grado della curva è legato rigidamente al numero dei punti di controllo.

Gli $m + 1$ nodi dividono l'intervallo $[0, 1]$ in m *intervalli nodali*. $P(u_i)$, punto della curva che corrisponde al nodo u_i, è un *punto nodale*. I punti nodali dividono la curva B-spline in segmenti, ognuno definito in un intervallo nodale. Questi segmenti sono curve di Bézier di grado p. Per cambiare la forma di una curva B-spline si può agire su uno o più dei seguenti elementi: punti di controllo, posizionamento dei nodi all'interno dell'intervallo $[0, 1]$, grado della curva.

Le funzioni B-spline di base

Le funzioni B-spline di base sono definite tramite la formula ricorsiva[1] di Cox-de Boor:

$$\begin{aligned} N_{i,0}(u) &= \begin{cases} 1 & se\ u_i \leq u \leq u_{i+1} \\ 0 & diversamente \end{cases} \\ N_{i,p}(u) &= \frac{u - u_i}{u_{i+p} - u_i} N_{i,p-1}(u) + \frac{u_{i+p+1} - u}{u_{i+p+1} - u_{i+1}} N_{i+1,p-1}(u). \end{aligned} \tag{8.11}$$

Come si vede, sono previsti due tipi di espressione: uno per le funzioni di grado zero (che sono delle costanti); uno per quelle di grado superiore a zero. Ogni funzione ha due indici: il primo è un indice progressivo $0, 1, 2, \cdots$ e aumenta percorrendo intervalli nodali successivi, mentre il secondo è fisso e indica il grado p della funzione.

Sebbene tali espressioni appaiano a prima vista complicate, esse non sono difficili da interpretare, come cercheremo ora di vedere. Esaminiamo per primo l'andamento delle funzioni di grado 0, ricavato dalla prima delle (8.11) e riportato in Figura 8.8.

Si vede come ognuna di queste funzioni agisca come un impulso (o un interruttore premuto per un breve periodo): è attiva (e vale 1) in un solo intervallo nodale, vale 0 per tutti i valori di u esterni a tale intervallo. Ad esempio la funzione $N_{1,0}(u)$ agisce solo nel secondo intervallo nodale. In

[1] Questa formula è ricorsiva in quanto per determinare le funzioni di un certo grado occorre aver determinato quelle di grado inferiore. In genere una formula o un algoritmo si dicono ricorsivi quando un termine caratterizzato da un certo valore di un indice si basa sul termine precedente (in cui il valore dell'indice è minore di uno). Ad esempio è ricorsiva la relazione 8.7, che permette di determinare un coefficiente binomiale dai coefficienti di ordine precedente. Tuttavia il coefficiente binomiale può anche essere calcolato in forma chiusa (non ricorsiva) mediante l'espressione 8.6. In questo caso invece è la definizione stessa della funzione B-spline che è ricorsiva.

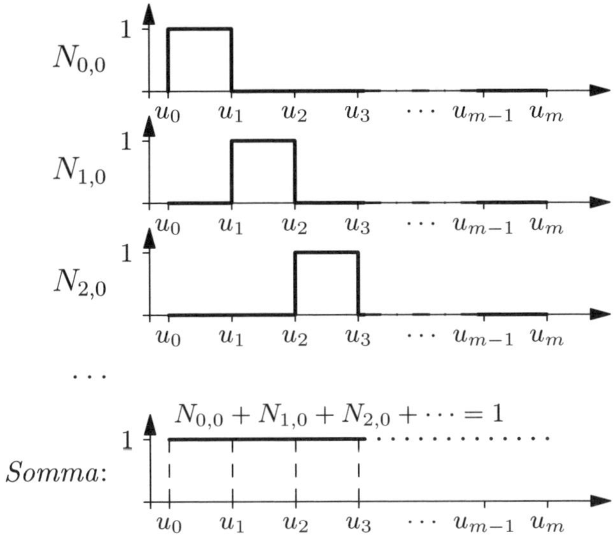

Figura 8.8: Grafici delle funzioni B-spline di base di grado 0.

definitiva si hanno tante funzioni di grado 0 quanti sono gli intervalli nodali: la prima funzione $N_{0,0}(u)$ è attiva nel primo intervallo, l'ultima $N_{m-1,0}(u)$ è attiva nell'ultimo (m-esimo) intervallo.

Dato che queste funzioni sono coefficienti che moltiplicano i punti di controllo, la loro somma deve essere uguale a 1 in modo da avere una combinazione baricentrica e quindi una curva geometricamente determinata. La parte inferiore della Figura 8.8 riporta come verifica il grafico di tale somma. Le funzioni B-spline di grado 0 tuttavia non servono per determinare una curva, dato che una curva di grado 0 non esiste (come minimo una curva polinomiale avrà grado 1 e corrispondentemente un andamento rettilineo).

Le funzioni di grado 0 servono solo come punto di partenza per ricavare le successive funzioni. Esaminiamo allora l'andamento delle funzioni di grado 1, ricavato dalla seconda delle (8.11) e riportato in Figura 8.9.

Qui vediamo che ogni funzione è una combinazione di due funzioni contigue di grado 0. Ad esempio la $N_{1,1}$ dipende dalla $N_{1,0}$ e dalla $N_{2,0}$: dato che queste ultime sono attive su due intervalli nodali contigui segue che la $N_{1,1}$, come tutte le altre funzioni di grado 1, è attiva su due intervalli contigui. In definitiva si nota, per le funzioni di grado 1, un andamento simile a quelle di grado 0, nel senso che anch'esse agiscono come un impulso; tuttavia questa volta l'impulso è più lungo (dura due intervalli nodali) e meno brusco (ha una rampa di crescita e una di discesa).

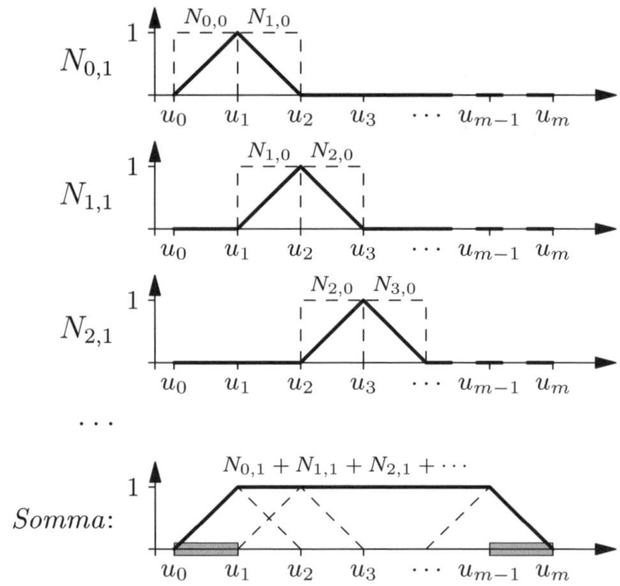

Figura 8.9: Grafici delle funzioni B-spline di grado 1.

Ciò che risalta maggiormente è però l'andamento della funzione somma, riportato nella parte inferiore della figura. A differenza del caso precedente, qui la somma è costante e uguale a 1 nell'intervallo $[u_1, u_{m-1}]$, mentre nei due intervalli nodali iniziale e finale (evidenziati sull'asse delle u in figura) tale condizione non è più soddisfatta. Di conseguenza in questi due intervalli le funzioni B-spline di base di grado 1 non formano una combinazione baricentrica e non determinano una curva.

Questo fatto è tipico non delle sole funzioni di grado 1 ma anche di quelle di grado superiore, che hanno tutte la stessa struttura. Consideriamo allora le funzioni di grado 2, usando al solito la seconda delle (8.11) e riportando i grafici in Figura 8.10.

Anche qui ogni funzione è una combinazione di due funzioni contigue di grado 1. Ne segue che ogni funzione di grado 2 è attiva su tre intervalli contigui. Anche le funzioni di grado 2 hanno un andamento a impulso, anche questa volta l'impulso si allunga (dura tre intervalli nodali) e si addolcisce (rampe non più rettilinee ma raccordate). L'andamento della funzione somma, riportato nella parte inferiore della figura, ci dice che questa volta la funzione somma è diversa da 1 nei primi due e negli ultimi due intervalli nodali, evidenziati nel grafico.

Dalle considerazioni fin qui svolte si possono trarre le seguenti generaliz-

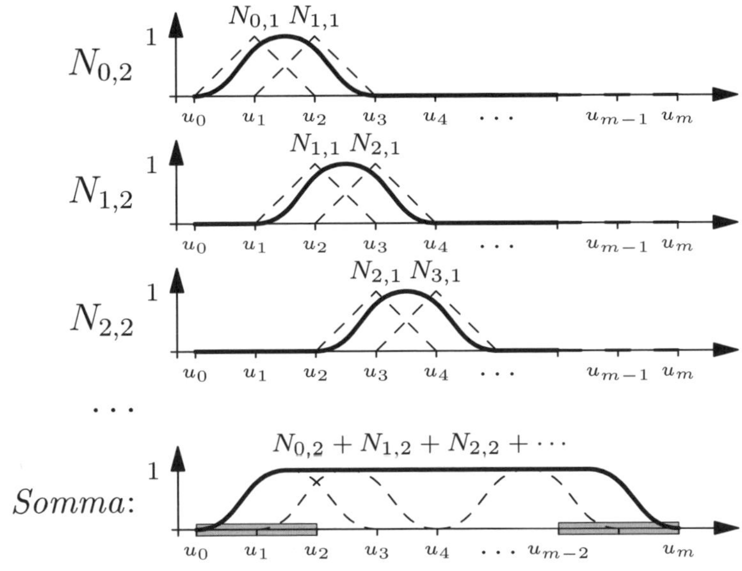

Figura 8.10: Grafici delle funzioni B-spline di base di grado 2.

zazioni:

- una funzione B-spline di base $N_{k,p}$ (di grado p) è diversa da 0 in un intervallo che ricopre $p+1$ intervalli nodali contigui;
- la funzione non è mai negativa;
- la somma delle funzioni è uguale a 1 (e determina quindi una combinazioni baricentrica convessa) nell'intervallo di parametro $[0, 1]$ esclusi i primi p e gli ultimi p intervalli nodali.
- Quindi la curva è definita in $[u_p, u_{m-p}]$.

A questo punto sorgono un paio di interrogativi: come ottenere una curva definita in tutto l'intervallo $0 \le u \le 1$, che relazione stabilire fra numero di nodi e punti di controllo.

Per quanto riguarda il primo aspetto, la soluzione si ottiene riducendo a 0 l'ampiezza dei primi p e degli ultimi p intervalli nodali, ossia attribuendo al primo e all'ultimo nodo molteplicità $p+1$. Si pone quindi, supposto di aver fissato il grado p della curva:

$$u_0 = u_1 = \cdots = u_p = 0$$

$$u_{m-p} = u_{m-(p-1)} = \cdots = u_m = 1.$$

Fissato questo, noto il numero $n+1$ dei punti di controllo, il fatto che che occorre determinare un numero di funzioni B-spline di base uguale esattamente al numero di punti di controllo, porta alla relazione fondamentale

$$m = n + p + 1$$

che determina il numero di intervalli nodali necessario.

Analogamente si procede per curve di base B-spline di ordine superiore. Le B-spline di base hanno la stessa funzione dei polinomi di Bernstein nei confronti di una curva di Bézier: una curva B-spline si può esprimere come luogo di punti combinazioni baricentriche dei punti di controllo attraverso le funzioni base B-spline:

$$P(t) = \sum_{k=0}^{n} P_k N_{k,p}.$$

Si tratta di curve che hanno lo stesso comportamento geometrico delle curve di Bézier, ma aggiungono alcune proprietà ad esse mancanti:

- il controllo locale della forma;
- l'indipendenza del grado della curva dal numero di punti di controllo.

Senza approfondire l'argomento chiudiamo osservando che la struttura della parametrizzazione di tali curve suggerisce ulteriori alternative. Modifichiamo la scelta delle funzioni di base (mantenendo ovviamente la caratteristica di supportare una combinazione baricentrica) modifichiamo la curva approssimante. Ne sono un esempio importante le curve Nurbs: attualmente fondamento della grafica computerizzata.

Anche se non dedicheremo ulteriore spazio per descrivere quest'ultima famiglia di curve non abbiamo omesso nulla dal punto di vista della filosofia della loro costruzione che si basa sugli stessi principi visti per le curve di Bézier e B-spline.

8.4 Superfici approssimanti

Ovviamente è argomento di estremo interesse, perchè la grafica di superfici è sicuramente elemento importante nella progettazione. Noi dedichiamo solo poche parole, perchè anche in questo caso disponiamo già degli strumenti utili.

Le curve di Bézier, B-spline, Nurbs saranno gli elementi costitutivi di una superficie di Bézier, B-spline, Nurbs. Facilmente si può vedere che, per esempio riferendoci ad una superficie di Bézier, una sua parametrizzazione si ottiene attraverso "il prodotto tensoriale" di curve di polinomi di Bernstein secondo due diversi parametri.

$$\sum_{j=0}^{m}\sum_{i=0}^{n} B_{n,i}B_{m,j}P_{ij} = \sum_{j=0}^{m} B_{m,j}\left(\sum_{i=0}^{n} B_{n,i}P_{ij}\right) \tag{8.12}$$

La formula (8.12) è facilmente interpretabile geometricamente: una superficie di Bézier è determinata da una famiglia di curve di Bézier che trovano i punti di controllo su un'altra famiglia di curve di Bézier. L'esercizio 8.10 aiuta la comprensione di quanto affermato.

Ci fermiamo qui, nella speranza, pur non avendo detto tutto ciò che comunque può essere esaurito anche da altre competenze, di aver fornito il linguaggio e la linea di procedimento per costruire curve e superfici approssimanti.

Esercizi

Esercizio 8.1 *Nel piano xy una curva di Bézier è determinata dai punti di controllo $P_0(-1,1)$, $P_1(0,-1)$, $P_2(0,0)$, $P_3(1,0)$:*

1. *riportare sul grafico i punti di controllo, il poligono di controllo e la curva di Bézier;*
2. *determinare le equazioni parametriche della curva;*
3. *determinare A, intersezione della curva con l'asse x per $t < 1$.*

1. Vedi Figura 8.11.

2. Utilizzando le funzioni di base di Bernstein $B_{3,0} = (1-t)^3$, $B_{3,1} = 3t(1-t)^2$, $B_{3,2} = 3t^2(1-t)$, $B_{3,3} = t^3$, e i punti di controllo $P_0(-1,1)$, $P_1(0,-1)$, $P_2(0,0)$ e $P_3(1,0)$, la curva di Bézier ha equazioni

$$\underline{c} = \begin{cases} x = (-1)\cdot(1-t)^3 + 0\cdot 3t(1-t)^2 + 0\cdot 3t^2(1-t) + 1\cdot t^3 \\ y = 1\cdot(1-t)^3 + (-1)\cdot 3t(1-t)^2 + 0\cdot 3t^2(1-t) + 0\cdot t^3 \end{cases}$$
$$= \begin{cases} x = 2t^3 - 3t^2 + 3t - 1 \\ y = -4t^3 + 9t^2 - 6t + 1 \end{cases}, \quad 0 \le t \le 1.$$

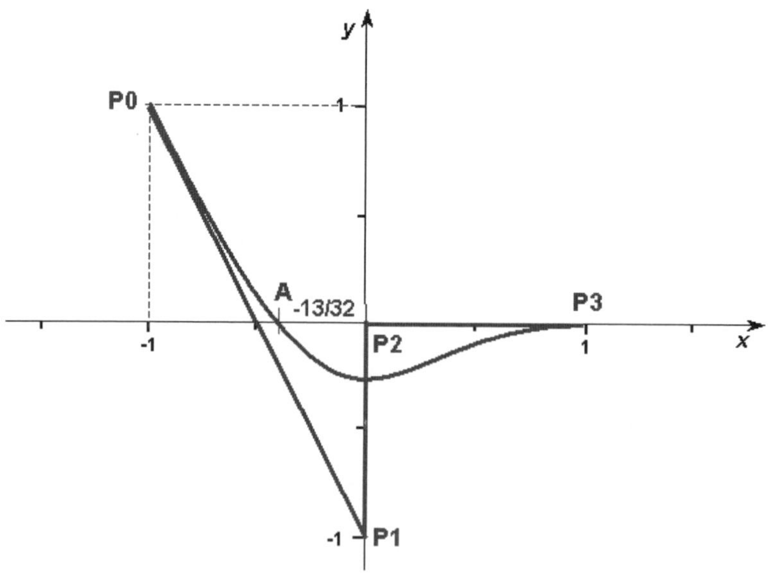

Figura 8.11: Poligono di controllo formato dai punti $P_0(-1,1)$, $P_1(0,-1)$, $P_2(0,0)$, $P_3(1,0)$ e curva di Bézier associata. $A\left(-\frac{13}{32},0\right)$ è il punto di intersezione della curva di Bézier con l'asse x.

3. Calcoliamo l'intersezione della curva di Bézier con l'asse x, che ha equazioni $\begin{cases} x = u \\ y = 0 \end{cases}$:

$$\begin{cases} 2t^3 - 3t^2 + 3t - 1 = u \\ -4t^3 + 9t^2 - 6t + 1 = 0 \end{cases} \Rightarrow \begin{cases} \cdots \\ t_1 = 1,\, t_2 = \frac{1}{4} \end{cases},$$

poichè $t < 1$, l'unico valore ammissibile è $t = \frac{1}{4}$; il punto di intersezione con l'asse x è dunque $A\left(-\frac{13}{32}, 0\right)$.

Esercizio 8.2 *Si vuole costruire nel piano xy la curva di Bézier di secondo grado avente le seguenti caratteristiche: 1) per $t = 0$ passa per $(1, 1)$ ed è ivi tangente alla retta $y = x$; 2) per $t = 1$ passa per $(4, 2)$ ed è ivi tangente alla retta $y + x = 6$.*

1. *determinare tutti i punti di controllo P_0, $P_1, \ldots$;*
2. *scrivere un'equazione parametrico-vettoriale della curva;*
3. *riportare uno schizzo della curva e del suo poligono di controllo.*

1. La curva di Bézier, essendo di secondo grado, dipende da tre punti di controllo. Dal punto 1) abbiamo $P_0(1, 1)$ e dal punto 2) abbiamo $P_2(4, 2)$. Per trovare il punto di controllo P_1 calcoliamo l'intersezione tra la retta $y = x$ e la retta $y + x = 6$:

$$\begin{cases} y = x \\ y + x = 6 \end{cases} \Rightarrow \begin{cases} y = x \\ 2x = 6 \end{cases} \Rightarrow \begin{cases} x = 3 \\ y = 3 \end{cases} \Rightarrow P_1(3, 3).$$

2. Utilizzando le funzioni di base di Bernstein $B_{2,0} = (1 - t)^2$, $B_{2,1} = 2t(1 - t)$ e $B_{2,2} = t^2$, la curva di Bézier ha equazioni

$$\underline{c} = P_0 B_{2,0} + P_1 B_{2,1} + P_2 B_{2,2} = \begin{cases} x = 1 \cdot (1 - t)^2 + 3 \cdot 2t(1 - t) + 4 \cdot t^2 \\ y = 1 \cdot (1 - t)^2 + 3 \cdot 2t(1 - t) + 2 \cdot t^2 \end{cases}$$
$$= \begin{cases} x = -t^2 + 4t + 1 \\ y = -3t^2 + 4t + 1 \end{cases}, \quad 0 \le t \le 1,$$

l'equazione parametrico-vettoriale della curva di Bézier è

$$\underline{c} = \left\langle -t^2 + 4t + 1, -3t^2 + 4t + 1 \right\rangle, \quad 0 \le t \le 1.$$

3. Vedi Figura 8.12.

Esercizio 8.3 *I punti del piano xy $P_0(0, 2)$, $P_1(1, 0)$, $P_2(4, 0)$, $P_3(1, -2)$ sono punti di controllo di una curva di Bézier:*

1. *stabilire il grado della curva;*
2. *riportare sulla figura i punti di controllo;*

3. mediante l'algoritmo di de Calsteljiau determinare graficamente $P\left(\frac{1}{2}\right)$*, punto della curva di parametro* $\frac{1}{2}$*;*

4. completare qualitativamente il grafico della curva;

5. scrivere le equazioni parametriche della curva.

1. Poichè ci sono quattro punti di controllo, la curva di Bézier ha grado 3.
2. Vedi Figura 8.13.
3. $P\left(\frac{1}{2}\right) = (2, 0)$, vedi Figura 8.13.
4. Vedi Figura 8.13.
5. Utilizzando le funzioni di base di Bernstein di terzo grado, la curva di Bézier ha equazioni

$$\begin{aligned}
\underline{c} &= \begin{cases} x = 0 \cdot (1-t)^3 + 1 \cdot 3t(1-t)^2 + 4 \cdot 3t^2(1-t) + 1 \cdot t^3 \\ y = 2 \cdot (1-t)^3 + 0 \cdot 3t(1-t)^2 + 0 \cdot 3t^2(1-t) + (-2) \cdot t^3 \end{cases} \\
&= \begin{cases} x = 3(1-t)^2 t + 12(1-t)t^2 + t^3 \\ y = 2(1-t)^3 - 2t^3 \end{cases}, \quad 0 \le t \le 1.
\end{aligned}$$

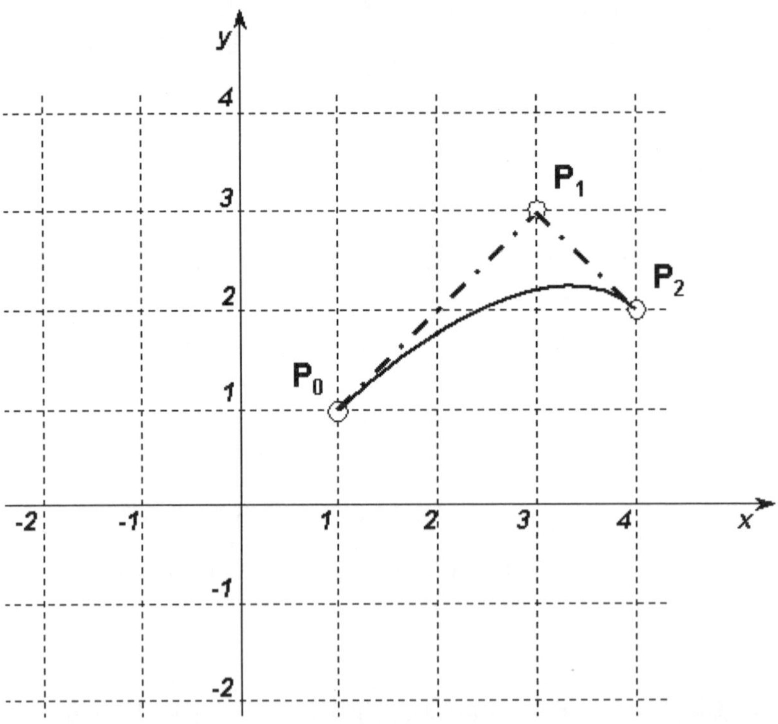

Figura 8.12: Poligono di controllo formato dai punti $P_0(1,1)$, $P_1(3,3)$, $P_2(4,2)$ e curva di Bézier associata.

Esercizio 8.4 *Costruire la curva di Bézier di secondo grado che abbia come convex hull il triangolo del piano xy con lati sulle rette del piano xy:* $x - y = 0$, $x + y - 4 = 0$ *e* $y = 0$ *(i punti di controllo vanno ordinati in modo tale che le coordinate x siano crescenti).*

Poichè la curva di Bézier deve essere di secondo grado bisogna trovare tre punti di controllo. Per definizione, la curva deve essere contenuta nel convex hull formato dai punti di controllo ed essendo quest'ultimo un triangolo, i punti di controllo sono esattamente i tre vertici di tale triangolo. Calcoliamo dunque i tre punti di intersezione delle tre rette:

$$\begin{cases} x - y = 0 \\ x + y - 4 = 0 \end{cases} \Rightarrow \begin{cases} x = 2 \\ y = 2 \end{cases} \Rightarrow (2,2),$$
$$\begin{cases} x - y = 0 \\ y = 0 \end{cases} \Rightarrow \begin{cases} x = 0 \\ y = 0 \end{cases} \Rightarrow (0,0),$$
$$\begin{cases} x + y - 4 = 0 \\ y = 0 \end{cases} \Rightarrow \begin{cases} x = 4 \\ y = 0 \end{cases} \Rightarrow (4,0).$$

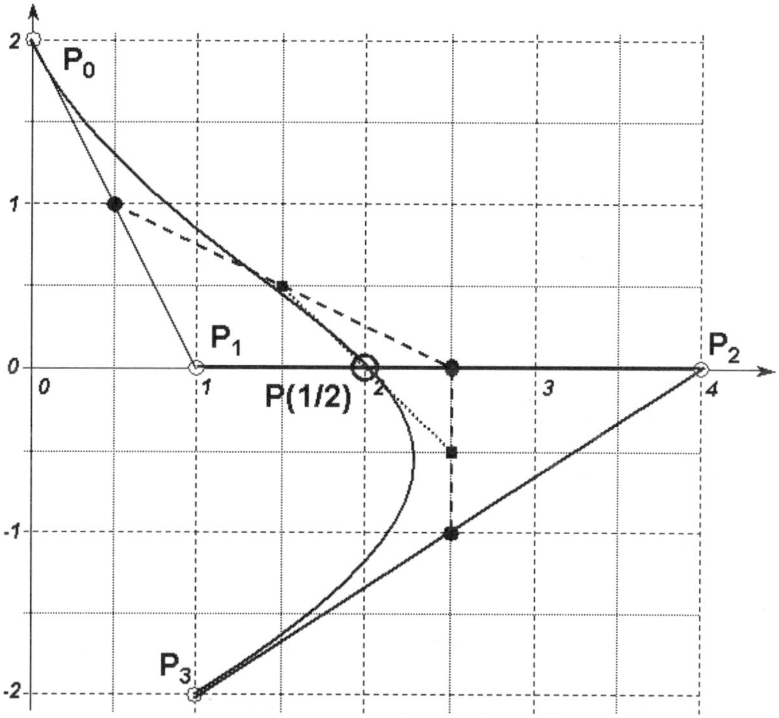

Figura 8.13: Poligono di controllo formato dai punti $P_0(0,2)$, $P_1(1,0)$, $P_2(4,0)$, $P_3(1,-2)$ e curva di Bézier associata. Il punto $P\left(\frac{1}{2}\right) = (2,0)$ è stato determinato graficamente utilizzando l'algoritmo di de Calsteljau.

I punti di controllo, ordinati per coordinata x, sono $P_0(0,0)$, $P_1(2,2)$ e $P_2(4,0)$.
Utilizzando le funzioni di base di Bernstein di secondo grado, la curva di Bézier ha equazioni

$$\underline{c} = \begin{cases} x = 0 \cdot (1-t)^2 + 2 \cdot 2t(1-t) + 4 \cdot t^2 \\ y = 0 \cdot (1-t)^2 + 2 \cdot 2t(1-t) + 0 \cdot t^2 \end{cases}$$
$$= \begin{cases} x = 4t(1-t) + 4t^2 \\ y = 4t(1-t) \end{cases}, \quad 0 \le t \le 1.$$

Esercizio 8.5 *Dati i punti di controllo* $P_0(0,0,1)$, $P_1(1,0,1)$, $P_2(0,1,1)$, $P_3(1,1,0)$*:*

1. *scrivere le equazioni parametriche della curva di Bézier determinata da tali punti;*
2. *scrivere un'equazione parametrico-vettoriale della tangente in* P_3 *alla curva di Bézier;*
3. *determinare l'intersezione della curva con il piano* xz*.*

1. Utilizzando le funzioni di base di Bernstein di terzo grado e i punti di controllo $P_0(0,0,1)$, $P_1(1,0,1)$, $P_2(0,1,1)$ e $P_3(1,1,0)$, la curva di Bézier ha equazioni

$$\underline{c} = \begin{cases} x = 0 \cdot (1-t)^3 + 1 \cdot 3t(1-t)^2 + 0 \cdot 3t^2(1-t) + 1 \cdot t^3 \\ y = 0 \cdot (1-t)^3 + 0 \cdot 3t(1-t)^2 + 1 \cdot 3t^2(1-t) + 1 \cdot t^3 \\ z = 1 \cdot (1-t)^3 + 1 \cdot 3t(1-t)^2 + 1 \cdot 3t^2(1-t) + 0 \cdot t^3 \end{cases}$$
$$= \begin{cases} x = 4t^3 - 6t^2 + 3t \\ y = -2t^3 + 3t^2 \\ z = -t^3 + 1 \end{cases}, \quad 0 \le t \le 1.$$

2. Per le proprietà delle curva di Bézier, la tangente alla curva in P_3 è la retta che passa per i punti P_2 e P_3, quindi

$$\underline{r} = P_3 + (P_2 - P_3)u = (1,1,0) + \langle -u, 0, u \rangle = \langle 1-u, 1, u \rangle .$$

3. Calcoliamo l'intersezione della curva di Bézier con il piano xz che ha equazione $y = 0$:

$$-2t^3 + 3t^2 = 0 \quad \Rightarrow \quad t_1 = 0,\, t_2 = \frac{3}{2},$$

poichè $0 \le t \le 1$, l'unico valore ammissibile è $t = 0$; il punto di intersezione con il piano xz è dunque $P_0\,(0,0,1)$.

Esercizio 8.6 *Si vuole costruire la curva di Bézier di* 2° *grado avente le seguenti caratteristiche:*

per $t = 0$ *passa per* $(0, -1, 2)$ *e la retta tangente è ivi parallela al vettore* $\underline{v} = \langle 1, 1, -2\rangle$;

per $t = 1$ *passa per* $(-1, 1, 1)$ *e la retta tangente è ivi parallela al vettore* $\underline{w} = \langle 2, -1, -1\rangle$;

1. determinare i tre punti di controllo P_0, P_1 *e* P_2;

2. determinare la trasformazione 3D composta da: 1) rotazione di angolo $\frac{\pi}{2}$ *attorno all'asse* z, *2) traslazione di vettore* $\langle 3, 1, -1\rangle$;

3. determinare le equazioni parametriche della curva a cui venga applicata la trasformazione del punto precedente.

1. Dalla prima caratteristica abbiamo $P_0(0, -1, 2)$ e dalla seconda caratteristica abbiamo $P_2(-1, 1, 1)$. Per trovare il punto di controllo P_1 calcoliamo l'intersezione tra le due rette:
$\underline{r}_1 = P_0 + \underline{v}t = (0, -1, 2) + \langle t, t, -2t\rangle = \langle t, -1 + t, 2 - 2t\rangle$
$\underline{r}_2 = P_2 + \underline{w}s = (-1, 1, 1) + \langle 2s, -s, -s\rangle = \langle -1 + 2s, 1 - s, 1 - s\rangle$:

$$\begin{cases} t = -1 + 2s \\ -1 + t = 1 - s \\ 2 - 2t = 1 - s \end{cases} \Rightarrow \begin{cases} 1 = 1 \\ t = 1 \\ s = 1 \end{cases} \Rightarrow P_1(1, 0, 0).$$

2. La matrice della trasformazione composta è data da

$$\begin{bmatrix} 1 & 0 & 0 & 3 \\ 0 & 1 & 0 & 1 \\ 0 & 0 & 1 & -1 \\ 0 & 0 & 0 & 1 \end{bmatrix} \begin{bmatrix} 0 & -1 & 0 & 0 \\ 1 & 0 & 0 & 0 \\ 0 & 0 & 1 & 0 \\ 0 & 0 & 0 & 1 \end{bmatrix} = \begin{bmatrix} 0 & -1 & 0 & 3 \\ 1 & 0 & 0 & 1 \\ 0 & 0 & 1 & -1 \\ 0 & 0 & 0 & 1 \end{bmatrix}.$$

3. Applichiamo la matrice di trasformazione trovata al punto 2. ai punti di controllo P_0, P_1 e P_2:

$$\begin{bmatrix} 0 & -1 & 0 & 3 \\ 1 & 0 & 0 & 1 \\ 0 & 0 & 1 & -1 \\ 0 & 0 & 0 & 1 \end{bmatrix} \begin{bmatrix} 0 \\ -1 \\ 2 \\ 1 \end{bmatrix} = \begin{bmatrix} 4 \\ 1 \\ 1 \\ 1 \end{bmatrix} \Rightarrow P_0'(4, 1, 1),$$

$$\begin{bmatrix} 0 & -1 & 0 & 3 \\ 1 & 0 & 0 & 1 \\ 0 & 0 & 1 & -1 \\ 0 & 0 & 0 & 1 \end{bmatrix} \begin{bmatrix} 1 \\ 0 \\ 0 \\ 1 \end{bmatrix} = \begin{bmatrix} 3 \\ 2 \\ -1 \\ 1 \end{bmatrix} \Rightarrow P_1'(3, 2, -1),$$

$$\begin{bmatrix} 0 & -1 & 0 & 3 \\ 1 & 0 & 0 & 1 \\ 0 & 0 & 1 & -1 \\ 0 & 0 & 0 & 1 \end{bmatrix} \begin{bmatrix} -1 \\ 1 \\ 1 \\ 1 \end{bmatrix} = \begin{bmatrix} 2 \\ 0 \\ 0 \\ 1 \end{bmatrix} \Rightarrow P_2'(2, 0, 0).$$

Utilizzando le funzioni di base di Bernstein di secondo grado e i punti di controllo $P'_0(4,1,1)$, $P'_1(3,2,-1)$, e $P'_2(2,0,0)$, la curva di Bézier trasformata ha equazioni

$$\underline{c} = \begin{cases} x = 4 \cdot (1-t)^2 + 3 \cdot 2t(1-t) + 2 \cdot t^2 \\ y = 1 \cdot (1-t)^2 + 2 \cdot 2t(1-t) + 0 \cdot t^2 \\ z = 1 \cdot (1-t)^2 + (-1) \cdot 2t(1-t) + 0 \cdot t^2 \end{cases}$$

$$= \begin{cases} x = -2t + 4 \\ y = -3t^2 + 2t + 1 \quad , \quad 0 \leq t \leq 1. \\ z = 3t^2 - 4t + 1 \end{cases}$$

Esercizio 8.7 *Dati i punti*

$$P_0(0,1,-1),\ P_1(2,0,0),\ P_2(-1,1,2),\ P_3(2,0,3):$$

1. *determinare la seconda coordinata del punto P della curva di Bézier, che ha P_0, P_1, P_2, P_3 come punti di controllo, corrispondente al valore del parametro $t = \frac{1}{2}$;*
2. *come bisogna variare l'ordinata di P_2 perchè il punto P abbia seconda coordinata 1?*

1. L'equazione per la coordinata y della curva di Bézier è $y = y_0(1-t)^3 + 3y_1(1-t)^2t + 3y_2(1-t)t^2 + y_3t^3 = (1-t)^3 + 3(1-t)t^2$, se valutata in $t = \frac{1}{2}$ si ottiene $y = \frac{1}{8} + \frac{3}{8} = \frac{1}{2}$.

2. Poniamo $1 = (1-t)^3 + 3y_2(1-t)t^2$ e valutiamo questa espressione in $t = \frac{1}{2}$ per trovare il valore di y_2: $1 = \frac{1}{8} + \frac{3}{8}y_2 \Rightarrow \frac{3}{8}y_2 = \frac{7}{8} \Rightarrow y_2 = \frac{7}{3}$.

Esercizio 8.8 *I punti di controllo di una curva di Bézier appartengono tutti al piano xy meno uno.*
Determinare quanti punti della curva appartengono a xy quando il punto di controllo al di fuori di xy è: a) solo P_0; b) un punto di controllo intermedio.

a) La terza coordinata dei punti di controllo è $z = 0$ se essi appartengono al piano xy. Se solo il punto P_0 non appartiene al piano xy, allora l'equazione per la componente z della curva di Bézier sarà $z = z_0(1-t)^n$ (dove n è il grado della curva di Bézier), quindi l'unico punto della curva che appartiene al piano xy, cioè che ha coordinata $z = 0$, è quello ottenuto per $t = 1$.

b) Come detto al punto precedente, la terza coordinata dei punti di controllo è $z = 0$ se essi appartengono al piano xy. Se uno di tali punti di controllo non appartiene al piano xy ed è interno (ossia non è né il primo né l'ultimo punto di controllo), allora la terza coordinata di un qualunque punto della curva è diversa da zero per ogni valore di t (ad eccezione di $t = 0$ e $t = 1$). Quindi solo i punti estremi (ottenuti per $t = 0$ e $t = 1$) appartengono al piano xy.

Esercizio 8.9 *I punti P_i $(i = 0, \ldots, 5)$ della Figura 8.14, appartenenti al piano xy, sono punti di controllo di una curva di Bézier:*

1. *riportare sulla figura la curva e il suo poligono di controllo;*
2. *stabilire il grado della curva;*
3. *determinare la terza equazione della curva (z);*
4. *il punto P_3 viene spostato in $(2, 3, 1)$, di conseguenza la curva viene modificata:*

   4.1. *come diventa la terza equazione parametrica della curva?*

   4.2. *quali punti della curva modificata appartengono al piano xy?*

1. Vedi Figura 8.14. .
2. Poichè ci sono sei punti di controllo, la curva di Bézier ha grado 5.
3. I punti di controllo sono tutti nel piano xy, di conseguenza la terza equazione della curva è $z = 0$.

4.1. L'equazione per la coordinata z della curva di Bézier è $z = z_0(1-t)^5 + 5z_1t(1-t)^4 + 10z_2t^2(1-t)^3 + 10z_3t^3(1-t)^2 + 5z_4t^4(1-t) + z_5t^5 = 10t^3(1-t)^2$.

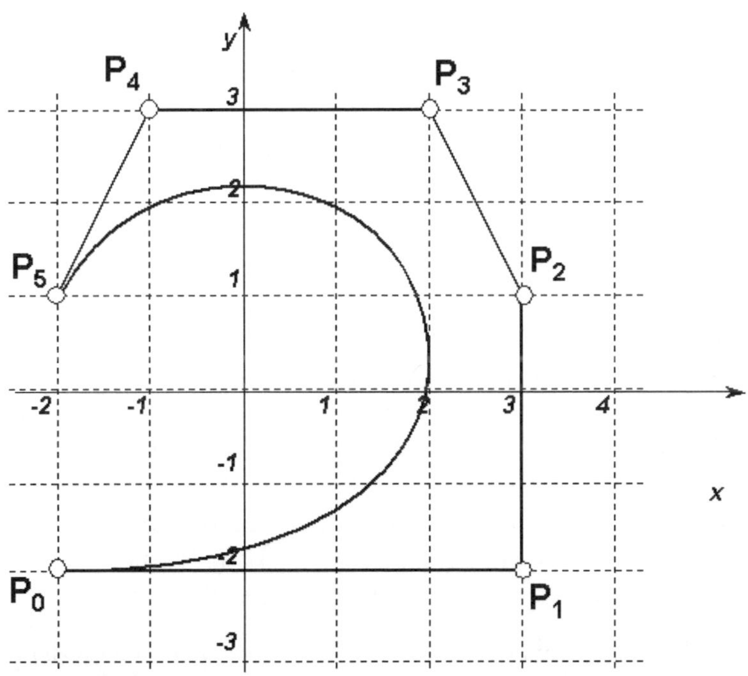

Figura 8.14: Poligono di controllo formato dai punti $P_0(-2, -2)$, $P_1(3, -2)$, $P_2(3, 1)$, $P_3(2, 3)$, $P_4(-1, 3)$, $P_5(-2, 1)$ e curva di Bézier associata.

4.2. Gli unici punti della curva appartenenti al piano xy, ovvero tali per cui la coordinata z è uguale a zero, sono quelli che si ottengono per i valori del parametro $t = 0$ e $t = 1$, come risulta da 4.1., ovvero sono i punti P_0 e P_5.

Esercizio 8.10 *Siano dati nove punti* $P0(1,0,0)$, $P1(0,0,0)$, $P2(0,1,0)$, $P3(1,1,0)$, $P4(0,1,1,)$ $P5(1,1,1)$, $P6(1,0,1)$, $P7(1,0,0)$, $P8(0,1,0)$. *Essi siano punti di controllo di una superficie di Bézier.*

La superficie di Bézier sia parametrizzata utilizzando una base di funzioni prodotto di polinomi di Bernstein ad un parametro (prodotto tensore).

$$\sum_{j=0}^{n}\sum_{i=0}^{m} B_{n,i}(v)B_{m,j}(u)P_{ij} = \sum_{j=0}^{m} B_{m,j}(u)\left(\sum_{i=0}^{n} B_{n,i}(v)P_{ij}\right)$$

In tal senso la superficie si intende determinata attraverso una famiglia di curve di Bézier dipendenti da un parametro che assumano i loro punti di controllo su altre curve di Bézier dipendenti da un altro parametro. Si tratta di un modo classico di definire una approssimazione di superficie attraverso il prodotto tensore di funzioni di base.

Procediamo dunque nell'esercizio organizzando l'insieme di punti dati in una forma tabellare, per esempio come segue:

$$\begin{array}{ccc} P_{11} & P_{12} & P_{13} \\ (1,0,0) & (0,0,0) & (0,1,0) \\ \\ P_{21} & P_{22} & P_{23} \\ (1,1,0) & (0,1,1) & (1,1,1) \\ \\ P_{31} & P_{32} & P_{33} \\ (1,0,1) & (1,0,0) & (0,1,0) \end{array}$$

Si sono così determinati tre insiemi di tre punti ciascuno che si considerano punti di controllo di curve di Bézier di grado 2. Di conseguenza i polinomi parametrici di Bernstein (funzione di base) utilizzati sono $(1-u)^2$, $2u(1-u)$, u^2. Costruiamo ora 3 curve di Bézier di grado 2 su ciascuno dei tre sottoinsiemi di punti di controllo:

$$\begin{array}{c} (1,0,0)(1-u)^2 + (0,0,0)2u(1-u) + (0,1,0)u^2 \\ (1,1,0)(1-u)^2 + (0,1,1)2u(1-u) + (1,1,1)u^2 \\ (1,0,1)(1-u)^2 + (1,0,0)2u(1-u) + (0,1,0)u^2 \end{array}$$

Fissato un valore del parametro u sulle tre curve otteniamo una terna di punti che costituiranno la terna di punti di controllo per una curva di Bézier di grado 2 e che sarà una delle curve appartenenti alla superficie approssimante che vogliamo costruire. Al variare di u otteniamo l'infinità di curve che determinano la superficie. Ne segue la sua parametrizzazione:

$$\begin{aligned}&\left((1,0,0)(1-u)^2+(0,0,0)2u(1-u)+(0,1,0)u^2\right)(1-v)^2+\\&+\left((1,1,0)(1-u)^2+(0,1,1)2u(1-u)+(1,1,1)u^2\right)2v(1-v)+\\&+\left((1,0,1)(1-u)^2+(1,0,0)2u(1-u)+(0,1,0)u^2\right)v^2\end{aligned}$$

Esercizi proposti

Esercizio 8.i *Nel piano xy una curva di Bézier è determinata dai punti di controllo* $P_0(-1,1)$, $P_1(0,0)$, $P_2(0,-1)$, $P_3(1,0)$*:*

1. *riportare sul grafico i punti di controllo, il poligono di controllo e la curva di Bézier;*
2. *determinare le equazioni parametriche della curva e scriverle sul grafico;*
3. *determinare* A*, intersezione della curva con l'asse* x *per* $t < 1$*;*
4. *tenendo fissi* P_0 *e* P_3 *si vogliono spostare* P_1 *e* P_2 *rispettivamente in* X_1 *e* X_2*, in modo tale che la curva di Bézier diventi un segmento di retta. Senza svolgere calcoli, riportare sul grafico due punti* X_1 *e* X_2 *che risolvono il problema;*
5. *ricavare graficamente, applicando l'algoritmo di de Casteljeau il punto corrispondente al valore del parametro* $\frac{1}{2}$ *sulla curva di Bézier.*

Esercizio 8.ii *Si vuole costruire nel piano xy la curva di Bézier di secondo grado avente le seguenti caratteristiche: 1) per* $t = 0$ *passa per* O *ed è ivi tangente all'asse* x*; 2) per* $t = 1$ *passa per* $(0,-2)$ *ed è ivi tangente alla retta* $x - y - 2 = 0$*.*

1. *determinare tutti i punti di controllo* P_1, P_2,...;
2. *scrivere un'equazione parametrico-vettoriale della curva;*
3. *riportare uno schizzo della curva e del suo poligono di controllo.*

Esercizio 8.iii *Nel piano xy si vogliono collegare i punti* $B(-2,-1)$, $C(4,0)$ *con una curva di Bézier di* $2°$ *grado che in* B *abbia tangente parallela all'asse* y *e in* C *abbia tangente di coefficiente angolare* $-\frac{1}{2}$*. Determinare i punti di controllo della curva e riportare la curva sul grafico.*

Esercizio 8.iv *Data la curva di Bézier controllata dalla terna di punti* $P_0(1,2,0)$, $P_1(-1,-3,1)$, $P_2(1,0,0)$*, determinarne l'intersezione con il piano* xz*.*

Esercizio 8.v *Dati i punti di controllo*
$P_0(1,0,0)$, $P_1(1,0,1)$, $P_2(0,1,1)$, $P_3(1,1,0)$*:*

1. *scrivere le equazioni parametriche della curva di Bézier determinata da tali punti;*
2. *scrivere un'equazione parametrico-vettoriale della tangente in* P_0 *alla curva di Bézier.*

Esercizio 8.vi *Descrivere una curva di Bézier di secondo grado passante per i punti* $A(0,3,0)$ *e* $B(1,1,0)$ *e ivi tangente, rispettivanmente, all'asse delle* y *e alla retta di equazioni parametriche* $\begin{cases} x = u \\ y = u \\ z = 0 \end{cases}$. *Determinare tutti i punti di controllo e le equazioni parametriche della curva. Disegnare il grafico della curva di Bézier e del suo poligono di controllo.*

Esercizio 8.vii *Si vuole costruire la curva di Bézier di* $2°$ *grado avente le seguenti caratteristiche:*

per $t = 0$ *passa per* $(0,1,0)$ *ed è ivi tangente all'asse* y*;*
per $t = 1$ *passa per* $(0,0,1)$ *ed è ivi tangente all'asse* z*;*

1. *determinare tutti i punti di controllo della curva, indicando di ognuno la sigla* (P_0, P_1, *ecc.*)*;*
2. *scrivere le equazioni parametriche della curva;*
3. *disegnare un grafico della curva e del suo poligono di controllo.*

Esercizio 8.viii *Si vuole costruire la curva di Bézier di* $2°$ *grado avente le seguenti caratteristiche:*

per $t = 0$ *passa per l'origine ed è ivi tangente all'asse* x*;*
per $t = 1$ *passa per* $(0,2,0)$ *ed è ivi tangente alla retta* $\underline{r} = \langle t, 2-t, 0\rangle$*;*

1. *determinare tutti i punti di controllo della curva, indicando di ognuno la sigla* (P_0, P_1, *ecc.*)*;*
2. *scrivere le equazioni parametriche della curva;*
3. *disegnare un grafico della curva e del suo poligono di controllo.*

Esercizio 8.ix *I punti*

$$P_0(0,0,0),\ P_1(-1,0,0),\ P_2(0,1,0),\ P_3(1,0,0),\ P_4(0,0,0),$$

del piano xy *sono punti di controllo di una curva di Bézier:*

1. *stabilire di che grado è la curva e disegnarla;*
2. *determinare il punto* P *della curva di parametro* $t = \frac{1}{2}$*;*
3. *modificare l'ordinata di* P_2 *in modo che la curva, per* $t = \frac{1}{2}$*, passi per il punto* $(0,1,0)$.

Esercizio 8.x *E' data la curva di Bézier determinata dai punti di controllo*

$$P_0(0,1,2),\ P_1(-1,-1,0),\ P_2(1,0,1),\ P_3(0,1,0).$$

A tale curva si applica una rotazione di $-\frac{\pi}{2}$ *attorno all'asse* x*:*

1. *determinare le coordinate dei punti di controllo trasformati;*
2. *scrivere le equazioni parametriche della curva trasformata.*

Esercizio 8.xi *È data la curva di Bézier determinata dai punti di controllo*

$$P_0(3,0,2),\ P_1(1,0,2),\ P_2(2,0,4),\ P_3(3,0,4).$$

A tale curva si applica la trasformazione composta da: a) Traslazione di vettore $[-1,0,-2]^T$*; b) Rotazione di* $-\frac{\pi}{2}$ *attorno all'asse* x*. Determinare le equazioni parametriche della curva trasformata.*

Indice analitico